중국의 한반도 안보전략과 군사외교

김순수 지음

良書閣

본 저서는 육군사관학교 화랑대연구소의 2013년도 연구활동 지원에 의해 출간되었음.

책머리에

이 책은 저자의 박사학위 논문 「중국의 한반도 안보전략과 군사외교」를 수정·보완한 것이다. 논문 발표 당시 '군사외교' 제하의 국내외 박사학위 논문이 단 한편도 없었기에 단행본 출판을 서둘렀지만 벌써 3년 이상의 시간이 흘렀다. 몸 담고 있는 조직에서의 보직과 바쁜 '공무'(公務)로 출판이 늦어졌다는 핑계를 대고 싶지만 이는 순전히 나의 게으름 때문이었다. 더 이상 출판을 미루다가는 자료 업데이트의 한계는 물론, 유수한 '신진학자들'의 출현으로 자포자기할 것 같아서 부족함 투성이의 졸저를 서점에 밀어 넣었다.

본 연구는 군사와 외교의 조합인 '군사외교'를 주제로 새로운 연구영역을 개척하겠다는 야심으로 출발하였다. 나는 1997년 한국 현역장교 신분을 밝힌 채 '공산당 간부 양성의 요람'인 중국인민대학 국제관계 대학원에서 학위과정을 밟는 최초의 '군관 동무'가 되었다. 기간 중 제1차 한·중 국방장관회담이 베이징에서 개최됨에 따라 유학생 신분으로 한·중 군사교류협력의 현장을 볼 수 있는 기회를 얻었다. 이러한 현장경험을 토대로 2000년 「한·중 안보협력방안 연구(韓中合作安全方案探索)」 제하의 학위논문을 발표하여 중국측의 호평을 받기도 하였다. 귀국 후 국방부에서의 한·중 군사교류협력 현장에 근무한 경험과 박사과정에서의 북·중 군사관계에 관한 초보적 탐구를 기초로 '북 · 중 군사협력'에 관한 주제에 관심을 갖게 되었다. 그러나 자료수집의 제한과 군사관련 주제의 민감성으로 인해 연구는 더 이상 진척될 수 없었다. 이러한 난관으로부터 탈출할 수 있었던 것은 지도교수인 함택영 교수님과 서울대 정재호 교수님의 진심어린 학술조언과 지도 덕분이었다. 군사와 외교의 교집합을 주제로 한 연구라면 북한과 중국의 군사관계까지 포함하는 민감한 내용을 지혜롭게(?) 피하면서 학술적으로 접근할 수 있다는 희망과 방향성을 제시해준 것이다.

또 하나의 행운은 때마침 중국은 1990년대 말부터 군사외교에 대한 이론적, 정책적 발전을 본격적으로 꾀하는 동시에 다양한 연구성과와 문건들을 내놓기 시작했다는 점이다. 특히, 주중 미국무관부에서의 근무경험을 토대로 1990년대 중국 대외군사교류에 관한 선구자적 연구결과를 낸 알렌(Kenneth W. Allen)과 멕베든(Eric A. McVcdon)의 선행연구를 통해 본 연구주제에 대한 확신과 자신감을 얻을 수 있었다. 또한 2007년 베이징에서 6개월간 중국 고서점에 대한 발품과 콩푸즈(孔夫子) 인터넷 중고서점에의 눈품을 팔며 수집한 소중한 1차 자료들이 있었기에 이 연구가 가능했다.

시론(試論)적 차원에서 진행된 본 연구결과를 요약하면 다음과 같다.

첫째, 중국의 對한반도 인식과 안보전략은 국내외 환경변화와 지도자의 인식에 따라 지속적으로 변화하였다. 특히 중국 개혁개방의 추진과 한 · 중 수교는 이러한 변화에 결정적인 요인으로 작용하였다. 이는 향후에도 중국이 對한반도 전략을 구상함에 있어 이념적 요소보다는 '강대국화'에 필요한 국가이익 차원의 고려가 우선시 될 것임을 시사한다. 그러나 이러한 변화는 단기간에 통합적으로 진행되기보다는, 분야별, 선택적으로 장기간에 걸쳐 전개될 것이다.

둘째, 냉전시기 중국의 對한반도 안보전략은 미·소를 축으로 한 양대진영 체제와 중·소 관계의 부침(浮沈)에 영향을 받았다. 북·중 양국은 한국전쟁을 통해 '혈맹'관계를 구축하였고, 1961년 체결된 《조·중 우호협력 및 상호원조조약》에 기초하여 군사외교의 최고 수준인 군사동맹 차원의 군사외교를 전개하였다. 중국은 중·소 분쟁 국면과 미·중 관계 정상화 추진과정에서 북한을 끌어들이기 위한 '견인'(牽引)형 군사외교를 추진하였다. 한편, 북·중 관계 악화시 '보상' 및 '달래기' 혹은 지원 요청을 위해서도 군사외교가 동원되었다. 문화대혁명과 북한의 친소(親蘇)노선 시기에는 '견제'(牽制) 혹은 '관리·통제'를 위한 군사외교를 전개하기도 하였다. 그러나 냉전기 전 기간을 놓고 볼 때 중국은 북한에 대해 '견제'보다는 '견인'을 위한 '大견인, 小견제' 군사외교를 추진했다고 볼 수 있다.

셋째, 한·중 수교 이후 중국은 '두개의 조선' 원칙하에, 북한과는 북·중 관계 '16자 방침'을 강조하는 '전통적 우호협력관계'를, 한국과는 '전략적 협력 동반자관계' 수준까지 발전된 가운데 이에 상응하는 군사관계를 발전시켜 나가고 있다. 한·중 수교 이전 북한 일변도 군사외교와는 달리, 중국은 남북한에 대해 범위와 수준은 상이하지만 전략적 사고와 국가이익 달성에 부합되는 방향으로 군사외교를 전개하고 있다.

결론적으로 중국은 무엇보다 경제 현대화에 필요한 평화로운 주변환경 조성과 '중국 위협론' 불식을 토대로 한반도에서 영향력을 확대하겠다는 전략적 의도 하에 군사외교를 적극 활용하고 있는 것이다. 이러한 전략적 고려를 토대로 북한과는 냉전기의 연장선상에서 '견인형'에 치중하되 북한의 돌출행동을 '관리 · 통제'하기 위한 '大견인, 小견제'형 군사외교를 지속하고 있다. 반면, 한국과는 상징적 수준의 '초보형' 군사관계를 유지하면서 미 · 일을 겨냥한 '大견제, 小견인'형 군사외교를 추진하고 있다고 보아야 할 것이다.

이 책이 출간되기까지는 주변 여러분들의 도움이 있었다. 무엇보다 학위과정 이수와 논문지도를 위해 학문적 애정과 질책을 아끼지 않으신 함택영 지도교수님께 깊은 감사를 드린다. 우둔한 제자를 사랑으로 채찍질해 주셨기에 이 책이 나올 수 있었다. 함택영 교수님께는 '수제자'로 남고 싶고, 그렇게 되도록 노력할 것이다. 그리고 논문 핵심질문에 대한 답을 찾는 과정에서의 결정적인 지도편달과 학위취득 이후 학문적 인도와 사랑을 몸소 보여주신 정재호 교수님께 깊은 감사의 인사를 드린다. 책 출판과 관련하여 어려운 사정에도 불구하고 흔쾌히 출판을 허락해 주신 양서각 사장님과 편집진에게도 진심어린 감사를 표한다.

이 책을 세상에 내 놓으며 위국헌신 군인본분(爲國獻身 軍人本分)을 다짐한다.

2013년 10월 30일 화랑대 연구실에서
저자 김 순 수

목차

표목차

| 그림목차 |

제1장

서론

중국의 대외군사관계는 건국 이후 지속적인 변화와 발전과정을 밟아오다가 1990년대 후반 이후 대상, 영역, 내용면에서 이전과 확연히 다른 차원의 군사외교활동을 전개하기 시작하였다. 최근에는 정책적 · 실천적 노력은 물론 군사외교에 대한 이론화 · 학문화 작업까지 진행되고 있다.

2006년 중국 전군외사공작회의(全軍外事工作會議)시 차오강촨(曹剛川) 국방부장은 정책적 · 실천적 차원의 군사교류협력에 상응하는 군사외교 이론체계 정립을 요구하였다.[1)] 군사외교 학문체계 정립을 위해 이론화, 법제화, 과학화 수준까지 끌어올릴 것을 지시한 것이다. 뿐만 아니라 중국은 2009년 국가 총체적 외교활동을 결산하면서 4대 키워드(關鍵詞) 중 하나로 군사외교를 제시하는가 하면,[2)] 중국 군사 소프트파워(軟實力)의 4대 구성요소 중 하나로 군

1) "梁光烈主持全軍外事工作會議," 『解放軍報』(2006. 9. 25).

사외교를 포함시키고 있다.3)

1990년대 후반 이후 중국은 어떠한 이유에서 군사외교에 역량을 집중하는 것인가? 이는 무엇보다 개혁개방을 통한 국가 현대화를 성공적으로 추진하기 위한 중국 지도부의 전략적 판단에 기인한다고 볼 수 있다. 건국 이후부터 냉전기까지 중국 지도부의 인식이 '혁명', '투쟁'에 몰입되어 있었다면, 개혁개방과 탈냉전을 겪으면서 '건설', '안정'으로 전략적 중점이 전환된 것이다. 이러한 지도부의 인식 변화는 개혁개방과 국가 현대화 성공을 위한 평화로운 안보환경을 요구하게 되었으며, 이에 부합된 조처(措處) 중의 하나가 바로 전방위(全方位), 전영역(全領域), 다층차(多層次)적 군사외교의 추진이었던 것이다.4)

중국인민해방군은 1990년대 후반 이후 이와 같은 국가지도부의 인식 변화와 국가차원의 전략적 필요에 의해 군사외교의 대상과 영역을 확대해 나가고 있다고 보아야 할 것이다.5) 중국은 1998년 이

---

2) "2009中國外交四大關鍵詞: 議題, 大國, 多邊, 軍事," 中國新聞網(2009. 12. 26). 군사외교 부문은 군 고위층 상호방문, 국방협의(防務磋商), 연합훈련 등을 주 내용으로 포함하고 있다.

3) "論軍事軟實力視野下的中國軍事外交,"『甘肅社會科學』2009年第2期, pp. 238-241.

4) 중국 국내에서는 중국 군사외교의 특징을 다양하게 묘사하고 있다. 일례로,『中華人民共和國軍事史要』에서는 '全方位·多形式·多領域, 多層次'로, 인민해방군 부총참모장 章沈生은 '全方位·寬領域·多層次'로 표현하고 있다. 軍事科學院軍事歷史硏究所,『中華人民共和國軍事史要』(北京: 軍事科學出版社, 2005), p. 624;『解放軍報』(2007. 10. 9, 2010. 1. 24).

5) 중국 국방백서에 소개되는 군사외교 현황을 보면 1990년대 후반을 기점으로 확연한 차이가 있음을 알 수 있다. 일례로 1978년 개혁개방 천명 이후 1998년까지 약 20년간 고위급 군사대표단의 외국방문이 매년 평균 4개국에 그친데 반해, 1998년부터 2008년까지는 매년 평균 20개국을 방문함으로써 무려 5배나 증가했다고 밝히고 있다. 中華人民共和國國務院新聞辦公室,『中國的國防』(北京: 中華人

후 『中國的國防』(국방백서)에 '군사외교'라는 용어를 공식적으로 사용하고 있으며, 1996년에 제시된 '신안보관'(新安全觀)[6]이라는 안보전략의 틀 안에서 군사외교에 대한 학문적·실천적 노력을 경주하고 있다.

중국의 군사외교에 대한 이러한 '열정' 저변에는 학문적 '순수성' 외에 당-국가체제[7] 하의 '정치성'과 더불어 국가이익을 적극 구현하려는 '실무성'(實務性) 노력도 가미되어 있는 것으로 보인다. 개혁개방 이후 '현대화 건설'이라는 국가목표 달성을 위해 국가이익을 준거로 국가외교에 기여하는 군사외교를 추진하고 있는 것이다. 이러한 '특색'을 지닌 중국식 군사외교 연구를 위해서는 역사적 배경, 전략적 사고와 인식의 변화, 정치·외교와의 상관성, 국가이익과의 연계 등으로 세분화하여 검토해 볼 필요가 있다.

이 책은 앞에서 언급한 중국의 군사외교에 대한 '열정'이 남북한에 어떻게 투영되었는가를 역사적 맥락에서 고찰하는데 목적을 둔

民共和國國務院新聞辦公室, 1998); 中華人民共和國國務院新聞辦公室, 『2008年中國的國防』(北京: 中華人民共和國國務院新聞辦公室, 2008). 中國政府網(http://www.gov.cn) 참조.

6) 1996년 당시 외교부장 첸치천(錢其琛)은 ASEAN 지역포럼에서 최초로 '신안보관'(新安保觀) 개념을 제기하였으며, 1998년 국방백서 및 2002년 8월 2일자 『人民日报』에서도 同 개념을 상세히 설명하고 있다. '신안보관'의 핵심내용과 중국의 공식적 해석은 "中國關于新安全觀的立場文件," 『人民日報』(2002. 8. 2)를 참고할 것.

7) 중국의 당-국가체제 관련연구로는 李華, 『中國共産黨執政體制研究』(北京: 人民出版社, 2008); 楊光斌·李月軍, 『當代中國政治制度導論』(北京: 中國人民大學出版社, 2007); 陳明明, "現代化進程中政黨的集權結構和領導體制的變遷," 『戰略與管理』2000年06期, pp. 10-22; 조영남, 『중국 정치개혁과 전국인대』(서울: 나남, 2000) 등 참조.

다. 중국이 군사외교를 강조한 시기, 즉 탈냉전 이후 변화된 전략적 인식과 안보전략을 토대로 남북한과 전개한 군사외교를 사실적으로 조망하는 것이 이 책의 연구목적인 것이다.

이러한 연구진행을 위해서는 우선적으로 국제정치적 관점에서 냉전 전·후—엄밀한 의미에서는 한·중 수교 전·후—중국의 對한반도 인식과 전략을 확인하는 작업이 선행되어야 할 것이다. 물론 1990년대 후반 이후 중국이 군사외교를 본격적으로 추동했기 때문에 냉전기 중국의 對남북한 군사외교를 고찰하는 것이 무의미하다고 볼 수도 있을 것이다. 그러나 이 책에서는 현대적 의미의 중국 군사외교 틀을 냉전기 북·중 군사관계에 적용시킴으로써, 한·중 수교 이후 對남북한 군사외교에서 나타난 특징과의 연계성을 조망하고자 하였다.

주지하다시피, 중국과 북한은 한국전쟁을 통해 '혈맹'(血盟)이 되었고, 이후 1961년에는 '유사시 자동개입'과 '지체없는 군사지원' 조항이 포함된《중·조 우호협력 및 상호원조조약》(中朝友好合作互助條約) 체결을 통해 혈맹의 법적·제도적 기반을 구축했다. 그러나 1970년대 말부터 시작된 중국의 개혁개방과 1992년의 한·중 수교를 거치면서 중국의 對한반도 안보전략과 국가이익관에는 커다란 변화가 생겼다.[8)]

이러한 중국의 전략적 인식과 국가이익의 변화는 對남북한 군사외교 추진과정에서 어떠한 변화를 동반하였으며, 특히 탈냉전기 對

8) 이러한 인식 변화의 대표적인 예로 리펑(李鵬) 총리가 밝힌 8개항의 對한반도정책 지침을 들 수 있다. 이에 대한 자세한 내용은 『鏡報』第188號(1993年 3月), p. 51를 참고할 것.

남북한 군사외교에 나타나는 특징은 무엇인가? 만일 對남북한 군사외교 전개과정에서 특수성을 보였다면, 중국 군사외교의 보편적 성격은 변용(變容)된 것인가? 바로 이러한 물음에 대한 답을 찾기 위해 본 연구를 진행하게 되었다. 즉, 이 책은 중국 군사외교가 갖는 '광역성'의 배경과 특징은 물론, 중국 군사외교의 이론과 전개과정, 그리고 한·중 수교 전후의 對남북한 군사외교 추진과정에서 나타난 특징을 비교적 맥락에서 고찰하려는 것이다.

1990년대 후반 이후 중국이 그 어느 국가보다 군사외교에 대해 이론적·실천적 노력을 경주하고 있다는 점에서 본 연구주제는 중요한 의미를 갖는다. 그러나 주제의 중요성에 비해 연구성과는 매우 미진한 실정이다. 중국 국내에서의 연구는 당-국가체제에서 기인하는 중국인민해방군에 대한 당적(黨的)통제와 더불어 국가의 공식적 입장과 해석에 의해 규정받을 수밖에 없다는 점에서 제약이 따를 것이다. 대부분 중국 국내 연구자들의 자료는 분석과 해석보다는 규범적이고 선언적인 입장이 강조되는 경향을 보인다. 특히, 중국의 對남북한 군사관련 연구에 대해서는 정치적 민감성과 더불어 자료관리의 비밀성으로 인해 더욱 접근 자체가 어려운 실정이다.[9] 중국 외부에서의 연구 역시 중국 국가체제의 특수성과 자료의 제한, 그리고 군사학 관련 주제에 대한 연구자들의 비선호 등의 이유로 그 중요성에 비해 학문적 연구성과는 매우 저조한 수준이다.[10]

9) 중국 국방대학 현역 학생장교들의 논문 주제를 보더라도 對남북한 군사관련 주제는 거의 찾아보기 어렵다. 이는 주제의 민감성과 더불어 연구 대상국 중 남북한이 후순위에서 있기 때문이라고 한다. (중국 국방대학 某교수와의 인터뷰, 2007. 12. 22).

이 책의 연구범위는 중국과 남북한과의 군사관계를 고찰하기 위해 1949년 중국 건국 이후부터 2013년까지를 대상시기로 삼는다. 중국이 군사외교를 본격적으로 추동한 것은 1990년대 후반부터이지만, 그 이전 북·중 군사관계에 대해서도 현대적 의미의 군사외교틀을 적용함으로써 중국의 對남북한 군사외교를 통시적으로 고찰할 수 있을 것이다.

'혈맹'과 '순치관계'로 규정되는 냉전기 북·중 관계의 배경에는 항일투쟁·국공내전과 한국전쟁 시기 양국이 '피를 주고받은' 역사가 자리하고 있다. 그러나 항일투쟁과 국공내전 시기에는 정상적 국가 간의 관계가 아니었기 때문에 본 연구에 포함시키지 않았다. 또한 한·중 수교 이전 한국과 중국 간에는 군사교류가 전혀 없었기 때문에 이 시기 중국의 군사외교는 북한과의 관계로만 국한시켜 고찰할 것이다. 중국이 남북한을 대상으로 군사외교를 전개한 것은 한·중 수교 이후였기 때문에 본 논문 역시 한·중 수교 이전과 이후로 시기를 대별하였다.

이 책은 서론과 결론을 포함, 총 5개 장으로 구성되어 있다. 제2장에서는 군사외교에 대한 일반적인 이론을 정리하고, 중국 군사외교의 이론과 실제에서 나타나는 특징을 도출하는데 중점을 두었다. 특히, 군사외교에 대한 중국의 인식을 토대로 '전방위', '전영역',

10) 그러나 중국 인민해방군의 정치적 역할, 중국의 안보전략 및 군사정책, 인민해방군의 군사전략, 중국의 국방비 및 군수산업 등의 영역에 있어서는 많은 연구성과가 축적되어 있다. 국내 중국정치분야를 포함한 구체적인 연구성과는 정재호, 『중국정치연구론: 영역, 쟁점, 방법 및 교류』(서울: 나남, 2000); 나영주, "중국 인민해방군에 관한 연구현황과 발전방향," 『동아시아연구』제9호(2004), pp. 155-203을 참고할 것.

'다층차'적 군사외교 성격을 띠게 된 배경과 대상별 전개과정에서 나타난 행태를 유형화하고자 하였다. 제3장에서는 한·중 수교 이전 중국의 북한 '일변도'(一邊倒) 군사외교를 시기별로 고찰하였다. 이 시기 한국과 중국은 '적대적' 관계로서, 정치·군사적 접촉이 일체 없었기 때문에 북·중 군사외교로 국한될 수밖에 없었다. 제4장에서는 한·중 수교 이후 중국이 전개한 對남북한 군사외교활동을 제3장과 동일한 방식으로 고찰하였다. '두개의 조선' 정책 하에 중국이 추진한 군사외교활동 비교를 통해 중국 군사외교가 갖는 보편성과 특수성을 도출하고자 하였다. 제5장 결론에서는 논문의 논의를 정리하고, 서론에서 제기했던 문제들에 대한 종합적 해명을 시도하였다.

이 책에서 다루고자 했던 연구의 핵심은 중국의 군사외교가 남북한에 어떻게 투영되었는가를 사실에 기초하여 재구성하는 것이다. 따라서 연구대상 역시 군사외교에 초점을 맞추어야 한다. 군사외교의 핵심주체가 군복을 입은 현역군인임에는 틀림없지만, 중국을 포함한 세계 각 국가들은 민간인과 예비역, 그리고 국가 유관부서 등을 그 대상에 포함시키는 추세에 있다.[11] 따라서 이 책에서도 현역활동 외에 일부 비현역활동도 포함시켜 논의를 전개할 것이다. 또한 군사외교에 대한 영도권(領導權), 즉 의사결정권, 지휘권, 대표권은 국가지도부에 있기 때문에 중국과 남북한 간에 전개된 군사

---

11) 중국측에서 주장하는 군사외교 담당대표와 기구, 그리고 조직편성에는 대부분 군 위주로 소개되고 있다. 즉 주외 무관부와 유엔파견 군사대표단, 중앙군사위원회 및 국방부 등의 활동을 대표적으로 제시하고 있다. 이에 관한 자세한 내용은 楊松河, 『軍事外交概論』(北京: 軍事誼文出版社, 1999), pp. 223-263을 참고할 것.

외교에 있어 국가정상들의 활동이 상당부분 포함될 것이다.

향후 본 주제와 관련하여 국내·외 많은 연구성과가 나오길 기대하는 저자의 바램 차원에서 본 연구진행시 활용했던 자료수집의 출처를 간단히 소개한다. 우선적으로 당과 정부의 공식문건, 신문 및 잡지, 중국인민해방군 주요 지도자와 참모들의 개인문집과 회고록, 그리고 중국사회과학출판사에서 발간한『中國對朝鮮和韓國政策文件匯編』등이 이 연구에서 주로 이용한 1차 자료이다. 이 외에 중국 인터넷 학술사이트(中國知網)의 논문과 국내·외 연구성과, 그리고 현지 인터뷰를 통해 연구의 공백을 보강하는데 활용했다.[12)]

먼저, 중국 관방의 문헌은 선전과 홍보 목적으로 대량 출판되어 왔으며, 특히 최근에는 투명성 제고 목적으로 외교·국방분야 자료를 대대적으로 발간하고 있다. 본 연구주제와 관련하여 주로 활용가능한 관방문건으로『中國的國防』(국방백서),『中國外交』(외교백서), 그리고《政府工作報告》등을 들 수 있다.『中國的國防』는 1998년부터 격년으로 2012년판까지 발간되어 냉전기 자료를 확인할 수 없다는 단점이 있긴 하지만, 중국의 위협인식과 국방정책, 대외군사교류협력에 대한 공식적 입장을 확인할 수 있는 자료로서 가치가 있다.『中國外交』는 1987년부터 매년 발간되었다. 이 자료를 통해 1986년 이후 중국의 對한반도 인식과 對남북한 외교관계의 기조와 흐름을 파악할 수 있다.[13)] 한편, 1954년 이래 매년 발간된《政

12) 이 책의 일부 내용은 중국 현지에서의 면접조사(interview) 자료에 근거한 것이지만, 이는 그리 많지 않다. 저자는 2007년 8월부터 6개월간 중국 국방부 외사판공실, 국방대학 등 중국 군사외교관련 요원들과의 접촉기회를 갖고 제한적이긴 하지만 현지 면접조사를 진행하였다.

13) 관방문건은 아니지만 中國人民大學書報資料中心은 국내에서 발간되는 3,500여

府工作報告》는 한반도 및 남북한에 초점을 맞춰 발간된 문건은 아니지만 중국의 시대관과 인식관을 엿볼 수 있는 관방문건이라는데 의미가 있다.[14] 이 문건은 중국의 對한반도 전략적 사고와 인식을 고찰하는데 참고가 된다. 중국 관방문건 외에도 미국의 연례보고서 *Military Power of the People's Republic of China*와 대만의 『國防報告書』, 일본의 『防衛白書』, 그리고 한국의 『국방백서』 등도 중국의 국방정책과 대외군사관계를 확인하는 '보조' 역할로 활용할 수 있다.[15]

종의 신문과 잡지에서 선별한 글을 편집하여 『復印報刊資料 (中國外交)』로 발간하고 있다. 이 자료 역시 중국의 對남북한 외교를 확인할 수 있는 좋은 1차 자료로서의 가치가 있다.

14) 《政府工作報告》는 인민대표대회(人大) 및 정치협상(政協) 회의(통상 '兩會'라고 칭함)시 국무원 총리가 정부 대표로서 주석단 및 대회대표, 그리고 정협위원들에게 실시하는 보고서이다. 보고서는 국무원 판공실에서 초안을 작성하고, 국가 지도부의 결재를 득한 후 '兩會'에서 총리가 낭독한다. 정부공작보고서는 통상 4개 부분으로 구성된다. 첫째, 지난 1년간의 업무를 분석하고, 주요 성과와 경제지표 등을 발표한 다음 분야별 세부업무에 대한 결과보고를 진행한다. 둘째, 정부의 당해년도 계획과 목표 제시 후 분야별 세부 추진계획과 목표를 제시한다. 셋째, 정부 자체업무에 대한 보고를 실시한다. 정부 분야별 업무, 민주화 건설, 법치행정, 기율 등 부분에 있어서의 자구적 노력과 성과를 제시한다. 마지막으로 외교 및 국제정세에 대한 평가를 포함한다. 이 책에서 많이 참고한 부분이 바로 이 부분이다. 또한 '5개년 계획'을 추진하는 첫해에는 지난 5년에 대한 성과분석과 더불어 향후 5년간의 기본계획을 발표한다. 최근에는 영역본 외에 소수민족 배려 차원에서 7개 소수민족(몽고족, 티벳족, 위그루족, 조선족, 카자흐족, 이족, 장족) 언어로 된 번역본을 배부하고 있다. 中華人民共和國人民政府 홈페이지(http://www.gov.cn). 참고.

15) 이 책에서 참고한 주요국가의 관방문건은 다음과 같다. 미국: *Military Power of the People's Republic of China(2002-2009),* 대만: 『國防報告書』(1992-2007, 격년), 일본: 『방위백서』(2000-2007), 한국: 『국방백서』(1967-2008, 1969-1987에는 미발간).

개인문집, 연보(年譜), 기요(紀要) 및 기실(紀實), 전기 및 회고록 자료 등은 공식문건에 나타나지 않는 군사관련 배경자료와 지도부의 인식을 파악하는데 유용하게 활용된다. 특히 각종 연보와 전기는 다량의 내부자료를 활용하여 편찬되는 경우가 많기 때문에 타 자료에서 얻기 힘든 소중한 내용들을 포함하고 있다.[16] 또한 『毛澤東選集(1-4)』과 『毛澤東年譜(上,中,下卷)』, 『周恩來軍事文選(1-4卷)』과 『周恩來年譜(上,中,下卷)』, 『徐向前回憶錄』, 『劉華淸回憶錄』, 『楊成武回憶錄』, 『洪學智回憶錄』, 『彭德懷年譜』 등의 자료에 포함된 한국전쟁 및 북·중 관계 관련내용은 본 연구주제에 직접적인 도움을 준다. 개인의 기억과 기록에 의존하는 회고록과 일종의 논픽션 기술자료인 기실(紀實)은 사실성과 객관성을 완전히 보장할 수 없지만 타 자료와의 교차검증을 통한다면 매우 유용하게 활용할 수 있는 자료들이다.[17]

---

16) 이와 관련하여 중국의 저명학자 선즈화(沈志華)는 중국에서 당안자료(黨案資料)를 출판할 때, (정치·외교적으로) 민감한 부분을 생략하는 경우는 있지만, 사실을 변조하는 경우는 없다고 언급하였다(2001년 10월 25일 서울에서 개최된 "한국전쟁 중 중국의 참전전략과 포로문제"에 대한 학술세미나에서 北京 東方歷史硏究會 沈志華 회장의 발언). 안치영, "중국 개혁개방 정치체제의 형성(1976-1981)," 서울대학교대학원 박사학위논문(2003), p. 22에서 재인용.

17) 중국에서 발간되는 기실(紀實), 기요(紀要), 연보(年譜), 전기(傳記)의 차이를 알아보면, 기실(record of actual event)은 일종의 넌픽션으로써 중국정치를 포함한 특정 사건에 대한 저작을 말한다. 학술적 인용에 한계가 있긴 하지만 중국학자들의 경우 기실자료를 많이 인용한다. 그러나 기실의 맹점은 주요 인사의 인터뷰 내용 등 다량의 자료를 인용하지만 근거에 대해서는 확인하기 어렵다는 것이다. 기요(summary of minutes)는 문자로 기록한 요점으로써 통상 회의, 회담과 관련한 내용들이 많으며, 경우에 따라서는 비밀로 분류되기도 한다. 최근 북·중 국경지역에서 탈북자 문제를 둘러싼 양국간의 회담에 대한 기요 등이 이에 해당된다. "中朝兩國邊防軍互助 非法越境事件降90%," 『解放軍報』(2009.

다음으로 반(半) 관방 성격을 띠는 유용한 자료가 있다. 대표적으로 中國社會科學出版社에서 발행한 『當代中國軍隊的軍事工作』과 『中國對朝鮮和韓國政策文件匯編 1949-1994』, 그리고 世界知識出版社의 『中國同朝鮮半島國家關係文件資料匯編 1991-2006』를 들 수 있다. 1989년에 발간된 『當代中國軍隊的軍事工作』의 경우 무려 120명의 군 전문가들이 연구진으로 편성되어 건국이후 40여년간의 중국인민해방군 역사를 비교적 객관적으로 기술한 군사사(軍事工作史)로 평가되는 자료이다.[18] 특히, 한국전쟁을 포함한 냉전기 북·중 군사관계와 중국의 대외군사협력분야를 연구함에 있어 중국내 가장 권위있는 자료라고 볼 수 있다. 또한 『中國對朝鮮和韓國政策文件匯編 1949-1994』와 『中國同朝鮮半島國家關係文件資料匯編 1991-2006』는 북·중 관계는 물론 한·중 관계를 역사적으로 고찰하는데 더없이 좋은 자료로 평가된다.[19] 특히, 정상회담을 포함한 군사

---

11. 18). 마지막으로 연보(chronicle of somebody's life)는 시간에 맞춰 한 사람의 중요 행적을 간략히 기록하며, 이는 전기에 비해 간략하고 중요한 내용만 선별하여 기록한다는 차이점이 있다.

18) 『當代中國軍隊的軍事工作』은 1983년 《當代中國》叢書編輯委員會가 별도로 구성되어 무려 15년 동안 10만명의 인력을 동원하여 총150권을 집필하는 프로젝트의 일환으로 발간된 문헌이다. 《當代中國》총서는 내용에 따라 크게 5개 분야(종합, 분야별, 전문성, 지역별, 인물전기)로 구분하여 집필되었으며, 1999년 6월에는 전자서적으로도 출판되었다. 이중 군사분야는 총18권이며, 이는 전문성 10권과 인물전기 8권으로 구분된다.

19) 『中國與朝鮮半島國家關係文件資料彙編 1991-2006』는 기 발간된 두 편의 속편(續編)으로서, 국제정세의 급변 — 1990년대 초 중국의 對한반도 관계가 대폭 조정되었으며, 한·중 수교 및 對북한 관계의 변화 등 — 이라는 상황적 고려와 기존에 발간된 저작들의 발간부수가 적어 후속 발간하게 되었다. 同 발간물에는 비밀해제된 문건과 지도자들의 공개발언 및 문장, 정부성명, 각종 조약 및 협정, 그리고 『人民日報』, 『新華月報』에 게재된 평론과 보도내용 등을 포함하고 있다.

대표단 상호방문, 각종 기념행사 등에 대한 현황뿐만 아니라, 외교적 수사의 변화를 통한 중국측의 인식을 엿볼 수도 있는 자료라고 할 수 있다.

신문자료로는 중앙군사위원회 기관지인 『解放軍報』[20]와 중공중앙 기관지인 『人民日報』,[21] 그리고 중국 국가통신사인 신화사(新華社)의 인터넷 신문 『新華網』[22] 등이 본 연구주제와 관련한 주요 신

劉金質 外, 『中國與朝鮮半島國家關係文件資料彙編 1991-2006』(北京: 世界知識出版社, 2006), 編者說明 참고.

20) 『解放軍報』는 중앙군사위원회 기관지로 1956년 1월 1일 창간되었다. 1999년 10월 1일부로 인터넷판이 구축되었고, 2004년 중국건국 55주년을 기점으로 기존의 『解放軍報』 인터넷판을 中國軍網으로 개축하였으며, 2003년 3월 5일부터는 영문판도 병행 발행하고 있다. 중국 군사외교와 관련한 군 지도부의 공식 발언, 고위급 인사 및 대표단 교류 등 군부의 공식적 입장을 확인할 수 있는 자료이다. 특히 1990년대 후반 이후 중국 군사외교에 관련한 내용을 총참모부 부총참모장 혹은 총참모장 보좌관(助理) 명의로 싣고 있어 중국 군사외교 관련 군 지도부의 인식을 파악하는데 유용하다. 2004년 인터넷판 개축 이후 이전 자료에 대한 검색은 거의 어려운 상태이며, 『人民日報』와 같은 CD판(光盤版)은 아직까지 보급되지 않고 있다.

21) 『人民日報』는 중국에서 가장 권위있고 발행량도 최다인 일간지로써, 당 및 국가의 방침, 정책, 그리고 군사를 포함한 제 분야의 주요 뉴스를 담고 있는 중공중앙위원회 기관지이다. 특히 10년 이상의 작업을 거쳐 2009년 말에 제작된 《人民日報圖文數据系列光盤》(DVD 18장)과 《索引盤》(CD 1장)을 통해 일자, 판번, 표제, 키워드, 작자, 기타 검색어 등의 검색으로 1946년 5월 15일부터 2009년 12월 21일까지의 『人民日報』 검색이 가능하다. 냉전시기를 포함하여 중국 지도부의 해외방문, 외국 주요인사의 중국방문, 그리고 일부 군 대표단의 상호방문 등의 내용을 확인할 수 있는 유용한 자료이다.

22) 新華社는 중국 국가통신사로 1931년 11월 7일 '紅色中華通信社'로 창설되었다가 1937년 개명하여 현재에 이르고 있다. 홍콩과 대만을 포함한 해외는 물론, 중국인민해방군과 무장경찰에도 지부를 설립하여 활동하고 있으며, 특히 新華社에서 운영하는 인터넷 신문 新華網은 중국에서 가장 영향력있는 인터넷 신문으로 알려져 있다. 新華網은 군사 Section을 별도로 구축하여 군내외 주요뉴스와 관련자료를 제공하고 있다. 新華社는 新華網외에도 『參考消息』(日報), 『瞭望』

문자료라 할 수 있다.

대표적인 잡지로는 중국의 對남북한 정치 · 외교 및 군사관계에 대해 비판적 시각을 제기하는 홍콩의 『爭鳴』 및 『動向』,[23] 그리고 중공 및 중앙정부에 '호의'적 글을 게재하는 『求是』, 『文匯報』, 『瞭望』[24] 등이 있다. 특히, 홍콩에서 발간하는 월간잡지 『爭鳴』과 『動向』의 경우 1990년대 초반 중국의 對북한 군사지원, 군사대표단 방문 등의 자료를 확인하는데 유용하며, '홍보'와 '선전'으로 일색된 중국대륙의 잡지에 대한 교차적 검증 차원에서 부분적인 참고가 된다. 이 외에도 중국 국내 군사전문잡지인 『軍事史林』, 『軍事文摘』, 『環球軍事』, 『國際展望』, 『兵器知識』, 『艦船知識』, 『航空知識』, 『世界軍事』 등을 통해 중국인민해방군에 관한 배경자료를 취득할 수 있다.

한편, 북한측 자료로는 『조선민주주의인민공화국 대외관계사 1,

(週刊), 『環球』(半月刊) 등을 발간하고 있다. 이 역시 중국군 관련내용을 담는 경우가 있어 활용가치가 있다.

23) 『爭鳴』은 1977년 11월 1일 창간되었으며, 매월 1일 발간되는 월간지이다. 주로 중국대륙의 '어두운'(黑暗) 부분 및 '내막'(內幕) 위주의 글과 쟁점이 되는 사안을 게재하고 있다. 중국정부에서도 이러한 비판적 성향을 가진 『爭鳴』을 '반동'(反動), '반공'(反共) 잡지로 평가하고 있다. 『動向』은 『爭鳴』의 자매지로써, 동일 출판사에서 발간된다. 중국정부의 비판적 입장에 대해서는 胡績偉, "喪心祝賀《爭鳴》創刊30周年," 『爭鳴』2007年8月號.를 참고할 것.

24) 『文匯報』는 1984년 9월 9일 홍콩에서 창간된 일간지로, 이는 1938년 창간되었다가 국민당의 압력으로 1947년 폐간된 『上海文匯報』를 계승하였으며, 『爭鳴』이나 『動向』과는 달리 중국정부의 비준과 비호 하에 중국대륙에서도 발간되고 있다. 홍콩 및 중국대륙은 물론 세계 화교들을 대상으로 한 독자층을 구성하고 있다. 한편 『求是』는 중공중앙위원회에서 주관하는 반월간(半月刊) 잡지로서, 1988년 이전의 『紅旗』를 개명하여, 중국인민해방군 및 당 간부들의 글을 다수 게재하고 있다.

2』, 『김일성 선집』 및 『김일성 저작집』, 『조선중앙연감』, 『근로자』, 『로동신문』 등에 기술된 관련내용을 통해 북·중 관계에 관한 북한측 시각을 파악할 수 있다.이 외에도 최근에는 인터넷을 통한 자료수집이 용이하기 때문에 신뢰도를 고려한 가운데 인터넷 자료도 상당부분 활용할 수 있다. 특히, 중국 국내 학술지 게재논문, 학위논문, 중요회의 문건 등의 자료는 중국 최대의 학술자료 사이트인 中國知網(http://www.cnki.net)을 통해 원하는 자료를 손쉽게 수집할 수 있을 것이다.[25)]

25) 中國知網은 중국 清華大學과 清華同方이 공동 발기하여 1999년 6월에 세계에서 가장 많은 자료를 소장한 'CNKI(China National Knowledge Infrastructure) 디지털 도서관'을 구축하였다. 웹상에서 중국정치에 관한 자료수집과 이에 대한 평가에 대한 대표적인 연구로는 정재호, "인터넷과 중국정치연구," 『중국정치연구론: 영역, 쟁점, 방법 및 교류』(서울: 나남출판, 2000), pp. 441-465; 김태호, 『대(對)중국 군사정책의 발전방향: 대중국 군사정책에 미치는 제한요인 분석을 중심으로』(국방부 06년도 전반기 국방정책분야 용역연구과제 최종 연구보고서, 2006. 9), pp. 4-5; M. Taylor Fravel, "Online and on China: Research Sources in the Information Age," *China Quarterly*, No. 163 (September 2000), pp. 821-842 등을 참고할 것.

제2장

군사외교의 이론적 고찰

'군사'와 '외교'의 연구영역은 그 어느 분야보다 빠른 태생적 역사를 갖고 있다. 반면, 군사외교에 관한 연구는 아직까지 독립영역으로서의 학문적 인정을 제대로 받지 못하고 있는 실정이다. 일종의 '변연'(邊緣) 혹은 '종합' 성격을 띤 초보적 단계에 있다고 보아야 할 것이다. 이는 아마도 군사외교가 군사와 외교라는 두 영역의 교집합이기 때문에 나타나는 현상일 것이다.

본 장에서는 학계 및 정책분야에서 시론(試論)적으로 검토된 군사외교 관련 이론을 정리하고, 중국의 독자적인 학문체계 정립 노력과 그 실천행태를 살펴보고자 한다. 이러한 작업은 중국의 군사외교 개념 정의로부터 목적과 유형에 이르기까지 지금까지 시도되지 않은 영역에 대한 초보적 접근을 필요로 한다.

제1절 군사외교의 개념과 이론

1. 군사외교 개념과 범주

군사외교에 대한 명확한 개념 정의에 앞서 '국방외교'(defence diplomacy)와 '군사외교'(military diplomacy)의 용어 혼용을 둘러싼 논의가 필요하다. 이는 세계 각 국가에서 사용하는 용어가 양분되어 있을 뿐만 아니라, 특히 한국의 경우에도 몇 차례에 걸친 용어 수정이 있었기 때문에 고찰의 의미가 있을 것이다.[1)]

'국방외교'와 '군사외교' 용어 사용을 둘러싼 국가별 논의를 요약해보면, 미국의 경우 학술적 연구보다는 대부분 정책적 실천과정에서 군사외교 용어를 사용하고 있다.[2)] 학술적 차원에서 볼 경우 군사외교 개념보다는 '강압외교'(coercive diplomacy)에 관한 개념 및 연구가 주를 이루고 있다.[3)] 강압외교는 통상 "외교행위의 한 형

---

1) 한국 역대 국방백서에 표현된 국방(군사)외교 용어 변천과정은 다음과 같다.

구분	1967년 (1회)	1968년 (2회)	1988-1992년 (3회-7회)	1993-1996년 (8회-11회)	1997-2007년 (12회-20회)	2008년 (21-23회)
용어	군사외교	국방외교	미 사 용	대외군사교류협력	군사외교	국방외교

국방부는 2008년 이전까지 『국방기본정책서』부록으로 발간했던 『군사외교지침서』(평문)를 『국방외교지침서』(대외비)로 표제를 수정하여 발간하였다.

2) 미국의 로버트 오클리(Robert Oakley) 대사는 국방외교를 "평시 구체적인 국가안보 목적을 구현하기 위해 비강압적 방법으로 국방자원을 사용하는 것"이라고 정의하였으며, 이러한 견해는 美국방부의 인식을 대변하는 것이라고도 볼 수 있다. 이 내용에 대해서는 Oakley, Robert. "Defence Diplomacy: Its Impact On Security Relationships," *Paper for the IISS 41st annual conference committee 4*, IISS (September 1999)를 참고할 것.

태로 설득이나 회유적 방법이 아닌 강요와 무력시위 등을 통해 자국의 의사를 타국에 관철시키려는 외교활동"을 말한다.[4)]

강압외교 개념은 군사외교 목적 및 실천적 차원에서 볼 때 해군외교(naval diplomacy), 함정외교(gunboat diplomacy) 개념과는 각기 미세한 차이가 있다. 해군외교는 대외정책의 일환으로 군함을 타국에 배치하는 것을 의미하며, 함정외교는 전쟁행위는 아니지만 타국에 군사적인 시위나 위협을 통해 외교목적을 달성하는 외교를 말한다. 해군외교가 군사력 강제보다는 협력 혹은 비강압적 설득(non-coercive suasion)의 성격을 갖지만, 함정외교의 형태로 확대될 경우 군사력 사용까지를 포함하게 된다.[5)] 함정외교는 해군외교의 한 형태이긴 하지만 엄밀히 구분한다면 군사외교가 아닌 강압외

---

3) 이러한 미국의 강압외교에 대해 중국에서는 자국의 '평화적'인 군사외교 개념과 대비시켜 미국의 군사외교정책을 비판하기도 한다. 비판내용을 담고있는 중국 국내 주요연구로는 錢春泰, "美國與强制外交理論,"『美國研究』, 2006年 第3期, pp. 49-64; 肖剛·何廣華, "强制外交: 西方國家軍事外交的核心內涵,"『國際論壇』, 第11卷第6期(2009. 11), pp. 1-7을 참고할 것.

4) 국방대학,『外交關係用語集』(2006), p. 30. 강압외교에 관한 대표적 연구는 쉘링(Thomas C. Shelling)과 조지(Alexander L. George)의 연구를 들 수 있다. 쉘링은 강압외교 이론을 주로 군사적인 관점에서, 조지는 보다 외교적인 측면에 비중을 둔 주장을 하고 있다. Thomas C. Schelling, *Arms and Influence* (New Haven, Conn: Yale University Press, 1966), pp. 69-91; Alexander L. George, *Forceful Persuasion: Coercive Diplomacy as an Alternative to War* (Washington, D. C.: United States Institute of Peace Press, 1991), pp. 10-11.

5) 이러한 사례에 대해서는 Booth, K, *Navies and Foreign Policy* (London: Croom Helm, 1977); Gorshkov, S. G, *The Sea Power of the State* (Oxford: Pergamon Press, 1979); McGwire, M and J McDon-nell, *Soviet Naval Influence: Domestic and Foreign Dimension* (New York: Praeger Publishers, 1977)을 참고할 것. Du Plessis, Anton, "Defence diplomacy: conceptual and practical dimensions with specific reference to South Africa," p. 114에서 재인용.

교의 한 형태로 보는 것이 보다 합당할 것이다. 협력외교와 상대되는 개념으로서의 강압외교는 군사력 수단을 사용하는 '피없는'(bloodless) 외교라고 표현할 수 있지만, 통상 무력사용 외에 다른 외교수단이 없을 경우 사용된다는 점이 군사외교와 다르다. 강압외교의 경우 통상 일상적인 해군외교활동과 연계되지만 해군 혹은 함정외교의 범주를 넘어서 확대되는 경우도 많다.

이러한 혼재된 개념을 군사와 외교차원에서의 '영향'(influence), '설득'(suasion), '억제'(deterrence), '강제'(compelling)라는 4가지 요소로 구분하여 상호연계성을 도식하면 〈표 2-1〉과 같다.

〈표 2-1〉 군사외교에 있어서 '군사'와 '외교'의 연계성

	협력(cooperation) - 설득(suasion)		
외교적 차원	**'영향'(influence)** · 잠재적 설득(복종) · 예방외교 · 군사외교 · 해군외교 * 비강압적 활동(예: 친선방문)	**'억제'(deterrence)** · 군사력 현시 · 군사위협 및 투사	군사적 차원
	'설득'(persuasion?) · 외교적 설득 · 해군외교 * 강압적 활동(예: 停船)	**'강제'(compelling) compellence?** · 강압외교 · 해군외교 * 초강압적 활동(예: 제한된 해군활동) · 함정외교	
	충돌(conflict) - 강제(coercion)		

출처: Du Plessis, Anton, "Defence Diplomacy: Conceptual and Practical Dimensions with Specific Reference to South Africa," *Strategic Review for Southern Africa*, Vol. 30, No. 2 (Nov 2008), p. 96.

영국을 포함한 영연방 국가들은 '국방외교' 개념을 사용하되, "무관을 포함한 군인들이 실시하는 충돌 예방 및 처리에 관한 업무"[6]라는 지극히 협의적 수준의 정의로 한정하고 있다. 이러한 사전적 개념 정의를 학술적 차원으로 수용하기에는 한계가 있다. 또한 '국방외교'에 관한 정확한 개념 정의보다는 '국방외교'의 임무와 역할, 활동과 그 성과 등에 초점을 맞춰 기술하고 있다. 또한 러시아는 군사외교를 군사정보업무의 대명사로서, 해외무관들에 의해 수행되는 업무로 국한하는 등 매우 소극적인 태도를 취하고 있다. 이와는 달리 대만과 중국의 경우 대부분 '군사외교' 용어를 사용하고 있으며, 그 어느 국가보다 '군사외교'에 대한 개념 정의는 물론 학문적 체계 정립을 위해 노력하고 있다.

한국은 1990년대 후반부터 학문적 접근을 시도한 이후 간헐적으로 군사외교에 관한 연구결과를 발표하고 있지만, 이러한 연구물에서도 용어에 대한 혼용 현상이 나타나고 있다. 초기 연구자들은 대부분 '군사외교' 용어를 사용해 왔으나, 최근 일부 연구자가 '국방외교' 용어 사용의 타당성을 제기하기 시작하였다.[7]

---

6) G. R. Berridge and Alan James, *A Dictionary of Diplomacy* (2nd Edition), (Nov 2003). p. 66.

7) 예컨대 국방대 하도형 교수는 "국방외교는 단지 군사적 측면의 외교에만 제한된 것이 아니라, 국가안보 및 국방과 관련한 광범위한 영역에서 진행되는 대외적 활동"이라고 주장한다. 또한 한국의 對주변국 군사외교 목적에서 언급하고 있는 '급변하는 국제안보환경에 대한 효과적 대처'와 '남북한 평화공존을 위한 유리한 환경조성' 등은 국방영역의 범위를 초월하여 국가안보의 영역까지 확대된다는 점을 지적하면서 국방외교 용어 사용의 타당성을 제기하고 있다. 하도형, "한·중 국방교류의 확대와 제한요인에 관한 연구: 한·중의 대북 인식요인을 중심으로," 『현대중국연구』 제9집 2호(2008), pp. 6-10.

이상에서 살펴본 것처럼 개념의 혼용 문제는 국가별 인식과 연구자별 관점이 상이하기 때문에 어느 개념이 맞는다고 단정할 수 없다. 이 책에서는 중국에 초점을 맞춘 논의 전개를 위해 '군사외교' 용어를 사용할 것이다.

다음으로 군사외교를 어떻게 정의할 것인가에 대한 논의가 필요하다. 한국 국방부는 군사외교를 "타국과의 군사적인 유대강화 및 교류협력을 통하여 국가외교에 기여하고, 군사적 역량을 증진시키며, 유사시 외국의 군사적 지원을 획득하기 위해 수행하는 제반 활동"[8]이라고 정의하고 있다. 이러한 개념 정의는 국방당국자가 아닌 인사가 군사적 목적 달성에 기여하는 행위도 군사외교이며, 국방당국자가 국가경제에 이바지하기 위하여 방산수출을 위한 외교적 노력을 경주하는 것도 군사외교 범주에 포함하고 있는 것이다. 또한 군사외교의 성격을 규명함에 있어 '군사적 목적을 달성하기 위한 외국과의 관계'로 보는 목적 중심적 성격과, '국방당국자가 외국 국방당국자들과 국가의 이익을 극대화하기 위하여 취하는 제반 행동'으로 보는 행위자 중심적 성격을 모두 포함하는 정의라고 볼 수 있다.

한국 국방부의 군사외교에 관한 공식적 정의 외에 일반 학자들에 의해 발전되어온 개념을 정리하면 다음과 같다. 배진수 박사는 "국가목표에 따른 외교 및 국방목표를 추구하기 위해 결정된 외교정책과 국방정책을 실현시키기 위한 군사부문의 대외적 군사교류 협력활동"[9]으로 정의하였고, 최영종 교수는 군사부문의 외교적 영

8) 차영구 · 황병무 編著, 『국방정책의 이론과 실제』(서울: 오름, 2004),, pp. 403-404.
9) 배진수, "한국 군사외교론: 개념체계와 실천과제," 『國際政治論叢』제37집 2호

역과 외교부문의 군사적 측면을 통합한 개념으로서의 군사외교, 즉 외연이 확대된 군사외교의 개념정립을 주장하였다.[10] 한편 하도형 교수는 기존 연구결과를 바탕으로 "국방외교(군사외교)는 국가안보와 외교의 정책적 목표에 기반한 국방분야의 제반 대외적 활동"으로 포괄적인 개념 정의를 내리고 있다.[11]

이상에서 살펴본 것처럼 연구자별 시각과 관심에 따라 군사외교에 대한 개념 정의 역시 차이를 보이고 있다. 저자는 군사외교에 대한 작위적(作爲的) 再정의 보다는 국방부의 공식적 입장을 따르고자 한다. 왜냐하면 일반 연구자들에 비해 국방부의 정의가 군사외교에 대한 협의·광의적 개념을 모두 포괄할 뿐만 아니라, 목적과 대상 그리고 그 성격까지 함축적으로 표현하고 있기 때문이다.

군사외교 개념 정의에 있어 군사외교 범주 규정이 매우 중요함에도 불구하고 이를 명확히 제시하고 있는 연구물을 찾아보기가 어렵다. 여기에서는 넓은 의미에 있어서 대외군사교류협력을 군사외교로 볼 수 있다는 전제하에 대외군사교류협력 범주를 군사외교 범주와 동일시하고자 한다. 즉, 군사외교는 협력의 강도, 의무 수반여부, 공동위협의 존재여부를 변수로 삼아 군사동맹, 군사협조, 그리고 단순 군사교류의 3가지 범주로 구분할 수 있다.[12] 또한 군사외

(1997), p. 292.

10) 최영종, "우리나라 군사외교의 이론과 실제," 『전략연구』통권 제2호(2004), p. 185.

11) 하도형, "한·중 국방교류의 확대와 제한요인에 관한 연구," p. 10.

12) 한국 국방부는 군사외교 영역을 군사교류와 군사협력으로 양분하면서, 군사동맹은 군사협력의 범주에 포함시키고 있다. 차영구·황병무 編著, 국방정책의 이론과 실제』, pp. 404-407. 군사동맹(Military Alliance), 군사협조(Military Entente), 군사교류(Military Exchange)에 대한 정의는 국방대학, 『안보관계용어집』, pp.

교는 협력분야에 따라 작전/운영분야, 인사교류분야, 군수/방산분야 등으로 구분할 수 있으며, 각 분야별 포함되는 내용은 〈표 2-2〉와 같이 정리할 수 있다.[13)]

〈표 2-2〉 군사외교 분야별 포함내용

구 분	포 함 내 용
작전/운영	· 조약 · 협의기구 · 비용분담 · 군사력의 파견주둔 · 연합훈련 · 군사작전 및 교리의 공동연구 · 군사정보교환
인사교류	· 주요인사 교환방문 · 무관교환 · 군사교육훈련 교류 · 군사사절단 교환방문 · 군사훈련 참관
군수/방산	· 군사원조 · 방산협력 · 군사교역(방산품, 전략물자) · 군사과학기술 교류 및 공동연구개발

출처: 윤종호, "대외군사협력 발전방향: 대미, 대일 군사협력을 중심으로," 『교수연구보고서』(국방대학원, 1991) pp. 11-12.; 최경락 · 조희완, 『한 · 일 관계론』(서울: 대왕사, 1985), p. 141.

22-23; 국방부, 『국방백서 1994-1995』, p. 120을 참고할 것.

13) 미국의 경우 국제군사 및 국방관리교육, 외국과의 군사교류, 군사원조 및 무기판매 등을 군사외교활동분야로 제시하고 있으며, 영국은 군비통제, 반확산, 신뢰구축, 양자 및 다자간 군사협조와 협력(군사교육, 인적교류 등) 등으로 구분하고 있다. Cottey와 Forster는 이러한 각국의 입장을 종합하여, 군 고위급 상호접촉, 무관부 운용, 양자간 국방협력, 군사교육교류, 외국군 채용, 연합훈련 등을 군사외교활동에 포함하고 있다. Cottey, A and A Forster, *Reshaping Defence diplomacy: New Roles for Military Cooperation and Assistance,* Adelphi Paper 365, The International Institute for Strategic Studies (London: Oxford University Press, 2004), pp. 5-6 and p. 69.

2. 국가안보와 군사외교

미국의 경우 2차 세계대전 이후 대다수 연구자들이 국방정책을 협의의 안보정책과 동일한 개념으로 취급하였다.[14] 1980년대에 '대체 안보'(alternative security)를 주창한 학자들 역시 안보정책과 국방정책의 연구를 동일시하는 경향을 보였다.[15] 반면, 일부 학자들은 안보정책을 국가의 대전략 범주에 포함시키고, 군사정책은 안보정책을 구성하는 하위개념으로 분류하기도 한다. 카우프만(Daniel J. Kaufman)의 경우 〈그림 2-1〉에서 보는 것처럼 미국 안보정책을 구성하는 하위정책으로 경제정책, 국방정책, 외교정책을 들고 있다.

〈그림 2-1〉에서 보는 것처럼 미국의 안보정책은 외교, 경제, 국방정책의 세 영역으로 구분되며, 각각은 상호 밀접한 연관성을 갖는다. 외교정책은 동맹관계 강화와 국제기구 참여도 증진, 그리고 국제협상력 제고에 중점을 두고 수립되고, 경제정책은 국내경제의 번영과 이를 위한 국제적 환경조성에 초점을 맞추고 있다. 국가안

---

14) Douglas J. Murray and Paul R. Viotti, *The Defense Polices of Nations: A Comparative Study* (Baltimore and London: Johns Hopkins University Press, 1989), pp. 3-6; John F. Reichart and Steven R. Sturm, *American Defense Policy*, 5th ed., (Baltimore and London: Johns Hopkins University Press, 1982). 黃炳茂, 『新中國軍事論』(서울: 법문사, 1991), p.15에서 재인용.

15) '대체 안보'에 관한 대표적 연구로는 Alternative Defence Commission, *The Politics of Alternative Defense: A Role for A None-nuclear Britain* (London: Paladin Books, 1987, Cambridge: Ballinger Publishing Co., 1986). 또한 '대체 안보' 연구경향에 관한 연구로는 黃炳茂, "구미의 평화연구와 한국에서의 적용," 『國際政治論叢』, 30집 2호(1990), pp. 122-142. 黃炳茂, 『新中國軍事論』, p. 16에서 재인용.

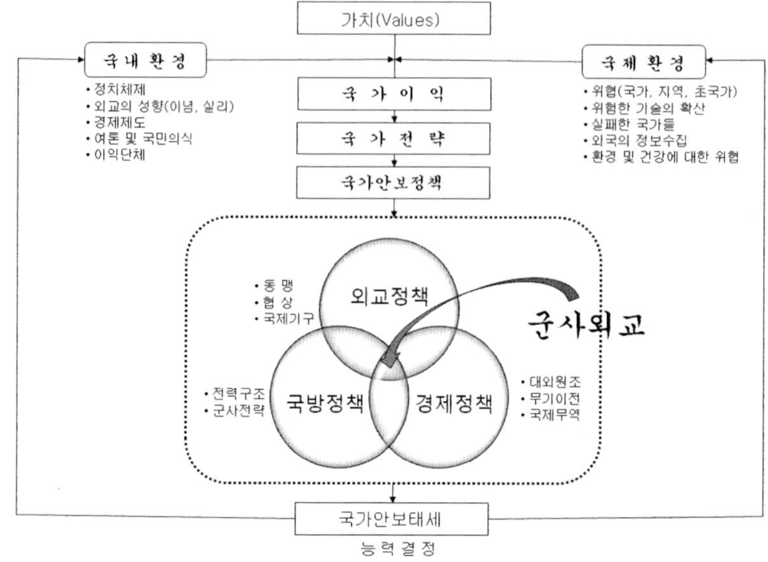

〈그림 2-1〉 미국의 국가안보와 군사외교

출처: Daniel J. Kaufman(ed.), *U.S. National Security: A Framework for Analysis* (Washington, D.C.: Lexington Books, 1985), p. 5의 내용을 토대로 저자가 작성하였다.

보에 기여하는 경제정책에는 외국에 대한 경제(군사)원조, 경제적 제재(economic sanctions), 기술이전, 경제협력 등이 포함된다. 외교 및 경제정책이 안보위협에 대응하는 차원이라면 국방정책은 외교적 노력이 실패하거나 국익에 심대한 피해를 초래할 상황에 처할 경우 군사력을 사용하여 안전을 보장하는 것이다.[16] 본 논문 주제인 군사외교와 미국의 국가안보체계를 연관시킬 경우 경제, 국방, 외교정책의 교집합을 군사외교 영역으로 볼 수 있는 것이다.[17]

16) 육군사관학교, 『국가안보론』(서울: 博英社, 2005), p. 408-409.

제2절 중국 군사외교의 이론과 실천[18)]

1. 군사외교에 대한 인식과 개념 정의

중국의 당·정 지도자들이 군사외교에 대한 직접적 표현은 없었지만, 각종 외교 및 국방정책 원칙과 방향을 분석하다보면 군사외교 관련 내용이 내포되어 있음을 발견하게 된다.

덩샤오핑의 경우, 평화공존 5원칙에 기초하여 군사외교의 핵심적 가치를 일체의 침략과 패권주의를 반대하는 데 두고, 국제형세가 불안한 상태에서 군사교류를 통해 국방을 공고화하겠다는 의지를 표명하였다. 뿐만 아니라 대외군사교류를 통해 군사 및 정치소양 그리고 침략전쟁에 대응하는 지식과 능력을 부단히 제고시킬 것을 군에 요구하였다.[19)]

쟝쩌민(江澤民)을 핵심으로 한 제3세대 중국 지도부는 덩샤오핑의 군사전략사상에 근거하여 군사외교와 관련한 일련의 조치를 취하였다. 1996년부터 20여개 이상의 국가에 군사유학생을 파견하면

---

17) 이러한 시각과는 달리 군사외교를 외교정책 구현 수단으로서의 대외군사교류협력에 비중을 둔 해석으로는 배진수, "한국 군사외교론: 개념체계와 실천과제," 『國際政治論叢』, 제37집 2호(1997), pp. 289-307를 참고할 것. 또한 외교 유형 구분에 있어 주체나 대상보다는 영역별(안보·통일외교, 경제·통상외교, 환경외교, 과학기술외교, 문화외교, 인권외교, 국방외교/군사외교 등)로 구분한 연구로는 송영우, 『현대외교론』(서울: 평민사, 1990), pp. 15-43를 참고할 것.

18) 이 부분은 2014년 2월 발간 예정(2013년 11월 게재 확정)인 김순수, "중국 군사외교의 이론과 실천", 『韓國軍事學論集』 第70輯1卷 내용을 수정·보완한 것임.

19) "在中華人民共和國成立三十五周年慶祝典禮上的講話"(1984年10月1日), 『鄧小平文選(第3卷)』(北京: 人民出版社, 1993), p. 70.

서, “군사유학생을 파견함으로써 군 인재양성 체계를 한층 강화시킬 수 있다.”20) 또한 “중국군의 현대화 건설은 세계무대를 대상으로 세계 군사변혁과 발전 추세를 따라잡아야 하며, 이를 위해서는 선진국 군 현대화 건설의 경험을 수용하여 선진 기술장비 및 관리 방법을 터득해야 한다”21)고 강조하였다. 현 후진타오(胡錦濤) 시기에 들어서는 군사외교가 훨씬 활성화됨으로써 ‘전방위(全方位), 다영역(多領域), 다층차(多層次)’적 군사외교 국면에 진입했다고 홍보하고 있다. 이러한 지도자들의 언급은 중국 군사외교에 관한 이론과 실천적 조치를 암시한 예라 볼 수 있다.

최근 중국의 군사외교에 관한 이론적 체계 확립을 위한 노력은 1996년 이후 ‘신안보관’ 전략과의 연계에서 나타난다.22) 중국은 톈안먼 사태로 인한 서방국가의 제재와 공산권 국가의 몰락에 따라 부득불 중국 자신의 세계관을 새로 정립할 수밖에 없었다. 1996년 당시 외교부장 첸치천(錢其琛)은 ASEAN 지역포럼에서 최초로 ‘신안보관’ 개념을 제기하였으며, 1998년 국방백서 및 2002년 8월 2일자 『人民日报』에서도 同 개념을 상세히 설명하고 있다.23) ‘신안보관’ 개념이 제기된 이후 중국의 정치지도부는 물론 인민해방군

---

20) “江澤民會見全軍軍事留學生工作會議代表,” 『人民日報』(2002. 2. 24).

21) “二十年來軍隊建設的歷史經驗,” 『江澤民文選(第2卷)』(北京: 人民出版社, 2006), p. 277.

22) ‘신안보관’에 관한 중국내 주요 연구로는 王義桅, “國家安全特性的變化與研究困境,” 『國際觀察』2000年第2期, pp. 19-20; 韓麗, “無處不在的威脅: ‘新安全觀’概念質疑,” 『世界經濟與政治』2000年第10期, pp. 64-69; 高恒, “多極化世界需要樹立新安全觀,” 『世界經濟與政治』2002年第11期, pp. 22-27; 王逸舟 主編, 『全球化時代的國家安保』(上海: 上海人民出版社, 1999) 등이 있다.

23) “中國關于新安全觀的立場文件,” 『人民日報』(2002. 8. 2).

고위급 역시 해외순방이나 대외군사교류시 항상 ‘신안보관’ 개념에 대한 홍보와 설명을 포함시키고 있다.

‘신안보관’의 핵심내용은 ① ‘상호신뢰, 호혜, 평등, 협력’(互信, 互利, 平等, 协作)의 기초 하에, ② 대화를 통한 신뢰구축, 협력안보, 상호 주권존중, 분쟁의 평화적 해결, 공동번영을 추구하되, ③ 군비증강을 통한 안전보장 및 냉전식 사고에 기초한 군사동맹 체결을 반대한다는 것이다. 일종의 협력적 집단안보개념이라 볼 수 있는 것이다. 이는 중국 외교정책이 비교적 성공적이고 주동적인 경우 강조되고 있으며, 이러한 실천은 일련의 고위급 상호방문이나 ‘동반자 관계’(伙伴關係) 구축을 통해 나타나고 있다. 그러나 ‘신안보관’ 개념이 대만해협 위기시 ‘미사일 외교’와 남중국해 암초 점령 이후 출현했다는 점에서 그 의도를 그대로 수용하기에는 한계가 있다.

한편, ‘신안보관’ 개념화 과정에서 중국은 서방국가의 ‘강압외교’를 강력하게 비판하고 있다.[24] 중국은 서방국가가 전개하는 군사외교의 역할을 크게 예방외교와 강압외교의 두 기능으로 인식하면서, 강압외교 기능을 서방국가 군사외교의 핵심으로 보고 있는 것이다.[25]

---

24) 중국이 비판하는 미국의 강압외교에 대해서는 錢春泰, “美國與强制外交理論,” 『美國研究』2006年第3期, pp. 49-64를 참고할 것. 이와는 달리 중국 ‘신안보관’에 내재된 정책적 함의가 동아시아 국가들을 겨냥하는 외교정책적 효과와 정치경제적 차원의 이중 목적을 추구하기 위한 것으로 보는 시각은 David M. Finkelstein, “China’s ‘New Concept of Security’: Retrospective and Prospects” (http://www.ndu/inss/china-center/chinaframe.htm, 검색일 2011. 2. 12)를 참고.

25) 이와 관련한 중국의 주장을 보면, 강권정치(强權政治)를 추구하는 서방국가의 외교정책에서 군사외교는 선제공격도 불사하는 강압적 측면이 부각될 수밖에 없다는 것이다. 예방적 성격은 주로 임시변통의 계책에 불과하며, 이는 서방국

그렇다면 이러한 '신안보관' 개념이 새로운 것이든 아니든 간에 과연 어떠한 배경 하에 출현한 것인가? 우선 同 개념은 아시아 일부국가를 대상으로 한 것이 아니라 세계 공산권 국가에 대한 새로운 안보개념을 제시하기 위한 것이라고 볼 수 있다. 물론 여기에는 중국 자신이 세계의 지도적 국가라는 인식이 깔려있는 것이다. 또한, 현 유일 초강대국인 미국의 군사동맹과 '중국 위협론'에 대한 불만의 표시이자 주변국가들에게 취하는 중국의 평화 제스처라고 볼 수 있다. 중국은 미국의 군사동맹은 냉전의 산물이기 때문에, 중국은 '비동맹'(不結盟) 노선을 계속 견지하겠다는 입장을 강조하고 있다.

이러한 배경 하에 출현한 '신안보관' 전략의 틀 내에서 중국 군사외교 이론체계가 본격적으로 확립되기 시작하였던 것이다.[26] 즉

가 군사외교의 하위 목적에 해당된다는 것이다. 이에 반해 중국 군사외교는 예방적 역할을 강조하며, 특히 '신안보관'에 기초하여 세계 평화와 발전을 추구하는 철학적 기초면에서도 서방과 차이를 갖는다고 주장한다. 郭新寧, "試論軍事外交的概念, 定位及功能," 『外交評論』, 2009年第3期, p. 49.

26) 군사외교와 관련하여 중국이 수립한 별도의 학문적 이론체계는 아직까지 노출되지 않고 있다. 예컨대 중국내에서 '군사외교' 전용교재는 아직 출판되지 않고 있으며, 군사학 학문체계에 군사외교 분야도 포함되지 않는다. 또한 『中國軍事百科全書』에 군사외교에 관한 내용을 담고 있긴 하지만 용어정의, 발전과정, 군사외교활동 주요 내용, 그리고 업무수행기구 및 인원에 대한 원론적 소개만 하고 있고, 학문체계에 관련된 내용은 언급이 없다. 그러나 중국인민해방군 총참모부 직할의 중국인민해방군 국제관계학원(中國人民解放軍 國際關係學院) 본과과정 7개 전공 중 하나로 중국 유일의 군사외교 전공이 개설되어 있으며, 졸업 후에는 군사외교 분야에 우선적으로 근무토록 하고 있다. 특이한 점은 군사외교 전공 외에 '국방외사'(國防外事) 전공이 별도로 개설되어 있는데, 同 전공은 영어, 러시아어, 일어를 중점적으로 학습하며, 졸업 후에는 중국인민해방군 총부(總部), 군구(軍區)기관에서 번역, 통역 등의 임무를 수행한다. "解放軍國際關係學院," 百度網(百科), http://www.baidu.com/view/352622.htm?fr=ala0_1_1; "中國人民解放軍國際關係學院招生簡章," http://www.qiuxue.com/wenba/question.php?qid

'신안보관'에 근거하여 군사외교의 성격을 "군사외교는 국가의 총체적 발전목표에 근거하여 제정된 국방정책과 외교정책을 집행하는 과정에서 추진되는 군사부문의 대외교류협력활동"27)으로 규정하고 있는 것이다.

그렇다면 중국은 군사외교 개념을 어떻게 정의하고 있는가? 중국의 대다수 군 전문가 및 학자들은 군사외교가 국가 총체외교의 발전이자 외연의 확대라는 인식은 공감하면서도 군사외교에 관한 정의에 있어서는 상이한 태도를 보인다.

중국도 한국을 포함한 유럽권 국가들처럼 국방외교와 군사외교 개념을 혼용하고 있다. 먼저 국방외교 개념을 사용하는 예로 1993년에 발간된 『現代國防論』28)에서 국방외교는 "주권국가가 안보목적과 안보이익을 위해 타국 또는 국가집단과 전개하는 쌍무적·다자적인 접촉, 연계와 관계 그리고 이와 유관한 각종 교류활동의 총칭"이라고 정의하고 있다. 더불어, "국방외교는 국가 대외관계와 국가외교의 중요한 분야임과 동시에 이를 구성하는 부분이며, 일반적으로 외교와 공통된 특성을 갖는다. 또한 국방외교는 국가외교정책, 대외경제정책, 그리고 국방정책의 지도하에 전개되는 종합적 대외활동이다"29)라고 명시하고 있다.

前국방부 외사국 국장을 역임한 푸자핑(傅加平)은 "국방외교는

=2894(검색일: 2010. 1. 10)

27) 韓獻棟·金淳洙, "中國軍事外交與新安全觀," 『現代國際關係』2008年第2期, pp. 53-54, p. 49.

28) 본 저서는 前중국군사과학원 전략부 부장 왕푸평(王普豊) 예비역 소장(少將)을 포함하여 총 13명이 분야별로 나누어 집필하였으며, 제22장 국방외교 부분은 리윈롱(李云龍)이 집필하였다.

29) 王普豊 編, 『現代國防論』(重慶: 重慶出版社, 1993), p. 312.

국가와 국가간, 군사집단과 군사집단간 국가 안보이익과 발전이익 달성을 목적으로 군사영역 및 군사와 밀접한 관련이 있는 정치, 경제, 교육, 문화, 과학기술, 체육 등 부분에서 진행되는 대등한 활동의 총칭"[30]이라고 정의하고 있다.

또한 슝우이(熊武一) 등이 집필한 『軍事大辭典』에서는 군사외교를 "군사영도기관, 주외무관 혹은 군사대표단이 실시하는 외교활동"[31]으로 정의하면서, 군사외교를 국방외교 또는 국방외사(國防外事)와 동의어로 정의하고 있다.

군사외교 용어를 사용하는 대표적인 예로는, 먼저 중국 외교부장을 역임한 첸치천(錢其琛)이 주필한 『世界外交大辭典』에서는 "군사외교라 함은 한 나라의 국방부문 및 군대가 군사영역에 있어 국가간 관계를 촉진하기 위한 대외교류활동을 말한다. 중국의 경우, 국방부와 인민해방군의 이러한 대외교류는 중국 총체외교를 구성하는 중요한 부분이며, 대외관계에 있어 군사수단과 외교행위를 배합하는 것 자체를 군사외교라 볼 수는 없다"[32]고 기술하고 있다.

또한 중국 국방대학 전략연구실 주임을 역임한 주메이성(朱梅生) 예비역 소장(少將)이 주필한 『軍事思想概論』에서는 군사외교를 "국가 군사 및 국방요원이 국가외교 지도하에 국가안보를 위해 군사영역에서 진행하는 대외접촉, 교류, 협력 및 투쟁"으로 정의하고 있다. 나아가 "군사외교는 국가간 무장역량관계를 협조하고 국제무대에서 각종 군사업무를 처리하며, 자국이 처한 국제환경을 개선하고

30) 傅加平, "論和平與發展形勢下的國防外交," 『中國軍事科學』, 1994年第4期, p. 55.
31) 熊武一·周家法 編, 『軍事大辭典(上)』(北京: 長城出版社, 2000), p. 1240.
32) 錢其琛 主編, 『世界外交大辭典(上册)』(北京: 世界知識出版社, 2005), p. 956.

국가이익을 달성하는데 중요한 의의를 갖는다"[33]고 부연하고 있다.

중국인민해방군 국제관계학원 교수를 역임한 양쑹허(楊松河)는 『中國軍事百科全書』에서 군사외교를 "군사 및 군사 유관영역에서 국가 혹은 군사집단간에 실시하는 외교활동의 총칭"으로 정의하고 있다. 또한 군사외교는 국가이익을 수호·실현·확장하는데 목표를 두고 국방건설과 군사전략에 직접적으로 종속된다고 표현하고 있다. 군사외교를 국가외교의 중요한 구성 부분이면서 군사영역에 투영된 국가외교이자 국방정책의 대외적 확대로 인식하고 있는 것이다.[34]

이상에서 살펴본 전문가 및 학자들의 정의를 종합해 볼 때 중국은 군사외교를 "국가 총체외교의 한 부분으로서 국제안보정세를 중국의 안보에 유리한 방향으로 끌어가는 군사상의 행위와 노력"으로 개념화하고 있는 것이다. 또한 중국의 연구자 및 관방에서는 중국 군사외교가 서방국가와는 달리 다양성, 평등성, 호혜성, 협력성 그리고 방어성을 갖는다고 '특별히' 강조하고 있다.[35]

이상에서 살펴본 중국의 군사외교 개념 정의는 앞에서 고찰한 일반적인 군사외교의 개념과 공통점도 있지만 다음과 같은 중국만의 특수성도 갖는다.

첫째, '군사외교'와 '국방외교' 용어의 혼용은 '국방'과 '군사'에 대한 인식 차이에서 기인한다고 볼 수 있다. 중국 『軍語』(군사용어

---

33) 朱梅生 主編, 『軍事思想概論』(北京: 國防大學出版社, 1997), p. 485.

34) 顧德欽 主編, 『中國軍事百科全書(第二版)』(北京: 中國大百科全書出版社, 2007), p. 14; 中國軍事大百科全書編審室, 『中國大百科全書(軍事)』(北京: 中國大百科全書出版社, 2007), p. 420.

35) 이러한 중국 군사외교의 특징에 대해서는 肖剛 · 何廣華, "强制外交: 西方國家軍事外交的核心內涵," 『國際論壇』, 第11卷第6期, 2009年11月, p. 4를 참고할 것.

사전)에 따르면, '국방'은 "외부침략에 대한 방어와 저항, 무장전복 제지, 국가 주권 및 통일 수호, 영토 완정 및 안전을 위해 진행하는 군사 및 정치, 경제, 외교, 과학기술 및 교육 등 방면의 활동"이라고 정의하면서, 국가생존과 발전에 대한 안전보장이 바로 국방이라고 기술하고 있다. 반면, '군사'는 "일체의 전쟁 및 군대와 직접적으로 관련되는 사항의 총칭으로서, 주로 국방 및 군대건설, 전쟁준비 및 전쟁실시를 포함한다"고 설명하고 있다.[36] 이러한 양 개념정의를 비교해 보면, 국방은 국방교육, 국방체육 등 '활동'에 초점을 맞추지만 '군사'는 '활동'을 포함한 투쟁 및 군대와 직접적 연계를 갖는 일체를 '총칭'하고 있다. 또한 국방의 지리적 범위는 국가의 방어체계로 한정하는 반면, 군사는 전 세계를 대상으로 하고 있다는 점에 차이를 두고 있다. 이러한 중국측 해석을 놓고 볼 때 중국이 '국방외교'가 아닌 '군사외교' 용어를 사용하는 이유를 알 수 있다.

둘째, 군사외교 개념에 내포된 '정치적' 색채이다. '신안보관' 개념의 태동에서 보듯이 톈안먼 사태로 인한 서방국가의 제재와 공산권 국가의 몰락으로 중국 정치지도부와 인민해방군 고위급 인사는 기회가 있을 때마다 군사외교를 홍보하고 있다. 이러한 중국의 의도는 미국을 포함한 서방권 국가들에 대해 '중국 위협론'에 대한 불만 표시를 평화적 제스처, 즉 군사외교로 대체하고 있는 것이다.

이 외에도 군사외교 이론체계를 정립해 나가는 과정에서 개념정의를 그 어느 나라보다 먼저, 그리고 적극적으로 실천하고 있다는 점, 또한 이러한 정의를 토대로 학계 및 정책분야에 활용하고 있다는 점 등도 타국과 대별되는 특징이라고 볼 수 있을 것이다.

---

36) 『軍語』(北京: 解放軍出版社, 1992).

2. 중국 국가안보전략과 군사외교

앞의 제1절에서 고찰한 미국의 국가안보 구조를 토대로 중국의 안보 및 군사정책을 설명하기란 매우 어렵다. 그 이유는 무엇보다도 중국지도부의 세계관 및 정세판단이 미국을 위시한 서방국가 혹은 비사회주의 국가와 매우 다르기 때문이다.[37]

중국은 공식적으로 서방의 국제관계 이론이나 세계관을 수용하지 않으며, 서방의 국제관계 이론은 '제국주의 외교정책'을 위한 도구로 인식하는 한편, 유물론과 변증법, 그리고 맑스-레닌주의・마오쩌둥(毛澤東)・덩샤오핑(鄧小平) 이론에 입각한 대외정책을 추구한다. 또한 상기한 세계관에 입각하여 중국은 서방의 현실주의 시각과는 달리 전쟁의 원인을 힘의 불균형(imbalance of power)이나 오판이 아닌 '경제자원의 추구'로 판단하기도 한다.[38] 중국이 추구하는 국가안보는 바로 이러한 중국 지도부의 세계관과 정세판단에 기초하여 크게 주권수호, 국가 현대화 건설 및 안정유지에 목표를 두고 있다.[39] 현 단계에서 중국 지도부는 경제발전에 토대를 둔 국

---

37) 이러한 중국의 인식론과 관련해서는 徐堅 主編, 『國際環境與中國的戰略機遇期』(北京: 人民出版社, 2004), pp. 32-35; 熊光楷, 『國際戰略與新軍事變革』(北京: 清華大學出版社, 2003), pp. 3-46; 安衛・李東燕, 『十字路口上的世界: 中國著名學者探討21世紀的國際焦點』(北京: 中國人民大學出版社, 2000), pp. 44-75를 참고할 것.

38) 김태호, 『중국외교 연구의 새로운 영역』(서울: 나남, 2008), p. 73.

39) 이는 미국의 3대 가치인 자유, 생존, 번영 중에서 생존과 번영은 동일하지만 자유보다는 혁명적 전통이 가미된 생존과 정통성에 보다 비중을 두는 것으로 해석된다. 중국은 공식적으로 '평화, 발전, 협력'을 가치로 내세우고 있다. 中華人民共和國國務院新聞辦公室, 『2006年中國的國防』, p. 1.

가발전에 성공하지 못하면 국제사회에서의 영향력 행사는 물론, 국내정치적으로도 통치의 정통성을 유지하는데 한계가 있을 것으로 인식하고 있는 것이다.[40)]

중국은 국가이익 판단 기준으로 통상 외부환경, 자국의 능력, 과학기술 수준 그리고 주관적 인식 등 4가지 요소를 제시한다.[41)] 특히, 중국 옌쉐통(閻學通) 교수는 경제, 정치, 안보, 문화 등의 분야별 국가이익 우선순위를 '절박성', '중요성', '효용성'이라는 3대 기준에 입각하여 융통성 있게 부여하고 있다.

탈냉전기 중국은 경제이익을 최우선 국가이익으로 부여하고 있다. 이는 과거 구소련과 미국으로부터의 직접적인 군사위협이 감소됨으로써 정치·안보이익보다는 경제이익의 '절박성'이 대두되었다고 인식하기 때문이다. 중국은 문화대혁명 이후 경제발전이 강국부민(强國富民)의 근본으로 보고 경제이익을 국가 핵심이익으로 자리매김 하였다. 대외정책 역시 경제이익을 보호하고 확대하는데 초점을 맞춰 수립하고, 경제이익에 부합되는 정도를 대외정책의 합리성 척도로 삼고 있는 것이다.[42)]

냉전종식 이후 중국은 안보이익 '중요성'이 감소되었다고 볼 수는 없지만 그 '절박성'은 분명 과거와 같지 않다고 인식한다. 즉 안보이익이 '효용성' 면에서 경제이익보다 우선순위가 떨어진다는 것

---

40) 이러한 우려와는 달리 최근 중국내 일부 학자들 사이에서는 '有所作爲'가 아닌 '有些作爲', 향상된 국력에 부합된 정도의 국가이익 추구 등을 주장하며 외교정책 조정의 필요성을 제기하기도 한다. "專家: 中國應調整外交政策運用國力維護利益," 『中國新聞』(2009. 12. 30).

41) 閻學通, 『中國國家利益分析』(天津: 天津人民出版社, 1997年), p. 303.

42) 閻學通, 『中國國家利益分析』, p. 304.

이다. 군사적인 외침의 위협이 감소된 반면, 주변국과의 관계 개선을 통해 내적인 발전을 꾀할 수 있는 환경조성이 절실해진 것이다. 한국과의 수교, 인도네시아와의 복교(復交), 베트남과의 관계 정상화 등 주변국과의 적대관계를 청산하고 선린우호관계를 구축한 것은 이러한 맥락으로 해석되는 부분이다. 탈냉전기 외부 안보환경의 변화로 인해 중국 안보이익의 '절박성'은 현저히 감소하였다. 양안통일과 경제이익을 위해서는 안보이익의 '중요성'을 간과할 수 없지만, '효용성' 면에서는 경제이익 후순위로 밀릴 수밖에 없었던 것이다. 이러한 배경 하에서 중국은 경제이익을 최우선적으로 고려하되, 외부침략에 대한 효과적인 대응보다는 강력한 위협능력으로 군사충돌을 방지하는 쪽으로 안보전략의 목표를 설정하게 된 것이다.

정치이익 역시 '중요성'은 감소하였지만, '절박성' 면에서는 오히려 상승 추세를 보인다. 그러나 '효용성' 면에서 경제이익보다는 후순위에 두고 있다. 탈냉전 이후 중국은 이념상의 논쟁을 뒤로 하고 호혜평등의 토대 위에서 협력을 강조하고 있다. 국제관계에 있어 정치이익보다는 경제이익을 추구하는데 그 우선순위를 두고 있는 것이다. 그러나 인권, 환경, 무역정책, 군사투명도 문제 등 중국의 주권이 국제사회에서 압력을 받고 있다고 인식하면서 정치이익의 '절박성'을 제기하고 있다. 이는 주권 관련 중국 정치이익을 보호해야만 경제이익을 확대시킬 수 있다고 인식하기 때문에 정치이익의 '절박성'을 제기하고 있다고 보아야 할 것이다.

문화이익의 경우에는 '중요성'과 '절박성' 면에서 상술한 경제, 안보, 정치이익보다 우선순위가 낮다고 인식하고 있다. 물론 '효용성'도 기타 이익보다 우선순위를 가장 낮게 부여하고 있으며, 이는

문화이익을 위해 기타 이익을 희생시켜서는 안된다고 판단한 결과이기도 하다.[43]

상술한 네 가지 중국 국가이익의 우선순위를 '절박성', '중요성', '효용성' 면에서 비교하면 〈표 2-3〉과 같이 정리할 수 있다.

중국의 국가이익 중 사활적 이익은 생존(안보·정치이익)과 발전(경제이익)과 관련한 이익이다. 이는 중국지도자들의 지배적인 신념이 바로 중국의 생존은 발전과 불가분의 관계에 있다는 인식에 기초한다. 발전은 국가의 종합국력의 발전을 의미하며, 중국적 현실에서는 '4개 현대화' 추진을 통해 나타나고 있다.[44]

중국지도자들은 인민해방군이 국가 전체이익에 기여하기 위해 이중적 임무를 수행할 것을 요구하고 있다. 중국의 안전을 보위하는 '전투대'이자 경제 현대화를 지원하는 '생산대'로서의 역할을 요구받고 있는 것이다.[45]

---

43) 2008년 베이징 올림픽 이후 중국은 소위 '人文外交'를 제시한 가운데 문화이익의 중요성을 강조하고 있다. 중국 학계는 물론 국가 지도부까지 문화이익을 강조하는 人文外交가 미래 중국외교의 새로운 특징이라고 공식 발언하고 있다. 葉靑, "淺析中國特色人文外交," 『國際展望』, 2010年第1期, pp. 37-45; "楊潔篪專題報告: 奧運後的國際形勢與外交工作," 人民網(http://world.people.com.cn/GB/8212/135921/ 8198474.htmi); "胡錦濤等中央領導出席第十一次駐外使節會議," 新華網(2009. 7. 20); 胡文濤, "解讀文化外交: 一種學理分析," 『外交評論』, 2007年第3期, p. 55.

44) 중국의 국가발전 총체 전략목표인 '4개 현대화'는 제3기 전인대 1차 회의(1964. 12. 21 - 1965. 1. 4)시 저우언라이(周恩來)가 발표한 《정부공작보고》를 통해 공식화되었다. 당시 농업, 공업, 국방, 그리고 과학기술 현대화 順으로 4개 분야 현대화를 제시하였는데, 개혁개방 이후 1980년대 덩샤오핑(鄧小平)에 의해 농업, 공업, 과학기술, 국방 順으로 조정되었다. "新中國檔案: 四個現代化宏偉目標的提出," 『人民日報』(2009. 9. 17).

45) 黃炳茂, 『新中國軍事論』, pp. 60-61.

〈표 2-3〉 탈냉전기 중국 국가이익의 우선순위

구 분	우선순위	절박성	중요성	효용성	비 고
경제이익	1	매우 높음	매우 높음	매우 높음	
안보이익	2	높음	매우 높음	높음	안보, 정치이익 우선순위를 명확히 구분하기는 어려움
정치이익	3	높음	높음	높음	
문화이익	4	낮음	낮음	낮음	

출처: 閻學通, 『中國國家利益分析』(天津: 天津人民出版社, 1997), pp. 105-111의 내용을 토대로 저자가 작성하였다.

덩샤오핑의 경우 경제건설의 핵심적 요소인 농업, 공업, 과학기술의 전체적인 발전이 있어야만 국방현대화가 가능하다는 논리로 '생산대'의 역할을 강조하였다. 이는 1984년 11월 중앙군사위원회 좌담회에서 "군의 활동은 국가건설의 대국(大局)을 따라야 하며, 국가 경제발전을 최대한 지원해야만 한다"[46]는 그의 언급이 이를 대신한다. 쟝쩌민(江澤民) 시기에도 덩샤오핑의 방침과 지시가 그대로 강조되었으며, 후진타오(胡錦濤) 역시 이러한 맥락에서 군의 역할을 요구하고 있다.[47] 다만, 최근 중국에서는 부국강병(富國强兵) 차원에서 국방과 경제, 국방과 외교 간의 상호작용 및 관계에 대한

46) 鄧小平, 『鄧小平論國防和軍隊建設』(北京: 軍事科學出版社, 1992), p. 60; 鄧小平, "軍隊要服從整個國家建設大局," 『鄧小平文選(第三卷)』(北京: 人民出版社, 1993), pp. 99-100; 鄧小平, "在軍委擴大會議上的講話," 『鄧小平文選(第三卷)』(北京: 人民出版社, 1993), pp. 128-129.

47) 中共中央文獻硏究室 編, 『十四大以來重要文獻選編(中)』(北京: 人民出版社, 1997), p. 1131, 1474; 胡錦濤, "高擧中國特色社會主義偉大旗幟爲奪取全面建設小康社會新勝利而奮鬪: 在中國共産黨第十七次全國代表大會上的報告"(2007.10.15).

학술적 논의가 활발히 진행되고 있다. 이러한 논의는 국가 발전목표와 인민의 이익 수호, 그리고 군 현대화 건설의 상호 통합을 강조하는 방향으로 결론을 내리고 있다. 그러나 이는 개혁개방의 성과와 자신감을 토대로 강병(强兵)에 대한 속내를 감추기 위한 '도광양회'(韜光養晦)식 제스처로 보인다.

한편, 중국이 당-국가체제라는 특성 외에, 인치(人治)적 색채가 강하다는 관습적 특징과 정책결정권한이 소수 정치엘리트에게 집중되어 있다는 점은 국가안보체계에 대한 해석을 더욱 어렵게 한다. 미국학자 스와인(Michael D. Swaine)은 중국의 국가전략 및 안보정책은 당 최고지도부 및 원로, 군사 및 외교분야의 지도부로 구성된 '소집단'(small group)[48]이 공식 혹은 비공식 집회방식을 통해 결정된다고 주장한다. 또한 그는 중국의 국가전략 및 안보정책 수립과 그 집행과정에 대해서는 모형화나 정형화가 어려울 뿐만 아니라, 오히려 비(非)체계화된 면모를 보인다고 역설한다.[49]

그러나 중국 역시 미국의 경우처럼 외교, 대외경제, 국방정책을 국가안보정책을 구성하는 하위정책으로 인식하고 있다. 물론 사회, 문화, 체육, 환경 등 제 분야 역시 국가안보정책에 직·간접적으로

---

48) 중국어로는 '小組' 혹은 '班子'로 표현된다.

49) Michael D. Swaine, *The Role of the Chinese Military in the National Security Policymaking* (Santa Monica: RAND, 1998). p. 24. 중국의 국가전략 및 국가안보정책을 수립하는 유관기관으로는 ① 黨 : 中央政治局, 中央書記處, 中央辦公廳, 中央軍事委員會 등, ② 政 : 정책결정 및 집행(中央軍事委員會, 國防部, 外交部, 國家安全部, 公安部, 外事辦公室, 臺灣事務辦公室 등), 정보 및 특수업무(國家安全部, 公安部, 新華通訊社 등), 싱크탱크 및 정책자문(北京國際學院, 解放軍國防大學, 中國社會科學院, 軍事科學院 등), ③ 기타 : 퇴직 고위간부, 혁명원로 등을 들 수 있다.

연관되긴 하지만 국가안보목표를 달성을 위해 핵심적으로 기여하는 정책은 위의 세 분야로 제시하고 있다.[50)]

중국의 외교정책과 국방정책에 관한 입체적 조망을 위해서는 앞서 언급한 국가안보체계에 포함되는 각종 요소들에 대한 심층적 연구가 필요하다. 이와 관련된 분야별 연구물은 헤아릴 수 없을 정도로 많지만, 이 책에서는 관방의 공식문건인 『中國的國防』(국방백서)[51)]과 『中國外交』(외교백서)[52)]에 포함된 내용으로 그 범위를 한정하고자 한다.

『中國外交』의 경우 무엇보다도 중국의 외교정책을 명확히 제시하기보다는 '독립자주평화외교정책'(獨立自主的和平外交政策)을 견지한다는 함축된 구호만 매년 동일하게 제시하고 있다. 게다가 포함되는 내용도 연도별 외교성과 및 각 국가간의 관계, 지역 및 국제기구와의 관계, 그리고 외교부문에 있어서의 법률과 조약업무 등

---

50) 王普豊, 『現代國防論』(重慶: 重慶出版社, 1993), p. 312.

51) 『中國的國防』은 한국의 『국방백서』성격의 문서로서, 中華人民共和國國務院新聞辦公室 명의로 1995년 처음으로 『中國的軍備控制與裁軍』발간 이래, 1998년부터는 『中國的國防』으로 매2년마다 발간하였다. 국내외 공개적으로 발행하되 비매품이며, 백서에는 안보정세, 국방정책, 국방비, 병역제도 및 동원, 국제안보협력 및 군비통제 등의 내용을 담고 있다. 1998년부터 정기적으로 격년 발행을 하고 있으며, 포함되는 내용은 발간 시점의 국제정세 및 국내상황을 고려하여 조금씩 상이한 구성을 보인다.

52) 『中國外交』는 중국정부가 공식적으로 발간하는 외교백서로서 中華人民共和國外交部政策硏究司 명의로 외교부 각 地區業務司에서 작성한 원고를 편집하여 世界知識出版社에서 출판한다. 1987년 처음 『中國外交概覽』으로 발간하여 1995년까지 이어오다가 1996년부터는 『中國外交』로 서명을 바꾸어 발간해오고 있으며, 국내외 중문판과 영문판으로 공개 발행한다. 백서에는 매년 중국 외교정책의 성과, 국제정세에 대한 중국의 시각, 수교국간의 관계, 국제 및 지역기구와의 관계, 각종 조약·법규·영사업무 관련한 내용 등을 담고 있다.

대부분 홍보성 내용만 주로 담고 있다. 사실 중국정부는 지금까지 공식적으로 외교정책의 목표를 분명히 제시한 적은 없다. 상황에 따라 주요 관심분야를 표명해 왔기 때문에 많은 중국연구자들이 임의적으로 목표를 제시했던 것이다.[53)]

『中國的國防』은 1998년 최초 발간 이후 8차례에 걸쳐 그 형식과 내용면에서 발전을 해 왔다. 그러나 중국 국방백서를 읽어보면 국방정책의 투명성 제고와 방어적인 이미지 부각에 치중하고 있음을 알 수 있다. 인민해방군 조직, 국방비 등 비교적 민감한 부분과 각종 현황의 수치 및 통계자료를 일부 공개하긴 했지만 미국, 일본, 유럽 등 국가들의 국방백서와 비교해 볼 때 질적·양적인 면에서 아직 많이 부족한 실정이다.[54)]

그간 8차례에 걸쳐 발간된 중국 국방백서와 1987년부터 매년 발간된 중국 외교백서를 종합하여 분석해 보면,[55)] 중국 외교정책과 국방정책의 연계성과 상호관계를 논리적으로 증명하기는 매우 어렵다. 이는 '독립자주평화외교정책'을 견지한다는 중국의 주장처럼 상당부분 국가전략 및 안보정책의 하위정책으로서 국방과 외교가

---

53) 중국 외교정책에 관한 공식적 입장은 중국외교부 홈페이지(http://www.fmprc.gov.cn/)를 참고할 것. 또한 중국 외교정책에 관한 최근 논쟁에 관해서는 王逸舟, "中國外交三十年: 對進步與不足的若干思考," 『外交評論』(外交學院學報), 2007年第5期; "專家: 中國應調整外交政策運用國力維護利益," 『國際先驅導報』(2009. 12. 30) 등을 참고할 것.

54) 2012년의 경우 한국 국방백서가 약 340페이지, 일본 방위백서가 약 450페이지인데 반해, 중국 국방백서(2013년)는 약 40페이지(2.2萬字 내외) 분량밖에 되지 않는다. 특히 해·공군 및 제2포병의 발전현황이나 무기체계에 대한 정보는 일반적인 현황만 소개하는 수준에 그치고 있다.

55) 세부 분석내용은 김순수, "중국의 한반도 안보전략과 군사외교," 경남대학교 북한대학원 박사학위논문(2010.7), pp. 29-30. 참조할 것.

중첩되는 부분이 존재한다는 의미로 해석해야 할 것이다. 이러한 중첩은 양자간 조화와 타협도 필요하겠지만, 내부 갈등과 충돌의 여지를 남기는 부분이다.

그간 발간된 국방백서를 연도별로 분석해 볼 때, 우선 국방정책(國防政策)은 공히 제2장에 편성하였으나, 2013년 국방백서에서만 제1장에 편성하였다.[56] 내용은 주권 및 영토 수호, 외부침략 억제, 완전한 통일 실현, 국방 및 군 현대화 건설, 적극방어 군사전략방침 구현 등의 내용을 공통적으로 포함하고 있다. 특이한 점은 국방과 경제간의 관계를 1998년, 2000년, 2004년 국방백서에서만 언급하고 있다는 것이다. 또한 2004년 백서의 군사혁신 관련내용에 군사교류협력 전개를 포함시킨 점과 新안보관에 대한 강조도 타년도 백서와는 구별되는 부분이다. 2006년 백서부터는 자위(自衛)방어적 핵전략 관련 내용을 국방정책에 포함하고 있으며, 국방정책에 국제안보협력에 관한 내용을 처음으로 언급하고 있다. 2008년 국방백서에서는 국방정책 부분에 국방과 군 현대화 건설 '3단계 발전전략'[57]을 제시하고 있다.

---

56) 2013년 국방백서의 경우 과거 '中國的國防'이 아닌 '中國武裝力量的多樣化運用' 제하의 백서로 발간되었으며, 목차구성도 이전의 10개 장을 5개 장으로 줄였다. 2010년 국방백서에서 1장 안보정세와 2장 국방정책을 2013년 국방백서에서는 '新정세, 新도전, 新사명' 1개 장으로 통합 편성하되, 기술내용은 과거와 거의 비슷하다.

57) 중문으로는 '三步走'的發展戰略, 영문으로는 three-step development strategy로 표현되며, 2006년도 국방백서에서는 ① 1단계: 2010년 이전까지 견실한 기반구축, ② 2단계: 2020년 전후까지 기반 구축을 토대로 비약적인 발전 추구 ③ 3단계: 21세기 중엽까지 상기 전략목표 달성하여 '정보화 군대 건설'을 기본적으로 실현하여 정보화 전쟁에서 승리한다고 설명하고 있다. 中華人民共和國國務院新聞辦公室, 『2006年中國的國防』, p. 6.

제2장 국방정책 부분에 군사외교와 관련한 표현은 2004년 이전까지 언급되지 않았으며, 2004년 백서에서 중국특색의 군사혁신 부분 5번째 내용으로 '군사교류협력'(軍事交流與合作) 전개를 포함하고 있다. 2006년 이후부터는 국방정책 마지막 부분에 평화공존 5원칙에 입각한 '대외군사교류'(對外軍事交往)를 통해 '비동맹(不結盟), 비대항(不對抗), 제3자 비겨냥(不針對第三方) 군사협력관계'를 발전시킬 것을 천명하고 있다.

중국 군사외교 관련 내용은 백서의 제2장 국방정책 부분보다 '국제안보협력'(國際安全合作) 장에 보다 자세히 언급되고 있다. 기술되는 내용을 분석해 보면, 대외군사교류, 지역안보협력, UN PKO 참여에 관한 내용은 모든 백서에 공통적으로 포함되었고, 신뢰구축조치(1998년, 2000년, 2008년, 2010년), 대테러 협력(2002년, 2004년), 전략대화(2004년, 2010년), 국제재난구조활동(2006년, 2013년)은 발간당시 국제안보환경을 고려하여 추가하였다. 이러한 내용을 기술함에 있어 순서는 백서마다 다르게 나타나고 있는데 이 역시 발간당시 중국 군사외교의 우선순위를 반영하고 있는 것으로 분석된다.

백서상에 '군사외교'(軍事外交)라는 용어는 1998년 백서 제4장 국제안보협력 부분에 "中國軍隊積極參與多邊**軍事外交**活動, … 中國積極開展全方位, 多層次的**軍事外交**"라고 최초로 표기되었다. 이후 2004년 국방백서 제9장 국제안보협력에서는 "人民解放軍積極開展對外軍事交流與合作, 形成了全方位, 寬領域, 多層次的**軍事外交**局面," 그리고 2008년 국방백서 제13장 국제안보협력에서는 "形成開放, 務實, 活躍的**軍事外交**新局面"이라고 표기하였다.

이외에 특이한 점으로 2002년 국방백서부터 부록에 군사외교 관련 현황을 소개하고 있다. 즉, 중국군 대외교류현황, 안보관련 협의 참여현황, UN PKO 참여현황, 외국군과의 연합훈련 실시현황 등을 년도별로 정리하여 백서 뒷부분에 첨부하고 있다. 이러한 현황자료는 대부분의 중국 군사분야 연구자들이 중국정부가 발표한 공식적 자료로 연구에 인용하고 있다.

3. 군사외교 추진 목적 및 영역

중국이 추진하고 있는 군사외교는 국제안보정세의 변화와 국가안보정책을 구성하는 국방, 외교, 경제정책의 변화에 따라 그 목적도 맥을 같이 한다고 볼 수 있다. 앞에서 소개한 1993년의 저작 『現代國防論』에 따르면, ① 국제환경 개선을 통한 주도권 확보, ② 국가안보 및 국가이익 수호, ③ 군사무역 추동을 통한 경제발전 촉진, ④ 외국군 동향을 파악함과 동시에 외국 경험 전수 등을 군사외교 목적으로 제시하고 있다.[58)]

또한 인도대사를 역임한 청루이성(程瑞聲)은 중국 군사외교 목적을 다음과 같이 5가지로 제시하고 있다. ① 주변의 평화와 안정 유지, ② 국제 군사정치, 군사경제, 군사전략형세를 중국에 유리한 방향으로 유도함으로써 국제안보환경 개선, ③ 국외 전쟁 및 군대 건설경험 습득, 해외 선진화된 군사기술 및 과학기술지식 습득, 선진국가와의 무기장비 수준격차 경감, 우호관계에 있는 나라들과 안정

58) 王普豊, 『現代國防論』, pp. 312-314.

적 관계 구축, ④ 국제시장 개척을 통한 군사무역 발전으로 국가경제 및 국방건설 촉진, ⑤ 중대한 군사문제에 대한 중국의 입장 선전 및 홍보, 국가존엄과 국가이익 수호를 통한 국제위상 제고 등을 중국이 추진하는 군사외교의 목적으로 들고 있다.[59]

그렇다면 중국 관방의 의도를 담고 있는 중국 국방백서에서는 과연 군사외교의 목적을 어떻게 제시하고 있는가? 명확하게 목적을 제시하지는 않지만 2004년 중국 국방백서의 국방정책에 제시된 다음과 같은 표현을 보면 군사외교의 목적을 유추해 볼 수 있다.

> 인민해방군은 국가대외정책을 관철하고, '非동맹·非대항·제3국 非겨냥' 원칙하에 군사교류협력관계를 발전시키고 있다. 중국은 UN PKO 및 국제 對테러활동에 적극 참여하고 있으며, 다양한 군사교류 전개는 물론 군사안보대화 제도를 마련하는 등 상호신뢰·상호이익의 군사안보환경을 조성하는데 앞장서고 있다. 비전통 안보영역의 쌍무적·다자간 연합훈련에 참가함으로써, 非전통 안보위협에 공동으로 대처하는 능력도 향상시키고 있다. 외국군의 유익한 경험을 습득하고, 선진화된 기술·장비·관리기법 등을 선택적으로 받아들임으로써 군 현대화 건설을 촉진시키고 있다.[60]

상술한 중국의 입장과는 달리 제3국의 학자들도 중국 군사외교 추진목적에 대한 다양한 의견을 제시하고 있다.[61] 중국내외 학자

---

59) 程瑞聲, "論中國對亞太安全的新方針,"『國際問題硏究』, 1999年第3期, p. 2.

60) 中華人民共和國國務院新聞辦公室,『2004年中國的國防』, p. 9.

61) 대표적인 주장으로는 Kenneth W. Allen and Eric A. McVadon. *China's Foreign Military Relations* (Washington D.C.: The Henry L. Stimson Center, October 1999). p. 8; 楊志恆, "中共近年對外軍事交流及其對我國國防安全之影

및 중국 국방백서 상의 표현과 주장을 토대로 중국 군사외교 목적을 정리하면 크게 4가지로 정리된다.

첫째, 국가 경제건설에 기여하기 위한 평화로운 국제환경 조성
둘째, 첨단과학기술무기 도입을 통한 군 현대화 건설 촉진
셋째, '중국위협론' 불식을 토대로 아·태지역 군사패권 추구
넷째, 대만 무기도입 통로 차단을 위한 국제 영향력 확대

이러한 중국 군사외교의 목적은 여타 국가들의 일반적인 군사외교의 목적과 비교해 볼 때, 국가 경제건설에 기여한다는 목적 측면에서 그 강도가 여타 국가보다 훨씬 강하다고 볼 수 있다. 또한 평화로운 이미지 제고 목적은 별다른 차이가 없지만 '중국위협론'을 불식한다는 보다 적극적인 의지가 반영되어 있다는 점을 들 수 있다. 뿐만 아니라 대만과의 통일을 목적으로 국제무대에서의 영향력을 확대한다는 의도 역시 중국 군사외교가 갖는 특수한 현상이라 할 수 있다.

중국의 군사외교는 국가 총체외교에 종속됨과 동시에 한 부분으로 기능하기 때문에 군사외교와 국가외교는 발전과정에 있어서 그 궤적을 같이 한다고 볼 수 있다. 창군이래 중국의 군사외교는 시기별, 대상국가별로 교류의 내용과 형태면에서 큰 변화를 거듭했다. 1950-60년대에는 주로 소련으로부터 군사원조 수혜와 동남아시아

嚮," 國家安全學術硏討會(臺北), 1996年7月, pp. 13-14. 대만의 楊志恆은 논문에서 ① 첨단과학기술 획득, ② 대만의 군사무기 판매망 봉쇄, ③ 에너지 획득 보장, 넷째 중국 군사력 발전에 대한 주변국 우려 불식, ④ 중국 무기시장 점유율 확대, ⑤ 중국의 국제지위 및 영향력 확대를 중국 군사외교 목적으로 제시하고 있다.

지역에 대한 공산화 원조로 그 범위가 제한되었으나, 1970년대 후반부터 개혁개방정책이 본격화됨에 따라 군 현대화에 필요한 첨단기술, 조직, 교리발전을 위해 서방과의 관계개선에 주력하였다. 특히, 탈냉전 이후 군사외교도 전방위 외교정책의 일환으로 국제사회 전반으로 확산됨과 동시에 교류의 형태도 점차 다양화되고 있다.[62]

1990년대 이후 해방군이 추진한 대외군사교류협력을 분석해 보면 그 활동영역을 유형화할 수 있는데, 이는 중국관방의 입장, 군 고위층 및 연구자별 시각에 따라 조금씩 상이하다.

먼저, 중국관방의 입장으로는 중국 국방백서의《國際安全合作》(국제안보협력) 부분에 그 활동영역을 소개하고 있다. 소개된 내용을 분석해 보면, 대외군사교류, 지역안보협력, UN PKO 참여, 신뢰구축조치, 대테러 협력, 전략대화, 국제재난구조활동, 군비통제 및 감군 등의 내용을 포함하고 있다.

관방의 공식적인 입장은 아니지만 중국인민해방군 현역 장군 및

62) 중국 군사외교의 시기 구분에 대한 통일된 해석은 없다. 그러나 군사외교의 속성이 국가 총체외교에 종속되기 때문에 대부분의 학자들은 국가외교와 군사외교 시기구분을 동일하게 적용한다. 이러한 시기구분에 대해서는 John Gittings, *The World and China, 1922-1972* (New York: Harper and Row Publishers Inc., 1974); Michael Yahuda, *Toward The End of Isolationism: China's Foreign Policy after Mao* (London and Basingstoke: The Macmillian Press Ltd., 1983); Joseph Camilleri, *Chinese Foreign Policy: The Maoists and Its Aftermath* (Seattle: university Washington Press, 1980); Harry Harding(ed), *China's Foreign Relations in The 1980s* (New Haven and London: Yale University Press, 1984); 張歷歷, 『外交決策』(北京: 世界知識出版社, 2007年); 裴堅章, 『中華人民共和國外交史 第1,2,3卷』(北京: 世界知識出版社, 1994, 1998, 1999年); 謝益顯, 『中國外交史 第1, 2卷』(鄭州: 河南人民出版社, 1998, 2005年); 張偉, "關于中國軍事外交的理論探討" 『中國軍事科學』, 第17卷 第3期(2004), pp. 30-33 등을 참고할 것.

예비역 장군들이 군 관련 출판사를 통해 주필한 서적에서도 중국 군사외교활동 영역을 일부 소개하고 있다.63) 그러나 이러한 부류의 저작은 국방백서보다 매우 산만하고, 학술적이기보다는 경험적 내용을 토대로 중국 군사외교 유형을 소개하기 때문에 통일된 유형을 제시하기는 어렵다.

그러나 이 중 양쑹허(楊松河)가 집필한 『軍事外交概論』에서는 나름 이론적 체계를 갖춘 가운데 중국 군사외교활동 영역을 제시하고 있다. 즉, 군사대표단 방문, 군함 방문, 공군 국제비행쇼, 무장경찰 대외교류, 군사실무단 방문, 군 예술단 방문 및 공연, 국제군사체육대회 등을 군사외교활동 영역으로 제시하고 있다. 그러나 이러한 분류 역시 최근 중국 군사외교활동 영역을 제시한 것이라기보다는 1990년대 초·중반의 상황을 토대로 설명한 것이라서 적실성을 갖는다고 보기는 어렵다. 또한 리샤오둥(李效東)의 『國際軍事學概論』에서 제시한 군사협력조직과 쌍무·다자적 군사협력이라는 이분법적 구분이나, 탕사오방·궁리(康紹邦·宮力) 등이 집필한 『國際戰略新論』에서의 고위층 교류, 다자안보기제 및 UN PKO 참여, 군사기술협력, 군비통제 및 감군 등의 유형화는 그 영역을 형상화하기 어렵다는 한계가 있다. 반면, 중국인민해방군 군사외교 총책을 맡았던 슝광카이(熊光楷)의 『國際形勢與安全戰略』에서는 현 국방백서

---

63) 이에 대해서는 王普豊, 『現代國防論』, pp. 312-323; 楊松河, 『軍事外交概論』, pp. 82-90; 李效東, 『國際軍事學概論』(北京: 軍事科學出版社, 2004), pp. 143-173; 軍事科學院軍事歷史研究所, 『中華人民共和國軍事史要』, pp. 624-626; 熊光楷, 『國際形勢與安全戰略』, pp. 123-139; 中共中央黨校國際戰略研究所, 『國際戰略新論』(北京: 解放軍出版社, 2006), pp. 367-368; 康紹邦·宮方, 『國際戰略新論』(北京: 解放軍出版社, 2006), pp. 367-378 등을 참고할 것.

에 포함된 전 영역을 제시하고 있으며, 中國軍事科學院軍事歷史研究所에서 편저한 『中華人民共和國軍事史要』에는 함정 방문만 포함시키는 등 객관화된 중국 군사외교활동 영역을 제시하기에는 더 큰 무리가 있다.

이 외에 국내에서 중국 군사외교활동 영역과 관련한 연구로는 황병무 교수의 『新中國軍事論』에서 대외군사협력, 대외군사원조와 무기거래, 군비축소 등 3대 영역으로 구분하였고,[64] 안보경영연구원의 연구에서는 4대 범주 — 전략적 수준의 활동, 역내 활동, 전문 군사교육 교류, 비전통 안보영역에서 다른 국가들과 협력 — 로 구분하고 있는데[65] 이러한 분류 역시 최근 중국 군사외교의 실천행태와 군사외교 체계를 분석하기에는 부족함이 있다.

따라서, 여기에서는 상술한 국방백서 및 주요 연구결과를 종합하여 중국 군사외교활동 영역을 분류해 보고자 한다. 중국 군사외교활동 영역은 대상국가와 내용에 따라 분류할 수 있으나 여기에서는 이를 종합하여 활동영역을 목적에 따라 분류한 다음, 최종적으로 그 실천행태를 유형화할 것이다.

앞서 제시한 중국 군사외교의 4대 목적을 달성하기 위해 중국인민해방군은 대상국가 혹은 지역별로 크게 6가지 영역에서 군사외교활동을 전개하고 있다.

첫째, 우의증진과 국위선양을 위한 대외군사교류활동이다. 이러한 유형의 군사외교활동은 일종의 의전형(儀典型) 방식으로 군사적 색채 부각을 통한 국위선양 성격을 갖는 유형이다. 同 유형에 포함

64) 黃炳茂, 『新中國軍事論』, pp. 397-476.

65) 안보경영연구원, 『한국 군사외교체제 정비방안』, pp. 57-61.

되는 활동으로는 군 고위층 상호방문, 함정 방문, 전략대화, 국제군사학술회의 참가, 군 문화체육 및 예술 대표단의 방문과 공연 등이 있다. 이러한 활동 중에서 가장 대표성을 갖는 것은 군 고위층 상호방문과 함정 방문이다.66)

함정외교는 국제군사교류에 있어 매우 중요한 의미를 가지며, 이는 미국이나 영국 등 서방 강대국이 이미 오래전부터 국력을 과시하기 위한 수단으로 활용했던 활동이다. 최근 중국이 이러한 함정외교를 적극적으로 전개하는 것은 중국군 현대화 성과를 홍보함과 동시에 해양권익을 수호하기 위한 조처로 보이며, 이는 인민해방군이 최근 "국가 밖에서 국가이익을 수호한다"(走出國門維護國家利益)는 구호의 현시(顯示)라고 볼 수 있다. 또한 2009년 해방군 해군 창설 60주년 기념 해상 열병식장에서 후진타오 국가주석이 언급한 "군함은 떠다니는 국토"(軍艦是流動國土)로서 평화의 사절이자 군사외교의 꽃이라는 표현이기도 한 것이다.67) 『中華人民共和國軍事史要』에서도 함정 상호방문에 대해서는 매우 중요하게 기술하고 있다.68)

---

66) 현재 이러한 유형의 활동은 문화체육 및 예술 대표단의 방문을 제외하고는 국방백서 부록에 그 현황을 상세히 제시하고 있다(본 논문의 부록 참조). 그러나 실무급 대표단 방문이나 세부적인 군 유학생 파견현황은 부록에 포함되지 않고 있다.

67) "胡錦濤出席人民海軍60周年海上閱兵活動," 『解放軍報』(2009. 4. 24), 第1版.

68) 이 책에 언급된 내용을 보면 "함정 상호방문은 가장 특징적인 군사외교활동의 하나이다. 군함이 다른 나라를 방문할 경우 초청국 역시 동일한 급의 군함을 보내 맞이하기 때문에 서로 '자매함'이라고 부르면서 같이 정박하게 된다. 두 나라의 군대에서 직급이 가장 높은 장군으로부터 초·중급 장교, 일반 사병에 이르기까지 상호 얼굴을 맞대고 접촉하면서 동일 직급 및 각기 상이한 직급까지 폭넓은 교류를 할 수 있다. 더 나아가 각 국가의 군대간 상호이해와 우호협력을

중국군의 함정 방문은 군사외교 성격을 띤 국가행위이며, 평화시 국가외교정책을 구현하는 일종의 특수한 형식이라고 볼 수 있다. 이러한 형식을 통해 중국은 국제위상을 높이고, 국위(國威)와 군위(軍威)를 과시하며, 해군 현대화 건설을 촉진할 수 있다고 믿는 것이다.[69] 이러한 군 고위층 상호방문 및 군함 방문 외에 국제군사학술회의 참가, 군의 문화체육 및 예술 대표단의 방문과 공연 등도 추진되고 있다. 이러한 활동 역시 친선교류 및 비전투분야에서의 교류협력을 통한 우의증진과 국위선양에 그 목적을 두고 추진되고 있다고 보아야 할 것이다.

둘째, 아시아 지역 국가 및 상하이협력기구 회원국들을 중심으로 한 지역안보협력 활동이다. 먼저 동남아 지역 국가와의 군사외교는 주변국가와의 선린우호관계를 구축한다는 중국 외교정책 목표와 밀접한 관계가 있다. 1990년대 대부분의 동남아 국가와 외교관계를 맺은 중국은 군 고위층 상호방문, 방산협력, 군사지원 및 연합훈련 등을 내용으로 한 군사외교를 적극 추진하고 있다. 특히, ASEAN 국가 중에서 태국, 미얀마와의 군사협력관계가 가장 밀접하다고 볼 수 있다. 중국의 對동남아 군사외교를 분석해 보면 타 대상과는 특이한 현상을 발견할 수 있다. 다시 말해 전략적 목적이 없는 것은 아니지만 타 대상국과는 달리 소정의 대가를 기대하지 않는다는 특

전개하는 매우 유용한 활동이라 할 수 있다. 따라서 이러한 해군 군함방문은 종합국력의 신장과 군 현대화 성과를 가늠할 수 있는 매우 중요한 척도라고 할 수 있다. 중국 해군은 언제라도 중국인민의 평화 사자로써 세계 어느 나라라도 방문할 수 있는 준비가 되어 있다"고 표현하고 있다. 軍事科學院軍事歷史研究所, 『中華人民共和國軍事史要』, p. 624.

69) 吳明傑, "軍艦外交國力展示," 『中國時報』(2005. 2. 21).

징이 있다는 것이다. 사실 중국과 동남아 국가간의 군사외교는 먼저 상하이 협력기구 국가들과의 군사적 상호신뢰기제를 구축한 후 전략적으로 동 국가들과 군사교류협력을 발전시킨 유형으로 볼 수 있다.

2004년과 2006년 국방백서에서 중국이 제기한 '국제안보협력 강화'는 바로 상술한 두 지역 국가들과의 군사교류를 대부분 기술하고 있다. 특히 2001년부터 2002년까지 중국이 ASEAN 국가들에게 제기한 군사상 상호신뢰구축조치[70]는 이러한 중국의 對동남아 국가 군사외교의 특성을 보여주는 사례로 볼 수 있다. 표면적으로는 이들 국가와의 군사교류가 우호협력을 증진하기 위함이라고 주장하지만, 해 지역내 안보정세를 주도하여 미국 혹은 인도 등 강대국의 개입을 저지하겠다는 전략적 의도를 내포하고 있는 것이다.[71]

중국의 對남아시아 군사외교는 인도, 파키스탄과의 군사교류협력을 통해 전개되고 있다. 중국과 인도와의 군사관계는 지금까지 소원했으나, 1998년 인도의 핵실험 성공과 중거리 미사일 개발이후 중국은 인도에 대한 태도를 바꾸게 되었다. 즉 중국은 파키스탄과

70) 특히, 제8차 ARF 외무부장관회의에 제기한 비재래식 무기분야에서의 안보대화 및 협력 전개, 연합군사훈련에 대한 통보 및 관찰요원 파견, 새로운 안보관에 관한 입장 문서, 비재래식 무기분야에 대한 안보협력 선언 등이 이에 해당된다.

71) 예를 들어 미얀마가 민주, 인권 등의 문제로 ASEAN 및 서방국가들로부터 지탄을 받게 되자 중국은 미얀마의 지지국이 되면서 이전보다 적극적인 군사교류를 추진하였다. 또한 미얀마, 라오스, 캄푸치아 등 동남아 약소국가들에게 군사비 지원, 무기 제공, 저렴한 가격으로 무기장비 판매 등의 방식으로 군사원조를 제공하였다. 반면 태국, 필리핀 등 미국과 군사협력 관계를 맺고 있는 국가들과는 군사대표단을 초청하여 군사훈련을 참관케 하거나, 중국 군사대표단의 답방을 추진하는 방식으로 우호협력을 강화하고 있다.

의 군사협력을 강화하면서 인도 국방부장관을 초대하는 등 인도와의 군사적 접촉을 추진하게 되었다. 전통적으로 중국의 對남아시아 전략은 장기간 '연파제인(聯巴制印)'으로서 파키스탄과 지속적으로 군사협력을 전개해왔기 때문에 중국과 인도와의 군사교류는 성사되기 어려운 상황이었다. 뿐만 아니라 미국과 인도와의 군사접근을 제어한다는 전략적 목적을 추구할 수밖에 없었기 때문에 양국 국방부장관의 상호방문 외에는 별다른 교류가 없었던 것이다. 그러나 21세기에 들어 중국은 종합국력 신장에 따른 자신감을 토대로 미국과 인도간의 전통적 우호협력을 인정하면서 同지역에서 미국의 영향력을 상대적으로 약화시킨다는 전략적 의도 하에 인도와의 군사외교를 적극 추진하고 있다.

반면 파키스탄과의 군사외교는 전통적 우호관계를 유지한 가운데 미국이 동의할 수밖에 없는 대테러 연합훈련 분야를 우선적으로 추진하면서 부가적으로 군사지원 및 방산협력 분야까지 확대시키는 '견인형'(牽引型)의 군사외교를 적극 추진하고 있다. 특히, 파키스탄과의 대테러 훈련지역은 중국 지도부가 항상 불안해하는 신장(新疆) 일대의 고원 및 산악지역과 유사하기 때문에 보다 적극적인 태도를 보이는 것으로 분석된다.72) 이러한 중국의 對인도, 파키스탄 군사외교는 미국과 얽힌 전략적 이해관계가 첨예하다는 특징을 갖고 있으며, 특히 인도와의 군사외교는 중·미 정치외교 기상(氣象)과 불가분의 관계를 갖고 있다고 볼 수 있다.

한편, 중국의 對중앙아시아 군사외교는 지정학적 이익과 에너지

---

72) Ajey Lele, "Friendship 2004: Sino-Pak Military Diplomacy Coming of Age," http://www.sspconline.org/article_details.asp?artid=art1(검색일: 2011. 10. 14).

확보, 그리고 상하이협력기구 국가들간의 군사협력을 목적으로 전개되고 있다. 중국은 1991년 구소련 해체 이후 중앙아시아 5개국 독립을 즉시 승인하였으며, 1996년부터 중앙아시아 각국 원수들과의 정상회담을 시작하였다. 2001년 6월 15일 중국, 러시아, 카자흐스탄, 키르기즈스탄, 타지키스탄, 그리고 우크라이나 총 6개국 정상은 상하이에서 개최된 제6차 정상회의에서《상하이협력기구 창립 선언》 및《테러리즘, 분열주의, 극단주의 타도를 위한 상하이 조약》에 서명했다.[73] 특히 9・11 이후 미국이 중앙아시아 국가들과의 군사협력 및 지원을 적극 추진함에 따라 중국은 자국의 정치・경제적 이익을 확보하고, 미국의 영향력을 견제하기 위해 중앙아시아 국가들과 적극적인 군사외교를 추진하게 된 것이다.

중국의 同 지역에 대한 전략적 이해관계를 보면, 우선적으로 사활적 국가이익이라 할 수 있는 국가통합과 연관성을 갖는다. 신쟝 위그루 지역의 이슬람세력과 시장(西藏) 티벳족의 분리독립 움직임이 중앙아시아 지역과 연계될 것을 우려하는 것이다. 중국은 중앙아시아 국가들과 견고한 협력틀을 구축함으로써 이러한 반중(反中) 세력들을 견제하는 기제로 활용코자 하는 것이다. 또한 중앙아시아에 대한 미국의 영향력을 저지하기 위해 同지역 국가들과 군사교류 협력을 강화하고 있는 것이다. 특히 9・11 이후 아프가니스탄에 대한 미국의 대규모 군사활동은 중국의 군사안보적 위협을 배가시킨 계기로 작용하였다.

셋째, 군 현대화 건설을 촉진하기 위한 군사과학기술교류 활동이

73) 상하이 협력기구의 창설과정에 관한 연구로는 박병인, "상하이협력기구(SCO) 성립의 기원," 『中國學硏究』, Vol.33, No.1, 2005, pp. 521-524를 참고할 것.

다. 군사과학기술교류는 중국이 선진국가로부터 첨단과학기술을 획득하고, 국방 현대화를 추진하는 매우 중요한 수단이다. 중국은 러시아와 전략적 협력 동반자관계(戰略協作伙伴關係)의 토대 하에 주변안보환경 개선과 국방과학기술능력 제고를 목적으로 군사외교를 적극 추진하고 있다.

중국의 국방공업발전사에 있어 구소련은 핵심적인 기여를 하였다. 중국의 국방공업분야는 1949년 건국이후 소련과 약 10여년 동안 무기장비 및 기술, 그리고 군 전문가들을 대부분 소련으로부터 지원받았다. 그러나 1960년 소련이 중국과 협의없이 일방적으로 소련 전문가 1,390명을 본국으로 소환함에 따라[74) 중국 국방공업부문은 상당한 차질과 손실을 입게 되었다. 이후 양국 간의 분열과 대립이 1989년 톈안먼 사태를 계기로 러시아로부터 'Su-27형' 전투기를 구매하게 되면서 러시아와 새로운 군사과학기술교류가 재개되었다.

---

74) 소련의 전문가 소환 조치는 지금까지 중국 외부의 사학계에서 초미의 관심대상이었으며, 현재까지 연구된 결과물에서도 이 사태에 대해서는 논쟁의 대상이 되고 있다. 이러한 대표적인 연구로는 王泰平主编 : 『中華人民共和國外交史(第2卷)』(北京: 世界知識出版社, 1998) ; 庫利克 : 『中蘇分裂 : 原因及其後果』(2000) 등이 있다. 소련전문가들이 중국에서 활동한 내용을 직접적으로 담은 중국내 연구로는 羅時叙, 『由蜜月到反目－蘇聯專家在中國』(紀實)(北京: 世界知識出版社, 1999)가 유일하다. 당안(檔案) 자료가 부족한 관계로 사학계는 지금까지 이 분야에 대한 연구를 진행하기 어려웠으며, 단지 중·소 양국의 당해년도 외교분야 자료를 일부 대조시켜 초보적인 연구를 하긴 했지만 연구결과는 매우 미진한 실정이다. 러시아 현대문헌보관센타(原 소련공산당중앙당안관)의 대량 비밀당안자료를 토대로 본 사건의 원인, 과정, 결과에 대해 분석한 연구로는 欒景河, "中蘇分裂 : 意識形態的分歧, 還是國家利益的衝突," 『中共黨史研究資料』, 2003年第1期를 참고할 것.

한편, 중국은 1992년부터 러시아 어학자원을 러시아에 파견하여 국방과학기술 인재로 양성[75]하는 등 러시아와의 군사과학기술교류협력을 체계적으로 추진하고 있다. 1992년 8월 중국 국방부장 친지웨이(秦基偉)는 모스크바를 방문하여 양국 군대간 관계를 정상화하고, 군사기술교류협력을 강화하는 문제에 대해 의견을 주고받았다. 1993년 6월과 8월에는 중앙군사위 부주석과 총참모장이 각각 모스크바를 방문하여 군사기술 교류협력에 대한 심층깊은 토의를 거친 후 동년 11월 러시아 국방부장관이 북경을 방문한 자리에서 중·러 양국 국방부 협력협정을 체결하였다. 양국간 군사협력분야에 있어서 보다 실질적인 조치는 1996년 4월 전략적 협력 동반자 관계 구축 이후 동년 6월 중앙군사위원회 부주석 장완넨(張萬年)이 러시아를 방문한 자리에서 이뤄졌다. 즉, 코소보 사태 이후 양국 군지도자 간에 군사협력 및 공통된 인식에 관한 7개항 계획을 발표하였다.[76]

75) 陸民聲, "中共擴軍: 雇傭前蘇聯國防專家," 『中國大陸研究』, 第26卷第6期(1993年6月), pp. 55-57.

76) 본 계획은 ① 상대방에 대해 최첨단 무기장비, 군사기지, 군사과학연구기관을 개방한다. ② 군사학원 및 군사과학연구기관에 관련요원을 상호 파견하여 연수한다. ③ 대표단, 관찰조를 상호 파견하여 상대방 군사훈련을 참관한다. ④ 러시아는 중국이 생산중인 Su-27 전투기 성능 개량사업에 협조하여 전투기 성능을 제고시킨다. ⑤ 러시아는 3년 이내에 중국에 Su-30 전투기 96대를 판매하며, 전투기 조종사 훈련을 책임진다. ⑥ 중국은 러시아 첨단 재래식 잠수함기술을 도입하고, 100여 척에 달하는 현 잠수정을 개조한다. ⑦ 양국 군은 공동으로 총 8억 달러를 투자하여 군사장비과학연구협력조(軍事裝備科研合作組)를 구성, 신형 스텔스 전투기를 포함한 재래식 전략미사일, 레이저무기, 지상방공시스템 등 첨단기술군사장비를 연구개발한다는 내용을 포함하고 있다. "中俄在科索沃找到交集," 『中國時報』(1999. 7. 19), 第14版.

2000년대에 들어와서는 양국 수뇌부 회동시 군부 인사가 동반하여 국방과학기술 및 군사훈련 협력에 대한 협정을 체결하였다. 일례로 2002년 5월 러시아 국방부장관 이바노프(Sergei Ivanov) 방중기간에 중국 국방부장 츠하오톈(遲浩田)과 회담하는 자리에서 러시아 전략 및 과학기술분석센터(Russian Center for Analvsis of Strategies and Technologies) 통계를 근거로 중국은 이미 러시아 1년 예산의 30-50%에 달하는 군사기재를 구입했다고 밝혔다.77)

넷째, 방산협력 활동이다. 서방국가가 1989년 톈안먼 사태 이후 중국에 대한 무기금수 조치를 취하게 되자 중국은 1990년대부터 러시아로부터 다량의 무기를 들여왔다. 특히, 1996년 대만해협에서의 긴장국면이 조성된 이후 중국은 해외로부터 상당량의 무기를 구매하였으며, 2000년부터 2004년까지 5년 동안 중국이 외국에서 구매한 무기는 약 200억 달러에 달한다고 한다.78)

중국의 무기획득정책은 소위 '삼관제하'(三管齊下) 책략을 통해 형성되었다. 이는 무기획득 출처를 주로 3가지 경로를 통해 도입한다는 것으로서, 해외구매, 합작생산, 자체생산의 경로가 그것이다. 이러한 무기획득정책은 군사부문간의 서로 다른 입장과 이익을 반영한 것으로서, 결과적으로 작전부문과 국방공업 각자의 요구를 만족시켰다.79) 한편, 중국은 대외 군사구매를 강화하기 위하여 최근

---

77) David Isenberg, "How Russia keeps China armed," *Asia Times* (Nov 19, 2005).

78) "大陸近五年軍購約6,600億台幣," 大紀元(2004. 6. 3), (http://www.epochtimes.com/b5/4/6/3/n557380.htm 검색일 2012. 1. 25). 이러한 군사기술을 포함한 선진무기는 주로 러시아, 이스라엘, 우크라이나, EU국가들로부터 구매한 것으로 알려져 있다.

79) 이에 관한 자세한 내용은 차이밍옌 著, 이두형 옮김, 『중국 군사력: 현대화의 발

일련의 조례와 규정을 제정하여 중국인민해방군의 대외 군사구매 관련규범까지 발간하였다.80)

그러나 방산문제와 관련하여 중국 내부적으로 해방군과 외교계통 사이의 마찰을 무시할 수 없다. 규정상으로는 해방군 총참모부, 총장비부 그리고 국방과학기술공업위원회가 주축이 되어 무기판매에 관한 의사결정을 하게 되어 있다.81) 외교부는 무기판매에 대해 결정권한이 없지만 중국의 대외 무기판매에 대한 미국 및 기타 국가의 항의에 대해 적절한 조치를 취해야 할 책임이 있다. 외교부와 군부간 무기판매 문제에 관한 의견이 조율되지 않을 경우 국무원 총리나 중앙외사영도소조가 중재를 하거나 조정을 해야 한다. 그러

전과 도전』(서울: 21세기군사연구소, 2006)을 참고할 것.

80) 이러한 조치로는 2002년 10월 중앙군사위원회가 공포한 《중국인민해방군 장비조달 조례》, 2003년 12월 총장비부가 공포한 《장비 조달계획 관리규정》, 《장비조달 합동관리규정》, 《장비조달방식과 절차 관리규정》, 《장비생산회사 자격심사관리규정》, 《동종 장비 집중조달 관리규정》 등이 포함되며, 이를 통해 무기장비구매를 위한 법규체제를 마련하였다. 中華人民共和國國務院新聞辦公室, 『2004年中國的國防』, p. 23.

81) 루이스(John W. Lewis) 등이 1991년에 발표한 논문에 따르면, 최초 무기판매에 관한 의사결정권은 해방군 총참모부 및 국방과학기술공업위원회에 있었으나, 1997년 중국군 무기장비 건설 강화조치의 일환으로 기존의 국방과학기술공업위원회 및 총참모부, 총후근부 등 3대 기구를 합병하여 무기장비연구개발 및 수리를 책임지는 총장비부를 설치함으로써 통일된 지휘책임을 부여하였다고 한다. 총장비부는 군사과학기술 논증과 군사장비의 계획, 연구개발, 시험, 구매, 분배, 운용, 보관, 유지 및 도태 등의 업무 외에 감시와 무기수출입 통제에 대한 임무를 부여받았기 때문에 1997년 이후부터 무기판매에 관한 권한은 해방군 총참모부, 총장비부, 국방과학기술공업위원회가 공동으로 갖게 되었다는 것이다. John W. Lewis, Hua Di and Xue Litai, "Beijing's Defense Establishment: Solving the Arms-Export Enigma," *International Security*, Vol.15, No.4 (Spring 1991), pp. 95-96. 林麗香, "解放軍的政治影響力: 解放軍參與外交政策之研究," 國立中山大學大陸研究所博士論文(2006), p. 113에서 재인용.

나 국무원 총리의 경우 해방군 내 지위나 위상이 그리 높지 못하기 때문에 통상 중앙군사위원회 부주석이 중재자로 나서게 된다. 양상쿤(楊尙昆)이 중앙군사위원회 부주석 재임시 나서서 무기판매에 관한 갈등을 중재하고, 중앙군사위원회 주석 덩샤오핑이 그의 결정을 비준한 것이 이러한 예에 해당한다.[82] 또한 중국 외교부는 과거 불가리아 과학기술공사의 對사우디아라비아 미사일 판매 반대 사례를 제시하면서 1990년 중국의 對사우디아라비아 무기판매에 대한 책임을 지지 않겠다는 외교부 입장을 강력히 표명한 사례도 있다.[83]

이러한 사례에서 보듯이 해방군은 방산활동 관련 의제에 있어서 외교부문과의 마찰은 쉽게 해결되지 않을 것이며, 해방군의 자주성과 중요성을 무기로 무기판매정책에 관한 의사결정권을 독점하기 위해 노력할 것이다. 중국인민해방군이 파키스탄, 이란, 미얀마 등 국가와의 군사관계를 공고히 하기 위해 최근 무기판매에 많은 노력을 기울임과 동시에, 라오스, 캄푸치아, 태국 등 국가에 대한 군사원조를 추진하는 것은 이러한 맥락에서 이해해야 할 것이다.

다섯째, 적극적인 UN PKO 참여를 들 수 있다. 중국은 전방위 외교정책의 일환으로 UN PKO 참여에 적극성을 보이고 있다. 중국은 UN 안보리 상임이사국으로서 종합국력의 신장에 따라 국제무대에서 중국의 역할이 중요해지고 있으며, 이는 중국의 군사교류에도 보다 폭넓은 기회와 환경을 제공하고 있다고 인식하는 것이

82) John W. Lewis, Hua Di and Xue Litai, "Beijing's Defense Establishment: Solving the Arms-Export Enigma," p. 96.

83) Samuel S. Kim, *China and the World: Chinese Foreign Relations in the Post Cold War Era* (Boulder. San Francisco. Oxford: Westview Press, 1994), p. 51.

다. 중국은 UN PKO에 대한 자국 나름대로의 원칙을 제시하면서,[84] 특히 2000년대 들어서 보다 적극적인 UN PKO 참여 정책을 추진하고 있다. 많은 전문가들은 이러한 중국의 적극적 태도를 대만문제 및 석유와 같은 천연자원 획득과 연계시켜 보고 있다. 중국이 수단이나 라이베리아 등의 빈곤국에 대한 UN PKO 참여는 천연자원에 대한 접근을 용이하게 할 수 있으며, 더불어 대만의 국제적 승인 획득을 위한 금전외교에 대항할 수 있는 외교적 기제로 작용할 수도 있다고 보는 것이다.

그러나 중국의 UN PKO 정책은 국내외 환경과 국제무대에서 영향력 확대를 꾀하기 위한 전략적 차원으로 바라볼 필요가 있다. 중국은 국제질서에서 책임있는 강대국으로서의 이미지 제고와 미국의 헤게모니 견제 목적으로 이전보다 적극적인 정책을 구사하고 있는 것이다. 이러한 시각은 중국인민해방군 부총참모장 장친성(章沁生)의 발언을 통해 확인할 수 있다. "중국은 평화를 사랑하는 나라이며, 국제평화와 안정에 관련하여 책임있는 국가이다. 따라서 중국의 평화유지활동 참여는 우리의 임무이며 근본원칙이다. 또한 중국은 UN PKO 참여를 통해 책임있는 대국의 이미지를 심어주었으며, 국제사회로부터 칭송을 받고 있다"[85]는 그의 언급은 중국의 UN PKO 정책을 엿볼 수 있는 대목이다.

군사외교 차원에서 볼 때, 중국은 UN PKO 참여를 통해 군사적 이익을 취하고 있음을 발견하게 된다. UN PKO 참여를 통해 기술

84) 중국이 주장하는 UN PKO 원칙에 대해서는 軍事科學院軍事歷史研究所, 『中華人民共和國軍事史要』, p. 633을 참고할 것.

85) "新華網專訪: 總參謀長助理章沁生點評中俄軍事交流," 『新華網』(2006. 9. 28).

및 실전경험 습득은 물론 장비와 교리의 실전 테스트, 그리고 타국의 군사적 능력을 평가할 수 있는 절호의 기회로 삼는 것이다.[86] 중국은 향후에도 국제안보환경과 국가이익에 부합되는 방향으로 UN PKO에 적극 참여할 것이며, 특히 국제사회에서 책임있는 대국으로서의 이미지 제고와 군사적 차원의 실익을 취하기 위해 노력할 것이다. 또한 UN PKO 참여는 중국 군사외교 추동 목적인 '군사위협론' 불식과 경제건설에 유리한 국제안보환경 조성은 물론, 국제무대에서 대만의 생존공간을 침식시키는 다용도 기제로 작용할 것이다.

마지막으로 연합훈련 활동이다. 모든 주권국가는 군사연습과 훈련을 통해 자국의 군비태세를 확인할 수 있으며, 이는 타국에 대한 전략적 의미를 갖는다. 최근 중국군은 자국내 제병협동훈련이나 합동훈련 이외에 타국과의 연합훈련을 강화하고 있다. 또한 훈련범위도 공동 대테러훈련에서 해상구조훈련으로, 지상연합훈련에서 해·공군 연합훈련으로 확장해 나가고 있다. 2002년부터 시작된 선택적인 쌍무·다자간 연합훈련을 통해 타국과의 안보협력 영역을 개척하였으며, 2003년부터는 서북지역에서 동해까지 어우르는 다국 연

86) 평화유지활동에 참여하는 부대는 파병 전 집중영어 교습과 통신 및 운전훈련 등 특별훈련을 받는다. 통상 파병주기가 짧기 때문에 훈련을 받은 요원들은 주기적으로 자대에 복귀하여 동료들에게 습득한 경험과 기술을 전수할 수 있다. 게다가 최신 장비로 무장된 파병요원들은 미국을 포함한 타국의 시스템과 선진교리를 경험하고 학습한 뒤 중국군 현대화 건설에 필요한 기여를 한다는 점을 중국군 지도부는 높게 평가하고 있는 것이다. Drew Thompson, "Beijing's Participation in UN Peacekeeping Operations,"*China Brief,* Vol.5, Issue 11 (May 10, 2005). 유동원, "중국의 유엔 평화유지활동 정책: 배경, 특징과 제약요인," 『中國硏究』제43권(2008년), p. 598에서 재인용.

합훈련을 통해 지역안보 결속력을 강화하고 있다. 또한 중국은 이러한 연합훈련에 대한 타국의 의혹과 우려를 불식시키기 위해 주중무관요원들을 중심으로 한 외국 관찰단을 초청하는 등 일거양득(一擧兩得)의 군사외교를 추진하고 있는 것이다.[87]

특히 중국은 중·러 혹은 상하이협력기구 구성국 다자간 연합훈련을 통해 군사외교의 영역을 확대하고 있다.[88] 중국은 러시아와 연합훈련을 적극적으로 추진하는 목적을 양국군 협력증진과 비전통영역에서의 안보 중시, 그리고 아태지역의 평화와 안정이라고 주장하고 있다. 그러나 이와는 달리, 대만 독립 움직임에 대한 무력응징 의지 천명, 한·미 및 미·일 동맹 그리고 대만이 가세한 對중국 봉쇄전략에 대응, 러시아의 첨단 무기장비 및 기술을 획득하기 위한 다목적 의도하에 연합훈련을 추진한다고 보아야 할 것이다.

중국 군사외교의 실천형태는 앞에서 제시한 것처럼 국가안보목

---

87) 중국이 실시하는 양자 혹은 다자간 연합훈련에 (한국전쟁시를 제외하고) 북한이 포함된 적은 단 한번도 없다. 이는 한·미 양국이 한·미 동맹의 틀에서 다양한 형태의 연합훈련을 활발히 전개하고 있다는 점에 비춰볼 때 북·중 동맹의 결속력과 실효성에 의문을 가질 수 있는 부분이기도 하다. 중국이 북한과 연합훈련을 실시하지 않는 이유에 대해서는 "中國從來不與朝鮮擧行軍事演習的原因是甚麽?" (http://bbs.cctv.com/thread-11947218-1-1.html)을 참고할 것.

88) 최근 상하이협력기구(SCO)의 틀 내에서 진행된 다자간 협력 동향을 보면, 상하이협력기구 회원국들은 《대테러리즘 공약》(反恐怖主義公約), 《국제 정보 안전 보장에 관한 정부간 협력 협정》(保障國際信息安全政府間合作协定), 《범죄 척결에 관한 정부간 협력 협정》(政府間合作打擊犯罪协定) 등의 문건에 차례로 서명하고, 안보협력을 위한 견실한 법률적 기초를 마련하였다. 대규모 국제활동 안보협력 메커니즘을 보완하여 2010년 모스크바 국제 對파시스트 전쟁 승리 65주년 기념활동, 상하이 세계무역박람회, 광저우 아시안게임 등 중요활동을 순조롭게 거행하였다. 中華人民共和國國務院新聞辦公室, 『2010年中國的國防』, p. 56.

표 달성을 위한 국방 및 외교정책의 구현으로 나타난다고 하였다. 중국은 국가안보목표 달성을 위해 국방과 외교부문에서는 부문별 세부 정책을 수립하고 특히, 군사외교는 이러한 양개 정책의 중첩(重疊) 영역에 대한 실천을 하고 있는 것이다.

국방백서를 포함한 중국내외 연구자들의 시각을 종합해 볼 때 군사외교 목적과 그 활동영역을 정확하게 연계시켜 설명할 수는 없다. 그러나 지금까지의 논의를 토대로 그 상관관계를 제시한다면 〈표 2-4〉와 같이 정리될 수 있을 것이다. 반면, 〈표 2-4〉에서 보는 것처럼 각각의 활동영역은 정도의 차이가 있긴 하지만 다중 목적을 띠고 추진된다고 보아야 할 것이다.

〈표 2-4〉 중국 군사외교 목적 - 영역별 상관관계

구 분	유리한 안보 환경 조성	군 현대화 건설 촉진	'중국위협론' 불식	국제 영향력 확대(대만고립)
대외군사교류	●	△	●	●
지역안보협력	○	·	△	△
군사과학기술교류	△	○	·	△
방산협력	·	●	·	△
UN PKO 참여	△	△	○	○
연합훈련	△	△	·	△

범례 : ● 상관관계 높음, ○ 상관관계 보통, △ 상관관계 낮음

4. 군사외교 전개 유형

지금까지 중국 군사외교의 목적에 기초하여 활동영역을 내용과 대상국 중심으로 살펴보았다. 이러한 작업에 보다 의미를 부여하기 위해서는 활동영역별 실천행태를 토대로 중국 군사외교를 모형화할 필요가 있다. 지금부터는 앞에서 분석한 내용과 그동안 중국이 추진한 군사외교를 전략적 차원과 의도를 토대로 그 특징을 유형화하고자 한다.

첫째, 단순한 대외교류협력 차원의 '상징형'(擬議型) 유형이다.[89] 이 유형에는 경제 현대화 건설에 유리한 안보환경을 조성한다는 목적 하에 추진되는 대외군사교류 및 지역안보협력 활동이 포함된다. 중국과 군사관계를 막 수립했거나, 아니면 전략적 차원에서 의도적으로 군사외교활동을 제한시킬 필요가 있는 경우가 여기에 해당된다고 볼 수 있다. 군사과학기술교류나 방산협력, 연합훈련 등의 수준까지 발전하지 못한 초보적 수준의 군사외교활동인 셈이다. 상징형 군사외교 대상국으로는 한국, 일본 등을 들 수 있다.

둘째, 안보위협을 조정하기 위한 '조정형' 유형이다. 이 유형의 대표적인 대상국가는 러시아 및 구소련 연방국들을 들 수 있다. 과

89) '擬議型'을 '상징형'으로 표현한 것은 중국 인민대학 진정쿤(金正昆) 교수가 제시한 동반자(伙伴)관계 유형 구분법을 참고한 것이다. 그는 '擬議型' 동반자관계를 "동반자관계가 막 추동되긴 했으나 아직 특별한 표현은 없는 유형"으로 해석하고 있다. 사전에서는 '擬議'를 '立案하다, 起草하다, 提案하다'로 풀이하고 있지만, 군사외교 차원에서 볼 때 '상징적', 혹은 '초보적'으로 해석하는 것이 타당하다고 저자가 임의 해석한 것이다. 金正昆, "中國"伙伴"外交戰略初探", 『教學與研究』, 2000年第7期. pp. 177-188.

거 중국의 최대 위협이었던 북방 국가들과 전개되는 유형이라 할 수 있다. 그러나 이 유형의 주요 대상국이 러시아이기 때문에 중국은 군사외교활동을 통해 유리한 안보환경 조성 외에 군 현대화 건설 목적도 병행하여 달성하려는 의도를 갖고 있다.

1992년 중국은 러시아와 '21세기를 향한 건설적 동반자 관계' 구축 이후, 1996년에는 '21세기를 향한 전략적 동반자 관계'로의 격상에 합의하였다. 또한, 동년 중국, 러시아, 카자흐스탄, 키르기스스탄, 타지키스탄 등 5개국은 국경지역에서의 군사적 신뢰구축을 위한 협의서에 서명했다. 중·러 양국은 2005년 8월 18일 '평화사명-2005(和平使命-2005)'라는 연합훈련을 최초로 실시하여 중국의 외교안보 역량을 과시함은 물론, 러시아와의 정치군사적 유대관계를 강화하였다. 중국은 이 훈련을 통해 러시아로부터 이미 구입한 첨단무기를 실전 연습에 투입하여, 미국과 일본 및 대만에 심리적인 압력을 행사하려는 전략적 의도를 표출하였다.[90] 이후 양국은 2007년, 2009년, 2010년 그리고 2012년에 정기적인 연합훈련을 실시하면서 훈련내용과 그 수준을 한층 확대해 나가고 있다.

양국은 연합훈련 외에도 전략적 협력 동반자관계의 토대하에 상당히 높은 수준의 군사외교를 전개하고 있다. 이는 정상간의 상호방문, 국방부장관 대화, 군사무기·장비 구매, 기술이전 등 다양한 형식으로 진행되고 있다. 이러한 군사외교활동과 병행하여 양국은 국경지역에 배치된 병력을 줄였으며, 중국도 안보환경의 긍정적 변화기회를 이용하여 군사부문에서의 전반적인 조정을 단행하였다.

---

90) 황재호, "중·러 합동군사훈련의 전략적 의미," 『주간국방논단 05(제1070호)』 (2005. 10. 24), p. 1.

즉 북방의 병력배치를 감소하였을 뿐만 아니라, 육군 병력수를 감축하였다. 이와 동시에 해·공군 전력을 강화하고, 군사력 배치의 중점을 동남 연해로 전환함으로써 냉전 이후 전략적 위협세력인 미국과 그 맹방(盟邦)에 대한 전략적 배비를 하고 있는 것이다. 이러한 양국간의 군사외교를 통해 중국 전체 국경의 절반에 해당하는 지역 인접국가와의 관계를 안정시켰으며, 러시아와의 전략적 동반자 관계구축을 통해 안보상의 위협을 크게 줄일 수 있었던 것이다.

그러나 중국도 인정한 바와 같이 러시아의 많은 사람들은 중국에 대한 군사협력과 경제적 우호관계가 잠재적인 위협으로 다가올 것이라 인식하고 있다. 이러한 '중국위협론'은 러시아 관방에서 제기된 것은 아니었지만, 학계나 정계, 심지어 반(半)관방 기구에서는 이러한 '중국위협론'에 대한 경계정도가 심각한 정도이며, 이러한 인식의 출발점은 바로 중국이 과거 점령했던 지역에 대한 영토분쟁[91]이 재발할 것이라는 데 있다.

셋째, 충돌예방 및 군 현대화를 위한 '건설형' 유형이다. 이 유형의 주요 대상국가로는 세계 강대국인 미국과 러시아를 들 수 있다. 5가지 유형 중 최고의 전략적 차원에서 전개되는 유형으로서, 중국 군사외교 4대 목적이 모두 포함된다고 볼 수 있다.

---

91) 중·소 국경분쟁은 1969년 3월 우수리강 전바오섬(珍寶島)에서의 영토분쟁을 말하는데, 약 7,000km의 국경선을 둘러싼 청국과 러시아 간의 불평등조약에서 비롯되었다. 양국은 중국 총리 저우언라이(周恩來)와 소련 총리 코시긴의 합의에 따라 1969년 10월부터 국경문제 등을 다루는 외무차관급의 국경회담을 열어왔으나 합의점을 도출하지 못하다가 1987년 2월부터 1989년 12월까지 10여 차례의 국경회담을 열고, 우선 전바오섬 일대의 약 1,500km에 이르는 동쪽 국경의 경계선 획정에 합의를 보았고 나머지 서쪽 경계선 문제는 계속 국경회담을 열고 단계적으로 해결하기로 합의하였다.

전략적 측면에서 볼 때 냉전 이후 중·미간 진행된 군사교류의 양상을 보면, 미국은 양국간 군사충돌을 예방하기 위해, 중국은 미국으로부터 군사현대화 경험을 취득하고 '군사위협론'을 불식시키기 위해 군사교류를 진행해 왔다. 군사충돌을 예방하기 위해 양국은 방산교류협력 외에 군 고위급 상호방문, 군사학술교류, 군함 상호방문 및 군민(軍民) 전환영역의 협력 등의 형식을 통해 군사교류를 전개하고 있다. 기본적으로 이러한 교류활동은 미국이 주도적으로 제기했지만, 중국의 입장에서 볼 때 미국은 양국 군대간 상호이해 증진과 중국인민해방군에 대한 영향력 증대, 그리고 중국 군사전략 의도와 군사능력을 이해하는 중요한 수단으로서 중국과의 군사교류를 중요시한다고 보는 것이다.

미국이 군사교류를 통해 중국군에 대한 영향력을 확대하려는 의도를 갖고 있는 것처럼, 중국 역시 미국과의 군사교류를 통해 대만과 미국과의 관계를 견제하려는 전략적 목적을 갖고 있는 것이다.[92] 특히 중국은 미국의 對대만 무기판매 및 안전보장에 대해 자국의 입장 전달은 물론, 군사교류 중단 등의 방법을 통해 대만-미국관계에 대한 통제 및 압력기제로서 군사외교를 활용하고 있는 것이다. 1998년 체결한 《해상 군사안보협력기제 설립 및 강화에 관한 협의》를 토대로 양국은 매년 정기회의를 개최하고 있으며,[93] 이는 군사교류를 통해 군사충돌을 예방한다는 구상이 구체적으로 실천된 사례로 볼 수 있는 것이다.

92) U. S. Office of Defense, *Annual Report to Congress: Military Power of the People's Republic of China 2009,* p. 28.

93) "中美防務磋商避免中美艦船對峙也是焦點(2)," 『人民日報』(2009. 6. 29).

중국 입장에서 군사충돌 예방차원에 국한된 군사교류는 소극적이고 저차원적인 수준으로 보고 있다. 보다 적극적이고 고차원적인 목적은 바로 군사교류 진행과정을 통해 미국의 군사혁신(RMA) 경험을 취득하여 첨단기술조건 혹은 정보전 하의 전쟁을 준비하겠다는 것이다. 사실 1990년대 중반부터 양국 군사교류가 재개된 이후 중국이 미국으로부터 군사과학기술 및 정보를 비밀리에 유출해간다는 의혹을 받아왔다. 중국이 자국의 군사·정보능력의 향상을 위해 핵무기·미사일·항공우주기술 같은 미국의 첨단군사기술을 '군사교류를 가장한 수단과 방법'을 통해 수십 년 간 불법적으로 획득했다는 것이다.[94] 미국에 비해 중국이 對미국 군사교류를 적극적으로 원하는 것은 바로 중국의 국방 현대화 건설에 필요한 미국의 경험과 기술 습득에 목적이 있기 때문이며, 이로 인해 인사교류도 해분야 전문 장교위주로 이뤄지고 있는 것이다.[95]

넷째, '견인형'(牽引型) 군사외교이다. 견인(牽引)형 군사외교는 다른 표현으로 '올가미형' 혹은 '끌어들이기식' 군사외교라고 할 수 있다. 중국이 對동남아 국가와 추진하는 군사외교의 내용과 목적을 보면 전형적인 '견인형' 군사교류 성격을 띠고 있다. 표면적으로는 이 국가들과 우호협력을 증진하기 위함이라고 주장하지만, 해 지역 내에서 미국이나 인도 그리고 일본 등의 정치군사적 개입이나 외교적 헤게모니를 중국이 장악하겠다는 전략적 의도를 갖고 군사외교

94) "美中經濟及安全檢討委員會警告: 中共間諜爲美科技最大威脅," 『大紀元』(2007. 11. 17). http://news.epochtimes.com.tw/7/11/17/70644g.htm(검색일: 2012. 10. 21).

95) 台灣民進黨中國事務部, 『中共軍力基本報告』(2003. 12. 19), http://www.defence.org.cn/article-13-31338.html(검색일: 2011. 11. 25)

를 추진하는 것이다. 이러한 전략적 의도는 동남아 국가들이 대부분 개도국이라는 정치경제적 약점과 군사적 불안을 볼모로 하여 타국가 혹은 타지역과 대별되는 군사외교 — 군사비 지원, 무기 제공, 중국군내 무료 위탁 및 연수기회 부여, 저렴한 가격으로 무기장비 판매 등 — 행태를 보여주는데서 표출되고 있다. 또한 기존에 미국과 밀접한 군사협력관계를 맺고 있는 국가들에 대해서는 상술한 형태에 군 대표단 상호방문이나 훈련관찰단 초청 등의 방식을 부가적으로 활용하고 있다.

마지막으로 견제형(牽制型) 군사외교를 들 수 있다. 중국 군사외교의 3대 주요 대상은 러시아, 미국, ASEAN이며, 이는 중국의 외교관계 및 국방현대화 건설에 상당한 영향력을 주는 국가나 지역이다. 이러한 3대 주요 교류대상 외에 중국은 일본, 인도 등 국가와는 견제형 군사외교를 추진하고 있다. 이러한 나라들은 군사외교의 순수한 목적보다는 전략적이고 견제 목적의 군사외교를 추진한다. 일본의 경우 역사문제나 상호인식의 문제를 배제하더라도 미·일 동맹 혹은 과거의 남방 3각 관계 등 냉전시기 이념적 요소를 군사외교에 가미하고 있다. 또한 인도처럼 인접국으로서 국경분쟁과 티벳 종교문제를 고려하지 않더라도 미국과의 정치군사적 유대나 과거 구소련과의 연대 등을 감안하여 견제 목적의 군사외교를 전개하고 있는 것이다.

견제형 군사외교는 타 유형에 포함된 상징적 활동도 포함되지만 그 수준과 내용은 한계를 갖고 있다. 만일 보다 발전된 방향으로 군사교류협력이 전개될 경우 미국 및 러시아와 추진하는 군사외교 유형으로 전이될 수도 있을 것이다. 그러나 이러한 가정은 미국의 영향력 약화 혹은 국제무대에서 대상국의 정치군사적 능력이 현격히 향상되었을 경우로 국한될 것이다. 다시 말해, 미국의 영향력이 강력하게 작용한다는 공통점을 가진 유형이 바로 견제형 군사외교인 것이다.

중국의 對남북한 군사외교는 어느 유형에 해당되는가? 이는 남북한 공히 단일 유형으로 분류되기보다는 상징형, 견인 및 견제형 복합 형태로 보는 것이 타당할 것이다. 또한 한국과 북한에 대한 중국 군사외교가 복합적 유형이긴 하지만 對북한 군사외교는 견인형에, 對한국 군사외교는 견제형에 무게중심이 쏠리고 있으며, 이러한 유형의 변화를 결정짓는 것은 이념보다 국내외 정세변화와 對미국 관계에 기초한 중국의 對한반도 전략적 인식과 국가이익이 핵심적인 변수가 될 것이다.

북·중관계가 '혈맹', '전통적 우호협력관계' 등으로 평가되던 시기에는 중국이 북한에 대해 막대한 양의 군사원조를 제공했으나, 1992년 한국과의 국교 수립 이후 양국 관계가 '정상관계'로 인식되면서 점차 감소하고 있는 현상이나, 북한 대외관계의 중점이 1990년대에 들어 미국쪽으로 선회하는 조짐을 보이게 됨에 따라 중국의 對북한 군사교류협력이 위축되는 현상은 이러한 예측을 가능케 하고 있다. 특히 9·11 테러 이후 중국은 북한을 지정학(地政學)·지경학(地經學)적 관점에서 보게 되면서 북한의 전략적 가치는 이전보다 감소하였다고 볼 수 있다. 최근 6자회담에 대한 중국의 적극적인 태도는 북한에 대한 영향력을 강화하여 동북아 및 세계무대에서 중국의 위상을 높이려는 행보로 보인다. 그러나 최근 중국의 對북한 군사외교는 엄밀히 말해 과거 형제국으로서의 군사원조, 즉 견인형에서 북·미 관계의 발전을 전략적으로 견제하려는 방향으로 전환하려는 의도가 깔려있다고 볼 수도 있는 것이다.

〈표 2-5〉 중국 군사외교 유형별 특징

유형	군사외교 목적	주요 활동영역	대상국가(지역)
상징형(擬議型)	· 유리한 안보환경 조성	· 대외군사교류 · 지역안보협력	한국, 일본, ASEAN 등
조정형(調整型)	· 유리한 안보환경 조성 · 군 현대화 건설 · 국제영향력 확대	· 대외군사교류 · 지역안보협력 · 군사과학기술교류 · 방산협력 · 연합훈련 · UN PKO 참여	러시아, 인접국가
건설형(建設型)	· 유리한 안보환경 조성 · 군 현대화 건설 · '중국 위협론' 불식 · 국제영향력 확대	· 대외군사교류 · 군사과학기술교류 · 방산협력 · UN PKO 참여	미국, 러시아, 이스라엘 등
견인형(牽引型)	· 유리한 안보환경 조성 · '중국 위협론' 불식 · 국제영향력 확대	· 대외군사교류 · 지역안보협력 · 방산협력 · 연합훈련	북한, 제3세계 국가
견제형(牽制型)	· 유리한 안보환경 조성 · '중국 위협론' 불식 · 국제영향력 확대	· 대외군사교류	미국, 일본, 한국 등

출처: 民進黨(台灣), 『中共軍力基本報告』(第8章), 2003年; 中華人民共和國國務院新聞辦公室, 『中國的國防』(1998-2008年)의 내용과 정재호 교수의 아이디어(2007년 겨울, 북경)를 토대로 저자가 재구성하였다.

지금까지 논의된 중국 군사외교 5대 유형을 군사외교 목적, 활동 영역, 그리고 대상국가와 연계시키면 〈표 2-5〉와 같이 정리할 수 있다.

제3절 중국의 한반도 안보전략과 군사외교

1. 국가이익과 전략적 사고

중국의 對한반도 국가이익과 전략적 사고(인식)[96]을 확인할 수

96) 전략적 사고(戰略思惟)에 관한 중국의 연구는 중앙당교(中央黨校)가 중심이 되어 전문서적을 발간하고 있다. 학술논문은 경영분야에 대한 연구를 제외하면 대부분 지도자 리더십 및 정책결정(決策) 분야의 연구가 활발한 편이다. 주요 저서로는 衣芳·張朝譜 主編, 『戰略思惟: 理論與實踐』(北京: 中共中央黨校出版社, 2003); 楊信禮·屠春友 著, 『現代領導戰略思惟』(北京: 中共中央黨校出版社, 2008); 李錦坤·王建偉 著, 『戰略思惟』(天津: 天津社會科學出版社, 2007); 黃保紅, 『毛澤東戰略思惟研究』(北京: 中共中央黨校出版社, 2008) 등이 있으며, 주요 논문으로는 馬慶懷, "現代領導的戰略思惟與構建和諧社會的領導力提升," 『寧夏黨校學報』, 2006年第4期; 王檀林·王剛義, "基于科學發展觀的領導戰略思惟能力培養," 『管理科學文摘』, 2007年第3期; 閻秀敏, "略論領導的戰略思惟能力," 『大連幹部學刊』, 2008年第7期; 蘇禮和, "領導戰略思惟: 原則與提升路徑," 『華中師範大學研究生學報』, 2009年第4期; 林麗琼, "構建五維領導戰略思惟體系," 『中共云南省委黨校學報』, 2009年第3期; 楊顯岳, "淺談現代領導者的戰略思惟," 『科技創業月刊』, 2009年第7期; 章樹由, "淺談科學發展觀與戰略思惟能力," 『群衆』, 2009年第10期 등 헤아릴 수 없을 정도로 많다. 이 외에 군부에서는 중국국방대학 金一南 교수(少將)가 『解放軍報』를 통해 전략적 사고와 관련한 글을 활발히 기고하고 있으며, "什麽在決定成敗: 關于戰略思惟的思索之一," "重心, 樞紐和關節: 關于戰略思惟的思索之二," "泰山與麋鹿: 關于戰略思惟的思索之三," "什麽是民族的致命傷: 關于戰略思惟的思索之四," "强烈的問題意識: 關于戰略思惟的

있는 중국 관방의 공식적인 발표나 명문화된 자료를 찾기란 매우 어렵다. 그러나 중국 연구자들의 對한반도 연구동향을 살펴보면 어느 정도 중국의 對한반도 인식과 사고의 변화과정을 유추할 수 있다. 이러한 차원에서 관방의 발표문이나 정책문헌 등을 종합한『中朝中韓關係文件資料彙編 1919-1949』,『中國對朝鮮和韓國政策文件彙編 1949-1994』,『中國與朝鮮半島國家關係文件資料彙編 1991-2006』등 3편의 연구물은 중국의 對한반도 인식과 사고의 흐름을 파악할 수 있는 비교적 객관적인 자료로 평가된다.[97] 그리고 한반도 및 남북한에 초점을 맞춰 발간된 문건은 아니지만 1954년 이래 중국 관방에서 매년 발간하는《政府工作報告》에 일부 기술되어 있는 한반도 및 남북한 관련 내용을 종합한다면 문맥 속에 나타난 표현을 통해 중국의 對한반도 및 남북한 인식을 도출할 수 있을 것이다.

중국의 관방 문건 외에 중국 공산당 및 정부의 입장을 대변하는『人民日報』,『光明日報』,『文匯報』등 주요 언론에서의 남북한 보도방향 역시 중국의 시각을 간접적으로 확인할 수 있는 자료로 볼 수 있다.[98]

思索之五"(2010. 2. 19 - 23) 등 5편을 연재하였다.

97)『中國與朝鮮半島國家關係文件資料彙編 1991-2006』는 기 발간된 두 편의 속편(續編)으로서, 국제정세의 급변이라는 상황적 고려와 기존에 발간된 저작들의 발간부수가 적어 후속 발간하게 되었다. 同 발간물에는 비밀해제된 문건과 지도자들의 공개발언 및 문장, 정부성명, 각종 조약 및 협정, 그리고『人民日報』,『新華月報』에 게재된 평론과 보도내용 등을 포함하고 있다. 劉金質 外,『中國與朝鮮半島國家關係文件資料彙編 1991-2006』(北京: 世界知識出版社, 2006), 編者說明.

98) 이러한 연구로는 강현두 외, "중국언론에 나타난 남・북한 이미지 비교분석 연구(1949-1996)," 『韓國言論學報』, 제43-1호 (1998, 가을); 허진, "중국신문의 남북한 관련보도 내용분석," 『지역발전연구』, vol. 9, No. 1 (2009) 등을 참고할 것.

중국 입장에서 볼 때 한반도는 자국 동북지역과 인접해 있으며, 화북지역과는 황해를 끼고 마주보는 지리적 연계성을 갖고 있기 때문에 만일 적대세력이 한반도를 장악하게 될 경우 중국에게 치명적인 안보위협이 될 것이라고 판단하고 있다. 이러한 중국의 인식은 과거 한국전쟁 참전결정시 중요한 요인으로까지 작용하였던 것이다.[99]

냉전 초기부터 1969년 공식적으로 중·소가 분열되었을 때까지 중국은 소련 및 북한과의 동맹을 통해 미국, 일본, 한국 3국의 무력위협을 억제한다는 전략적 사고를 견지했다고 볼 수 있다. 이후 중국은 소련의 무력위협에 대비한다는 전략적 고려 하에 미국, 일본과 외교관계를 수립했다. 북한을 둘러싸고 중국이 소련과 경쟁을 벌인 것은 북한이 만일 소련과의 동맹을 토대로 중국을 포위하게 될 경우 중국은 미국, 일본, 한국의 지지와 도움이 필요할 뿐만 아니라 북한의 존재가 對소련 저항력을 제고시킬 수 있다는 전략적 판단에서 비롯된 것이었다.

냉전시기 정치, 경제, 군사이익을 토대로 중국의 對한반도 정책을 종합하면, 첫째 냉전 초기 중국은 정치적 고려에서 출발하여 소련 및 북한과의 '이념'적 유대를 통해 미국을 위시한 서방세력에 공동 대항한다는 외교정책을 추진하였다. 둘째, 중국은 소련과의 관계가 와해된 후 對한반도 정책의 부분적 조정을 하였다. 즉, '연미제소'(聯美制蘇) 방침을 구현하기 위한 對북한 관계유지의 중점을 소련 위협에 공동 대항하는데 두었다. 북·소 동맹을 통한 중국 포위상황은 최소한 방지한다는 것이었다. 이러한 판단은 결국 중국

99) 高嵩雲, 『中共與南北韓關係的研究』(台北: 正中書局, 1989), p. 2.

의 對한반도 정책에 있어 이념적 유대가 아닌 군사(안보)적 차원의 전략적 고려가 최우선 순위로 자리매김하는 결과를 초래하였다. 셋째, 1978년부터 경제발전을 중점에 둔 국가발전 전략 추진으로 한국과의 관계가 점차 완화되면서 북한의 전략적 가치는 상대적으로 하락하였다. 그러나 중국의 對북한 관계는 지속적으로 우호협력의 틀을 유지하였다. 넷째, 한국이 1983년 '북방외교'를 제기한 이래 중·소 관계 정상화가 추진되면서 '이념'에 근거한 적대관계가 완화되었고, 한국은 1990년과 1992년 각각 소련과 중국과의 국교수립이 실현되었다.

탈냉전 이후 한반도의 전략적 상황을 중국 입장에서 볼 때, 과거 중국과 '순망치한'과 군사동맹관계에 있던 북·중 간의 결속력은 한·중 수교와 김일성 사망, 그리고 혁명 원로세대의 부재 등으로 인해 이전보다 약화되었다. 중국의 현실적 이익 차원에서 한국이 북한보다 우위에 있지만 정치 및 지전략적 측면에서는 북한이 여전히 중요한 전략적 가치를 갖고 있다. 특히, 서방국가들은 중국이 북한 에 대한 강력한 영향력을 갖고 있으며, 미국 및 일본에 대항할 수 있는 힘이 북한으로부터 나온다고 인식하고 있다. 그러나 소련 해체 이후 북한이 중·소 사이에서 취할 수 있는 지렛대가 상실됨으로써 이전보다는 북·중 관계가 소원한 가운데 '우호관계'를 유지하고 있는 것처럼 보인다.

탈냉전 이후 북한에 대한 중국의 국가이익은 정치이익이 최우선적으로 고려되고, 군사 및 경제이익은 후순위에 있다고 보아야 할 것이다. 안정적인 북한 정권의 존재는 한국과 미국에 대한 제어력을 제공할 수 있을 뿐만 아니라 남북한 공히 중국의 지지를 필요로

하게 되는 전제조건이 되는 것이다. 만일 한반도가 통일될 경우 국력 및 자주능력의 상승으로 인해 중국의 對한반도 영향력은 상대적으로 약화될 것이다.[100] 중국의 입장에서 가장 이상적인 한반도는 안정적인 정세를 유지하는 것이다. 중국은 북한의 무력통일로 인한 동북아 위기상황도 불원하고, 한국의 흡수통일로 인한 사회주의 우방의 손실도 원치않는 것이다. 다시 말해 현재의 남북 분단체제가 안정적으로 유지될 수 있도록 하는 것이 중국의 對한반도 기본방침인 것이다.[101]

반면, 탈냉전 이후 한국에 대한 중국의 국가이익은 북한과는 달리 경제이익이 최우선적으로 고려되고, 군사 및 정치이익은 후순위에 있는 것으로 보인다. 중국의 경제발전전략에 있어 한국의 지원과 협조가 필수적이고, 전략적 차원에서 보더라도 평화적이고 안정적인 주변환경 역시 경제발전의 필요조건이 되는 것이다. 더불어 중국은 한·미의 對중국 포위전략에 대한 위기감으로 인해 한국에 대한 전략적 가치를 보다 높게 평가하고 있다고 보아야 할 것이다.

중국이 현재 한반도에서 강력한 영향력을 행사할 수 있는 것은 다름 아닌 한국, 일본, 미국 간의 관계 강화에서 기인한다. 왜냐하면 중국의 對북한 관계가 과거 '혈맹'적 밀착관계에서 점차 소원한 관계로 변화하였지만 오히려 이전보다 정치, 경제, 군사적 차원에서의 이익을 훨씬 크게 얻고 있기 때문이다.[102] 또한 중국은 한국

---

100) 劉德海, "後冷戰時期中共對朝鮮半島政策與日本政策,"『國際關係學報』, 第9期(1994年), pp. 125-126.

101) 謝昌生, "後冷戰時期中共亞太多邊安全協作關係之探討,"『共黨問題硏究』, 第24卷第12期(1989. 12), p. 33.

102) 張雅君, "世紀之交中共的軍事政策與亞太安全: 防禦取向模糊性的探討,"『中國

에 대한 경제·정치이익과 북한에 대한 정치·군사이익을 동시에 취할 수 있는 유일한 국가가 된 것이다.103)

탈냉전 이후 중국의 對한반도 정책은 정치, 경제, 군사적 차원에서 조정되었으며, 이러한 분야별 중요 우선순위를 지속적으로 수정함으로써 국제정세의 변화에 대응하고 있다. 특히 군사안보적 차원에서 북방 소련 위협의 소실과 선린외교 성과를 토대로 對한반도 영향력을 배가하고 있다. 냉전시기 한반도에서의 '제로섬'(零和) 국면에 입각한 사고와 인식을 벗어버리고 한·중 수교를 통해 정치, 경제, 군사적 이익을 최대한 취하고 있는 것이다. 이러한 국면의 전개로 인해 중국은 경제발전은 물론 국제무대에서의 지위가 상승되었으며, 對한반도 정책에 있어서의 주도권과 영향력도 대폭 강화되었다.

탈냉전기 중국 국가이익의 우선순위를 '중요성'과 '효용성'에 기초하여 분석했을 때 경제→안보→정치→문화 順으로 나타났는데 이러한 결과는 한반도 정책 수립과정에 있어 꼭 일치되는 것은 아니다. 중국의 입장에서 볼 때 對한반도 전략적 인식과 사고의 특수성이 있으며, 이는 지전략적 측면과 더불어 미국 변수가 작용하고 있기 때문이다.104)

나아가 한국과 북한으로 구분하여 냉전시기와 탈냉전시기의 국

大陸研究』, 第42卷第3期(1999. 3). p. 51.

103) 劉德海, "後冷戰時期中共對朝鮮半島政策與日本政策," pp. 137-138.

104) 중국의 전략적 사고에 대해 부정적인 시각을 갖는 일부 중국인들은 중국의 '대응성'(應對性) 전략을 비판한다. 특히, 對한반도 정책에 있어서 '전략적 판단' 보다는 주요 사건에 대한 '수습과 대응' 위주의 태도를 보인다는 점을 지적하고 있다(중국 某대학 교수와의 인터뷰, 2008. 1. 15).

가이익을 비교할 경우 정치이익보다는 경제 및 안보이익에서의 변화 양상을 보여주고 있다. 또한 홀스티(Karl J. Holsti)가 제시한 국가의 핵심이익 — 생존(국가안보), 발전(경제성장), 국가비전(국격과 자존) — 측면[105]에서 중국의 對한반도 전략적 사고를 보면, 2000년대 이후 국가비전에 보다 치중하고 있는 면을 발견할 수 있다. 냉전시기 주로 생존이익의 확보에 집중했다면 개혁개방정책의 성과를 토대로 발전이익을 추구하였으며, 이제는 종합국력을 바탕으로 국제무대에서 국격과 자존을 세우는 방향의 정책을 추진하고 있는 것이다.

중국 학계에서는 1980년대 들어서야 국가이익에 대한 초보적인 논의가 시작되었다.[106] 중국의 많은 학자들은 중국 외교정책결정의 준거로 국가이익 개념이 적용된 시기를 중국 건국 이후로 보면서 지도자별 국가이익에 대한 인식관에 관한 연구물을 제시하고 있다. 대표적으로 천종췐(陳宗權) 교수가 제시한 마오쩌둥부터 현 국가주석인 후진타오에 이르는 중국 지도자들의 국가이익 인식관을 요약하면 아래 〈표 2-6〉과 같이 정리할 수 있다.

〈표 2-6〉에서 보는 것처럼 중국 역시 다른 나라들처럼 국내외 환경과 지도자의 개인적 인식을 토대로 국가이익을 설정하고, 이에 부합된 정책을 추진했다고 볼 수 있다. 그렇다면 중국의 시대별 국가이익에 대한 인식과 그 우선순위가 남북한 관계에서는 과연 어떻게 투영되었는가?

---

105) Karl J. Holsti, *International Politics: A Framework for Analysis, 4th ed.* (Englewood Cliffs, N. J.: Prentice-Hall, 1983), chs. 4-5.

106) 국가이익과 관련한 중국 최초의 체계적 연구성과는 1997년 閻學通의 『中國國家利益分析』으로 볼 수 있다.

〈표 2-6〉 역대 중국 지도자들의 국가이익에 대한 인식[107)]

구 분		최우선 순위	특 징
냉전 시기	마오쩌둥(毛澤東)	정치·안보 이익	·'이념'을 핵심으로 한 정치이익 최우선 ·개인의 절대적 권위에 기초한 이상주의적 접근
	덩샤오핑(鄧小平)	경제이익	·안보이익은 매우(非常) 중요한 이익으로 인식 ·정치이익은 實事求是적 접근(현실주의적 접근) ·국가이익을 국가간 관계의 최고 준칙으로 삼음
탈냉전 시기	쟝쩌민(江澤民)	경제이익	·덩샤오핑의 국가이익관 계승 ·안보, 정치, 문화이익에 대한 종합적 고려 *문화이익에 대한 강조 ·綜合性과 整體性 강조(鄧과의 차이점)
	후진타오(胡錦濤)		

출처: 陳宗權, "中國國家利益觀的歷史變遷與現實境遇," 『中國國際共運史學會2009年年會暨學術討論會論文集』(2009), pp. 315-324. 내용을 토대로 저자가 정리하였다.

중국과 남북한 관계를 개괄해 보면, 국공내전 시기 북한의 중국에 대한 지원과 더불어 1950년 발발한 한국전쟁은 북·중 관계를 '혈맹' 관계로 만든 매우 중요한 배경이라고 볼 수 있을 것이다.[108)]

---

107) 중국인민대학 교수였던 펑터쥔(馮特君)은 "마오쩌둥은 경제이익에 대한 고려가 상대적으로 적었다. 마오쩌둥의 정치이익과 안보이익 중시로 인해 중국은 국가능력을 초월한 막대한 경제적 대가를 치러야만 했다"고 언급하였다. 馮特君, 『鄧小平國際戰略思想研究』(北京: 北京大學出版社, 2004), pp. 35-36.

108) 이종석, 『북한-중국관계 1945-2000』(서울: 중심, 2000), p. 7.

반면, 한국은 미·소 양대진영의 대결 국면에서 중국과 '적'으로써 한국전쟁을 치른 관계이다. 북한은 중국 공산당과 국민당과의 내전 시 정치·군사적인 지원을 했으며, 한국전쟁 시에는 중국이 반대로 대규모 병력과 정치적 지원을 통해 풍전등화의 위기에 몰린 북한을 구해주었다. 중국의 한국전쟁 참전은 전쟁 당시뿐만 아니라 전후 양국의 정치·군사적 관계에 매우 중요한 역할을 하였으며, 이러한 역사적 배경은 탈냉전 이후 현재까지도 양국 관계를 규정하는 중요한 틀로 작용하고 있다. 뿐만 아니라 1960년대 이후 북한에 대한 영향력을 두고 중국과 소련이 경쟁하게 되는 원형은 바로 한국전쟁에 있는 것이다.[109]

한국전쟁이 끝나고 약 5년만인 1958년 중국군 철수 문제와 북한의 8월 종파사건을 둘러싸고 양국 관계는 의견의 차이를 보였으며, 중국 전역을 혼란의 도가니로 몰고갔던 문화대혁명 기간에도 긴장과 갈등의 국면이 연출되었다. 이후 양국 관계는 중·소 관계의 친소 여하에 영향을 받으면서 '밀월과 갈등'의 관계가 반복되다가 1992년 한·중 수교를 계기로 근본적 딜레마에 봉착하였다. 그러나 이러한 '불편한' 관계는 다시 정상화되는 듯 했지만 최근 북핵문제를 둘러싼 주변의 수많은 억측을 생산해가며 발전해 나가고 있다.

탈냉전과 때를 맞춰 성사된 한·중 수교 이후 중국은 '두개의 조선' 정책을 추진하면서 매우 탄력적이고 전략적인 양자 및 '3각 관계'를 구축해 나가고 있다. 특히 중국은 한반도 문제해결에 있어 몇가지 기본원칙을 고수하고 있는데, 특히 대화와 협상을 통한 '당

109) 김광수, "한국전쟁 전반기 북한의 전쟁수행 연구: 전략, 작전지휘 및 동맹관계," 경남대학교 북한대학원 박사학위논문(2008), p. 319.

〈표 2-7〉 중국의 對남북한 관계와 국가이익의 상관성

시기	親疏관계			중국의 對남북한 국가이익				주요 현안 및 역사적 사건
	親	中	疏	정치	군사	경제	문화	
1949 - 1956	●			○	●			· **한국전쟁** : 중·소의 지원 · 중국의 전후(戰後) 지원, 종파사건 개입
1957 - 1961	○	△		△	△			· 1958년 중국군 철수 · 1961년 북·중, 북·소 동맹 체결
1962 - 1964	△	○		○	△		△	· 1962년 중·인 분쟁시 중국 지지 · 북·중 상호 교환방문 활발
1965 - 1968			X	X			X	· **중국 문화대혁명**(1966년) : 상호 비난 · 중국 경제지원 단절
1969 - 1978		○		△			△	· 중·소 국경분쟁(1969년) : 자주노선 · 미·소, 미·중 데탕트, 중·일 평화협정
1979 - 1981			○				△	· 소련의 북한지지 : 주한미군 철수 등 · 미·소 신냉전, 중국 개혁개방 천명
1982 - 1986	○				△	△		· 중국의 對북한 군사·경제 지원 · 소련 개혁개방 : 對북한 군사원조 중단
1987 - 1989		○		△				· 중국의 전면적 개혁개방 추진 · 중국 천안문 사태에 대한 입장 지지
1990 - 1991	○			○				· 한·소 수교, 소 연방 해체 · 남북한 UN 동시 가입
1992 - 1994		△	X	X △	△ △	△ △	X △	· **한·중 수교** · 북핵문제시 중국의 북한입장 지지
1995 - 1999	○	△		○ △	△ △	△ ○	○ △	· 북한 수해시 중국의 對북한 원조 · '미·일 방위협력지침'에 대한 공동 대응

〈표 2-7〉 중국의 對남북한 관계와 국가이익의 상관성(계속)

시기	親疏관계			중국의 對남북한 국가이익				주요 현안 및 역사적 사건
	親	中	疏	정치	군사	경제	문화	
2000 - 2002	○	○		△	△	△	△	· 북 · 중 정상회담 및 인적교류 활발 · 북 · 러 친선선린 및 협조조약 체결 · 양빈(楊斌) 사건으로 양국관계 악화
				○	○	○	○	
2003 - 현재		○	○	**X**	△	△	**X**	**· 북한 핵실험 및 미사일 발사** · 중국의 유엔 안보리 對北韓 제재안 찬성
				○	○	●	○	

출처: 劉金質 · 潘京初 · 潘榮英 · 李錫遇 編, 『中國與朝鮮半島國家關係文件資料匯編(1991-2006)』; 이종석, 『북한-중국관계 1945-2000』; 최명해, 『중국 · 북한 동맹관계: 불편한 동거의 역사』 등을 토대로 주요현안 및 사건을 정리하였다.

* 親疏관계 및 중국의 對북한 국가이익은 저자의 '주관적' 판단을 토대로 정리하였다. 또한 한 · 중 수교 이후 중국의 對한국 관계와 국가이익은 별도로 작성하지 않고 음영 [ ] 안에 표시하였다.

사자 해결원칙'을 일관되게 주장하고 있다. 동 원칙은 한국뿐만 아니라 북한에게도 적용된다. 예컨대 중국은 북핵문제 해결을 위한 한국의 국제공조체제 구성에 반대하는 한편, 북한의 對미 · 일 접근도 자국의 영향력 축소와 외세의 영향력 확대로 이어질 경우 반대한다는 것을 의미한다.

이상에서 개괄적으로 조명한 중국과 남북한 관계를 중국의 국가이익과 연관시켜보면 〈표 2-7〉과 같이 정리할 수 있을 것이다.

〈표 2-7〉에 제시되어 있는 중국의 對남북한 관계와 국가이익을 분석해 보면, 첫째, 중국의 역대 지도자들의 국가이익 인식과 對북한 국가이익의 상관성을 들 수 있다. 냉전시기 마오쩌둥은 이념에

기초한 정치이익을 최우선 순위로 두었으며, 同시기 중국의 對북한 국가이익 역시 정치·안보적 이익을 가장 우선시하였다. 물론 양국 관계의 곡절은 있었지만 이 역시 국가이익 차원에서는 긍정적이든 부정적이든 '중요성'과 '절박성', 그리고 '효용성' 차원에서 중요할 수밖에 없었던 것이다. 반면, 탈냉전시기 덩샤오핑으로부터 쟝쩌민과 후진타오의 국가이익에 대한 중요도는 정치이익에서 경제이익으로 전환되었는데 북한에 대한 국가이익과의 상관성은 거의 없다. 이는 탈냉전과 거의 때를 맞추어 한·중 수교가 성사됨으로써 북·중 양국간 '이념'적 동지애가 상실되었음은 물론 한국과의 경제이익이 상대적으로 중요하게 부각되었기 때문이다. 뿐만 아니라 수차례에 걸친 북한의 핵실험 등 중국의 국가이익에 반하는 북한의 행보로 인해 중국은 부정적 차원에서의 對북한 정치·안보이익이 중요할 수밖에 없는 것이다.

둘째, 북·중 양국의 친소(親疎) 관계와 국가이익의 상관성이다. 양국 관계가 가까울(親) 경우와 소원할(疎) 경우 중국의 對북한 국가이익은 긍정이든 부정이든 일치되는 결과를 보였다. 그러나 양국 관계가 중립적이었던 시기는 이러한 상관성을 보이지 않는다.

셋째, 중국의 국가이익 우선순위가 바뀜에 따라 북·중 관계는 소원해졌으며, 국가이익 역시 상관성을 갖지 않게 되었다. 이러한 현상은 단순한 양국관계의 틀보다는 한·중 관계와 미국 변수, 그리고 중국의 對동북아 전략의 변화에 기인한다고 볼 수 있다. 부정적 차원이긴 하지만 중국의 對북한 국가이익 인식은 앞으로도 정치·안보이익에 우선순위를 두게 될 것이다.

마지막으로, 한·중 수교 이후 중국은 남북한에 대해 각기 상이

한 전략적 사고와 인식을 토대로 자국의 이익을 추구하고 있다는 점이다. 이러한 중국의 국가이익은 상호 충돌하기 보다는 중복되기도 하고 사안에 따라서는 철저하게 분야별 이익으로 구분하여 인식한다는 특징을 보인다.

2. 한반도 안보전략 및 군사외교 결정체계

중국의 對한반도 정책은 당 정치국 고위 지도부 이외에도 당 중앙외사영도소조, 당 중앙판공청, 국무원 외사판공실 등과 같은 외교·대외업무 '계통'(系統) 조직, 당·정 공식기구(외교부, 국가안전부, 당 대외연락부 등), 그리고 각 기관 산하 주요 연구소 등을 통해 정보수집, 심의, 결정 및 시행이 이뤄진다. 계서적 조직의 속성상 상층부로 올라갈수록 권한의 범위가 넓은 편이나, 전문성이 낮고 거시적인 국가이익 및 목표와의 연계성이 고려된다. 하층부에 위치한 기구의 경우 전문성이 높고 외국 연구자 및 관료의 접촉이 용이하나, 권한은 극히 제한되어 있다. 또한 중국 체제의 특성상 국민여론이 대외정책결정에 미치는 영향은 극히 미비하다고 보아야 할 것이다.[110)]

중국의 對한반도 정책결정 최고권력기구는 공식적으로 정치국 상무위원회라고 할 수 있다. 그러나 실제적으로는 최고권력기구에 정책제안과 조정 임무를 수행하는 중앙외사영도소조라고 볼 수 있다.

110) 金泰虎·李英吉,『한·중수교 및 군사교류·협력 10년 평가와 전망』, 한국국방연구원 연구보고서 안02-1787 (서울: 한국국방연구원, 2002. 11), p. 47.

한반도 외교관련 정책제언은 세 개의 공식적 통로를 통해 이뤄진다. 첫째, 중앙서기처를 경유한 당내 보고, 둘째, 중앙군사위원회를 통해 올라오는 군부 보고, 셋째, 국무원에서 올라오는 정부 보고로 대별할 수 있다. 물론 대학교수를 포함한 다양한 행위자들이 공식·비공식적으로 정책결정에 영향력을 행사하기도 하지만 이들보다는 당·정·군 핵심기관 및 산하 연구단위의 역할이 보다 비중이 크다고 보아야 할 것이다.[111)]

중국의 對남북한 외교정책은 '국가 대 국가'와 '정당 대 정당'(黨際)이라는 이원화된 체계 하에 수립된다. 건국 이후 1970년대 말까지 사회주의 국가 간의 교류는 '정당 대 정당'으로 전개되었기 때문에 외교부가 아닌 당 중앙대외연락부(International Department Central Committee of CPC)가 외교의 중심에 있었다. 구소련을 포함한 공산주의권 국가들이 해체되면서 대외연락부의 기능이 대폭 축소된 감은 있으나, 對북한 외교만큼은 변함없이 중국공산당과 조선로동당 간의 정당외교 틀에서 전개되고 있다.

당 대외연락부 산하 제2국(亞洲二局) 제2처가 북한과의 정당외교를 담당하며, 제2국 내에서 제2처의 위상이 가장 높다고 알려져 있다. 외교부 산하에는 단 1개의 아시아국(亞洲司)이 편성되어 있으며, 제1처가 북한, 한국, 몽골 3개국을 담당한다.[112)] 반면, 대외연락

---

111) 김흥규, "중국 외교정책 결정과정: 대 한반도 정책 결정과정에 대한 이해를 위한 초보적 분석," 『新亞細亞』, 15권 3호 (2008년 가을), p. 81.

112) 1처가 한반도 정책을 다루는 부서이긴 하지만, 북핵과 같은 고도의 전략적 판단을 요하는 사안은 최고정책결정기구 중의 하나인 중앙외사영도소조에서 다룬다. 2006년 10월 북한이 핵실험을 했을 때 同 소조 직속의 중앙외사판공실은 즉시 각 유관기관 연구자들에게 분석 및 정책 건의를 요구했고, 종합적인

부에는 아시아지역을 2개국(亞洲一局, 亞洲二局)이 담당하며, 이 중 제2국 산하 1개 처가 일본 정당 및 북한 로동당과의 정당외교를 전담하고 있다. 한반도 관련 주요사안에 대한 결정적인 영향력을 행사하는 주요 인물 — 다이빙궈(戴秉國) 국무위원, 왕자루이(王家瑞) 대외연락부장, 류홍차이(劉洪才) 前대외연락부 부부장 등 — 은 모두 대외연락부에 오랫동안 근무하면서 북한과의 인맥은 물론, 현재까지도 북한관련 주요이슈에 대해서는 결정적인 영향력을 행사하고 있다.[113]

최근에는 북핵문제와 관련하여 외교부 외에 유관부처 및 그 연구단위들도 정책건의를 통해 영향력을 행사하려 노력한다. 국가안전부 산하 현대국제관계연구원(現代國際關係研究院), 국무원 산하 조선반도연구중심(朝鮮半島研究中心) 및 중국사회과학원(中國社會科學院), 중앙당교의 개혁개방논단(改革開放論壇), 군 총참모부 산하 중국국제전략학회(中國國際戰略學會) 등이 대표적인 연구단위에 포함된다.

중국의 對한반도 정책결정은 여전히 중국 최고지도부의 의중이 가장 중요한 변수이긴 하지만, 점차 제도화의 수준, 참여자의 수, 의제의 확대라는 측면에서 변화의 속도가 빨라지고 있다. 단, 그 변화의 속도와 범위가 서방측의 수준에 미치지 못하고 지체되고 있기 때문에 중국적인 정책결정과정으로 비춰지고 있다. 이에 중국의 對한반도 정책결정과정은 제도화와 전문화, 그리고 투명성이 점차 강

정책대안을 수립하여 同 소조에게 보고했다. "《國際政治》關係空前惡化, 中共仍經援北韓," 『中國時報』(2006. 10. 24).

113) 최근 對北 외교정책결정에 있어 당 대외연락부보다 외교부의 위상이 높다고 주장하는 연구는 김흥규, "중국 외교정책 결정과정," pp. 83-84를 참고할 것.

화되는 추세에 있으면서도 당분간은 여전히 소수자에 의한 정책결정, 내부 이해집단간 정책조절과 협의기능 중시, 상대적 투명성 부족이라는 중국적 특색을 지속할 것으로 보인다.[114)]

중국의 군사외교 결정과정은 국가 대외정책 결정과정과 그 맥락을 같이 하고 있다. 또한 군사외교가 외교정책과 국방정책의 중첩되는 영역이기 때문에 군사외교 의사결정체계 역시 별다른 체계를 갖기보다는 상위 정책인 국방 및 외교정책 체계를 그대로 따른다고 볼 수 있다.[115)]

중국의 對남북한 군사외교에 관한 계획수립, 의사결정, 집행에 관한 직·간접적 역할과 책임을 맡는 기구로는 당 중앙외사영도소조, 중앙군사위원회(당, 국가), 국방부, 4대 총부(總部) 및 각 군종(軍種), 국방대학 및 기타 연구기관 등 당, 정, 군이 모두 포함된다.

중국 군사외교의 주체는 국방부와 인민해방군이지만, 당-국가체제라는 중국의 특수성으로 인해 군사외교는 우선적으로 당의 통제를 받게 되며, 특히 '외사'(外事)로 표현되는 중국의 모든 대외업무는 철저하게 당의 통제를 따르게 되어있다. 이러한 차원에서 군사외교 역시 당 중앙외사영도소조가 정책결정의 핵심적 역할을 한다고 보아야 할 것이다.[116)] 또한 인민해방군 군사외교업무의 조정과

114) 김흥규, "중국 외교정책 결정과정," p. 88.

115) 중국의 외교정책과 국방정책 결정과정, 상호관계 등에 대한 대표적 연구로는 Michael D. Swaine, *The Role of the Chinese Military in the National Security Policymaking* (Santa Monica: RAND Coporation, 1998)을 참고할 것.

116) 2013년 현재 조장은 시진핑(習近平) 국가주석이, 부조장은 리위안차오(李源潮) 국가부주석이 맡고 있으며, 중국인민해방군 현역으로서는 창완넨(常万全) 국방부장과 쑨젠궈(孙建国) 인민해방군 부총참모장이 조원으로 편성되어 있다. 동 기구는 2000년 9월 창설된 중앙국가안전영도소조(中央國家安全領導小組)와 동

협조를 간접적으로 할 수 있는 당 기구로 중앙위원회 판공청을 들 수 있다. 인민해방군은 국방계통과 외교계통 간 당 차원에서의 정보교류를 촉진하기 위해 중앙위원회 판공청에 총정치부 부부장 중 1명을 대표로 파견하고 있다.

규정상 인민해방군의 군사외교에 관한 핵심적 의사결정기구는 중앙군사위원회라고 할 수 있다. 그러나 실질적으로 이러한 역할을 수행하기에는 구조적인 한계를 갖고 있다. 하부 실무조직이 없기 때문에 중앙군사위원회가 수행하는 실질적인 역할은 인민해방군 내에서 군사외교업무의 조정이나 협력이 필요한 부분에 대한 최종 결심을 하는데 국한된다고 볼 수 있는 것이다. 그러나 중앙군사위원회의 권위와 위상만큼은 의심할 바 없으며, 국방부와 인민해방군 4대 총부로부터 종합된 군사외교업무에 관한 사항을 보고받고 필요한 사안에 대한 최종 결심을 하는 기관으로서의 자리매김을 하고 있다. 특히, 중앙군사위원회 주석과 부주석의 직무 영역을 놓고 볼 때, 군사외교 정책수립 및 결정에 있어서 절대적인 영향력을 갖고 있다고 보아야 할 것이다.[117]

중국 정부가 국무원 산하에 국방부를 둔 것은 국무원에서 결정된 사항들을 국방부 혹은 국방부 명의로 시행하기 위함이라고 설명하지만 국방부에서 처리해야 할 업무들은 4대 총부 즉, 총참모부, 총정치부, 총후근부, 총장비부에서 유관업무를 처리하고 있다. 국방부의 군사외교 관련업무는 예하 외사판공실을 통해 추진된다. 외사

일한 인물로 구성되어 있다. 邵宗海, "中共中央工作領導小組的組織定位," 『中國大陸研究』, 第48卷第3期(2005. 7. 1), p. 20.

117) 謝昌生, "江澤民時期中共軍事外交戰略之研析," 『共黨問題研究』, 第25卷第7期(1999), pp. 14-27.

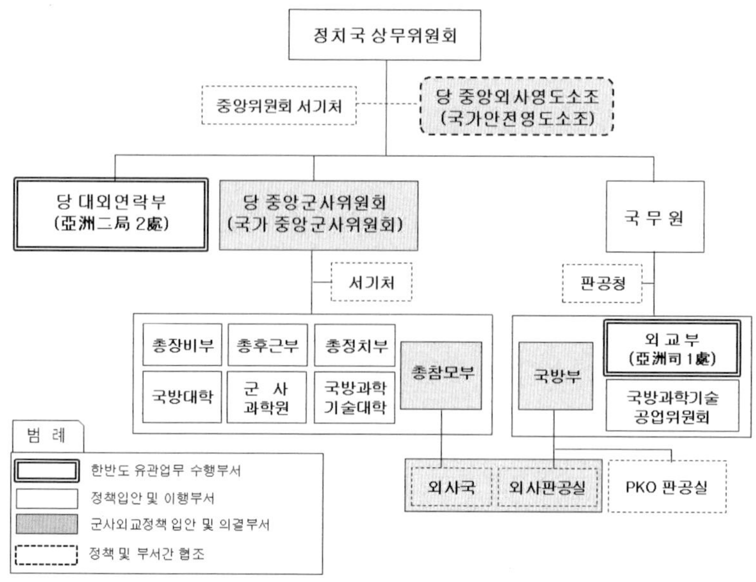

〈그림 2-2〉 중국의 한반도 안보전략 및 군사외교 결정체계

출처: Michael D. Swaine, *The Role of the Chinese Military in the National Security Policymaking* (Santa Monica: RAND Corporation, 1998). p. 42; 중국 외교부 홈페이지(http://www.fmprc.gov.cn); 주중 한국대사관 업무자료 등을 토대로 작성하였다.

판공실은 대외적으로는 국무원 산하 국방부에 소속되어 있지만, 실질적으로는 중앙군사위원회, 국방부, 총참모부를 대표하여 대외군사교류업무를 전담한다.[118] 국방부 외사판공실 주임은 인민해방군

118) 외사판공실은 최초 국방부 판공청 외사처를 1964년 6월 5일 국방부 외사국으로 확대개편하였으며, 1965년 12월 5일 중앙군사위원회 결정에 따라 국방부에서 총참모부로 소속 변경을 한 후 총참모부 외사국으로 편제되었다. 1997년 12월 총참모부 외사국은 총참모부 외사판공실로 개명하였으며, 대외적으로는 국방부 외사판공실로 알려져 있다. 즉, 국방부 외사판공실과 총참모부 외사판공실은 동일 기구인 것이다.

총참모부 외사국장을 겸직한다. 외사판공실의 하위 조직 중에서 한반도 관련업무는 아주지역국에서 총괄하며, 예하에 동북아처에서 한반도 관련 실무업무를 처리한다.

국방부장이 군사외교부문에서 상징적인 역할을 수행한다면 총참모부 4~5명의 부총참모장 중 1명이 중국 군사외교의 실질적인 역할을 수행한다고 볼 수 있다. 1996년부터 2005년까지 부총참모장을 역임한 슝광카이(熊光楷) 상장의 경우 과거 총참모부 제2부장(정보부장)을 거쳐 부총참모장으로 승진한 이후 중국 군사외교의 핵심인물로서, 특히 미국 군부에서 주시(注視)할 정도로 10년에 걸친 중국 군사외교에서의 활약상을 보여주었다.[119] 슝광카이 상장은 중국 군사외교 및 정보분야에 있어 중국이 선정한 최고위층 엘리트(高層新智囊)로서, 퇴역 후 곧바로 중국국제전략학회 회장으로 부임하여 2009년 후반까지 영향력을 행사하였다.

중국의 對남북한 군사외교 의사결정체계는 앞서 언급한 바와 같이 중국 대외정책결정과정에서 나타나는 특징과 매우 흡사하다. 즉, 군사외교 정책결정에 참여하는 구성원들의 비공식적이고 개인적인 영향력이 중요하며, 군사외교를 담당하는 부서의 장(長)이 어떠한 인물인가도 매우 중요한 변수라는 것이다.

중국의 對남북한 군사외교 의사결정에 있어서 핵심적인 영향력을 행사하는 기구는 국방부와 총참모부이며, 이러한 기구내에서 실무적 영향력을 행사하는 인물은 정보 및 외사분야를 책임지는 총참

119) 슝광카이 상장은 중국 군사외교 및 정보분야에 있어 중국이 선정한 최고위층 엘리트(高層新智囊)로서, 퇴역 후 곧바로 중국국제전략학회 회장으로 부임하여 2009년 후반까지 영향력을 행사하였다. 章曉明, 『中國高層新智囊』(北京: 光明日報出版社, 2006), pp. 33-46.

모부 제2부(정보부) 부부장 및 부장, 부총참모장 및 총참모장, 그리고 국방부장 순으로 이어진다. 이러한 역학구도 속에서 행정적 실무는 국방부 외사판공실(총참모부 외사국)에서 수행하고 있다.

군사외교에 대한 최고의사결정권을 가진 중앙군사위원회라 할지라도 중국 군사외교활동에 대한 전문적 지식과 경험을 토대로 정확한 지침과 결정을 내릴 수 있는 인원은 제한될 수밖에 없다. 그러나 이러한 제한에도 불구하고 구성원 내부에서는 同분야에 경험이 있거나 주도적 역할을 하는 인원의 의견과 주장을 대부분 수용하는 분위기가 형성되어 있어서 내부적 갈등과 분열 가능성은 매우 희박하다. 이러한 현상은 하부조직인 총참모부 제2부 부부장으로부터 부장, 그리고 정보 및 외사담당 부총참모장의 전문적 지식과 경험을 토대로 한 실무적 받침이 충분하기 때문이기도 하다. 더불어 이러한 실무급 간부는 국방부 및 총참모부 외 조직인 당중앙외사영도소조(국가안전영도소조)처럼 당 및 국가차원 최고의사결정기구의 겸직에서 비롯된 신뢰에 기초하고 있는 것이다.

제3장

냉전기 중국의 對북한 군사외교

본 장에서는 현대적 의미의 중국 군사외교가 냉전기 북한에 어떻게 적용되었는지를 고찰하고자 한다. 사실 중국은 냉전기에 군사외교라는 개념은 물론 정책적 실천이나 이론체계가 정립되어있지 않았기 때문에 이를 적용한다는 것이 논리적으로 맞지 않을 수도 있다. 그러나 현재 중국 군사외교의 틀을 토대로 역추적하는 작업을 진행한다면 나름 의미있는 결과가 나올 것이라는 기대로 본 연구를 진행하고자 한다. 냉전기 중국의 對북한 군사외교에 있어서 시간적 범위는 건국이후부터 한·중 수교 이전까지로 한다. 논지전개는 주요사건과 현안을 중심으로 세분화할 것이며, 분석대상은 이 책의 연구주제인 군사외교로 국한할 것이다. 물론 군사외교의 범주를 벗어난 정치, 경제, 이념 등의 분야에 대해서도 필요시에는 포함하되, 가급적 역사적 주요 사건과 이슈를 중심으로 고찰할 것이다.

제1절 한반도 안보전략

앞서 중국 군사외교를 고찰하면서 우리는 국가이익에 근거한 군사외교에 대한 개념 정의로부터 목적과 유형, 그리고 실천행태를 분석하였다. 그렇다면 이러한 일반적인 중국 군사외교를 북한에 적용할 경우 과연 어떠한 특징을 보일 것인가? 이는 타국과 동일하게 적용되는 보편성과 對북한 군사외교에서만 나타나는 특수성을 도출하는 작업인 것이다. 이러한 작업은 앞에서 살펴본 중국 국가이익과의 상관성을 배경에 두고 북·중 양국을 둘러싼 주요 사건과 현안을 중심으로 고찰하고자 한다.[1]

---

1) 북·중 관계를 고찰함에 있어 시기 구분의 문제가 대두된다. 북·중 관계를 사건별 혹은 일정기간 기술하지 않고, 양국관계의 태동부터 현재까지를 통시적으로 다룬 연구물들의 시기 구분을 보면 연구자에 따라 상이하다. 예를 들어 이종석은 양국의 역사를 ① 국공내전 시기, ② 한국전쟁 시기, ③ 냉전시기, ④ 탈냉전 시기 등 4단계로 구분하였고(이종석, 『북한-중국관계 1945-2000』(서울: 중심, 2000)), 박종철의 경우 ① 한국전쟁 이후 중국의 對북한 지원(1953-1958), ② 중·소 분열과 북한의 중국지지(1958-1964), ③ 동맹의 긴장화(1964-1969), ④ 북·중 관계 정상화와 양국 관계의 균형(1969-1976), ⑤ 중국의 개혁개방과 兩黨·兩國 관계의 변화(1976-1989), ⑥ 탈냉전 시기 전통적 우호협력관계로의 전환(1989-1994) 등과 같이 시기를 보다 세분화하였다(박종철, "演變中的中朝關係研究: 走出血盟(1953年-1994年)"(中國社會科學院 博士學位論文, 2007)). 또한 한반도 관련 중국내 권위있는 연구물인 『中國與朝鮮半島國家關係文件資料匯編 1991-2006』의 서론을 보면 기발간된 『中國與朝鮮半島國家關係文件資料匯編 1919-1949년』과 『中國對朝鮮和韓國政策文件資料匯編 1949-1994年』를 종합하여 북·중 관계를 개괄하면서, ① 抗美援朝 保衛和平(1950-1953), ② 鞏固和發展同朝鮮的傳統友好合作關係(1953-현재)로 대별해 놓고, 1953년부터 현재까지의 관계를 다시 세분하여 ㉮ 支援朝鮮的經濟恢復與建設(1953-1958), ㉯ 中國人民支援軍撤出朝鮮(1953-1958), ㉰ 中朝友好合作互助條約(1960-1963), ㉱ 推動兩國關係正常發展(1965-1992), ㉲ 强調傳統友誼主動恢復高層政治對話(1993-1999), ㉳ 繼承傳統面向未來發展友好合作伙伴關係(2000-현재) 등으로 시기를 구분하고 있다.

우리는 제2장에서 현대적 의미에 있어서 중국 군사외교의 영역과 범주를 구분하였다. 즉 우의증진 및 국위선양 목적의 대외군사교류, 군사과학기술 교류, 방산협력, 연합훈련, UN PKO에의 적극적 참여 등을 최근 중국이 추진하고 있는 군사외교의 범주로 분류하였다. 이러한 현대적 의미의 중국 군사외교 분석틀을 냉전기 북한에 적용한다는 것은 다소 무리가 있을 수 있다. 특히 한국전쟁 시기의 경우 중국과 북한의 군사관계는 전시 군사외교 차원이기 때문에 분석틀의 적용이 어려울 수 있는 것이다. 따라서 여기에서는 대부분 중국과 북한의 정치·외교적 관계를 역사적으로 조명하면서 이러한 과정에 포함된 양국 군사관계를 도출하는 방향으로 연구를 진행하고자 한다.

국가지도자의 상호방문시 군 대표 수행, 군사 대표단 단독의 상호방문, 그리고 군사원조 등이 이 시기 북·중 군사외교의 주된 내용이다. 특히, 인적교류는 대부분 1961년 체결된 《조·중 우호협력 및 상호원조조약》(中朝友好合作互助條約) 체결 기념 및 양국의 창당(創黨)·창군(創軍)·건국(建國) 기념 축하를 위한 상징성 상호방문이 진행되었다. 그러나 자료수집의 한계로 방문내용을 정확히 분석하는 것은 어려우며, 이러한 인적교류 외에 무기장비를 포함한 군사지원 내용을 파악하기는 더욱 한계가 있다. 따라서 건국이후 냉전시기 중국의 對북한 군사외교를 조망하기 위해 이 책에서는 그 배경이 되는 정치·외교관계에 대한 역사적 고찰을 진행하면서 그 과정에서 나타난 군사적 요소를 도출하는데 중점을 둘 것이다.[2)]

저자는 양국관계에 있어 주요 사건과 현안을 중심으로 정리하다보니 본문과 같은 시기 구분법을 사용하였음을 밝힌다.

1. 한국전쟁과 북·중 군사협력

북·중 양국이 한국전쟁을 통해 '혈맹' 관계가 되었다는 데는 이론의 여지가 없다. 북한이 한국전쟁에서 궤멸의 위기에 처했다가 '구사일생'(九死一生)으로 살아남을 수 있었던 것은 중국의 군사지원이 있었기에 가능했다. 정전이후에도 북한의 전후 재건과 안전보장을 위한 중국의 경제·군사적 지원이 있었기 때문에 조기에 국가질서를 회복할 수 있었던 것이다. 1958년 중국군이 완전히 북한에서 철수한지 채 3년이 안된 시점에 양국은 강력한 군사조항이 포함된 《조·중 우호협력 및 상호원조조약》을 체결함으로써 '형제적 순치' 관계에서 명실상부한 '혈맹' 관계로 발전하게 되었다. 이러한

2) 북·중 관계의 뿌리를 정확히 파악하기 위해서는 건국이전의 항일투쟁과 국공내전시기까지 고찰해야 한다. 특히, 1930년대 간도(동만주)의 중국 공산당이 구축한 유격근거지 내에서 500~2,000여명에 달하는 항일조선인 혁명가들을 간첩으로 몰아 대대적으로 숙청한 '민생단 사건'은 현재 북한의 對중국 인식에도 상당한 영향을 미치고 있다고 보아야 할 것이다. 건국이전 북·중 관계에 관한 연구로는 東北抗日聯軍鬪爭史編寫組, 『東北抗日聯軍鬪爭史』(北京: 人民出版社, 1991); 周保中, 『東北的抗日遊擊戰爭和抗日聯軍』(草案); 回億東北解放戰爭期間東北局駐北朝鮮辦事處, 『中共黨史資料』17輯(北京: 中央黨史資料出版社, 1985); 장준익, 『북한 인민군대사』(서울: 서문당, 1991); 이종석, 『북한-중국관계 1945-2000』(서울: 중심, 2000); 백학순, "중국내전시 북한의 중국공산당을 위한 군사원조: 북한군의 파병 및 후방기지 제공," 『한국과 국제정치』제10권 제1호(1994년 봄·여름호), pp. 263-281; 이재훈, "1949-50년 중국인민해방군 내 조선인부대의 '입북'에 대한 북·중·소 3국의 입장," 『國際政治論叢』제45집 3호(2005), pp. 171-193 등을 참고할 것. 또한 '민생단 사건'에 대한 대표적 연구로는 신주백, 『만주지역 한인의 민족운동사(1920-1945)』(서울: 아세아문화사, 1990); 김성호, 『1930년대 연변 민생단사건 연구』(서울: 백산자료원 1999); Hongkoo Han, "Wounded Nationalism: The Minsaengdan Incident and Kim Il Seng in Eastern Manchuria," 미국 워싱턴대학교 박사학위논문(1999) 등을 참고할 것.

양국 간의 이념적·군사적 밀월기는 지속되다가 문화대혁명의 발발로 소원해지게 되었다.

여기에서는 이러한 일련의 과정을 역사적 사실에 대한 일고찰(一考察) 후 군사외교에 대한 함의를 도출하고자 한다. 한국전쟁에 관한 수많은 비밀자료 해제는 물론 한국전쟁 기간 양국 관계에 관한 기존연구가 수없이 많기 때문에 여기에서는 중국의 對북한 군사관계로 범위를 국한시켜 사료중심으로 논의를 전개하고자 한다.

가. 한국전쟁 참전을 둘러싼 중국의 전략적 고려

항일투쟁과 국공내전 시기 중국은 '국가' 차원의 활동이 아닌 '당'과 '군' 차원에 국한된 활동밖에 할 수 없었다. 1949년 10월 1일 중화인민공화국이 수립됨으로써 명실상부한 국가의 위용을 갖추게 된 것이다. 이러한 중국 혁명의 성공은 북한 김일성에게 있어 한반도 공산화 통일의 '모범적 선례'로 작용하였다.[3)]

김일성은 1950년 1월 평양주재 소련대사 스티코프에게 중국혁명의 사례를 거론하며 이른바 '남조선 해방'의 필요성을 역설했다.[4)] 당시 스탈린은 김일성의 전쟁계획을 지지하지 않았으나, 이후 수차례에 걸친 김일성의 요구와 중국의 혁명성공을 고려하여 입장변화

---

3) 북한 지도부가 한반도 무력통일을 모색하기 시작한 배경에는 중국 공산당 혁명의 진전이 결정적 요인으로 작용하였다. 서동만, 『북조선 사회주의체제 성립사 1945-1961』(서울: 선인, 2005), pp. 259-260. 또한 마오쩌둥(毛澤東)도 당시 북한의 한반도 통일 욕구를 적극 지지하기는 했지만 중공 혁명이 성공하면 북한에 대한 군사지원을 아끼지 않겠다는 생각을 하고 있었다. Chen Jian, *China's Road to the Korean War: The Making of the Sino-American Conformation* (New York: Columbia University Press, 1994), pp. 103-114.

4) 『朝日新聞』(1993. 6. 26); 이종석, 『북한-중국관계 1945-2000』, p. 123.

를 보였다. 그러나 스탈린은 두 가지 전제조건을 토대로 김일성의 남침계획에 대한 조건부 찬성 입장을 밝혔다. 즉 미국의 개입 여부와 중국의 찬성 여부가 전제되어야 한다는 것이었다.[5] 이러한 스탈린의 '전략적' 태도[6]로 인해 김일성은 중국의 입장 확인뿐만 아니라 지지확보를 위한 노력을 전개할 수밖에 없었다.[7] 그러나 중국은 1950년 5월 13일 김일성과의 비밀회담 이전까지 공식적으로는 김일성의 남침계획에 대해 언급한 것이 없다. 다시 말해 한국전쟁 계획단계에서는 마오쩌둥(毛澤東)의 개입없이 철저하게 김일성과 스탈린 사이에서 진행되었던 것이다. 당시 중국으로서는 스탈린의 승인을 받고 마오쩌둥을 찾아온 김일성에게 어쩔 수없이 남침계획에 '동의'하였고, 필요한 협조와 군사적 지원을 제공하겠다고 약속한 것이다.[8]

당시 마오쩌둥은 북한과의 군사적 연계에 대해 적극성을 가질

---

5) "6·25 내막: 모스크바 새증언 7," 『서울신문』(1995. 5. 29).

6) 일본의 와다 하루끼(和田春樹) 교수는 북한이 소련의 계획에 따라 자신의 선제공격을 부정하고 '남한의 선제공격'을 주장했다고 보고 있다. 즉 소련은 북한의 행동을 지지하고 미국의 개입은 없으리라는 생각으로 기울면서 무기를 제공했지만, 자신이 북한의 행동을 지지했다는 인상을 주는 것은 힘써 피하면서 중립적인 자세를 취하려고 노력했다는 것이다. 와다 하루끼 지음, 서동만 옮김, 『한국전쟁』 (서울: 창작과 비평사, 1999), pp. 26-35.

7) 沈志華, "朝鮮戰爭爆發的歷史眞相: 來自俄國解密黨案的新材料," 『二十一世紀』 (香港), 2000年2月號..

8) 중국이 북한의 남침계획을 동의하는 과정은 쉽지 않았다. 5월 13일 김일성과의 회담 이후 마오쩌둥은 중국주재 소련대사인 로신에게 전쟁개시 문제와 관련해 스탈린의 설명을 직접 듣고 싶다고 요청했으며, 스탈린의 입장을 확인한 이후 5월 15일 김일성과 2차 회담을 거쳐 최종적으로 북한의 요청에 동의하게 되었다. "6·25 내막: 모스크바 새증언 7," 『서울신문』(1995. 5. 29); 이종석, 『북한-중국관계 1945-2000』, pp. 126-127.

수가 없는 상황이었다. 물론 마오쩌둥도 한반도 전체를 '해방'시키려는 북한의 염원을 적극적으로 지지했으며, 북한에 대한 원조 제공의사도 여러 차례 밝힌 바 있다. 이러한 예는 스탈린이 아시아에 대한 중국공산당의 주도적 역할을 맡긴 1949년 7월 이후 국공내전에 참가한 조선인 부대가 북한으로 이관되는 것을 승인한데서도 드러난다.[9] 즉 난징(南京) 해방 후 1949년 7월과 1950년 1~4월 두 차례에 걸쳐 조선인 부대가 김일성 요청에 따라 중국에서 북한으로 인도되어 인민군의 주력을 형성하였던 것이다.[10] 그러나 1949년 당시 중국 공산당은 '대만 해방'을 준비하고 있었기 때문에 마오쩌둥 입장에서는 북한이 미국의 간섭을 유도하는 전쟁 발발을 원치 않았던 것이다. 이러한 마오쩌둥의 갈등과 북·소 사이의 딜레마는 소련으로부터 부여받은 아시아 혁명에 대한 책임과 '대만 해방'이라는 당면한 국가이익 사이에서 발생했다고 볼 수 있다.

어찌됐든 1950년 6월 25일 북한은 38선 전역에서 남침을 개시했다. 전쟁 발발과 동시에 중국은 '미국의 무장간섭'을 빌미로 매우 강력한 반응을 보였다.[11] 또한 7월 27일 연합군이 부산에 상륙하자 중앙군사위원회는 동북변방군 창설[12]과 제2선 예비대 편성을

9) Chen Jian, *China's Road to the Korean War*, pp. 109-110; 《스티코프가 비신스키에게 보낸 전문》(1949. 5. 15).

10) 최명해, 『중국·북한 동맹관계: 불편한 동거의 역사』(서울: 오름, 2009), p. 80.

11) 한국전쟁 발발에 대한 중국의 공식적 입장은 中共中央文獻硏究室編, 『毛澤東外交文選』(北京: 中央文獻出版社, 世界知識出版社, 1994), pp. 137-138; 劉金質·楊淮生主編, 『中國與朝鮮半島國家關係文件資料匯編(1949-1994)』(北京: 中國社會科學出版社, 1994), p. 12를 참고할 것.

12) 동북변방군으로는 당시 제4야전군이 선정되었다. 왜냐하면 이 부대에 만주지방 출신 병사가 다수 있었으며, 항일전쟁 시기부터 만주지방에서 전투를 치른 경험

결정하였다. 이와 함께 중국 지도부는 김일성과의 연계를 위해 그동안 설치하지 않았던 북한대사관의 개설을 서둘렀다. 저우언라이(周恩來) 총리는 6월 30일 차이청원(柴成文) 무관을 불러 북한 대사관 개설을 지시했다. 차이청원 무관은 7월 10일 평양에 도착하여 김일성으로부터 중국 연안에서 항일운동 경력이 있는 서휘(徐輝)를 지명해 중국대사관 무관들과 정기적으로 연락하며 전황을 알려주겠다는 약속을 받았다.13)

중국은 8월부터 북한의 공격이 좌초됨에 따라 출병 여부에 대한 고민을 하기 시작하였다. 마오쩌둥은 8월 4일 중앙정치국회의에서 "만일 미국이 승리하게 되면 의기양양하여 우리를 위협할 것이다. 조선을 도울 수밖에 없다. 반드시 도와야 한다. 지원군(志願軍)의 형식으로 시기는 (우리가) 선택하되, 준비할 수밖에 없다"고 언급하였다. 저우언라이 역시 "만일 미 제국주의가 조선을 제압해 버린다면 (중국의 평화에) 불리해질 것이며, 그 기세는 점점 거세질 것이다. (조선이) 승리하기 위해서는 반드시 중국이 가세해야 하며, 이럴 경우 국제적인 변화를 유도할 수 있을 것이다. 따라서 우리는 이러한 원대한 계획을 가져야만 한다"면서 마오쩌둥의 입장을 강력히 지지하였다.14)

9월 15일 미군의 인천상륙작전이 성공하자 미국은 유엔 감독 하

이 많았기 때문이다. 洪學智 지음, 홍인표 옮김, 『중국이 본 한국전쟁』(서울: 고려원, 1992), p. 12.

13) 柴成文, 『板門店談判』(北京: 解放軍出版社, 1989), pp. 36-45; 이종석, 『북한-중국관계 1945-2000』, pp. 131-132.

14) 薄一波, 『若干重大決策與事件的回顧(上卷)』(北京: 中共中央黨校出版社, 1991), p. 43.

에 선거를 실시하여 한국에 의한 한반도 통일을 추진하자고 주장하였다. 10월 1일 박헌영은 마오쩌둥에게 보내는 김일성의 친서를 들고 베이징을 방문하여 마오쩌둥과 저우언라이 면전에서 중국군의 출병 원조를 요청하였다.[15] 마오쩌둥은 중앙영도 핵심회의를 개최한 자리에서 출병문제를 몇 번이고 토의하였다. 마오는 토의결과를 종합하여 10월 2일 스탈린에게 "우리는 조선 경내(境內)에 일부 병력을 파견하여 미국과 그 주구(走狗) 이승만 군대와 전투할 것을 결정하였다. (중국은) 조선 동지를 돕는 것이 필요하다고 인식하고 있다. 이는 만일 조선반도 전역이 미국의 손에 들어가면 조선의 혁명역량은 재기 불능의 상태에 빠질 것이고, 미국 침략자는 더욱 모험적으로 변해 아시아 전역은 매우 불리해질 것이기 때문이다"는 내용의 전문을 보냈다.[16] 이것이 한국전쟁 출병에 관한 마오쩌둥의 최초 결정이었지만 결코 최후의 정책결정을 의미하는 것은 아니었다.

당일 심야에 저우언라이는 중국주재 인도대사 파니카(K. M. Panikar)를 만나 "미군은 38선을 넘어 전쟁을 확전하려는 의도를 갖고 있다. 우리 중국은 (전쟁에) 관여해야만 하겠다"는 중국정부의 원칙과 입장을 인도정부에 전해줄 것을 요청했다.[17] 실제 중국은 미군이 38선 이북으로 진격해 올 경우 출병한다는 원칙에 입각하여 준비를 착실히 진행시켜 왔던 것이다.

한국전쟁이 발발하긴 했지만 출병문제는 운명이 걸린 중대 사안

15) 洪學智, 『중국이 본 한국전쟁』, pp. 14-15.
16) 中共中央文獻硏究室編, 『毛澤東外交文選』, p. 142.
17) 劉金質 · 楊淮生主編, 『中國與朝鮮半島國家關係文件資料匯編(1949-1994)』, pp. 43-44.

이었기 때문에 중국 지도부는 의사결정에 있어 매우 신중한 태도를 보였다.[18] 중앙정치국 회의에서 출병문제를 놓고 마오쩌둥은 참석자들의 의견을 모두 청취한 다음 "여러분들의 의견은 모두 일리가 있습니다. 단 조선이 위급한 지경에 처해 있는데 우리가 수수방관할 수는 없습니다. (여러분들이) 어떤 얘기를 하든 매우 착잡할 따름입니다"라는 표현으로 난처한 중국의 입장을 대변하였다.[19]

10월 8일 중국인민혁명군 군사위원회 주석 마오쩌둥은 "조선인민해방전쟁을 지원하고, 미 제국주의 및 그 주구(走狗)들의 공격을 반대하며, 조선인민과 중국인민 그리고 동방 각국 인민의 이익을 수호하기 위해 동북변방군(東北邊防軍)을 중국인민지원군(中國人民志願軍)으로 개편하여 신속히 조선 경내로 출동한다. 조선동지들과

---

18) 10월 4일부터 중공 정치국 확대회의가 개최되었으며 당시 출병 불가론 혹은 신중론이 우세했다. 이들의 주장은, ① 중국은 수십 년간 전쟁을 치렀고 아직 그 상처가 회복되지 않았으며 국가재정도 매우 곤란한 형편이다. ② 중국 내부에도 변경지역 및 연해 도서지방에 아직 해방되지 않은 지역이 있으며, 약 100만명에 달하는 국민당 잔여 세력과 토비를 시급히 숙청해야 할 실정이다. ③ 광대한 新해방지구에서 아직 토지개혁이 진행되지 않고 있으며, 새로운 정권 역시 공고하지 못하다. ④ 아군의 무기장비는 미국에 비해 너무 낙후되어 있다. 더욱이 제공권과 제해권을 갖고 있지 못하다. ⑤ 장기간 전쟁의 고통스러운 생활로 인해 일부 간부와 전사들 사이에 평화를 갈구하고 전쟁을 회피하는 정서가 퍼져 있다는 내용으로 요약된다. 張稀, "彭德懷受命率師抗美援助的前前後後,"『中共黨史資料(31)』(北京: 中共黨史資料出版社, 1989), p. 132. 이종석,『북한-중국관계 1945-2000』, p. 141에서 재인용. 또한 중국군의 참전 결정과정에 대해서는 이종석,『북한-중국관계 1945-2000』, pp. 134-161; 劉金質等編,『中國與朝鮮半島國家關係文件資料匯編(1991-2006)』(北京: 世界知識出版社, 2006), pp. 2-3; 沈志華, "中蘇聯盟與中國出兵朝鮮的決策: 對中國和俄國文獻資料的比較研究,"『當代中國史研究』, 1996年第5期, pp. 26-39; 沈志華, "中國被迫出兵朝鮮: 決策過程及其原因,"『黨史研究資料』, 1996年第1期 등을 참고할 것.

19) 譚旌樵主編,『抗美援朝戰爭』(北京: 中國社會科學出版社, 1990), p. 20.

함께 침략자와 싸워 영예로운 승리를 쟁취하라"는 명령을 하달하였다. 이러한 명령 하달과 더불어 마오쩌둥은 '항미원조전쟁' 승리의 정치적 기초를 강조했다. 즉 "우리 중국인민지원군은 조선 경내에 들어가서 조선인민, 조선군대, 조선민주정부, 조선로동당, 기타 민주당파 및 조선인민의 영도자 김일성 동지에게 필히 우애와 존중을 표하고, 군사기율과 정치기율을 엄격히 준수해야 한다. 이는 군사임무를 완수하는데 있어 매우 중요한 정치적 기초이다"라고 언급하면서 정치공작의 중요성을 강조했던 것이다.

같은 날 저우언라이는 소련으로부터 보다 많은 군사장비와 중국군의 북한 진입에 필요한 공군지원을 얻어내고자 모스크바를 방문하였다. 마오쩌둥은 스탈린이 공군을 일시적으로 출동시키지 않겠다는 소식을 접하고는 10월 13일 중난하이(中南海)에서 정치국 긴급회의를 소집하여 출병여부를 놓고 열띤 토론을 하였다. 이 회의에서 소련의 일시적 공군지원이 없다고 하더라도 즉시 출병한다는 결정을 내렸다. 당일 마오쩌둥은 정치국 결정을 모스크바에 있는 저우언라이에게 전문 타전하였다.[20] 연합군이 평양을 점령하기 하루 전인 10월 18일 마오쩌둥은 최종적으로 출병을 결심했다. 그는 정치국 회의석상에서 "현재 적은 이미 평양을 포위했으며, 며칠 후면 압록강까지 진격할 것입니다. 우리의 상황이 매우 어렵겠지만 지원군이 압록강을 도하하여 조선을 지원하는 데는 변함이 없으며, 시간적으로도 지체할 수 없습니다. 최초 계획에 따라 압록강을 도하하자"고 주장하였다.[21]

---

20) 中共中央文獻研究室編, 『毛澤東外交文選』, pp. 142-143.
21) 中共中央文獻研究室編, 『毛澤東外交文選』, pp. 146-147.

이상에서 살펴 본 중국군의 참전결정 고찰을 통해 우리는 한국전쟁 참전에 관한 중국의 전략적 사고와 인식을 엿볼 수 있다. 와다 하루끼 교수는 중국의 한국전쟁 참전배경을 설명하려면 북한과 중국 사이의 역사적·인간적·심리적 연대를 깊게 고려해야 한다고 주장한다. 그는 중국이 한국전쟁을 중국혁명의 연장선상에서 파악한 것으로 보고 있다. 중국지도부는 중국에서 함께 혁명을 한 북한 '동지'들에 대한 의리와 미국과의 숙명적인 승부의 불가피성[22]을 인식하고 한국전쟁에 참전했다는 것이다. 바로 이러한 맥락에서 그는 한국전쟁을 '중국혁명의 귀결'로 보고 있는 것이다.[23] 즉, 중국은 '사회주의 형제국가의 지원'과 양국 간의 특별한 혈맹적 동지관계를 토대로 미국과의 일전이 불가피함을 인식하고 참전결정을 하게 된 것이다.

나. 중국군의 출병(出兵)과 '조·중 연합사령부'

중국군은 '지원군'(志願軍)' 명의로 1950년 10월 19일 3개의 압록강 다리를 이용하여 북한지역에 들어갔다.[24] 이후 11월 1일 1차 전역을 시작으로 1951년 6월 10일까지 총 5차에 걸친 전투에 참가

---

22) 미국과의 전쟁 불가피성에 대해서는 姚旭, "抗美援朝的英明決策," 『黨史研究』, 1980年第5期, 이홍영 옮김, "미국에 대항하고 조선을 지원한 현명한 정책: 중국인민지원군이 출국하여 참전한 30주년을 기념하며," 『中蘇研究』제8권 4호 (1984/5 겨울)를 참고할 것.

23) 와다 하루끼 지음, 서동만·남기정 옮김, 『북조선』(서울: 돌베개, 2002), p. 52. 이종석, 『북한-중국관계 1945-2000』, pp. 160-161에서 재인용.

24) 洪學智, 『중국이 본 한국전쟁』, p. 47. '지원군'(支援軍) 명의로 참전한 것은 전쟁이 중국으로까지 확대되는 것을 사전에 막기위한 조처였다. 姚旭, "抗美援朝的英明決策," 『黨史研究』, 1980年第5期., p. 229; 中國軍事科學院軍事歷史研究部編, 국방부 군사편찬연구소 역, 『중국군의 한국전쟁사』제1권, pp. 829-830.

하였다.[25] 여기에서는 각 전역별 세부 전투경과에 대해서는 생략하고, 특징적인 내용만 간략히 언급하고자 한다.

제1차 전역에서 중국군은 국군 6사단에 괴멸적 타격을 입혔으며, 유엔군을 청천강 이남까지 밀어내는 데 성공했다.[26] 2차 전역은 유엔군 크리스마스 공세와 연계하여 실시되었으며, 1차 전역과 마찬가지로 평양 및 함흥지역을 점령하는 등 중국군의 승리로 끝났다. 그러나 미 공군기에 의한 공습으로 중국군의 피해는 상상을 초월한 만큼 컸다. 특히, 이 부분에서 2차 전역을 전후한 '조·중 연합사령부'의 구성에 대해 고찰할 필요가 있다.

중국군이 북한에 입국하면서부터 중국인민지원군과 조선인민군 간의 유기적인 통합작전과 통일된 지휘의 문제가 대두되었다. 펑더화이(彭德懷)와 김일성 간의 협상을 통해 북한에서 파견한 내무상 박일우가 중국군 지휘관련 업무를 담당토록 하였다. 당시 직책은 '연락원' 성격이었다. 중국은 박일우를 지원군 부사령관 겸 부정치위원, 지원군 당위원회 부서기로 임명하였지만, 양국간의 작전을 협조하기에는 역부족이었다. 중국인민지원군이 입북할 당시 조선인민군 주력은 한반도 남부지역에서 작전중이었으므로 중국군과는 실질적으로 차단된 상황이었다. 38선 이북으로 주력이 철수하면서

25) 한국전쟁시 중국군의 5차 전역에 대해 譚旌樵는 ① 제1차 전역: 1950.10.25-11.5, ② 제2차 전역: 1950.11.25-12.4, ③ 제3차 전역: 1950.1.2.31-1951.1.8, ④ 제4차 전역: 1951.1.15-4.21, ⑤ 제5차 전역: 1951.4.22-6.10으로 시기를 구분하고 있다. 譚旌樵, 『抗美援朝戰爭』(北京: 中國社會科學出版社, 1990).

26) 중국이 한국전쟁에 참전한 사실은 제1차 전역이 끝나고 11월 8일 "중국인민지원군이 펑더화이 사령관의 지휘하에 압록강을 건너 조선인민의 항미원조전쟁에 참전했다"고 공식적으로 발표하였다. 柴成文, 『板門店談判』, p. 83.

북한 지도부가 통제할 수 있었던 병력은 불과 3개 사단에 불과했다. 따라서 입북 초기 중국군은 독자적으로 작전을 수행할 수밖에 없었으며, 당시 양군의 연합작전은 아예 거론조차 되지 않았던 것이다.

한편, 양군간 통일된 지휘를 해 본 경험이 부재했기 때문에 오인사격 등 불미스런 일들이 많이 발생하였다.[27)] 이에 1950년 11월 7일 펑더화이는 박일우를 북한 로동당 중앙 및 정부 임시 소재지인 만포(滿浦)로 보내 김일성과 적 후방지역 작전, 양군의 통합작전 등에 대한 협상을 지시하였다. 박일우와 김일성은 이러한 문제를 토의하는 과정에서 駐북한 소련대사 스티코프, 駐북한 소련 군사고문 바실리에프의 의견을 구했다. 그러나 별다른 성과는 없었다.[28)] 11월 11일 펑더화이는 마오쩌둥에게 전문을 보내 김일성에게 양군간의 지휘통일 및 연합작전 문제를 제기했다고 알렸다. 김일성은 단순히 참모를 파견하여 통신연락 및 정보교환을 하는 수준에만 동의하고, 펑더화이가 제기한 북한인민군 총사령부와 중국인민지원군 사령부의 접촉에는 동의하지 않았다. 특히 양군 간의 연합문제에는 아예 거부의 뜻을 밝혔다.[29)] 펑더화이는 양군간의 오인사격 사건

---

27) 예를 들면, 1950년 11월 4일 저녁, 지원군 제39군이 박천(博川) 동남지역에서 미 제24사단 일부를 포위공격하고 있을 때 북한은 인민군 전차부대를 순천(順天)쪽으로 전개토록 명을 받았다. 그러나 이때 중국군 부대를 적으로 오인하여 사격을 가함으로써 포위되어있던 미군이 도주할 수 있는 상황이 되고 말았다. 이외에도 물자보급, 수송 등 부문에서도 이와 같은 혼란이 자주 발생하였다. 中國軍事科學院軍事歷史研究部編, 『중국군의 한국전쟁사(제2권)』(서울: 국방군사편찬연구소, 2002), p. 257.

28) 中國軍事科學院歷史研究部, 『抗美援朝戰爭史(第2卷)』(北京: 解放軍出版社, 2000), p. 167.

발생이후 더욱 양군간의 통일된 지휘를 요구하였다. 펑더화이는 김일성과 북한주재 소련대사 스티코프를 전선지역에 상주하면서 펑더화이와 함께 3인 소조를 결성하여 편성, 작전, 정규전 및 후방지역 작전, 그리고 작전과 관련한 제 정책 등 군사정책결정에 대한 책임을 질 것을 제의했다.[30)]

제2차 전역에 대한 토의중 펑더화이는 적을 깊숙이 유인하여 적을 분할 공격하자는 제2차 전역 방침을 제기했다. 즉, 지원군 주력을 현진지에서 30~50 km 지역까지 위장 철수하여 적을 깊숙이 유인한 후 적을 분할시킬 수 있는 기회를 포착한다는 방침이었다. 즉 적을 포위공격하여 제2차 전역에서 적을 대량 살상함으로써 전쟁국면을 전환시키자는 내용이었다. 지원군 당위원회 확대회의에서는 이러한 펑더화이의 제안에 대해 동의하였다. 그러나 북한과 북한주재 소련 군사고문 바실리에프는 지원군은 계속 청천강 이남까지 적을 추격해야 한다고 주장하면서, 펑더화이의 위장철수 안에 반대하였다. 이처럼 논쟁이 지속되는 가운데 펑더화이는 마오쩌둥에게 전문을 보내 상황보고를 하였다.[31)]

---

29) 김일성은 당시 중국인민지원군 중심의 '조·중 연합사' 구성 과정에 있어서 협조와 갈등의 양면적 태도를 취했다. 중국군 지원의 필요성은 인정하면서도 한편으로 인민군에 의한 지휘는 펑더화이와 연안계의 연계뿐만 아니라 북한에 대한 주권침해로 인식하였다. 즉 자신의 정치적 입지와 연계시켜 찬성보다는 우려하는 태도를 보인 것이다. 이종석, "한국전쟁 중 조·중 연합사령부의 성립과 그 영향," 『군사』제44호(2001. 12), pp. 45-75; 沈志華, "전쟁기 중국지도부와 북한지도부와의 모순과 갈등," 군사편찬연구소, 『한국전쟁사의 새로운 연구(2권)』(서울: 국사편찬연구소, 2002), pp. 587-603.

30) 中國軍事科學院軍事歷史研究部編, 『중국군의 한국전쟁사(제2권)』, pp. 257-258.

31) 郭志剛, "朝鮮戰爭中的中朝聯合指揮機構," 『世界安全叢書』, 2004年第2期, p. 52.

중국정부는 북·중 양군의 연합지휘기구 건립 건을 매우 중요하게 생각하였다. 중국정부는 펑더화이가 건의한 3인 소조 안에 동의하였으며, 정치국위원 겸 동북국 제1서기인 가오강(高崗)을 북한에 파견하여 김일성, 펑더화이 그리고 북한주재 소련대사 스티코프와 북·중 양군 연합작전에 관해 협상을 하도록 결정하였다.[32] 또한 마오쩌둥은 이러한 상황을 스탈린에게 알리고 김일성, 북한주재 소련대사 스티코프에게 이러한 건의가 수용될 수 있도록 부탁하였다.

11월 15일 김일성과 북한주재 소련대사 스티코프는 대유동(大楡洞)에 도착하여 펑더화이, 가오강과 제2차 전역 작전지침에 관해 토의를 하였다. 이때 북한주재 소련대사 스티코프는 양군 간의 통일된 지휘가 절실하다는 입장을 표명하였다. 또한 펑더화이가 제안한 3인 소조안에 대해서는 회의적인 입장을 보이면서도 제2차 전역이후 이러한 토의를 다시 하자고 언급하였다. 그러나 이날 토의에서 3인 소조 구성안과 양군의 통일된 지휘 건에 대해서는 합의를 보지 못했다.

11월 16일 스탈린은 마오쩌둥에게 전문을 보내 저우언라이로 하여금 북한지역내 작전에 대한 통일된 지휘를 맡게 한다는 데 대해 찬성한다는 입장을 밝혔다. 또한 스탈린은 이 전문을 김일성과 북한주재 소련대사 스티코프에게도 보낼 것이라고 하였다. 중국주재 소련 군사고문도 스탈린의 의견에 찬성하였다.

12월 3일 김일성은 베이징에 가서 마오쩌둥, 저우언라이, 류사오치(劉少奇)와 함께 한국전쟁에 관련된 중요한 문제에 대한 회담을

---

32) 洪學智, 『중국이 본 한국전쟁』, p. 121; 王焰主編, 『彭德懷年譜』(北京: 人民出版社, 1988), p. 341.

진행하였다. 김일성은 회담시 스탈린이 보낸 전문의 내용을 토대로 양국 군대의 통일된 지휘에 대해 스탈린이 동의하였다고 밝혔다. 또한 중국지원군이 경험이 풍부하기 때문에 정(正)의 역할을 부여하고, 북한군은 부(副)의 역할을 담당해야 한다는 스탈린의 의중을 전했다.33) 김일성은 조선로동당 정치국회의에서도 이미 스탈린의 제안에 동의하는 결정을 내렸다고 언급하였다.34) 마오쩌둥은 양국 양당 지도자들이 자주 만나 전쟁 관련 중요한 문제를 해결함과 동시에 김일성으로 하여금 전선지역에 상주하면서 펑더화이와 전쟁 문제를 토의할 것을 제안하였다.

결국 양국은 중국인민지원군과 조선인민군 연합사령부 구성에 합의하고, 작전영역과 전선지역 일체의 활동에 관련된 부분은 연합사령부의 지휘를, 후방동원과 훈련, 군사정치, 경비 등은 북한에서 직접 관할토록 하였다. 연합사령부 산하에는 중국인민지원군 사령부와 조선인민군총참모부 2개의 기구를 두었으며, 양 기구는 1개의 사무실을 사용토록 하였다. 펑더화이를 연합사령부 사령관 겸 정치위원으로, 김웅을 연합사령부 부사령관, 박일우를 연합사령부 부정치위원으로 임명하였다. '조 · 중 연합사령부'는 대외에 공개하지 않고, 단지 대내적으로만 운용되는 것처럼 지시되었다.35) 연합사의

---

33) 中國軍事科學院歷史研究部, 『抗美援朝戰爭史(第2卷)』, p. 168; 洪學智, 『중국이 본 한국전쟁』, p. 101. 사실 중국은 한국전쟁에 출병하기 전부터 북한과의 연합작전 문제를 고려하고 있었다. 즉 중국은 참전 이후 파견군 법적 지위 및 권한, 북한군과의 연합작전 문제 등에 관한 협정을 체결하고자 하였다. 그러나 이 시기 중국이 제시한 협정안은 중국이 북한에서의 우월적 특권을 요구하였다. 이에 관한 내용은 박갑동 저, 구윤서 옮김, 『한국전쟁과 김일성』(서울: 바람과 물결, 1990), pp. 125-126을 참고할 것.

34) 海力夫, 『朝鮮戰爭(上卷)』(北京: 世界知識出版社, 1995), p. 345.

명령은 비밀유지를 위해 이중으로 작성되게 규정되었다. 펑더화이, 김웅, 박일우가 서명한 명령은 조선인민군 최고사령부와 중국인민지원군 사령부까지만 발급하고, 예하부대에는 연합사령부 명의만 나타나고 3인의 이름은 명시하지 않는 명령서를 하달하게 되어 있었다.[36)]

이러한 양국 지도자의 협상을 토대로 12월 7일 김일성과 펑더화이는 회담을 갖고 수일내에 연합사령부를 구성하기로 합의하였다. 12월 8일 중국정부를 대표하여 저우언라이가 '조・중 연합사령부' 구성에 따른 초안을 작성하였고, 12월 초순 중국인민지원군과 조선인민군 연합사령부는 '조・중 연합사령부'라는 명칭으로 정식 구성되었다.[37)] 연합사령부 기구는 지원군 사령부내에 구성되었다.[38)]

---

35) 王焰主編, 『彭德懷年譜』, p. 437; 杜平, 『在支援軍總部』(北京: 解放軍出版社, 1989), p. 142; 中共中央文獻研究室編, 『周恩來年譜(上)』(北京: 中央文獻出版社, 1997), p. 102.

36) 中國軍事科學院軍事歷史研究部編, 『중국군의 한국전쟁사』제2권, p. 259; 洪學智, 『중국이 본 한국전쟁』, p. 157.

37)연합사령부 구성이후 북・중 양군은 연합사령부 산하에 '조・중 연합공군집단사령부', '조・중 연합철도수송사령부', '군사관리총국', '서해안 및 동해안 연합사령부' 등의 기구를 구성하였다. 공군의 경우, 비밀리에 참전했던 소련 제64항공군은 소련의 지휘를 받았으며, 북・중 공군과 소련공군의 혼합편대는 없었다. 그러나 작전지침과 병력사용 등의 문제에 대해서는 상호 협조하였다. 中共中央文獻研究室編, 『周恩來年譜(上卷)』, p. 114; 吳躍農, "周恩來參與抗美援朝決策紀實," 『中共史林』, 2005年第10期, p. 10; 이종석, 『북한-중국관계 1945-2000』, pp. 170-171; 郭志剛, "朝鮮戰爭中的中朝聯合指揮機構," p. 53.

38) 연합사령부는 북・중 양국정부와 양국 군사위원회에 대해 책임을 지며, 모든 작전행동과 방침, 편성과 관련한 문제에 대해서는 연합사령부가 계획을 입안하고, 양국 양당 중앙의 비준을 받아 지휘를 하도록 규정되었다. 또한 양국의 문자, 전보 및 기밀체계가 상이했기 때문에 연합사령부 구성이후 지원군총사령부는 인민군 전선지휘부 및 각 군단에 중국측 연락조를 파견하고, 인민군 총참모부는

3차 전역부터는 새로 구성된 '조・중 연합사'의 주도 아래 진행되었다. 1, 2차 전역에서 누적된 피로와 병력 및 물자 부족으로 펑더화이는 38선 이남으로의 진격은 무리라고 판단했다. 그러나 마오쩌둥은 "미국, 영국 등 유엔군은 아군을 38선 이북에 머물도록 요구하고 있으나, 이는 시간을 벌어 다시 전쟁을 일으키려는 수작"이라며 38선 이남으로의 진격을 명령했다.[39] 이에 펑더화이는 군사적 상황과 정치적 주문과의 괴리 속에서 고민하다가 "군사는 정치에 종속되어야 한다"는 결론을 내리고 1950년 12월 31일 38선을 넘는 3차 전역을 발동했다.[40] 열악한 여건 하에 실시된 3차 전역에서 서울을 재점령하고 유엔군과 국군을 37도선까지 밀어붙이긴 했지만 유엔군의 주력을 무력화시키지는 못했다. 또한 미군 공습으로 후방으로부터 병참지원도 제대로 이뤄지지 않는 가운데, 종심깊은 추격에 대한 유엔군의 상륙작전이 우려됨에 따라 펑더화이는 1951년 1월 8일부로 추격정지 명령을 하달하였다.[41] 이로써 3차 전역이 종료됨에 따라 펑더화이는 충분한 휴식과 재정비를 계획하였으나 유엔군의 반격작전으로 제4차 전역이 재개되었다.

연합사령부에 참모를 상주시키되 박일우의 지휘를 받도록 하였다. 지휘범위면에서는 인민군 전선지도부 소속부대는 연합사령부의 직접적 지휘를 받되, 인민군 총사령부에 계획을 보고토록 하였다. 인민군 후방부대와 해안경비부대는 요청에 따라 연합사령부가 인민군 총사령부의 동의 후 지휘토록 하였다. 지원군군, 군단, 사단과 인민군 전선지휘부, 군단, 사단 간의 작전협조는 일반적으로 상호 협상을 통하되, 연합사령부에 준비계획을 보고하고 비준을 득하도록 하였다. 郭志剛, "朝鮮戰爭中的中朝聯合指揮機構," p. 53.

39) 洪學智, 『중국이 본 한국전쟁』, pp. 151-152.

40) 洪學智, 『중국이 본 한국전쟁』, pp. 153-165.

41) 王焰主編, 『彭德懷年譜』, pp. 442-443; 한국전략문제연구소, 『중국군의 한국전쟁사: 항미원조전사』(서울: 세경사, 1991), p. 92.

제4차 전역은 '조·중 연합사령부'를 김화 북쪽의 대산리로 옮긴 가운데 실시되었다. 유엔군의 대반격 작전으로 공산군은 서울 북쪽까지 철수할 수밖에 없었다. 펑더화이는 38선을 마지노선으로 정하고 3월 14일 서울에서 철수했다.[42] 중국군의 마지막 공세인 제5차 전역은 1951년 4월 22일부터 6월 10일까지 전개되었는데 소기의 성과보다는 상당한 손실만 입고 종료되었다. 이후 중국군은 38선을 분계로 한 전략적 방어 국면에 처하게 되었다.

한편 전쟁이 장기화되면서 중국지도부는 '3교대 순환제'를 추진하게 되었다. 이는 장기전에 대비하기 위해 부대를 작전, 휴식, 준비를 위한 3개 그룹으로 편성하여 순환시킨다는 구상으로써[43] 한국전쟁에 참가한 중국군 병력이 대폭 증가하게되는 결과를 낳았다. 이러한 순환제가 가동되던 1951년 4월 중순의 경우 한반도 내에 배치된 중국군은 전투병력과 휴식병력을 합쳐 16개 보병군 47개 사단, 7개 포병사단, 4개 고사포 사단, 4개 탱크연대, 9개 공병단, 3개 철도병 사단 등 총병력이 95만명으로, 이는 최초 출병시보다 3배나 많은 규모였다.[44]

---

42) 洪學智, 『중국이 본 한국전쟁』, pp. 182-193.

43) 이는 4차 전역 기간 중 중공 중앙군사위원회가 1951년 2월 18일에 결정한 기본계획(關于輪番作戰方針的指示)에 근거하고 있다. 同계획에 따르면 ① 제1 지원군 : 한반도에서 작전하고 있는 9개 군 30개 사단, ② 제2 지원군 : 9병단, 19병단 및 제2야전군에서 1차로 북상하는 3개 군 등 9개 군 27개 사단, ③ 제3 지원군 : 13병단 4개 군, 20병단 2개 군, 47군 및 제2야전군에서 2차로 북상하는 3개 군 등 10개 군 30개 사단, ④ 예비대 : 둥지우(董基武) 병단으로 편성하였다. 中共中央文獻研究室編, 『周恩來年譜(上)』, p. 131; 이종석, 『북한-중국관계 1945-2000』, p. 176.

44) 洪學智, 『중국이 본 한국전쟁』, p. 259.

1950년 6월에 발발한 한국전쟁은 지리한 협상과정을 통해 1953년 7월 27일 포로문제 타결을 마지막으로 정전협정이 체결되었다.[45] 중국군의 한국전쟁 참전은 양국간의 정치・군사 관계는 물론, 중・소 관계에도 많은 영향을 미쳤다. 중국은 한국전쟁에서 17만명의 전사자를 포함하여 36만명의 인력손실을 입었다.[46] 당시 중국은 장기간의 항일투쟁과 국공내전을 거쳐 공산혁명을 성공시킨 지 채 1년도 채 안 된 시점이었다. 따라서 경제는 피폐해 있었으며, 내부개혁도 막 진행 중이었다. 이런 와중에 막대한 전비(戰備)와 인력을 3년간이나 한국전쟁에 투입함으로써 내부 경제발전과 개혁은 그만큼 지체되지 않을 수 없었다. 그러나 중국은 한국전 참전을 통해 정치・군사・안보적 차원에서 나름 많은 수확이 있었다.

첫째, 중국은 군사적 대응을 통해 그들이 두려워하던 미국의 '북한지역 장악'을 저지함으로써 참전의 기본목적을 달성했다. 이는 중국지도부가 미국과의 대결에서 적어도 '패배하지 않았음'을 뜻하는 것으로서 중국지도부에게 대미(對美) 자신감을 갖게 했다. 그리

45) 한국전쟁 포로 교환문제에 대한 소련측의 입장과 당시 정황에 대해서는 "6・25 내막: 모스크바 새증언 26-29"를 참고할 것.

46) 중국군 전사상자에 대한 자료는 출처별로 조금씩 상이하기 때문에 여기에서는 중국 관방의 자료를 인용했다. 抗美援朝保家衛國研究編輯部, 『抗美援朝保家衛國研究』(創刊號)(丹東: 抗美援朝保家衛國研究編輯部, 1993), p. 40; 姚旭, "抗美援朝的英明決策," p. 230. 예를 들어 『當代中國軍隊工作』에서는 사망 13.3만명을 포함하여 총 36.6만명이 전투간 전사상을 당했으며, 동상이나 질병 그리고 아사자(餓死者) 및 사고로 인한 비전투손실까지 포함하면 그 숫자는 훨씬 늘어난다고 기록되어 있다. 또한 전투기는 격추된 231기를 포함하여 총 399기가 손실을 입었으며, 군용차량도 12,916대가 피해를 보았다고 한다. 《當代中國軍隊工作》編輯委員會, 『當代中國軍隊工作(上)』(北京: 中國社會科學出版社, 1986), p. 512.

고 이러한 자신감 속에서 참전을 직접 결정하고 전쟁을 지휘한 마오쩌둥의 권력은 한층 공고화될 수 있었다.

둘째, 한국전 참전은 중국군이 소련으로부터 다량의 현대식 무기를 공급받을 수 있는 계기가 됨으로써 중국군 현대화에도 결정적인 영향을 미쳤다.[47] 한국전쟁이 장기화되면서 3개 그룹에 의한 전투 순환제를 통해 중국군의 낙후된 무기와 장비를 현대화할 수 있었다.[48] 즉 중국 본토에서 새롭게 교대해 한국전에 파병되는 중국군에 대해 소련이 현대식 무기장비를 제공했기 때문에 결과적으로 군 현대화로 이어질 수 있었던 것이다.[49]

셋째, 한국전 참전은 북·중 양국 관계가 '혈맹'으로 표현되는 정치·군사적 동맹관계로 발전되는 계기가 되었다. 이후 1961년 체결된《조·중 우호협력 및 상호원조조약》의 군사적 유대는 바로 한국전쟁을 통해 이뤄졌다고 볼 수 있는 것이다. 또한 한국전쟁 이

47) 이후 중·소 관계가 악화됨에 따라 소련은 한국전쟁 당시 중국에 차관형식으로 제공한 무기의 대금 회수를 요구했으며, 중국은 이를 1960년대 초에 모두 갚았다고 한다. 吳冷西, 『十年論爭 1956-1966 中蘇關係回億錄(上)』(北京: 中央文獻出版社, 1999), pp. 682-683; 姚旭, "抗美援朝的英明決策," p. 233; 이종석, 북한-중국관계 1945-2000』, pp. 191-193.

48) 무기장비 현대화 외에도 중국군은 한국전쟁에 참가하지 않은 군 고위급 장군들을 참관단으로 편성하여 북한지역에 파견하였다. 마오쩌둥은 1952년 초 "군단장, 사단장이 중환자가 아닌 이상 모두 참가해야 하며, 4월 25일 전후로 출발하여 5월초 조선에 도착하여 실전을 참관하라"고 지시하였다. 徐焰, 『毛澤東與抗美援朝戰爭』(北京: 解放軍出版社, 2003), p. 243.

49) 이러한 중국의 의도에 대해 소련 역시 우려했던 부분이다. 소련군 고문단은 부대 순환제를 통해 중국군이 무기장비 현대화를 꾀하고 있다는 불만을 표시했지만, 사실 이는 스탈린이 중국군의 한국전 참전 유도를 위해 먼저 제시한 것이었다. 師哲·李海文, 『在歷史巨人身邊: 師哲回想錄』(北京: 中央文獻出版社, 1991), p. 317; 이종석, 『북한-중국관계 1945-2000』, p. 177.

후 양국의 정치관계를 규정함에 있어서도 한국전쟁에 참가했던 중국인민해방군 간부들의 영향력을 간과할 수 없게 되었다. 즉 '혈맹' 관계를 관리하고 지원할 수 있는 인적 기반이 한국전쟁을 통해 구축된 것이다.

넷째, 중국의 한국전쟁 참전은 북한에 대한 영향력을 확대시키는 계기가 되었다. 북한 정권수립을 전후한 시기 소련의 절대적 영향력 하에 있던 북한을 중국의 영향권으로 끌어들이는 결정적 계기가 바로 한국전쟁이었던 것이다.[50)]

이상에서 고찰한 한국전쟁 시기 양국의 군사관계는 현대적 의미의 중국 군사외교 틀에서 볼 때 어떠한 함의를 갖는가? 우선 이 시기는 항일투쟁 및 국공내전 시기와는 달리 수교관계를 토대로 한 '국가' 차원의 군사관계라는 점을 주목해야 할 것이다. 또한 현대적 의미의 군사외교 틀을 적용하기에는 앞의 시기처럼 무리수가 따른다. 왜냐하면 전시 군사관계이기 때문이다. 즉 '전쟁'을 예방하는 차원이 아니라 전쟁 상황 하에서의 상호지원과 협력인 셈이다. 그러나 군사외교 차원에서 중요한 함의를 찾는다면 한국전쟁 참전을

---

50) 북한 국내정치에 있어서의 중국 영향력은 한국전쟁 이전 항일투쟁 및 국공내전 시기 중국내에서 활동한 조선인 부대의 핵심인물, 특히 조선의용군 출신 박일우, 방호산 등의 활동을 통해 확대되었다. 한편 이 부분은 중·소 간 북한에 대한 영향력 경쟁을 불러일으킴으로써 북한이 주체사상을 정립하고 자주노선을 채택하게 된 반면적(反面的) 영향도 부인할 수 없다. 특히, '조·중 연합사령부' 구성 이후 김일성은 정치적 라이벌을 숙청하고 김일성 중심의 유일지도체제를 확립할 수 있었는데 이는 중국의 한국전쟁 참전이 낳은 정치적 영향으로 볼 수 있는 것이다. 이종석, 『북한-중국관계 1945-2000』, pp. 191-199; 김광수, "한국전쟁 전반기 북한의 전쟁수행 연구: 전략, 작전지휘 및 동맹관계," 경남대학교 북한대학원 박사학위논문(2008), p. 319.

통해 중국군은 현대화되었고, 북·중 간 국방 및 전략대화를 지속 추진했으며, 영향력 확대를 꾀했다는 점을 들 수 있을 것이다.

먼저, 이 시기 중국의 핵심적 국가이익은 정치·군사분야로 집중된다. 국제공산주의 운동에 있어서의 '책임'과 '의리', 그리고 대만 문제 해결을 위해 미국을 상대로 투쟁한다는 정치적 배경 하에 과거 북한에 대한 군사적 '보은'(報恩)을 감행한 것이다. 또한 이 시기 국가이익에 기초한 평시 군사외교 개념의 적용은 무의미하지만, '전시 군사외교'[51] 차원에서 볼 때 중국은 정전협정 체결과정이나 미·소를 상대로 한 전략적 이익은 충분히 거두었다고 보아야 할 것이다.

뿐만 아니라 군사적 차원에서도 소련으로부터 현대 무기장비를 제공받음으로써 군 현대화 건설을 꾀할 수 있었던 것이다. 물론 소련으로부터 지원받은 무기장비의 상당량은 북한을 지원하기 위해 사용되었지만,[52] 당시 중국군의 무기장비 수준을 고려한다면 소련

51) 여기서 '전시 군사외교'라 함은 교전 쌍방이 자국에 유리한 국제여론을 조성하고, 상대의 모략(謀略)을 폭로하며, 동맹국과의 협상을 통해 인적·물적 지원을 최대한 얻어내는 활동을 말한다. 중국의 楊松河는 국제정치에서 국가간 관계를 ① 동맹관계, ② 우호관계, ③ 정상관계, ④ 냉전관계, ⑤ 교전관계로 구분하고 각각의 관계 하에 있어서의 군사외교를 설명하고 있다. 楊松河, 『軍事外交概論』(北京: 軍事誼文出版社, 1999), pp. 45-79.

52) 1950년대 중국이 소련으로부터 제공받은 차관 총66.163억 루블(舊幣) 중에서 한국전쟁시기 차관은 총액의 48%에 해당하는 32억 루블이었다. 한국전쟁 기간 중 중국군이 소모한 각종 물자는 약 560만 톤이었고, 그중 탄약이 25만 톤이었다. 또한 중국 군사비 사용은 총 62억 위엔(당시 환율 적용시 약 26억 달러)으로써, 이를 모두 합산하면 한국전쟁시 중국이 사용한 전비(戰費)는 약 100억 달러에 달한다. 沈志華, 『毛澤東, 斯大林與朝鮮戰爭』(廣州: 廣東人民出版社, 2003), p. 398; 徐陷, 『第一次較量: 抗美援助戰爭的歷史回顧與反思』(北京: 中國廣播電視出版社, 1990), p. 323; 包國俊, "抗美援朝戰爭歷史不容歪曲," 『解放軍

으로부터 지원받은 무기장비를 통해 군 현대화를 빠르게 추진할 수 있는 기반을 구축할 수 있었던 것이다.

군사외교 목적 중의 하나인 영향력 확대 차원에서 볼 때 중국은 이전 북한에 대한 '빚'을 갚고, 오히려 이후 對북한 영향력을 확대할 수 있는 시기였다. 또한 군사외교 활동 면에서는 '조·중 연합사령부' 구성을 통해 전시 연합훈련의 경험을 쌓을 수 있었고,[53] 양국 지도자들의 잦은 접촉을 통한 국방전략대화가 활성화되었다. 뿐만 아니라 다양한 형태의 무기 및 물자거래가 있었던 점은 이후 양국의 군사외교 활동 범위와 수준을 심화시키는 요인으로 작용하였다. 즉 한국전쟁 시기 중국은 '피를 나누는' 군사지원을 통해 북한을 중국의 영향권으로 끌어들이는 '견인형' 군사외교의 기반을 조성하였다고 볼 수 있는 것이다.

다. 정전이후 중국의 전후복구 지원과 중국군 철수

휴전협정이 체결된 이후에도 중국은 북한에 대한 정치, 군사 및 경제지원을 지속하였다. 당시 북한이 당면한 급무(急務)는 전후 복구사업이었다. 1953년 11월 12일 김일성은 정전협정이 체결된 이

報』(2000. 11. 1), 第1版.

53) 마오쩌둥은 1953년 9월 12일 중앙인민정부위원회 제24차 회의시 중국군이 한국전 참전을 통해 얻은 작전·훈련 분야의 성과를 언급하였다. 즉 "(항미원조전쟁을 통해) 군사경험을 얻었다. 우리 중국인민지원군의 육군, 공군, 해군, 보병, 포병, 공병, 탱크병, 철도병, 방공병, 통신병, 위생부대, 후방부대 등은 미국 침략군대를 적으로 한 실전적 경험을 얻을 수 있었다"고 언급하면서 '항미원조'의 의의를 밝혔다. 逄先知·李捷著, 『毛澤東與抗美援朝』(北京: 中央文獻出版社, 2000), pp. 130-131; 《當代中國軍隊工作》編輯委員會, 『當代中國軍隊工作(上)』, p. 516.

후 처음으로 중국을 방문하여 중국인민지원군 참전에 대한 감사의 뜻을 전하면서 전후복구에 대한 중국의 지원을 요청하였다.[54] 11월 23일 양국은《조·중 경제 및 문화합작에 관한 협정》(中朝經濟及文化合作協定)을 체결하였다. 당일《聯合公報》를 통해 "중화인민공화국은 조선민주주의인민공화국이 전쟁으로 인한 부상자 치료와 국민경제 회복을 위한 막대한 (국가재정) 지출을 감안하여 1950년 6월 25일부터 1953년 12월 31일까지 지원한 일체의 물자와 비용을 무상으로 하기로 결정했다. 나아가 1954년부터 1957년까지 4년 동안 국민경제 회복 비용으로 8만 억 위엔(舊幣)을 추가로 무상지원하기로 결정하였다"고 발표하였다.[55]

중국인민지원군 역시 정전협정 체결 이후 곧바로 철수하지 않고 1958년 철수하기 전까지 북한의 전후복구지원에 동원되었다. 1954년 3월 29일 지원군 총사령부는《조선인민을 도와 재건활동을 진행할 것에 관한 지시》(關于幇助朝鮮人民進行恢復與重建工作的指示)를 하달하고 전후 복구지원을 본격적으로 전개하였다.[56] 지원군 각 부대는 위의 지시에 따라 수리건설과 계절성 농업 지원, 가옥 및 공공건물 개·보수 등 전후복구 전반에 걸친 지원사업을 전개하였다.[57]

---

54) 조선중앙통신사(편), 『해방후 10년일지』(서울: 선인문화사, 1997), p. 158. 박영실, "정전이후 중국인민지원군의 對북한 지원과 철수," 『정신문화연구』제29권 제4호(2006 겨울호), p. 167에서 재인용.

55) 劉金質·楊淮生主編, 『中國與朝鮮半島國家關係文件資料匯編(1949-1994)』 (北京: 中國社會科學出版社, 1994), p. 616.

56) 李連慶主編, 『中國外交演義: 新中國時期』(北京: 世界知識出版社, 1995), p. 185; 『解放軍報』(2010. 1. 5).

57) 中國軍事科學院軍事歷史研究部編, 『중국군의 한국전쟁사』제3권, p. 774. 중국인

이러한 경제지원 이외에 지원군은 정전협정 체결 이후에도 북한에 잔류하여 정전 후의 불안정한 군사정세 속에서 북한을 지원했다. 중국군은 1954-1955년에 3차례에 걸쳐 19개 사단이 철수했으나, 나머지 부대들은 1958년까지 북한에 잔류했다. 전쟁이 종료된 이후에도 중국인민지원군 사령부를 전시와 마찬가지로 평양 부근의 회창에 주둔시켰다. 이는 중국군의 임무가 군사적 범위에 국한되었음을 보여주는 것으로서 북한에 대한 내정간섭 배제 의지를 표현하고 있다고 보아야 할 것이다.[58)]

북한과 중국은 1957년 말부터 중국인민지원군의 완전철수를 논의하기 시작하였다. 마오쩌둥과 김일성은 1957년 11월 모스크바의 10월 혁명 40주년 기념식 에 참석하여 중국군 철수문제를 논의했다. 양국 지도자는 "조선의 형세가 이미 안정되었고, 중국인민지원군의 사명이 기본적으로 완료되었다"고 판단하여 1958년 말까지 한반도에서 완전 철수하기로 합의했다.[59)]

민지원군이 8년 동안 지원한 내역으로는, 공공건물 개수 881채, 민가 개축 45,412칸, 교량 복구 및 신축 4,363개, 제방 개축 4,096군데(429km), 수로 보수 2,295곳(1,218km)에 달했다고 한다. 또한 중국인민지원군은 의(衣)·식(食)을 절약하여 양식 10,630톤, 옷과 일용품 58만 9,149점을 북한 주민들에게 지원했다고 밝히고 있다. 楊勇, 《中國人民支援軍八年來抗美援助工作報告》(一九五八年十月三十日); 박길용·김국후, 『김일성 외교비사』(서울: 중앙일보사, 1994), p. 43.

58) 이종석, 『북한-중국관계 1945-2000』, pp. 202-203. 그러나 박종철은 이 시기 북·중 관계는 1956년 8월 종파사건을 둘러싸고 갈등의 측면을 보였으며, 특히 종파사건 과정에서 중국은 연안계와 중국인민지원군을 중심으로 영향력을 행사하고 있었다고 보고 있다. 또한 중국인민지원군의 철수에 관한 결정 역시 8월 종파사건과 상관성을 갖는다고 주장한다. 박종철, "북한의 종파사건과 중국," 『민주주의와 인권』제9권 3호(2009), p. 208.

59) 李連慶主編, 『中國外交演義: 新中國時期』, p. 186. 이러한 공식적인 철군 배경에

양측은 중국군 철수문제를 보다 전략적으로 접근하여 남한지역 내 미군 철수와 연계시켰다. 북한측이 먼저 남한에 주둔하고 있는 유엔군과 북한에 있는 중국군 철수문제를 제기하고, 중국정부는 후속하여 이에 대한 지지 성명을 발표하기로 하였다. 또한 한반도에서의 철군은 1958년 말까지 완료하되 3단계로 구분하여 철수하기로 합의하였다.[60] 북한은 1958년 2월 5일 미군과 중국인민지원군 등 '일체의 외국 군대' 철수를 요구하는 성명을 발표하였다.[61] 중국은 이틀 뒤인 2월 7일 북한정부의 성명을 전적으로 지지하며, 북한정부와 중국인민지원군 철수문제를 협의할 용의가 있음을 천명했다.[62]

저우언라이 총리는 1958년 2월 14일부터 천이(陳毅) 외교부장, 쑤위(粟裕) 중국인민해방군 총참모장 등을 대동하고 북한을 방문하여 김일성과 중국인민지원군 완전철수에 공식 합의했다.[63] 이때 저우언라이는 김일성과 함께 함흥을 방문하고 흥남화학비료공장을

대해 이의를 제기하기도 한다. 즉 중국 사회주의 경제건설이 한국전쟁 정전 직후 시작되었고, 그 과정에서 중국은 북한의 지원없이 40만 이상의 병력을 주둔시키는데 따르는 막대한 경제적 부담을 감당하기 어려워서 철군을 결정했다는 것이다. 김용현, "북한의 군사국가화에 관한 연구: 1950-60년대를 중심으로," 동국대학교 대학원 정치학과 박사학위논문(2001), pp. 81-82.

60) 中共中央文獻研究室編, 『周恩來年譜(中)』(北京: 中央文獻出版社, 1997), p. 113.

61) "조선민주주의인민공화국 정부성명," 『로동신문』(1958. 2. 6). 이 성명에는 외국군 철수 후 남북한 자유선거와 남북협상의 실현, 남북한 군비축소 요구 등의 내용이 포함되어 있다. 이종석, 『북한-중국관계 1945-2000』, p. 203.

62) 『로동신문』(1958. 2. 8); "中朝兩國政府關于中國人民支援軍撤出朝鮮的聯合聲明(1958年2月19日)," 『爲了朝鮮的和平統一』(中朝兩國政府關于中國人民支援軍撤出朝鮮的聯合聲明及有關文件)(北京: 世界知識出版社, 1958), pp. 5-12.

63) 『로동신문』(1958. 2. 20).

시찰했으며, 회창 소재 중국인민지원군 총사령부도 방문했다. 2월 20일에는 중국인민지원군 총사령부도 "조선에 있는 중국인민지원군 전체는 1958년 말 이전에 철수한다. 첫 번째 부대가 4월 30일 이전에 철수 완료한다는 중국정부의 결정에 대해 북한정부도 찬성했다. 조·중 양국 정부는 1958년 2월 19일 연합성명을 통해 이러한 결정을 선포했다.(후략)"는 성명을 발표했다.[64]

성공적인 철군임무 수행을 위해 중앙군사위원회와 인민해방군 총정치부에서 지시한 "시작과 끝맺음을 잘하고(善始善終), 부대를 철수하여(軍隊撤出), 우의를 지속하자(友誼長存)"는 정신과 지원군 당위원회에서 제시한 "잘 교대하고(交好), 잘 이동하며(走好), 무사히 도착하자(到好)"라는 구호 하에 정치공작까지 활발히 진행하였다.[65]

양국의 공식적인 철군 발표 이후 잔류중인 중국인민지원군은 3단계에 걸쳐 철수가 진행되었다. 〈표 3-1〉에서 보는 바와 같이 3월 15일부터 시작된 철수는 10월 26일에 가서 종료되었다.[66] 〈표

---

64) "中國人民支援軍總部關于中國人民支援軍撤出朝鮮的聯合聲明(1958年2月20日)," 『爲了朝鮮的和平統一』(中朝兩國政府關于中國人民支援軍撤出朝鮮的聯合聲明及有關文件)(北京: 世界知識出版社, 1958), p. 13-15.

65) 梁必業, "支援軍撤軍中增進中朝友誼政治工作的情況和經驗," 『軍事歷史』, 2003年第4期, p. 22. 이러한 구호에 대해 중국측은 '交好'는 무기장비와 개인 휴대품 이외에 나머지는 모두 북한 인민군에 넘겨주고, '走好'는 원만하고 완전하게 철군하는 것이며, '到好'는 귀국후 공(功)을 자랑하지 말고 교만하지도 않으며 조국에 복종하는 것이라고 설명했다. 또한 중국측 통계에 의하면 1958년 3월 15일부터 10월 25일까지 중국인민지원군이 북한인민군에게 넘겨준 각종 물자는 약 1억 5,700만 위엔(元)에 달한다고 한다. 中國軍事科學院軍事歷史硏究部編, 『중국군의 한국전쟁사(제3권)』, pp. 798-802.

66) 중국인민지원군 참전기념 8주년인 10월 25일 지원군 총사령부의 마지막 제대가 평양으로부터 철수하였고, 10월 27일과 28일에는 각각 단둥(丹東)과 베이징에서 대중집회를 가졌다.

〈표 3-1〉 중국인민지원군 철수 현황

철수 시기		철수 현황	철수부대(인원)
1953년 (비공개)		· 8월 : 64군단 · 9월 : 63군단, 포병 7사 · 10월 : 60군단, 65군단, 포병 2, 21사, 고사포 61사	약 16개 사단
1954년	공 개	· 9월-10월 : 47군단, 67군단, 33사단	7개 사단 (87,894명)
	비공개	· 4월 : 12군단 · 5월 : 15군단, 장갑병 제1지휘소(4개 연대) · 8월 : 포병 64사(단동) · 12월 : 포병 22사, 포병 65사(단동)	약 10개 사단
1955년	공 개	· 3월-4월 : 50군단, 68군단	6개 사단 (52,192명)
	비공개	· 3월 : 공안 1사, 포병 3사 · 9월 : 고사포 63사(단동)	약 3개 사단
	공 개	· 10월 : 24군단, 46군단	6개 사단 (63,257명)
1957년(비공개)		· 2월 : 포병 1, 4사	약 2개 사단
1958년	공 개	· 3.15-4.25 : 16군, 23군	6개 사단 (80,000여명)
	공 개	· 7.11-8.14 : 21군, 54군, 특별병종부대	6개 사단 및 특별병종부대 (100,000여명)
	공 개	· 9.26-10.26 : 1군단, 지원군사령부, 후방공급부대	3개 사단, 지원군사령부, 후방공급부대 (70,000여명)
기타 (비공개)		포병 33사, 공병지휘소 11개 여단, 공군연합사령부 8개 사단, 공군 제2군, 포병 62, 102사(단동), 중조연합전방철도운수사령부 10개사단 등	약 23개 사단, 12개 여단

출처: 胡光正 · 馬善營編, 『中國人民支援軍序列』(北京: 解放軍出版社, 1987). 박영실, "정전이후 중국인민지원군의 對북한 지원과 철수," p. 283에서 재인용.

* 비공개 철수는 정전 당시 북한에 남아 있었지만 철수시점을 정확히 알 수 없는 부대이다.

3-1〉에서 제시한 공개 철수 병력은 총 45만명인데, 정전협정 체결 당시 북한에 남아있는 중국인민지원군 병력이 120만명이라는 중국측 발표를 기준으로 한다면 대부분 병력은 비공개적으로 철수했음을 알 수 있다. 한편 김일성은 중국인민지원군 철수 완료 후 11월 22일에서 12월 9일 사이에 두 차례에 걸쳐 베이징을 방문하였다. 그의 방중 명목은《조·중 경제 및 문화합작에 관한 협정》체결 5주년을 기념하기 위한 것이었으나 중국인민지원군 철수에 따른 감사 방문의 성격도 띠고 있었다.[67]

중국군 철수와 함께 북·중 양국은 전쟁기간 중 중국측에서 맡아 양육하던 전쟁고아 2만명을 귀국시키기 위한 협의도 진행시켰다. 북한측에서 대외문화연락협회 위원장인 허정숙이 이 협상의 책임을 맡았다. 그녀는 1958년 5월 3일 북한대표단을 이끌고 중국을 방문해 중국측과 협의한 결과 6월부터 9월 말까지 전쟁고아들을 모두 귀국시키기로 합의했다.[68] 이로써 전쟁으로 연계되었던 북·중 간의 군사적·물질적인 지원-수혜관계는 공식적으로 종료되었다. 이는 북·중 관계가 지원-수혜관계에서 일반적인 국가관계로 이행하게 됨을 의미하는 것이었다. 한편 정전 후에도 판문점의 군사정전위원회 업무는 중국측이 관장하고 있었다. 이는 사실상 북한의 주권 손상을 의미하는 것이었다. 이에 북·중 양측은 정전위원회 책임을 북한이 맡는 데 합의하고 1955년 1월 21일자로 중국은 정전위원회 위원 1명과 소령 1명만 남기고 대표단을 철수시켰다.[69]

---

67) 이종석, 『북한-중국관계 1945-2000』, 204.

68) 『로동신문』(1958. 5. 4, 16, 28). 실제로는 이들 중 2,500여명이 중국의 공장, 농장 등에서 1년간 더 생산실습을 받고 귀국했다. 『조선중앙연감(국내편)』(평양: 조선중앙통신사, 1959), p. 146.

이상에서 살펴본 것처럼 이 시기 북·중 양국의 군사관계는 전후복구를 위한 경제적 기여와 철군과정에서의 협력으로 국한된다. 중국이 군사외교를 국가의 외교, 경제, 국방정책 범주 내에서 전개되는 종합적인 대외활동으로 인식한다는 차원에서 볼 때 이러한 양국간의 협력 역시 광의의 군사외교 범주에 포함시킬 수 있을 것이다.

당시 양국이 처한 공통적인 상황은 경제회복이 급선무였다. 정전협정 체결 이후 양국이 체결한 첫 번째 공식적인 협정이《조·중 경제 및 문화합작에 관한 협정》임을 보더라도 양국 지도부는 전쟁시기와는 달리 경제이익에 최우선순위를 부여하고 있는 것이다. 탈냉전 이후 중국 군사외교의 중요한 목적 중의 하나가 경제발전을 위한 평화로운 여건 조성이라면, 이 시기 전후복구를 위한 중국인민지원군의 기여 역시 군사외교적 함의를 갖는다고 볼 수도 있는 것이다.

그러나 이보다 더 중요한 함의는 지원 그 자체보다는 군사적 수단을 통한 양국 결속력의 강화와 對북한 영향력 확대에 있다고 보아야 할 것이다. 또한 중국인민지원군의 북한 철수 건에 대해 치밀한 북·중 공조를 통해 국제무대에서 '평화성'을 부각시킴으로써 군사외교의 전략적 효과를 취했다고 볼 수 있다. 이러한 전후 복구지원과 철군과정에서 보여준 중국의 북한에 대한 인적·물적 지원과 이념적 지지는 북한을 보다 강하게 '견인'(牽引)할 수 있는 동인으로 작용했다고 볼 수 있다.70) 또한 중국으로서는 개발도상국에

69) 柴成文, 『板門店談判』, p. 327; 이종석, 『북한-중국관계 1945-2000』, pp. 204-205.

대한 군사지원의 시작이 바로 북한이었다는 점에서도 군사외교적 함의를 찾을 수 있을 것이다.

2. 조·중 우호협력 및 상호원조조약과 조·중 국경조약 체결

1960년대 중국과 북한의 군사관계는 중·소 분열이라는 중대한 대외환경 속에서 군사동맹과 국경조약을 체결함으로써 '밀월'(蜜月) 관계를 유지하게 된다. 북·중 간의 동맹관계를 규정한 새로운 조약체결 준비는 1960년 초부터 이루어졌다. 중국지도부는 1960년 3월 20일, 북한 및 월남과 우호협력과 군사원조 조항을 담은 우호동맹조약을 맺기로 결정함으로써 양국 간에 공식적인 군사동맹조약 체결이 추진되었다.[71] 1961년 7월 6일 소련과 《조·소 우호협력 및 상호원조조약》(朝蘇友好合作互助條約)을 체결하고 귀국한 김일성은 곧바로 "피로써 우리를 도와준 중국 인민지원군들"[72]의 나라인 중국으로 넘어가 1961년 7월 11일 《조·중 우호협력 및 상호원조조약》에 서명했다.[73] 당시 한국 내에서 5·16 군사혁명으로 인

70) 이 시기 북한의 8월 종파사건을 둘러싼 양국의 갈등 측면에서는 중국이 북한에 대해 연안파와 중국인민지원군을 통한 정치적 '견제'(牽制)를 시도했다는 해석도 가능하다.

71) 中共中央文獻研究室編, 『周恩來年譜(中)』, p. 295; 이종석, 『북한-중국관계 1945-2000』, p. 221.

72) 『김일성 저작선집 1』(평양: 조선로동당출판사, 1967), p. 396.

73) 1960년 3월에 시작된 조약체결 준비가 1961년 7월에 가서야 성사된 이유를 최명해는 ① 북한 내부 정치역학 구도의 변화라는 '대내적 요인', ② 중·소 분쟁이라는 '체계적 요인', ③ 김일성의 '외교적 능력'이라는 개인적 능력이 상호 복

한 반공태세가 강화되자 북한은 이를 "미제를 우두머리로 하는 제국주의자들의 침략과 새 전쟁도발책동이 날로 격화되었다"[74]고 비난하였다. 초조감을 금치 못한 북한으로서는 제3국의 힘을 당연히 필요로 했고 소련과 중국으로부터 자신 안보에 대한 보장을 받으려 했던 것이다.

중국은 이러한 한반도 상황과 더불어 1960년대 동북아시아 지역의 세력변화에 상당히 민감하게 반응하였다. 특히 미・일간의 동맹 강화와 중・소분쟁의 시작은 중국이 북한과 동맹관계를 형성하는 데 직접적인 요인으로 작용하였다고 볼 수 있다.[75]

이를 보다 구체적으로 살펴보면 첫째, 미국과 일본은 1960년 군사적 동맹관계를 강화하였으며, 그 주요 목적은 아・태지역에서 반공 군사동맹체제를 강화하는 것이었다.[76] 중국은 이를 자국의 안보에 대한 커다란 위협으로 인식하였으며, 자국의 안보를 강화할 수 있는 동맹 대상을 찾게 되었다. 둘째로, 중・소분쟁의 악화이다. 중・소 관계가 악화됨에 따라 양국은 북한에 대한 전략적 영향력을 강화시키기 위하여 정치적, 경제적, 군사적 지원을 경쟁적으로 제공하였다. 이 과정에서 중국은 한국에 주둔하고 있는 미군에 대항하고 북한에 대한 소련의 선점을 막기 위하여 북한과 강력한 군사

합적으로 작용한 결과였다고 주장한다. 최명해, "북・중 동맹조약 체결에 관한 소고," 『한국정치학회보』제42집 제4호(2008), pp. 321-330.

74) 『로동신문』(1971. 7. 11).

75) Chae-Jin Lee, *China and Korea: Dynamic Relations* (Stanford, CA: Hoover Press, 1996), pp. 58-59.

76) 1960년 미・일 동맹의 강화에 대해서는 Akira Iriye, *China and Japan in the Global Setting* (Cambridge, MA: Harvard University Press, 1992), pp. 113-115를 참고할 것.

동맹관계 수립을 고려했던 것이다.[77] 당시 흐루시초프는 김일성 정권을 탐탁지 않게 생각했으나, 중·소 분쟁에서 중국과의 경쟁을 고려해 조약체결을 서둘렀을 것이다. 김일성은 바로 이러한 상황을 자국에 유리한 방향으로 이용하여 소련과 동맹조약 체결을 이끌어 낸 것으로 분석된다.

이상의 정황을 놓고 볼 때 북·중 양국은 미국과 소련에 대한 공통의 위협인식이 자리잡고 있었으며, 이러한 배경은 북·중 동맹의 성격을 '동종이익동맹'(identical alliance)화하는 근거로 작용한다.[78]

북·중 양국은 한국전쟁이 끝나고 약 8년 후에 군사동맹 성격의 《조·중 우호협력 및 상호원조조약》을 체결하였다.[79] 항일투쟁과

---

77) 중·소분쟁이 북·중조약 체결의 주요 요인이었다고 주장하는 내용은 Hong Yung Lee, "China and the Two Koreas: New Emerging Triangle," in Young Hwan Kihl (ed.), *Korea and the World: Beyond the Cold War* (Boulder, CO: Westview Press, 1994), pp. 97-98을 참고할 것.

78) 당시 중국과 북한이 상정한 위협대상의 순위나 평가는 서로 다를 수 있다는 해석이 있다. 조약체결 당시 중국이 상정한 최우선 공동위협 대상은 '소련의 수정주의'일 가능성이 크다. 이는 중국이 한국전쟁 이전에는 동맹조약 체결을 원하는 김일성의 요구를 거부했지만, 중·소 분쟁이 가시화되는 1960년 3월이 되면 북한과의 조약체결을 내부적으로 검토하기 시작한 데서 드러난다(中共中央文獻硏究室編, 『周恩來年譜(中)』, p. 295). 그러나 중국과 조약을 체결하기 6일전에 소련과 동맹조약을 체결한 북한의 입장에서 소련을 공동 위협으로 간주하여 중국과 동맹조약을 체결하기는 어려웠을 것이다. 즉 북한은 당시 "미 제국주의와 일본 군국주의, 남한 파시스트"를 주된 위협대상으로 보고 중국과 동맹조약을 체결한 것이다. 최명해, "북·중 동맹조약 체결에 관한 소고," p. 317.

79) 한·미 상호방위조약이 1953년 체결된데 반해, 조·중 조약이 1961년 뒤늦게 체결된 이유에 대해 최명해 박사는 ① 북한 내부 정치역학 구도의 변화(대내적 요인), ② 중·소 분쟁(체계적 요인), ③ 김일성의 '외교적 능력'(개인적 요인)이 상호 복합적으로 작용한 결과라고 주장한다. 최명해, 『중국·북한 동맹관계: 불

국공내전, 그리고 한국전쟁에서 '피를 나눈 형제' 관계가 동맹관계로 제도화된 것이다. 그렇다면 1961년 同조약이 체결된 이후 냉전기 양국관계에는 실제 어떠한 적용과 실천이 있었는가? 또한 조약의 실천과정에서 나타난 동맹의 딜레마는 어디에서 기인한 것인가? 여기에서는 조약체결 이후 조약의 각 조항별 내용이 군사외교 차원에서 어떻게 적용되었는가에 초점을 맞춰 논의하고자 한다.

동맹조약의 구성을 보면 '포괄 동맹'의 성격을 띤다고 볼 수 있다. 즉 자동 군사개입을 보장하고 있는 제2조를 제외한다면, 경제,

〈표 3-2〉 조·소, 조·중 조약 비교

조약 名	朝蘇友好合作互助條約	朝中友好合作互助條約
체결일자 (발효일자)	1961. 7. 6 (1961. 9. 10)	1961. 7. 11 (1961. 9. 10)
전권대표 (서명자)	김일성-흐루시초프	김일성-周恩來
조약구성	前文, 총 8개조	前文, 총 7개조
정책적 의 미	· 약소국-강대국간의 전형적 동맹형태 · '보호' 동맹(Protectorate Alliance)	· 국력의 차이에도 불구하고 수평적 의존형태로 출발 · '협력' 동맹(Partnership Alliance)
효력관계	· 소련 붕괴 이후 러시아가 소련의 법적지위를 포괄적으로 승계(1991. 12) · 사실상 死文化(1996. 9)	· 조약 체결이후 현재까지 국가간 지위변동 없음 · 법률적, 사실적 유효

편한 동거의 역사』, p. 377.

문화, 과학기술에 관한 양국의 협력과 통일문제 및 국제관계에 있어서의 공조를 포함하는 포괄적 성격을 갖고 있는 것이다. 이러한 동맹조약의 포괄적 성격은 냉전기 양국 관계에 있어 그대로 투영되었다. 군 고위급 상호방문을 포함한 군사대표단 교류, 무기장비 지원, 전략대화 등의 군사영역으로부터 경제원조, 문화·예술교류, 기술지원, 그리고 남북한 통일문제 및 양안관계에 있어서의 공조관계를 보여주었던 것이다. 동맹조약에 규정된 내용을 토대로 냉전시기 양국간의 관계를 간략히 조망하면 다음과 같이 정리할 수 있다.

먼저, 전문에서 언급하고 있는 평화공존 5원칙에 입각한 '형제적인 우호협조'는 북한보다는 중국에 의해 '모범적'으로 실천되었다고 볼 수 있다. '상호존중, 상호불가침, 내정불간섭, 평등과 호혜, 상호원조 및 지지'라는 평화공존 5원칙에 있어서 문화대혁명 시기를 제외하고는 양국 공히 일관된 자세로 이 원칙을 따랐다. 중국은 '평화공존 5원칙'에 입각하여 강대국 주둔군이 약소국 내정에 간섭하는 사례는 동맹조약 체결 이후 북·중 동맹에서는 발생하지 않았다.[80] 또한 중국은 김정일 후계자 구축문제를 비롯한 북한 국내문제에 있어 북한의 결정을 대부분 인정하였으며, 북한 역시 톈안먼 사태 유혈진압에 대한 극소수의 지지국 중 하나가 되었다. 이 외에 군사 및 경제부분에 있어서 중국이 호혜가 아닌 일방적 수혜자 입

80) 한국전쟁기간과 중국인민지원군이 철수하기 전인 1958년까지 중국이 북한에 대해 내정간섭한 사례가 있었다. 즉 8월 종파사건 직후 펑더화이가 평양으로 급파되어 연안파를 복당시킨 사건이었다. 그러나 이 과정에서 김일성이 북한에 주둔하고 있던 중국군과 대륙의 마오쩌둥이 무서워 연안파를 복당시켰다고 볼 수만도 없다. 왜냐하면 김일성의 연안파 제거 시도는 이미 이전부터 진행된 것이었기 때문이다.

장에 서 있었다.

조약 제1조에서 양국은 "아시아 및 세계의 평화와 각국 인민의 안전을 수호하기 위한" 공동의 노력을 다짐하였다. 이 조항은 다분히 추상적이고 상징적인 의미를 갖기 때문에 특별히 양국의 실천 노력을 분석하기는 어렵다. 그러나 냉전기 중·소 분쟁을 포함하여 월남전, 아프가니스탄전 등 국지적인 분쟁시 양국이 보여준 태도는 완전히 일치하지 않았다. 중·인 국경분쟁시 북한이 중국의 입장을 지지한 경우를 제외하고는 당시 양국이 처한 상황에 따라 지지 혹은 비판적 입장을 취하였다. 반면, 국지전이 아닌 북한의 대남 도발에 대해 중국은 적어도 공식적으로는 북한의 입장을 옹호하였다.[81] 1970년대 이후로 미·중 관계의 정상화와 중국의 개혁개방 노선 추진은 아시아 및 세계 평화와 안전에는 매우 긍정적으로 작용했으나 이러한 노력은 중국에 비해 북한이 훨씬 소극적이었다.

제2조는 조약체결 쌍방의 군사적 의무와 더불어 자동군사개입을 보장하고 있다.[82] 냉전시기 제2조가 적용될 수 있는 상황은 발생하

81) 중국은 북한의 대남도발에 대해 내부적으로 많은 불편함과 노기(怒氣)를 표현하였다. 특히, 1960년대 북한의 대남도발(푸에블로호 납치, EC-121 위기 등)보다는 1970년대 이후 부터 1980년대에 도발(예: 판문점 도끼만행 사건, 아웅산 테러 사건 등)한 사건에 대해 보다 노골적인 불만을 제시하였다. 이는 미·중 관계 정상화에 부정적인 영향을 초래할 것에 대한 중국지도부의 우려로 보아야 할 것이다.

82) 이는 북·중 동맹이 한·미 동맹이나 북·소 동맹에 비해 강력한 구속력을 내포하고 있다고 볼 수 있는 조항이다. Chae-Jin Lee, *China and Korea*, p. 59. 여기서 '자동'의 의미는 군사원조국이 자국의 헌법절차(예: 국회동의, 내각 결정 등)에 따라 지원하는 것이 아니라 '지체없이' 즉각 지원한다는 의미이다. 반면, 북·중, 북·소 동맹의 경우 피지원 동맹국에 적대행위의 귀책사유가 있을 경우 지원의무가 발생하지 않는다는 不도발 조항(non-provocation)이 없다.

지 않았다. 1962년 중·인 국경분쟁과 1969년 중·소 국경분쟁, 그리고 북한의 수차례에 걸친 대남 국지도발이 발생하긴 했지만 전면전으로 확대되지 않았던 것이다. 그러나 양국은 조약체결 이후 동맹조약에 내포되어 있는 주적(主敵) — 수정주의자(소련), 제국주의자(미국) — 에 대해 공동으로 적대적인 태도를 취해 오다가 중·소, 미·소, 일·중 관계의 변화로 근본적인 딜레마에 빠지기도 하였다. 즉 중국이 일본, 미국과의 관계를 정상화함에 따라 북·중 간에 공동의 적은 존재하지 않게 되었던 것이다.

이러한 딜레마는 조약 제3조와도 직접적인 연관을 갖게 된다. "체약 상대방을 반대하는 어떠한 동맹도 체결하지 않으며, 체약 상대방을 반대하는 어떠한 집단과 어떠한 행동 또는 조치에도 참가하지 않는다"는 조항은 조약 상대방의 대외활동을 규제하고 있는 것이다. 조약에 근거할 경우 미·중 관계 정상화는 북한의 입장에서 볼 때 엄연한 위약인 것이다. 이러한 차원에서 1962년 중·인 국경분쟁과 쿠바 미사일 위기를 둘러싼 중·소 논쟁 시기에 북한이 중국을 방문하지 않았던 것은 아마도 同 조약 제3조를 의식한 것으로 풀이된다.[83]

한편 중국은 한·중수교 과정에서 한국이 대만과 단교한 것처럼 북한과 외교관계를 단절하지 않았다.[84] 그러나 북한과 적대적 관계

83) 이러한 정황 분석은 1958년 저우언라이가 북한을 방문하여 《조·중 수뇌 방문협정》을 체결한 이후 1958년부터 1961년까지 매년 정례적으로 중국을 방문했음에도 불구하고, 1962년에만 중국을 방문하지 않았다는 데서 유추한 것이다. 북한으로서는 중국과의 동맹도 있었지만 소련과의 동맹 의무도 준수해야했기 때문에 중국 혹은 소련이 반대하는 행위 혹은 조치를 의도적으로 회피했다고 보아야 할 것이다.

에 있는 한국이 중국과 외교관계를 수립하였다는 것은 적어도 중국이 과거와 같이 북·중 동맹을 중요한 외교적 틀로 간주하지 않는다고 볼 수 있는 것이다. 더욱이 중국은 한·중 수교를 통하여 전통적인 '1개의 조선' 정책에서 '2개의 조선' 정책으로 전략적인 전환을 함으로써 남북한에 대해 보다 강력한 영향력을 행사할 수 있게 되었다.

제4조 "양국의 공동이익과 관련되는 일체 중요한 국제문제들에 대하여 계속 협의한다"는 조항에 대해서는 양국 모두 의도적으로라도 강력히 실천하였다. 특히, 미·중 관계 정상화 과정에서 미국의 키신저 국가안보보좌관과 닉슨 대통령 방중 전 저우언라이가 급하게 북한을 방문하여 김일성의 사전 이해를 구한 것은 바로 4조의 구속으로 볼 수 있다.[85] 북한 역시 중·소 갈등 시기에 소련을 방문할 경우 중국에 대부분 사전 통보를 하였다. 그러나 북한은 1980년대 중국의 직접적 위협 대상이었던 소련의 해군함대를 남포항에 기항할 수 있도록 허용하는 등 조약 제4조에 위배된 행동을 보이기도 하였다.[86] 이는 아무리 "피로써 맺어진" 동맹조약이라 하더라도

---

84) Samuel S. Kim, "The Making of China's Korea Policy in the Era of Reform," in David M. Lampton (ed.), *The Making of Chinese Foreign and Security Policy in the Era of Reform* (Stanford, CA: Stanford University Press, 2001), pp. 371-408. 한·중 수교과정에 대한 자세한 기록은 이상옥, 『전환기의 한국외교: 이상옥 전 외무장관 외교회고록』(서울: 삶과 꿈, 2002), pp. 117-298을 참고할 것

85) 이 외에도 1986년 10월 3일부터 6일까지 리셴녠 중국 국가주석이 북한을 방문하여 10월 7일 미 국방장관 와인버거의 방중사실에 대한 사전 양해를 구하였다. 劉金質·楊淮生主編, 『中國對朝鮮和韓國政策文件匯編 5』(北京: 中國社會科學出版社, 1994), p. 2485.

86) 1984년 5월 김일성은 소련을 방문하기에 앞서 후야오방(胡耀邦)을 초청해 북·

점차 북한과 중국 각자의 국가이익이 충돌할 경우에는 완전한 협의에 이르기 어렵다는 것을 증명한 것이다.

조약의 제5조에서는 "양국의 경제 · 문화 및 과학기술 협조를 계속 공고히 하며 발전시킨다"고 규정하고 있다. 사실 한국전쟁이 끝난 이후 북 · 중 관계에 있어 군사분야보다는 경제, 문화, 과학기술 분야의 교류협력이 훨씬 활발하게 진행되었다. 〈표 3-3〉에서 보는 바와 같이 1949년 수교 이후 1980년까지 체결한 협정의 대부분이 경제 및 과학기술 분야에서 이뤄졌다. 정전협정 체결 이후 양국이 체결한 첫 번째 공식적인 협정이 《조 · 중 경제 및 문화합작에 관한 협정》임을 보더라도 양국 지도부는 전쟁시기와는 달리 경제이익에 중요성을 부여하고 양국 관계를 발전시켜 나갔다고 볼 수 있다.

〈표 3-3〉 북 · 중 협정(의정서) 체결 현황(1950-1980)

구 분	군 사	경제 · 과학기술	교통 · 체신	문 화	계
건	2	63	41	11	117

출처: 극동문제연구소, 『북한전서 1945-1980』(서울: 극동문제연구소, 1980), pp. 187-189.

* 군사(2)는 《조 · 중 우호협력 및 상호원조조약》(1961. 7. 11))과 《중국의 對북한 무상 군사원조에 관한 협정》(1971. 9. 6)임.
* 표에 제시된 현황 중 경제 · 과학기술과 교통 · 체신 부분에는 소련, 몽고, 월맹, 헝가리 등 당시 공산주의권 국가들 간의 다자간 협정도 일부(경제 · 과학기술: 4건, 교통 · 체신: 12건) 포함되어 있다.

소 간에 진행 중인 협력사업의 내용을 사전에 중국 측에 통보하였다. 그러나 김일성은 1986년 10월 4일 중국의 리셴녠 중국 국가주석과 회담하는 자리에서 10월 22일 계획된 소련방문에 대해 한마디 언급도 없이 소련을 전격 방문하였다. 최명해, 『중국 · 북한 동맹관계: 불편한 동거의 역사』, p. 363, 370.

제6조에서는 "통일은 반드시 평화적이며 민주주의적인 기초위에서 실현되어야 한다"고 규정하면서, 이렇게 되어야만 "극동에서의 평화유지에 부합된다"고 기술하고 있다. 제6조에 대한 북·중 양국의 인식과 실천은 타 조항에 비해 많은 불일치가 있었다. 양국 공히 통일에 대한 염원은 간절했지만 이를 추진하는 과정에서 많은 차이를 보였다. 특히 한반도 통일문제에 있어서 북한의 무력통일 의도와 대남 도발은 중국으로 하여금 동맹의 연루 우려까지 자아냈다. 미·중 관계 정상화 추진과정에서 한반도 긴장완화를 위한 중국의 3자회담 중재노력에도 불구하고 북한은 수차례에 걸친 대남 무력도발을 자행하면서 북·미 접촉을 유도했다. 중국은 1970년대 이후 줄곧 한반도 긴장완화를 위한 남북대화를 주문하였으며, 특히 덩샤오핑의 개혁개방 노선 천명 이후 평화로운 주변환경을 절실히 요구했던 것이다. 냉전 후반기 중국은 북한에 대해 조약 제6조 '위반'이 가장 큰 불만이었을 것이다.

마지막 제7조는 "조약을 수정 또는 폐기할 데 대한 쌍방간의 합의가 없는 이상 계속 효력을 가진다"고 규정하고 있다. 냉전기간 중 제7조에 대한 양국의 공식적인 수정 혹은 폐기에 대한 논의는 없었다.[87] 1961년 조약 체결 이후 양국은 동맹의 실천과정에서 부

87) 북한이 공식적으로 조약의 수정 혹은 폐기에 대해 공식적으로 제기하지는 않았으나 1966년 10월 5일 조선로동당 제2차 대표자회 보고에서의 김일성 연설과 1968년 4월 동독 당·정 대표단과의 대화내용을 분석하면 조약 수정에 대한 의도가 표출되기도 한다. 김일성이 언급한 내용은 '자주성'과 진영의 '단결'을 동시에 강조함으로써 연루 우려와 포기 우려를 극복해 나가겠다는 의도 표명을 우회적으로 한 것으로 볼 수 있다. 김일성의 언급내용에 대해서는 김일성, "현 정세와 우리 당의 과업"(조선로동당 대표자회에서 한 보고, 1966년 10월 5일), p. 352; 《Memorandom on the Visit of the Party and Government Delegation

침(浮沈)은 있었지만 조약을 수정하거나 폐기하고자 하는 수준까지 악화되지는 않았다. 반면 양국은 동맹의 딜레마, 즉 포기와 연루 우려가 반복되면서 중국은 북한을 '관리'하고자 했고, 북한은 의도적이고 호전적인 모험을 하기도 하였다. 이는 무엇보다도 북한과 중국이 각각 미국 및 소련에 대한 일치되지 않는 위협인식을 토대로 조약이 체결되었다는 태생적 한계에 기인한다고 볼 수 있다. 뿐만 아니라 조약체결 이후 남방과 북방 3각 관계의 재구성, 그리고 미·중 데탕트 등의 환경변화 속에서 북·중 양국의 국가이익이 충돌하면서 동맹관계 역시 밀월과 갈등을 반복했던 것이다.

전문을 포함한 총 7개 조항의 조약을 현대적 의미의 군사외교적 관점에서 해석해 본다면 어떠한 함의를 가질까? 이 역시 다분히 '억측성'이 있긴 하지만 국가안보체계와 연계시킨다면 나름 의미있는 결과를 도출할 수 있다. 군사외교가 국방, 외교, 경제정책의 중첩이라는 전제 하에 同 조약의 각 조항을 이러한 세 분야로 연계시킬 수가 있다. 즉 국방분야의 기능은 제2조 자동개입조항과 제4조 공동합의 내용에, 외교기능은 제3조 상대방에 대한 '결박' 기능과 제4조에 반영되어 있다. 또한 경제분야는 제5조 경제 및 문화, 과학기술 원조에 포함되어 있다고 볼 수 있다. 이 외에 제6조 통일에 관한 문제는 양국 모두 완전한 통일을 이루지 못한 특별한 국가간의 조항에 해당되며, 기능상으로는 정치·외교·국방분야를 포괄하

---

of the GDR, led by Comrade Prof. Dr. Kurt Hager, with the General Secretary of the KWP and Prime Minister of the DPRK, Comrade Kim Il Sung, on 16 April 1968, 5:00 p.m. to 6:50 p.m.》, MfAA, C 159/75, Appendix Document, *CWIHP Working Paper,* No.44, pp. 63-63. 최명해, 『중국·북한 동맹관계: 불편한 동거의 역사』, p. 247에서 재인용.

는 조항이라고 볼 수 있다.[88)]

이상의 분석을 통해 볼 때, 중국과 북한간 체결한 조약은 동맹조약으로서의 몇 가지 기능을 갖는다고 볼 수 있다. 이러한 기능을 요약하면 다음과 같이 정리할 수 있다.[89)] 첫째, 양국의 안보이익 보장이다. 북한에게 있어서 중국과 북한의 동맹조약에서 가장 중요한 기능은 북한의 안전을 보장하고 있다는 점이다. 조약의 제2조는 군사지원의 자동성과 즉응성을 극대화하기 위한 표현으로 해석되며,[90)] 북한의 입장에서 중국은 미국, 한국 및 일본의 군사적 행동 가능성을 효과적으로 억제할 수 있는 가장 중요한 동맹국인 것이다.[91)] 중국 역시 "조선민주주의인민공화국에 대한 어떠한 침범이든지 모두 중화인민공화국에 대한 침범이자, 전반 사회주의 진영에 대한 침범으로써 중국정부와 중국인민은 단호히 우리의 의무를 이행할 것"이라고까지 공언하였다.[92)]

88) 이러한 분석은 당시 중국에서도 군사외교에 관한 개념정립이 되지 않은 가운데 체결된 조약을 저자가 현대적 의미로 재구성하는 가운데 도출된 것임을 밝힌다.

89) 李丹, "북·중 동맹 변화에 관한 연구," 『동북아논총』제31집(2004), p. 318.

90) 중국과 소련 모두 북한과 조약을 체결하면서 '대적(對敵) 균형'을 위한 대상을 명확히 제시하지 않음으로써 자동군사개입의 의미를 축소시키고자 했던 흔적이 보인다. 소련은 동구 공산국가와 체결한 동맹조약에 '히틀러주의 침략자'라고 가상 적을 명시하고 있다. 또한 중·소 동맹조약 1조에서도 "일본국 또는 직접 아니면 간접으로 일본과 침략행위에 있어서 연합하는 다른 국가"라고 적대 대상을 명문화하였다. 국가안전기획부, 『소련의 「불가침·상호원조·우호협력」 조약집』(1981); 최명해, "북·중 동맹조약 체결에 관한 소고," p. 332.

91) 북한은 1961년 9월 11일 조선로동당 제4차 대회의 중앙위원회 사업총화보고에서 중국과 소련과의 동맹조약은 "무엇보다도 먼저 제국주의의 침략으로부터 조선 인민의 안전을 지키기 위한 것"이라고 언급하였다. 『김일성 저작선집 3』, p. 194.

92) 『人民日報』(1961. 7. 15).

동 조약이 갖는 두 번째 기능은 국제정치 무대에서의 공조라 할 수 있다. 동 조약 제4조를 보면 양국이 중요한 국제문제에 대해 합의점을 찾아 정책적 공조를 한다는 내용이 포함되어 있다. 양국은 국제적 문제가 발생할 때마다 고위층 상호방문을 통해 의견을 교환한 것은 바로 이 조항에 대한 실천이라 볼 수 있는 것이다.

동 조약의 마지막 기능은 동북아 세력균형의 유지이다. 동맹조약 체결 이후 양국은 공동성명을 통해 "아시아 및 세계의 평화와 각국 인민의 안전을 수호하기 위해 노력할 것"을 천명하였다. 양국 간 동맹조약의 성립으로 한반도 문제에 대한 강대국의 영향력과 개입의 가능성은 보다 커졌다고 볼 수 있는 것이다.

상술(上述)한 세 가지 기능은 동맹의 외적 기능, 즉 '대적(對敵) 균형'에 초점을 맞춘 것으로써, 우리는 이러한 외적 기능 외에 '통제와 관리'를 위한 내적 기능도 검토해 볼 필요가 있다. 즉, 중국의 입장에서는 중·소 분열 속에서 북한을 자기편으로 끌어들이고(牽引), 나아가 북한을 '위험한 국가'로 인식하여 상호 간에 발생할지도 모를 위협을 봉쇄·관리하기 위해(牽制) 동맹을 체결했을 수도 있다는 것이다. 북·중 동맹의 이러한 이중적 기능으로 인해 이후 양국관계에 있어 동맹을 통한 '연루'(entrapment)와 '포기'(abondonment)의 현상이 불규칙적으로 반복되었음을 알 수 있다.[93]

---

93) 북·중 동맹의 '결박'(tethering) 기능과 '연루와 포기'에 대한 대표적인 연구로는 최명해, "중국·북한 동맹 연구: 양국 동맹의 기원과 역동적 발전과정," 고려대학교 대학원 정치외교학과 박사학위논문(2007)을 참고할 것. 최명해는 본 연구에서 북·중 동맹조약이 체결된 이후 문화대혁명 시기와 북한의 호전적 행동(판문점 도끼살해 사건, 랭군 폭탄테러 등)으로 야기된 양국간 포기와 연루 딜레마를 집중 분석하였다. 특히, 저자는 북·중 관계에 있어서 북한보다는 강대

북한과 중국은 〈표 3-4〉에서 보는 것처럼 1961년 동맹조약 체결 이후 포기와 연루에 대한 우려를 반복하였다. 통상 동맹 상대국에 대한 지지를 확보하기 위해 조약발동조건을 포함한 조약 준수의사를 강하게 제시할수록 자국이 원치않는 분쟁에 연루될 가능성은 높아진다. 반면 조약발동조건이나 조약 준수의사가 약하면 상대국이 동맹을 이탈하여 자국이 포기당할 수 있다는 우려가 수반된다.[94] 동맹에 있어 이러한 연루와 포기 딜레마 개념은 동맹 관련국들의 상호작용을 지탱하는 상호 지지에 대해 느끼는 기대감과 불안감을 포착하고자 개발된 것이다.[95] 그러나 이러한 동맹의 포기와 연루 딜레마는 통상 동맹 쌍방 중 강대국이 연루의 우려를 갖는데 반해 약소국은 포기의 우려를 느끼게 된다. 북·중 동맹의 경우는 이러한 동맹의 보편성 외에 북한만이 갖는 특수성도 존재했다. 냉전기 중·소의 이념분쟁 속에서 북한은 개입할 여지도 없었을 뿐만 아니라 일방에 대한 지지와 편승은 또 다른 일방으로부터의 보복을 감수해야 했다. 북한은 한·미·일 남방 3각으로부터의 직접적인 위협과 중·소 이념분쟁 속에서의 방황이라는 딜레마에 빠졌던 것

국인 중국이 '방기'의 위협을 느끼는 경우가 많았다고 지적하고 있으며, 이종석의 연구가 미·중 갈등에 초점을 두었다면 최명해는 미·중 협력에 초점을 두고 북·중 관계를 분석하였다고 평가할 수 있다.

94) Glenn H. Snyder, "The Security Dilemma in Alliance Politics," *World Politics 36-4* (July 1984), p. 467.

95) Glenn H. Snyder, *Alliance Politics* (Ithaca: Cornell University Press, 1997), pp. 180-199; Victor D. Cha, *Aligment Despite Antagonism: The United State-Korea-Japan Security Triangle* (Stanford, California: Stanford University Press, 1999), p. 37. 최명해, "1960년대 북한의 대중국 동맹딜레마와 '계산된 모험주의'," 『국제정치논총』제48집 3호(2008), p. 123에서 재인용.

〈표 3-4〉 냉전기 북·중 동맹의 딜레마: 연루와 포기(1961-1989)

시 기	안보우려와 전략		비 고
	중 국	북 한	
1961-1966	포기 우려	연루·포기 우려	밀월속의 불안정성
	역할 분담론	자주(책임 전가)	
1966-1969	포기·연루 우려	연루·포기 우려	적대적 갈등과 봉합
	비밀외교	계산된 모험주의	
1970-1973	포기 우려	포기 우려	협력적 공조와 동상이몽
	선제외교	순 응	
1974-1982	연루 우려	포기 우려	갈등적 관계 유지
	보상과 처벌	호전성 표출	
1983-1989	연루 우려	포기 우려	표면적 우호관계 유지
	계산된 모험주의	돌출행동	

출처: 최명해, 『중국·북한 동맹관계: 불편한 동거의 역사』(서울: 오름, 2009), p. 378.

이다. 즉 당제(黨際) 관계에서의 연루 우려와 국가관계에서의 포기 우려를 동시에 해결해야만 하는 동맹이행에 있어서의 특수상황에 직면해 있었다. 이러한 구조적 딜레마 속에서 북한은 자국의 이익, 즉 미국에 대항하여 한반도 혁명을 성공해야만 했던 것이다. 결국 북한은 연루와 포기의 우려를 동시에 느껴야만 했던 것이다.

냉전시기 북한이 중국으로부터 포기의 두려움을 강하게 느꼈던 대표적인 경우로는 1972년 닉슨의 방중 이후 전개된 미·중 관계 정상화를 들 수 있다. 닉슨의 방중은 북·중 동맹조약 체결배경이 되었던 소련의 영향력 확대 견제 차원에서 양국의 공통이익에 부합된다고 볼 수 있다. 그러나 동맹국인 중국이 '공동의 적'인 미국의 대통령을 초청한 것은 북한에게 동맹 포기의 우려감을 제공하였던 것이다. 그럼에도 불구하고 미・중 관계 정상화를 추진하는 중국을 '배신자'로 치부함과 동시에 동맹 포기 우려감을 느끼는 북한에 대해 중국은 경제・군사지원을 통해 동맹을 관리해 나갔다.

이 외에도 1970년대 후반부터 추진된 중국의 개혁개방 정책과 1980년대 후반부터 전개된 한국과의 관계개선 역시 북한에게는 포기의 우려를 자아낸 중요한 사례로 볼 수 있다. 테러국으로 낙인찍힌 북한은 중국의 개혁개방정책에 걸림돌로 작용할 가능성이 있었고, 나아가 동북아지역의 불안정요소로 인식되었을 것이다. 중국이 당시 86아시안 게임과 88올림픽 게임에 참가한 것은 바로 이러한 상황적 맥락에서 결정되었을 것이다. 북한이 자행한 1986년 김포공항 폭탄테러와 1987년 대한항공기 폭파 등 테러를 동원해서라도 방해하려 했던 바로 그 경기에 중국이 참여를 결정했던 것이다. 그러나 중국은 개혁개방 노선이나 한국과의 관계개선 과정에서 북한을 포기한다거나 북한의 이익을 부차적인 것으로 간주한다는 인상을 주지 않기 위해 양국간의 교류협력을 지속하면서 북한에 대한 우호적 선전과 지지를 보냈다.

북한은 연루와 포기의 우려를 갖고 있었던 반면, 중・소 분쟁 속에서 '줄타기'를 하면서 자국의 혁명전략 성공을 위해 대남 무력도발이라는 모험을 병행하였다. 중국에게 있어 북한은 예측불허의 동맹 상대국이었으며, 이러한 상황은 중국에게 역시 포기와 연루 딜레마를 안겨주었다. 중국은 이러한 딜레마 해결을 위해 북한에 대한 압력행사와 보상을 배합하였던 것이다. 중국이 북한에 대해 느꼈던 대표적인 동맹의 연루 두려움은 북한의 지속된 대남(對南) 무력도발이라고 할 수 있다. 특히 남북한 간의 양자적 사안이 아닌 미국을 포함한 국제사회와 연계된 도발의 경우 그 우려는 더욱 가중되었다. 1960년대 푸에블로호 납치사건, 1970년대 판문점 도끼만행사건, 1980년대 아웅산 테러 및 대한항공(KAL)기 폭파사건을 동맹국 입장으로 목도하면서 중국은 상당한 연루의 우려감을 나타냈다. 중국은 북한의 호전성과 모험적 도발에 대해 연루의 두려움을 느끼면서, 석유지원 증가 등의 경제수단을 통한 우회적인 방법을 대응책으로 채택했다.

이상에서 고찰한 바와 같이 냉전기 북·중 동맹은 군사외교 영역 최고수준으로서의 기능을 발휘했다. '혈맹'이라는 양국 관계의 특수성에 기인한 '포괄적 동맹'으로서 군사분야는 물론 정치·외교, 경제 및 과학기술, 그리고 양국 사회전반에까지 많은 영향을 끼쳤다. 그러나 냉전 후반기로 접어들면서 동맹조약 수정이 요구될 정도의 국내·외 환경변화와 북한의 돌출적 행동으로 인해 군사동맹으로서의 성격은 점차 약화되었다고 볼 수 있다. 이러한 변화는 양국간 체결된 동맹의 비대칭성과 이종이익 동맹에서 기인한 후기동맹 딜레마(secondary alliance dilemma)로 해석이 가능하며, 이러한 딜레마 원인 제공의 중심에는 바로 소련과 미국이 있었다.[96)]

---

96) 이러한 북·중 동맹의 '비대칭적 성격' 주장과는 달리 북·중 관계를 동맹체제의 외적(exogenous) 힘의 균형으로 보기도 한다. CHOO, Jaewoo, "The Role of Ideology in the Socialist Alliance," *New Asia,* Vol.10, No.4 (Winter 2003), pp. 29-54. 후기동맹 딜레마에 대해서는 김용호, "비대칭동맹에 있어 동맹신뢰성과 후기동맹딜레마: 북·중 동맹과 북한의 대미접근을 중심으로," 『統一問題研究』2001년 하반기호(통권 제36호)를 참고할 것.

한편, 중국은 1960년대 인도와의 국경분쟁을 겪으면서 아프가니스탄, 몽고, 북한 등과 역사적 과제로 내려오던 국경문제를 해결하려고 적극 나섰다.[97] 북한 역시 중·인 국경분쟁을 목도하면서 북·중간 국경문제가 향후 양국관계의 불씨로 작용할 수 있다는 판단을 하게 되었다.[98]

이러한 양국의 인식을 먼저 가시화시킨 것은 중국측이었다. 저우언라이 중국총리는 1962년 3월 30일 관련 책임자들과 '중·조'(中朝), '중·몽'(中蒙) 국경선 문제를 심도깊게 논의했으며,[99] 6월 3일에는 중공당 동북국 책임자와 북·중 국경선 문제를 논의했다.[100] 그리고 6월 28일에는 중국을 방문한 북한 최고인민회의 대표단(단장: 박금철) 및 주중 북한대사 한익수 등과 이 문제를 논의했다. 아마 이 회담에서 국경선 문제와 관련한 양측의 입장이 공식적으로 전달되었을 것으로 짐작된다. 이러한 입장 조율 결과 양국 정부는 국경조약을 맺기로 합의하고, 중국 외교부 부부장 지펑페이

---

97) 李連慶主編, 『中國外交演義: 新中國時期』, p. 183; 王泰平主編, 『中華人民共和國外交史(第二卷)』(北京: 世界知識出版社, 1998), pp. 94-105; 吳冷西, 『十年論戰 1956-1966 中蘇關係回憶錄(上)』, pp. 248-249.

98) 북한으로서는 1960년대 초반이 중·소 분쟁으로 인해서 북한의 전략적 가치가 중요시되고, 북·중 관계도 긴밀한 상태였기 때문에 국경선 협상을 유리하게 끌고 갈 수 있다고 판단했을 것이다. 또한 압록강과 두만강이라는 지리적 요건과 기존 양국간 합의된 국경관련 협정 – 1956년 압록강과 두만강에서 《목재운송에 관한 의정서》 체결, 1958년 《두만강 치수공사 설계서에 관한 합의서》 교환, 1960년 《수상운수 협조에 관한 협정》 등 – 을 토대로 북·중 국경선을 획정하는 것은 상대적으로 어렵지 않을 것이라는 고려도 했을 것이다. 이종석, 『북한-중국관계 1945-2000』, p. 231; 『조선중앙연감 1961』(평양: 조선중앙통신사, 1961), p. 136.

99) 中共中央文獻研究室編, 『周恩來年譜(中)』, p. 468.

100) 中共中央文獻研究室編, 『周恩來年譜(中)』, p. 481.

(姬鵬飛)와 북한 외무성 부상 유장식(柳章植)이 10월 3일 평양에서 양국 간의 국경문제에 관한 회담기요에 서명하였다.[101] 이어 저우언라이는 천이(陳毅) 외교부장과 함께 1962년 10월 11일부터 13일까지 조약체결을 위해 비밀리에 평양을 방문했다.[102] 그 결과 10월 12일 북한과 중국은 그동안 경계가 분명하지 않았던 백두산 구간의 경계를 정식으로 확정짓기 위해 백두산 천지의 경계선 획분(劃分)의 근거를 규정하고, 압록강 및 두만강 상의 섬과 사주(沙柱)들의 분할 근거를 제시한 북·중간의 '국경조약'을 체결했다.[103]

양국간 체결된 '국경조약'에 따르면 천지(天池) 서북부는 중국에 귀속되며, 동남부는 북한에 귀속되도록 규정되었다.[104] 그리고 1964년 3월 20일에 베이징에서 중국의 천이 외교부장과 북한의 박성철 외상 간에 《중·조 변계의정서》(中朝邊界議定書, 여기서 '邊

101) 『中華人民共和國政府代表團和朝鮮民主主義人民共和國政府代表團關于中朝邊界的會談紀要』, pp. 11-15.

102) 中共中央文獻研究室編, 『周恩來年譜(中)』, p. 502.

103) 劉樹發主編, 『陳毅年譜(下)』(北京: 人民出版社, 1995), p. 938; 이종석, 『북한-중국관계 1945-2000』, p. 232에서 재인용.

104) 양국이 천지를 5:5가 아니라 북한 54.5%, 중국 45.5%로 분할한 사실 때문에 북·중 갈등이 심화되었던 중국의 문화혁명 기간 중에 연변조선족 자치주 주장인 주덕해가 홍위병들에게 심한 박해를 받았다. 즉, 이 문제는 중국 중앙정부가 주관한 것으로 주덕해와는 상관없는 일이었지만, 홍위병들은 그를 압록강 중국측에서 백두산 정상으로 올라가는 도로마저도 북한측에 팔아넘긴 매국노로 몰아세웠다. 《주덕해 동지에 들씌운 루명을 벗겨 주며 그의 명예를 회복시켜 줄 데 관한 중국공산당 연변조선족 자치주 위원회의 결정》(1978. 6. 10) 중국공산당 길림성 위원회 길함 32호(1978. 6. 16), pp. 6-7; 《연변 당내의 자본주의 길로 나가는 가장 큰 집권파 주덕해의 매국 죄상》(중국연길: 홍위병 연길시 홍색반란대군 외, 1967. 7. 24), p. 1. 이종석, 『북한-중국관계 1945-2000』, p. 232에서 재인용.

界'는 국경을 말함)를 체결함으로써 국경선 획정문제를 종결지었다.[105)]

여기서 북한과 중국이 국경조약 체결을 왜 비밀리에 진행한 것인가 하는 의문이 생긴다. 이에 대한 명확한 근거나 자료를 찾을 수는 없다.[106)] 그러나 당시 상황을 고려해 볼 때 김일성으로서는 '혁명 성지(聖地)'로 강조해 온 백두산과 천지를 중국과 나눠 가졌다고 인민에게 공표하기는 어려웠을 것이며, 중국측도 북한에게 유리하게 획분된 국경조약 내용을 공개하는 것이 내키지 않았을 것이다.

지금까지 1960년대 북・중 군사관계를 《조・중 우호협력상호원조조약》과 《조・중 변계조약》을 중심으로 고찰하였다. 그렇다면 현대적 의미에 있어서의 중국 군사외교 틀에서 이러한 조치를 어떻게 보아야 할 것인가?

먼저 군사외교 영역에 있어서 북・중 동맹조약의 위상을 보면,

---

105) 중국과 북한 간의 국경문제에 관한 문헌으로는 中國 吉林省 革命委員會 外事辦公室에서 1974년 6월에 인쇄한 『中朝, 中蘇, 中蒙有關條約, 協定, 議定書編』이 있다. 同 문헌은 공개적으로 출판된 것이 아니라 내부 기밀문건으로 관리되었다. 표지에는 "비밀문건, 취급주의"라고 표시되어 있으며, 북・중 관련 국경조약과 국경 의정서 등의 내용이 전체 416페이지 중에서 366 페이지를 차지하고 있다.

106) 북한 『조선중앙연감』에서도 이 조약에 관한 내용은 언급하고 있지 않다. 중국의 경우 『周恩來年譜』에는 1962년 10월 11일부터 13일까지 평양을 방문하면서 김일성과 '중・인'(中印), '중・몽'(中蒙) 국경문제를 논의했다고 기술하면서도 정작 북한과 '국경조약'을 체결했다는 사실은 언급하고 있지 않다. 이러한 의도적인 누락은 당시의 국경조약과 국경선 획정과정에서 중국이 지나치게 양보했다는 비판이 내부적으로 있었거나, 혹은 사후적으로라도 그런 비판의 가능성을 염두에 둔 정치적 고려로 추측된다. 이종석, 『북한-중국관계 1945-2000』, pp. 235-236.

북·중 군사동맹은 군사외교 분야의 최고 수준에 해당하는 군사동맹의 제도화에 해당된다. 물론 현대적 의미에 있어서의 군사외교와 차이가 있을 수 있지만, 한국전쟁이 끝나고 이러한 제도적 기반을 마련했다는 것은 북·중 군사외교의 수준과 강도를 가늠할 수 있는 척도로 보아야 할 것이다. 그러나 당시 중·소 분열과 냉전하의 남방 3각 동맹 위협에 대응했다는 '정치적' 조치라는 점도 배제할 수는 없다. 나아가 앞서 설명한 바와 같이 북·중 동맹의 이중적 성격—'대적(對敵) 균형' 목적의 외적기능과 '결박'용 내적기능—에서 기인하는 북·중 동맹의 결속력과 군사적 호혜성 면에서 군사동맹의 '순수성'을 장담할 수는 없다.

둘째, 1990년대 이후 중국 군사외교의 이론적 틀과 그들의 주장에 따르면, 북·중 군사동맹은 군사외교 개념에 대치된다는 점이다. 분쟁을 예방하고, 투명성을 제고하며, 신뢰구축을 위해 추진하는 현대적 의미의 군사외교와 당시 북·중 군사동맹과는 그 성격과 취지면에서 상호 모순적인 속성을 갖고 있다. 그러나 이러한 모순은 냉전과 탈냉전이라는 시대적 상황과 더불어 국가별 국가이익의 변화에 기인한다고 볼 수 있기 때문에 여기에서 논외로 한다. 왜냐하면 북·중 군사동맹 체결 이후 양국 간 군사외교활동이 활발해진 점은 이러한 시대적 구분과 무관한 군사외교로 보아야 하기 때문이다. 특히 양국 간 군사동맹 체결 이후 군사분야 뿐만 아니라 정치, 경제, 사회문화 등 제 분야에 있어서 '동맹' 수준의 교류협력활동이 전개된 점은 최근 중국 군사외교 영역의 광역성과 연계되는 부분이기도 하다.

다음으로 《조·중 변계조약》은 엄밀히 말해 군사외교의 세부 영역이라 보기는 어렵다. 그러나 당시 중·인 국경분쟁의 경험을 통해 추진된 북·중 간의 국경조약 체결을 평화로운 주변환경 조성 차원으로 볼 경우 군사외교의 범주로 해석이 가능한 것이다. 탈냉전 이후 중국이 러시아를 포함한 북방 국가들과의 국경문제 해결방식을 연계해 볼 때 북·중 간의 국경조약 체결 역시 군사외교의 성과로 볼 수 있다는 것이다.

1960년대 초반 중국의 對북한 군사관계를 평가해 볼 때, 이전 1950년대 전시 군사외교에서 탈피하여 평시 군사외교의 최고 수준이라 할 수 있는 군사동맹을 체결한 중요한 시기였다고 볼 수 있다. 이와 병행하여 이 시기 중국은 북한에서 지원군 철수 이후 병력지원이 아닌 무기제공으로 지원방식을 전환하였다. 소련으로부터 지원받은 MIG-15, MIG-17, 그리고 Shenyang F-4(MIG-15 개량형)와 Yak-18을 대량으로 지원하였다.[107] 결국 이 시기 양국 관계의 부침(浮沈)이 있긴 했지만 이전의 '혈맹' 관계를 제도화시킴은 물론 양국 군사관계를 한 단계 격상시킬 수 있는 '전제논리'로 자리매김한 시기로 평가할 수 있다.

3. 문화대혁명과 중·소 분열

1960년대 초반 중·소 분쟁에 대한 북한의 태도는 중국에 편향되어 있었다. 이에 소련과 동구(東歐) 사회주의 국가들은 북한에 대해 상당한 압력을 가했다. 북한에 대한 경제·군사지원을 중지했을

107) *SIPRI Yearbook* (Stockholm: SIPRI, 1971), p. 412.

뿐만 아니라 정치적으로도 북한을 고립시켰던 것이다.[108] 당시 중국이 북한에 대한 정치·경제적 지원을 하긴 했지만 소련 및 동구 사회주의 국가들이 담당했던 수준에는 턱없이 부족하였다. 게다가 1960년대 중반 소련에서 흐루시초프의 실각[109]과 함께 신지도부가 등장하면서 북·중 관계의 틈새가 벌어지기 시작했다. 즉 새로운 지도자 브레즈네프는 북한과의 관계개선을 통해 중국에 공동 대응하려는 시도를 하기 시작한 것이다. 이에 중국은 김일성의 對소련 인식과 관련하여 토론을 벌인 결과, 북·중 양국 지도자의 시각에 차이가 있음을 알게 되었다. 즉, 마오쩌둥은 브레즈네프에 대해 '흐루시초프 없는 흐루시초프주의'(Khrushchevism without Khrushchev)로 규정하고 소련을 비판한데 반해,[110] 김일성은 소련의 신지도부에 대한 긍정적 평가를 내렸던 것이다.

한편, 1965년부터 북·중 국경지역에서는 수차례에 걸친 충돌이 발생하였다. 게다가 1966년부터 시작된 중국의 문화대혁명은 양국 관계를 보다 악화시키는 악재로 작용하였다. 중국 홍위병(紅衛兵)들은 김일성에 대한 직접적인 비난을 가했으며,[111] 급기야 중국은 1968년 북·중 국경지역의 중국측 통로를 폐쇄하는 조치까지 단행하였다.[112]

---

108) 이상우 외, 『북한 40년』(서울: 을유문화사), p. 396.

109) Sergei Khrushchev, *Khrushchev on Khrushchev* (Boston: Little, Brown and Company Ltd., 1990), 임인재·원종화 옮김, 『크레믈린의 음모: 흐루시초프의 영욕』(서울: 시공사, 1991).

110) 吳冷西, 『十年論戰 1956-1966 中蘇關係回憶錄(下)』(北京: 中央文獻出版社, 1999), pp. 878-880.

111) 문화대혁명 기간 중 홍위병의 김일성 비판에 대한 자세한 내용은 이종석, 『북한-중국관계 1945-2000』, pp. 242-245를 참고할 것.

1965년부터 1969년까지 무려 4년 이상 문화 및 경제협력협정은 물론 고위급 지도자들의 상호방문도 전혀 이뤄지지 않았다.[113] 중국주재 북한 대사 현준극(玄俊極)은 1967년에 본국으로 소환되었다가 2년 반 이후에야 다시 베이징에 돌아갔다. 1967년부터 1969년까지 중국 관방의 공개보도 중에서 북·중 관계에 관한 보도는 불과 20건밖에 되지 않았다.[114] 이후 갈등관계가 지속되다가 문화대혁명이 최고조에 달했던 1967년 10월에 들어서 갈등해소를 위한 중국측의 노력이 시도되었다. 즉 저우언라이 총리는 10월 24일 중국 방문 후 북한을 방문하는 모리타니 공화국의 다다(Moktar Ould Daddah) 대통령을 환송하는 자리에서 양국 관계의 화해를 원하는 3가지 사항을 김일성에게 전해달라는 구두 부탁을 한 것이다. 이러한 저우언라이의 시도에 대해 김일성 역시 10월 27일 북한 방문을 마치고 중국을 경유 본국으로 귀국하는 다다흐 대통령에게 구두 화답내용을 전달하였다.[115]

---

112) 劉金質等編, 『中國與朝鮮半島國家關係文件資料匯編(1991-2006)』, p. 9.

113) 기간 중 양국 정상 간의 상호방문을 보면, 1964년 11월 김일성이 월남 방문 전·후 비공식적으로 마오쩌둥과 저우언라이와 회담을 가졌으며, 이 회담을 끝으로 무려 5년 만인 1969년 10월 북한 최고인민회의 상임위원장 최용건이 이끄는 정부대표단이 중화인민공화국 건국 20주년 기념행사에 참석하여 저우언라이와 회담하면서 재개되었다.

114) 연도별로는 1967년 8건, 1968년 5건, 1969년 7건이었다. 또한 보도내용을 보더라도 북·중 동맹조약 체결일, 정부수립일, 공산당 창건일 등 양국 관련 주요행사시 형식적인 인사치레에 해당하는 내용만 담고 있다. 劉金質等編, 『中國與朝鮮半島國家關係文件資料匯編(1991-2006)』, p. 9.

115) 中共中央文獻硏究室編, 『周恩來年譜(下)』(北京: 中央文獻出版社, 1997), pp. 195-196. 同연보 내용에 따르면, 저우언라이는 김일성에게 ① 북·중 갈등과정에서 나타난 북한거주 화교들의 反北 행동에 유감 표명, ② 북한주재 중국대사관의 활동에 약간의 편향이 있었음을 인정, ③ 북한의 反帝투쟁지지 등을

이 시기 북·중 관계의 개선에 돌파구를 마련한 것은 푸에블루호 사건이었다. 북한은 1968년 1월 23일 원산 부근 해역에서 미국의 정보함 푸에블루호를 나포하여, 82명의 미국 승무원을 구류한 것이다. 당시 미국과 북한이 첨예하게 대립하면서 상대방에 대한 위협을 가중시키는 가운데 중국은 전적으로 북한 편에 섰다. 1월 28일 중국은 "미 제국주의는 한국전쟁의 교훈을 망각하고 조선 인민을 위협하였다. 만일 새로운 군사모험을 감행한다면 엄정한 징벌을 받게 될 것이다"는 성명을 발표하면서, 북한에 대한 '절대적인 지지'(堅決支持) 입장을 표명하였다.[116] 중국의 이러한 태도는 향후 양국 관계 회복과 개선에 유리하게 작용하였다.

1969년 말과 1970년 초 북·중 양국은 정상적인 관계로 발전할 수 있는 궤도에 올라서게 되었다. 이러한 변화가 가능했던 원인은 무엇보다 북한을 둘러싼 미국, 소련, 중국 3자 관계의 변화에 기인한다고 볼 수 있다. 미·소 관계가 완화되기 시작했으며, 미·중 관계도 점차 관계 정상화를 위한 조짐이 보이고 있었다. 그러나 점점 악화된 중·소관계는 북·중, 북·소 관계에 직접적인 영향을 주었다. 소련은 미·중 관계 변화에 대한 북한의 미대응에 대해 상당한

언급했다. 반면 김일성은 ① 북한의 對중국 정책은 변함이 없으며, 앞으로도 변하지 않을 것임. ② (김일성은) 마오쩌둥·저우언라이와 깊은 우의를 나눈 바 있으며, 공동투쟁 속에서 쌓아 온 이 우의를 매우 귀중하게 여김, ③ 쌍방간에는 약간의 의견 차이가 존재하나 이는 엄중한 것이 아니며, 서로 얼굴을 맞대고 토론하면 해결방법을 찾을 수 있을 것임. ④ (김일성은) 만약 북한이 침략을 당하면, 중국이 과거 여러 차례 그랬던 것처럼 북한을 도울 것이라고 믿는다는 언급으로 화답하였다.

116) 『人民日報』(1966. 1. 29); 王泰平主編, 『中華人民共和國外交史(第三卷)』(北京: 世界知識出版社, 1999), pp. 35-36.

불만을 토로하였다. 반면, 북·중 양국은 이전 문화대혁명 시기 각자의 언행에 대해 상호 '반성'과 '사과'의 뜻을 교환하면서 관계 정상화를 위한 노력을 개진하였다.[117] 1969년 10월 최용건은 조선로동당 및 정부 고위급 대표단을 이끌고 중화인민공화국 건국 제20주년 경축행사에 참가하였다.[118] 행사석상에서 마오쩌둥은 최용건에게 "우리들의 관계가 예전같지 않은데 좋은 관계를 가져야만 한다. 우리의 목표는 같다"고 언급하였으며,[119] 10월 2일 신화통신사(新華通信社)에서는 저우언라이와의 회담이 "친밀하고(親切) 우호적인(友好) 분위기 속에서" 진행되었다고 보도하였다.[120] 또한 문화대혁명 시기 소환했던 양국 대사 모두 원위치로 복귀시켰다.[121]

이후 양국 관계 정상화는 김일성 초청에 따라 1970년 4월 5일부터 7일까지 저우언라이가 북한을 방문하면서 본격적으로 가시화되었다.[122] 저우언라이의 방북은 1963년 류사오치(劉少奇)의 방북 이

117) 劉金質等編, 『中國與朝鮮半島國家關係文件資料匯編(1991-2006)』, p. 9.

118) 최용건은 이미 9월에 베트남 호치민(胡志明) 장례식 참가를 마치고 귀국하는 길에 베이징에서 저우언라이와 만나 북·중 관계 개선에 대한 의견을 나누었다. 또한 10월 1일 국경절 행사와 관련, 중국은 그간 소원했던 북·중 관계를 고려하여 경축행사 전에 북한 대표단 참가를 요청했다. 즉 중국은 9월 30일 오후 3시 20분에 사전참가 요청 전문을 보냈고, 북한 역시 오후 6시 25분에 답신을 하였으며, 대표단은 당일 저녁 11시 30분에 베이징에 도착했다. 영접은 저우언라이가 공항에서 직접 하였다. 王泰平主編, 『中華人民共和國外交史(第三卷)』, pp. 36-37.

119) 王泰平主編, 『中華人民共和國外交史(第三卷)』, p. 37.,

120) 『中國對朝鮮和韓國政策文件資料匯編 1949-1994年』, p. 1770.

121) 중국주재 북한대사 현준극은 1970년 2월 7일, 북한주재 중국대사 리윈추안(李雲川)은 3월 23일 각각 베이징과 평양 대사관에 입성하였다.

122) 中共中央文獻硏究室編, 『周恩來年譜(中)』, pp. 357-360. 중국에서 총리 자격으로 북한을 방문한 것은 1958년 2월 14일 저우언라이가 중국인민지원군 철수

래 중국 최고위급 방문이었다. 당시 양국은 "중·조 양국 인민은 선혈로 맺어진(凝成) 전투우의와 우호단결을 보다 공고화 하는 것이 양국 공동 사업이익에 완전히 부합된다"는 공동성명을 발표하였다. 또한 "양국 인민은 제국주의 침략과 전쟁활동에 반대하는 공동투쟁을 지속적으로 강화하고, 각 방면에 있어서의 상호원조와 협력관계를 진일보 발전시키기를 강력히 희망한다"고 강조하였다.[123]

북·중 양국은 그동안 소원했던 교류관계를 뒤로 하고 다양한 채널 — 정부대표단, 경제대표단, 군사대표단, 친선대표단, 과학기술협조 대표단 등 당제(黨際) 및 국가간 교류협력 — 을 통해 '전통적' 우의를 복원해 나갔다.[124] 그리고 이러한 과정에서 김일성은 1970년 10월 8일부터 10일까지 베이징을 비공식 방문하여 마오쩌둥과 저우언라이와 회담하였다. 이 자리에서 마오쩌둥은 문화대혁명 기간 중 중국 홍위병들의 언행에 대한 '사과'와 더불어, 양당·양국 문제를 비롯한 국제공산주의 운동과 관련한 의견을 조율하였다.[125] 김일성의 비밀 방중 이후 10월 25일 양국은 상호방문을 통해 중국인민지원군 한국전 참전 제20주년을 기념하였다. 이로써 양국관계는 적어도 외형상 완전히 이전의 정상관계로 복구된 것처럼 보였

문제로 북한을 방문한 이후 12년 만에 성사된 것이었다.

123) 『中國對朝鮮和韓國政策文件資料匯編 1949-1994年』, p. 2303. 그러나 북·중 관계의 복원은 북·소 관계처럼 단순한 과거로의 회귀가 아니라 북한의 대외적 자주성과 주체확립이 인정된 가운데 추진되었다는 점에서 차이점을 갖는다.

124) 기간 중 주요 방문으로는 중국인민해방군 총참모장 황융성(黃永勝)이 '항미원조전쟁' 20주년 기념행사차 방북(6. 24-28), 북한 외무상 박성철 방중(6.24), 오진우를 단장으로 한 북한군사대표단이 중국인민해방군 창군 43주년 기념행사 참석차 방중(7.25) 등이 있었다.

125) 中共中央文獻硏究室編, 『周恩來年譜(上)』, p. 400.

다.[126)]

중국은 북·중 관계의 회복을 계기로 1960년대 후반에 단절되었던 對북한 원조를 재개하였다. 이와 관련하여 북한 정부대표단 단장 정준택(鄭準澤) 부수상과 리셴녠(李先念) 중국 부총리는 1970년 10월 17일 베이징에서 《중국이 북한에 경제 및 기술적 원조를 제공할 데 관한 협정》과 《장기 통상 협정》을 체결했다.[127)] 김일성의 비밀방중 1주일 만에 체결된 이 협정들은 문화대혁명 이래 양국 간 체결된 최초의 협정이었다. 급기야 1971년 9월 6일에는 중국이 북한에 무상 군사원조를 제공하는 협정까지 체결되었던 것이다.[128)]

이 시기 중국의 군사외교를 평가한다면 국내정치와 외부환경의 질곡(桎梏) 속에서 국가차원의 대외교류활동이 거의 마비된 시기였다해도 과언이 아닐 것이다. 문화대혁명 속에서 해외주재 대사들을 소환하여 재교육을 시켰으며, 세계 각국은 홍위병이 국가 외교정책을 좌우하거나 홍위병식 외교정책이 추진될까봐 우려의 시선을 보낸 시기였던 것이다.[129)] 북한 역시 문화대혁명의 충격 속에서 소련의 새로운 지도자 브레즈네프에게 접근해 군사원조를 받게 되었다. 1965년 5월 소련과 군사원조협정을 체결하고 1967년 말까지 소련제 최신형 군사 중장비를 대량 제공받아 북한 군대의 재무장을 꾀

---

126) 이러한 현상은 1970년 북·중 관계 관련 공개보도가 45건으로 대폭 증가하였다는 점에서 증명이 되고 있다. 劉金質等編, 『中國與朝鮮半島國家關係文件資料匯編(1991-2006)』, p. 10.

127) 『로동신문』(1970. 10. 19).

128) 『조선중앙연감 1972』(평양: 조선중앙통신사, 1972), p. 408.

129) Ishwer C. Ojha, *Chinese Foreign Policy in An Age of Transition* (Boston: Beacon Press, 1972), p. 219. 朴熊緖 외, 『北韓軍事政策論』(서울: 慶南大學校極東問題硏究所, 1983), p. 172에서 재인용.

하였다. 북한이 소련 편향정책을 취하게 된 배경중의 하나는 이전 소련과 동구권 공산국가들로부터의 군사원조 중단에 따른 손실을 중국으로부터 보상받지 못했기 때문이었다.

중국은 문화대혁명을 겪으면서 이념에 기초한 국내 정치이익이 당시의 핵심적 이익이었다. 반면, 북한은 어느 정도 전후 복구가 진행된 가운데 경제와 군사부문의 이익에 최대의 관심을 보였다. 이러한 양국 간 국가이익의 불일치[130]는 결국 군사관계에 있어서의 소원함으로 귀착되었던 것이다. 군사외교 차원에서 보더라도 이미 군사동맹이라는 최고 수준의 관계를 구축했음에도 불구하고 이 시기 양국 군사관계를 보면 군사협조는 차치하고 군사교류 수준의 협력도 진행되지 않았다. 이러한 국면 전개는 근본적으로 양국 간의 관계보다는 중·소 분쟁이라는 거시환경에 기인하며, 특히 군사외교 차원에서 볼 때 중국은 소련 견제용으로 북한이 필요했던 것이다. 다시 말해 이 시기 중국의 對북한 군사외교는 군사적 측면보다는 정치적 관계에 중점을 둔 '견인(牽引)에 실패한 견제(牽制)형' 군사외교로 볼 수밖에 없는 것이다.

4. 미·중 관계 정상화와 냉전의 와해

1960년대 후반 소원했던 북·중 관계는 1970년대에 들어오면서

130) 同 시기 중국이 '체제안정'을 중시한 반면, 북한은 '대외안보'에 우선순위를 부여함에 따라 양국간 국가이익이 불일치하게 되었다는 해석도 있다. 박창희, "지정학적 이익 변화와 북중동맹관계: 기원, 발전, 그리고 전망," 『中蘇研究』통권 113호(2007 봄), pp. 27-55.

부터 변화하기 시작했다. 이러한 변화의 주요 요인은 미·중 데탕트와 더불어 중국의 UN 가입을 들 수 있다. 이러한 정세 변화는 북한과 중국 각각의 정체성 변화는 물론 상대국에 대한 인식의 변화를 수반하였다. 특히, 북한의 경우 1960년대 군사 모험주의로 인한 경제적 피폐를 극복하기 위해 적극적인 대외협상을 추진하게 되었다. 이러한 협상의 중심에는 중국과 소련이 있었으며, 중국과는 문화대혁명 이후 소원해진 관계를 청산하고 양국 간 공조의 틀을 구축할 필요성이 제기되었다. 그러나 공조외교 추진과정에서 양국은 연루와 방기의 우려를 떨쳐 버릴 수 없었으며, 특히 북한은 군사적 모험까지 감행하면서 중국으로부터의 고립에서 벗어나고자 노력하였다. 여기에서는 한·중 수교 이전까지 북·중 양국의 정치·외교관계에 기초한 군사외교적 함의를 살펴보고자 한다.

가. 미·중 데탕트와 북·중 관계

1970년 4월 저우언라이는 북한을 공식 방문한 이후, 1971년 7월과 1972년 3월 두 차례에 걸친 비공식 방문을 하였다. 저우언라이가 이전과 달리 북한을 연이어 방문하게 된 주된 이유는 미·중 관계 개선에 관한 이해와 설득을 하기 위함이었다.131) 저우언라이는 1차로 1971년 7월 15일 평양을 방문하여 김일성에게 키신저와 닉슨 대통령의 방중 건에 대한 상황을 전하면서, 이에 대한 북한의 이해를 부탁했다.132) 저우언라이의 이러한 사전조치는 북한의 반중

131) 김일성 역시 1964년 11월 중국 방문 이후 1970년부터 1973년 사이 비공식적으로 매년 베이징을 방문하여 마오쩌둥, 저우언라이와 회동하여 전략대화를 가졌다.

132) 王泰平主編 『中華人民共和國外交史(第三卷)』, p. 38. 사실 이 시점에서 중국은

(反中) 노선 채택을 우려했기 때문이었다. 보다 엄밀히 얘기한다면 중국은 미국과의 관계 정상화 과정에 있어서 '북한' 그 자체가 중요하기보다는 소련・북한・베트남의 반중(反中)연합이 더 우려되었던 것이다. 또한 1961년 체결된 북・중 동맹조약의 제3조에 규정된 '사전 통보 및 협의' 조항에 대한 의무이행을 통해 향후 북한에게 빌미를 주지 않겠다는 전략적 의도도 내포되었다고 볼 수 있다.

미・중 관계 정상화에 대한 북한의 친중(親中) 노선 견인을 위한 중국의 실천은 이러한 선제외교와 더불어 군사지원 재개를 통해 추진되었다. 중국은 북・중 조약 체결 10주년을 맞아 1971년 7월 9일부터 16일까지를 '중・조 우호주간'으로 정하고, 이 기간에 리셴녠 부총리와 리더성(李德生) 중국인민해방군 총정치부 주임으로 구성된 대표단을 북한에 파견했다. 북한 역시 김중린 당비서를 단장으로 한 북한대표단을 베이징에 파견하여 조약체결 10주년을 기념했다.[133] 이러한 양국 간의 기념행사 기간 중에 미국 백악관 국가안보보좌관 키신저는 7월 9일부터 11일까지 비밀리에 중국을 방문하고 있었던 것이다. 결국 중국은 닉슨 대통령 방중에 관한 협의를 거쳐 '중・조 우호주간'의 마지막 날인 7월 16일 공식적으로 성명을 발표했다.

저우언라이는 성명 발표 하루 전에 북한을 방문하여 김일성에게 키신저 방중 전 접촉경과, 키신저와의 회담 내용, 그리고 중국의 닉

닉슨 대통령의 방중에 관해 이미 미국과 합의된 상태였다.

133) 劉金質・楊淮生主編, 『中國對朝鮮和韓國政策文件匯編 4』(北京: 中國社會科學出版社, 1994), pp. 1905-1918. 당시 키신저가 베이징에 체류(7. 9-11)하고 있었으나 베이징을 방문한 김중린 당비서는 이 사실을 모르고 있었다. 최명해, 『중국・북한 동맹관계: 불편한 동거의 역사』, p. 284.

슨 방중 문제 등을 상세히 설명했던 것이다.[134] 그러나 그동안 북한 주민들에게 미국을 '원쑤'로 부각시켜 체제의 정당성을 유지해 온 북한의 입장에서 '원쑤'를 '형제의 친구'로 설명하기란 매우 곤혹스러웠을 것이다. 한편으로는 중국이 행여 '반제노선'(反帝路線)을 포기하지 않을까 하는 우려도 있었을 것이다. 김일성은 이러한 고민에 대한 답을 '미국 백기론'에서 찾았다. 그는 "닉슨은 지난날 조선전쟁에서 패배한 미제 침략자들이 판문점에 흰 기를 들고 나오듯이 베이징으로 흰 기를 들고 찾아오게 된 것"이라며, "닉슨의 중국 방문은 승리자의 행각이 아니라 패배자의 행각이며, (중략) 중국 인민의 큰 승리이며 세계혁명적 인민들의 승리"[135]로 규정했던 것이다.

불과 보름만인 7월 30일 북한 제1부수상 김일(金一)은 전세기로 베이징에 도착하여 닉슨 방중에 따른 북한의 입장을 저우언라이에게 설명하였다. 즉 "조선로동당 정치위원회는 신중한 토론을 거쳐 모든 위원들이 중국정부의 닉슨 방중 요청 및 저우언라이 총리와 키신저 간의 회담에 대해 충분히 이해했다. (우리는 이러한 중국의 조치가) 세계혁명을 추진하는데 매우 유리하며, 중국 공산당의 반

---

134) 이 자리에서 저우언라이가 "중국측 일체의 주장은 원래와 다르지 않다. 원칙을 갖고 거래(交易)하지 않는다. 중국은 미국 인민에게 희망을 건다"라고 언급하자, 김일성은 "중국은 미국인민과 격리된 것이 아니다. 그들 투쟁을 지지·고무하는 것은 모두 좋은 일이다. 닉슨의 방중은 조선인민에게 있어 새로운 문제이다. 조선로동당은 (이러한 사항을) 인민들에게 교육하겠다"고 말하였다. 王泰平主編, 『中華人民共和國外交史(第三卷)』, p. 40.

135) 김일성, "미제를 반대하는 아세아 혁명적 인민들의 공동투쟁은 반드시 승리할 것이다"(1971. 8. 6), 『김일성저작집 26』(평양: 조선로동당출판사, 1984), p. 224.

제(反帝) 입장에 절대 변화가 없을 것이라고 생각하기 때문에 조선로동당은 절대 의심하지 않는다"는 입장을 전달한 것이다.

이러한 입장 전달과 병행하여 그는 미·중 회담시 미국측에 8개항에 달하는 북한의 주장을 전달해 줄 것을 요청하였다. 그 내용을 보면, "첫째, 미국과 연합군 깃발을 나부끼는 모든 외국군대는 남조선에서 철수할 것, 둘째, 미국은 남조선에 대한 핵무기, 미사일 및 각종 무기 제공을 즉각 중지할 것, 셋째, 미국은 조선민주주의인민공화국에 대한 침범과 각종 정탐·정찰을 중지할 것, 넷째, 한·미·일 연합 군사훈련을 중지하고 한·미 연합군을 해체할 것, 다섯째, 미국은 일본 군국주의 부활 방지를 보장하고 남조선에서 일본군으로 하여금 미군과 기타 외국군대를 대체하지 않도록 할 것, 여섯째, 유엔한국통일부흥위원단(UNCURK, 中: 聯合國韓國統一復興委員會)을 해산시킬 것, 일곱째, 미국은 북남 직접대화를 방해하지 말고 조선문제는 조선인민이 해결할 수 있도록 할 것, 여덟째, 유엔은 조선문제 토의시 북한대표의 무조건적 참가를 허용하고 조건부 초청을 취소할 것"이라는 내용을 담고 있다. 1971년 10월 키신저가 다시 중국을 방문했을 때 저우언라이는 이러한 북한측 요구를 전달했으나, 키신저는 별다른 반응을 보이지 않았다.[136]

북한은 1971년 8월 17일부터 9월 7일까지 오진우 총참모장을 단장으로 하는 군사대표단을 중국에 파견했다. 미·중 화해 분위기 속에서 북·중 군사협력이 강화되는 기이한 상황이 전개된 것이다. 조선인민군 대표단은 3주간 장기 체류하면서 중국으로부터 무상

136) 中共中央文獻硏究室編, 『周恩來年譜(下)』, p. 47; 王泰平主編, 『中華人民共和國外交史(第三卷)』, p. 40.

군사지원을 약속받았다. 9월 6일 오진우와 중국인민해방군 총참모장 황융성(黃永勝) 간에 《무상 군사원조 제공 협정》이 조인되었던 것이다.[137] 이로써 중국은 한국전쟁 이후 북한에 대한 공식적인 군사지원국이 된 것이다.[138]

당시 체결된 협정의 틀 안에서 진행된 중국의 對북한 무상 군사원조 비밀사례 한가지를 간단히 소개하고자 한다.[139]

1971년 북한은 군비강화를 위해 동해안에 33형 재래식 어뢰잠수정 배치와 관련, 중국측에 도움을 요청했다. 이에 중국은 9월 6일 체결된 무상 군사원조 내역 중에 중국의 33형 잠수정 12척을 북한에 제공하기로 약속하였다. 10월 5일 중국은 북한에 대한 군수공업 관련 무상원조에 관한 의정서를 북한측에 전달하였으며, 이때 33형 잠수정 조립공장 설립에 관한 내용이 포함되었다. 동월 류화칭(劉華淸)을 단장

---

137) 협정 체결식은 중국 국무원 총리 저우언라이가 주관하였으며, 중국인민해방군 총참모장 황융성과 북한인민군 총참모장 오진우가 각각 정부대표 자격으로 협정에 서명하였다. 북한측에서는 공군사령관 오극렬(부단장), 포병사령관 김광진, 해군사령관 최창환 등 군부인사와 중국주재 북한대사 현준극, 국방무관 장래헌 대교, 일등비서 최병철 등 대사관 간부들이 참석했다. 중국측에서는 부총참모장 우화셴(吳法憲), 리쥬어펑(李作鵬), 치우휘이쥬어(邱會作)와 군 및 정부기관 책임자 팡이(方毅), 리챵(李强), 한녠룽(韓念龍), 옌중추안(閻仲川), 장다즈(張達志), 리쟈이(李家益), 웬화빙(苑化氷), 차이홍장(蔡洪江), 이쥒쩐(伊佐珍), 주페이장(朱培章) 등이 참석했다. 외무부, 『한・중국, 북한・중국관계 주요자료집』, pp. 164-165. 무상 군사지원 규모가 얼마인지는 정확히 알 수 없으나, 중국은 同 협정에 근거하여 매년 약 1억 위엔 상당의 군수물자를 무상지원한 것으로 알려지고 있다. 劉金質・楊淮生主編, 『中國對朝鮮和韓國政策文件匯編 4』, pp. 1944-1954.

138) 정진위, 『북방삼각관계: 북한의 대중・소 관계를 중심으로』(서울: 법문사, 1985), p. 158.

139) 安野, "解密中國江南造船廠秘密軍事外援," 『海事大觀』, 2006年第4期, pp. 89-92.

으로 하는 중국측 대표단과 잠수정 조립관련 관찰조를 북한에 파견하여, 11월 북한의 육대서리(六坮西里) 조선소[140]를 잠수정 조립공장으로 확정하였다. 이러한 군사지원과 경제원조를 포함하는 군수공업 플랜트 계획은 당시 중국에서 부여한 북한에 대한 경제원조 서열이 '13'임을 고려하여, '13호 프로젝트'로 명명하였다.

1972년 2월 중국의 제6기부(第六機部)[141]는 연간 4척 규모의 잠수정 조립계획을 수립하고, 잠수정 조립공장 건립방안을 통과시켰다. 1972년 3월 14일 제6기부는 북한을 지원하는 목적으로 쟝난(江南)조선소[142]에 12척의 잠수정 건조 임무를 하달하였다. 중국은 1973년부터 3년 동안 매년 50% 건조된 3척, 4척, 5척과 플랜트 설비를 북한측에 넘겨줌과 동시에 기술자들을 북한에 보내 잠수정 조립 및 북한 기술자를 양성할 것을 계획하였다. 쟝난조선소는 북한의 잠수정 조립진도를 보장하기 위해 중국 해군이 건조한 50% 건조된 3척의 잠수정을 첫 번째 북한 지원 잠수정으로 대체하였으며, 1973년 초에 이 3척의 잠수정을 북한으로 운송하기 시작하였다. 당시 쟝난조선소에서 33형 잠수정을 건조함에 있어 재료, 설비, 노동력 등 부문에 많은 문제가 발생되어 건조순서를 "북한 지원용—조선소 내부용—북한 지원용"으로 함으로써, 조선소 내부용과 북한지원용 총 12척의 잠수함을 유기적으로 교차 건조할 수 있었다. 또한 1973년 1월부터 1978년 8월까지 쟝난조선소는 244명의 전문기술자와 기타 인원을 북한에 17개 조로 나누어 파견하여 기술지도를 해 주었다.

북한의 육대서리 조선소는 본래 500톤급의 소형 함정만 건조가 가능했으며, 기술 및 설비수준이 매우 열악했었다. 북한은 수천명의 군인과 민간인들을 육대서리 조선소에 모집시켜 놓고 중국측으로 하여금 잠수정 조립기술을 지도해 줄 것을 요청하였다. 중국측 입장에서 볼 때 이들의 기술수준이나 사전지식이 거의 전무한 상태였기 때문에 파견된 중국측 전문기술요원들로 하여금 대상별, 수준별 교육을 시킬 수 있도록 하였다. 또한 실습위주의 교육을 통해 향후 북한의 잠수정 건조분야 전문인력 육성에 큰 도움을 주었다. 1973년 1월 중국은 북한의 실습생 107명을 2개조로 나누어 쟝난조선소에 보내 실습의 기회를 부여하였다. 이때 교육받은 북한의 실습생들은 훌륭한 성적으로 과정을 이수한 후 1973년 7월 실습생 전원이 귀국하였다.

북한에게 지원되는 12척의 33형 잠수정 수송작업은 매우 힘든 과정을 거쳤다. 쟝난조선소는 상하이에서 투먼(圖們)까지 수 천km에 달하는 기차노선 주변의 터널, 교량 등에 관한 상황을 사전에 세밀히 정찰한 후, 적재된 부피에 따라 다양한 방식의 운송방법을 연구하였다. 이러한 험난하고 어려운 과정을 거쳐 4년만에 계획된 물량[143]을 모두 안전하게 북한에 운송할 수 있었다. 1979년에는 북한 원조계획인 '13호 프로젝트'가 종료되고, 북한 인원 모두 귀국하였다. 북한을 지원하기 위한 '13호 프로젝트'를 통해 양국 간의 전통적인 우호관계를 더욱 강화시키는 효과와 더불어 북한측으로서는 조선공업기술의 획기적인 발전을 꾀할 수 있었다.[144]

---

140) 북한의 육대서리(六垈西里)조선소는 라진조선소와 더불어 동해안의 중요한 함정건조 전문 조선소이다. 연간 최대건조능력은 약 2.7만톤이고 최대건조가능선박은 3,000톤급 함정 및 2만톤급 상선 정도이다. 1969년에 옥외선대를 설치하고 상선건조에 착수하였으나 1972년에 잠수함 건조 전문의 조선소로 전환하였고 1973-1975년 사이에 시설을 확충하여 1975년부터 잠수함 건조에 착수하였다. 황종흘 · 김용환, "북한 조선공업 개황', 『대한조선학회지』제43권 4호 (2006. 12. 30).

141) 중국은 국방공업을 위해 1952년부터 1981년에 걸쳐 제1기부(第1機部)부터 제8기부(第8機部)까지 설립하여 해당 무기체계별 임무를 수행토록 하였다. 그중 제6기부는 1963년에 정식으로 설립되었으며, 중국의 국방공업부분에서 조선업을 담당하였다. 문화대혁명을 거치면서 잠시 임무가 중단되었다가 1982년 중국선박공업총공사(中國船舶工業總公司)로 개명하였다. 이후 다시 중국선박북방중공업집단(中國船舶北方重工集團)과 중국선박남방중공업집단(中國船舶南方重工集團)으로 분리되어 현재에 이르고 있다. "中國船舶重工集團公司簡介," 『搜狐軍事』(2009. 8. 13), http://mil.news.sohu.com/20090813/n265941942.shtml (검색일: 2012. 11. 25); "國務院關于成立中國船舶工業總公司的通知," 『中國網』

또한 이 시기 양국의 공조외교를 추동할 수 있는 또 하나의 기제가 등장하였다. 1971년 10월 중국이 유엔에서 타이완을 축출하고 합법적인 대표권 지위를 확보하게 된 것이다. 이에 북한은 안보리 상임이사국인 중국의 지원을 받을 수 있을 것이라는 기대감을 갖게 되었다. 사실 이후 유엔에서 한반도 통일문제를 포함한 남북한 유엔가입 문제에 있어 북한은 중국의 지원을 통해 이전보다는 훨씬 유리한 위치에 서게 되었다.[145] 뿐만 아니라 군사문제를 포함한 국제적 이슈에 대해 명실상부한 공조관계로 발전할 수 있는 기반이 되었다.

1972년 2월 닉슨은 결국 중국을 방문했고, 2월 28일 상하이에서 《미·중 연합성명》(中美聯合公報)을 발표하였다.[146] 3월 7일 저우

(2006. 8. 8).

142) 1865년에 건립된 140여년의 역사를 가진 중국의 '근대 민족공업의 발원지'라 불리는 조선소로서, 현재 상해(上海)에 위치하고 있다.

143) 1976년에 33형 잠수정 3척, 1977년 2척, 1978년 3척, 1979년 4척을 운송하였다.

144) 프로젝트 종료후 중국정부는 북한 지원 유공자들에 대해 표창을 수여했다(노동훈장 5명, 2급 국기훈장 43명, 3급 훈장 99명, 공로표창 24명 등). 安野, "解密中國江南造船廠秘密軍事外援," p. 90.

145) 유엔무대에서 중국의 지원으로 1972년 11월 유엔한국통일부흥위원단(UNCURK) 해체가 결정되었고, 1975년 8월 개최된 제30차 유엔총회에서는 정전협정을 평화협정으로 대체하고 연합사령부를 해체하자는 북한의 주장에 대한 표결에서 찬성 54, 반대 43, 기권 42의 결과를 내기도 하였다. 王泰平主編, 『中華人民共和國外交史(第三卷)』, p. 43.

146) 同 성명에 대한 한글판은 해리 하딩 지음, 안인해 역, 『중국과 미국: 패권의 딜레마』(서울: 나남출판, 1995), p. 78.을, 중문판은 "背景資料: 中美上海公報," 人民網(2010. 2. 1)을 참고할 것. 또한 同공동성명에는 북한의 의도도 반영되었을 것으로 추측된다. 왜냐하면 김일성은 닉슨 방중 한달 전인 1972년 1월 26일 박성철 내각 제2부수상을 베이징에 보내 저우언라이, 리셴녠과 회담을 갖고 미·중 회담에서 다뤄질 한반도 문제에 대해 사전 조율했기 때문이다. 이종석,

언라이는 또 다시 평양을 방문하여 김일성에게 성명발표에 이르기까지의 과정을 상세히 설명해 주었다. 그가 북한문제와 관련하여 언급한 내용을 요약하면 다음과 같다.

> 중국은《公報》에 "조선민주주의인민공화국 정부가 1971년 4월 12일 제기한 조선 평화통일에 대한 8개 방안과 '유엔한국통일부흥위원단' 해체 주장을 절대 지지한다"는 내용을 포함시켰다. 관건은 '유엔한국통일부흥위원단' 해체에 있었다. 미국측은 원래 한·미 조약 문제가 있다. 중국측이 미·대만 조약을《公報》에 적는 것을 절대 반대하기 때문에 미국측도 미·한, 미·일 조약에 관한 내용을 포함시키지 않았다. 그러나 "미국은 대한민국이 조선반도의 긴장국면을 완화하고 (남북한) 연계 강화 노력을 지지할 것을 강조하였다"고 언급하였다.
> 회담중 닉슨은 일본을 대만에 진입하지 못하게 할 뿐만 아니라, 남조선에 진입하는 것도 지지하지 않는다고 언급하였다. 이는 일종의 묵계(黙契)와도 같은 것이다.《公報》에 언급된 "어느 일방도 제3국을 대표해서 협상하지 않는다"는 내용은 미국이 주도적으로 제기한 것이다. 중국은 이러한 내용은 조선에도 동일하게 적용되어야 한다는 입장을 미국에게 전했다. 그러나 조선군사정전위원회에 있어서 중국은 조선민주주의인민공화국과 한편이며, 이러한 (중국의) 지위를 잊어서는 안된다고 미국에게 요구했다.(후략)[147)]

저우언라이 발언을 보면 중국 대북정책의 이중성을 발견할 수 있다. 중국은 대만문제를 거론하면서 중국의 원칙 준수 입장을 북한에 피력한 것이다. 이는 한반도 문제해결에 대한 중국의 입장을

『북한-중국관계 1945-2000』, p. 257.

147) 王泰平主編, 『中華人民共和國外交史(第三卷)』, p. 41.

북한이 의심하지 않도록 하기 위한 수사이자, 한반도 긴장완화를 위한 북한의 노력을 간접적으로 요구한 것이다. 또한 미·중 관계와 한반도 문제를 별개로 취급하겠다는 태도를 취함과 동시에 정전위를 통한 중국의 한반도 문제 개입의지를 표명하였던 것이다. 이러한 중국의 이중적 태도를 통해 볼 때 미·중 협상과정에서 중국은 북한의 동맹조약에 대한 '방기' 우려를 하고 있었던 것으로 보인다. 뿐만 아니라 중국의 입장에서는 오직 북한이 중국을 진정한 군사동맹의 파트너라는 이미지를 상실하지 않도록 하는데 온갖 신경을 쓰고 있었던 것이다.

북한 역시 중국의 진정한 '의도'와 북한에 대한 안보공약 실천에 대해 전적인 신뢰를 가진 것은 아니었다. 북한의 관심은 미·중 데탕트 추구 그 자체보다는 한반도에서의 혁명 성공을 위한 전제조건으로서 주한미군을 철수시키는데 있었다. 즉 북한은 미국과 직접적인 양자 접촉을 통해 주한미군을 철수시킨 후 한반도 통일문제에 대한 주도권을 잡겠다는 의도를 갖고 있었던 것이다.

닉슨의 방중 이후 미·중 국교 정상화 교섭은 1976년까지 양국의 국내정치적 상황과 국제환경의 제약으로 별다른 진전을 보지 못했다.[148] 그러나 1976년 11월 미국 대선에서 카터(Jimmy Carter)가 대통령으로 당선되고, 마오쩌둥과 저우언라이가 사망한 이후 개혁개방 노선을 천명한 덩샤오핑(鄧小平)의 등장으로 양국 관계 정

148) 양국의 관계 정상화 추진에 장애가 되었던 요인으로 미국 닉슨 대통령이 워터게이트 사건으로 포드(Gerald R. Ford) 부통령이 대통령직을 인수했으나 정치적 기반 미약으로 중국과의 관계 정상화를 추진할 여력이 없었다. 중국의 경우에도 문화대혁명의 여진(餘震)과 '미 제국주의' 반대파들의 저항으로 미국과의 관계 정상화 추진에 어려움을 겪게 되었던 것이다.

상화는 탄력을 받게 되었다. 1978년을 전·후하여 양국 지도부가 새로이 형성되면서 결국 1978년 12월 15일 미·중 양국은 1979년 1월 1일부로 국교를 정상화한다고 선언하였다.[149)]

미·중 간 공동선언을 앞두고 중국지도부는 북한에 대해 상당한 우려감을 갖고 있었던 것 같다. 이러한 우려는 화궈펑(華國鋒)과 덩샤오핑이 각각 공동선언 7개월전, 3개월전에 북한을 방문한 점에서 드러난다. 1978년 5월 5일부터 10일까지 화궈펑이 북한을 방문하여 당시 중국의 대일, 대미 관계 정상화 과정에 대한 해명과정을 밟았다. 이는 동맹 의무규정을 의식한 면도 있긴 그러나,[150)] 이보다는 북한이 소련에 편향되지 않도록 하기 위한 사전조치적 의미가 더 크다고 보아야 할 것이다. 화궈펑이 미·중 관계개선에 따르는 상당한 반대급부를 김일성에게 제공한 점이 이를 증명하고 있는 것이다.[151)]

공동선언 3개월 전인 1978년 9월 8일 덩샤오핑은 북한 정권수립 30주년 기념식 참석차 평양을 방문했다. 당시 덩샤오핑은 김일성에게 "미국은 대만과의 상호방위조약 폐기, 대만에서의 미군 철수,

---

149) 同성명에 대한 全文은《中華人民共和國和美利堅合衆國關于建立外交關係的聯合公報》, 中華人民共和國外交部(http://www.fmprc.gov.cn/chn/gxh/zlb/smgg/t7509.htm)를 참고할 것.

150) 1961년에 체결된 동맹조약의 제3조는 "체약 쌍방은 양국의 공통 리익과 관련되는 일체 중요한 국제문제들에 대하여 계속 협의한다"고 규정하고 있다. 그러나 이 규정에 대한 이행의무는 엄밀히 말해 군사적 의무로 보기 어려울 뿐만 아니라, 그 구속력이나 범위도 애매하다고 볼 수 있다.

151) 오진용, 『김일성 시대의 중소와 남북한』(서울: 나남, 2004), pp. 63-69. 당시 중국이 북한에 제공하기로 약속한 지원은 1억 달러 상당의 차관 제공, 북한의 2차 7개년 계획(1978-1984) 동안 30개 공장건설 지원, 대북 석유공급 확대(100만톤→150만톤) 및 염가 제공 등이었다.

대만과의 외교관계 단절이라는 (우리의) 3가지 (요구) 조건을 수용한다는데 동의를 표했다. 그러나 미국은 대만문제 해결에 있어 무력 불사용 의무에 (우리가) 동의하기를 희망했다. (그러나) 우리는 그렇게 할 수 없다고 말했다"[152)]고 언급하였다. 덩샤오핑의 이러한 언급은 김일성에게 다음과 같은 메시지를 전달하기 위한 것으로 볼 수 있다. 먼저 중국의 미 · 일 관계개선 노력은 소련의 패권주의에 대한 견제목적이 가장 주요한 전략적 고려로 작용했다는 것이다. 둘째, 중국은 대만문제 해결의 원칙을 가지고 미국과 '흥정'하지 않았다는 것이다. 다시 말해 무력사용 여부를 포함하여 일체의 대만관련 이슈는 전적으로 중국의 내정에 속한다는 기존의 원칙과는 타협하지 않았다는 것이다. 셋째, 중국의 당면한 국내정치적 과제는 경제 현대화로써, 이를 위해 안정적 주변환경이 필요하며, 원치않는 분쟁에 '연루'(entrapment)되지 않겠다는 의사를 표명한 것이다.

중국의 다각적인 노력에도 불구하고 북한은 미 · 중 공동성명 발표 소식을 접한 이후 중국에 대한 '배신감'과 더불어 '고립감'을 표출하기 시작하였다. 김일성은 1979년 1월 1일 『로동신문』 사설에 중국의 건국 30주년을 축하하는 한편, "중국 혁명의 승리는 그 의의로 보아 소련의 위대한 10월 혁명의 다음가는 큰 국제적 사변이었다"[153)]는 표현으로 중국에 대한 '배신감'을 표출하였다.

이러한 북한의 반응은 1972년 《미 · 중 연합성명》이 발표되었을 때와는 상반된 반응이었다. 당시에는 '미국 백기론'과 더불어 "중국

152) 中共中央文獻研究室編, 『鄧小平年譜: 一九七五 ~ 一九九七(上)』(北京: 中央文獻出版社, 2004), p. 373.

153) 『로동신문』(1979. 1. 1).

인민의 큰 승리이며 세계혁명적 인민들의 승리"라는 긍정적 표현과 함께 미·북 관계 정상화에 대한 기대감을 표출했었다. 이러한 북한 태도에 대해 중국 역시 불만을 표출하였다. 1979년 9월 9일 북한정권수립일에 중국대표단을 파견하지 않은 것이다. 이는 문화대혁명이 최고조에 달했던 1967-1970년 시기를 제외하고는 전무(全無)한 일이었다.

북한은 1980년 10월 10일 제6차 당대회에서 "사회주의 나라들과 블록 불가담 나라들, 모든 신흥세력 나라들은 제국주의와 무원칙하게 타협하지 말아야 합니다. 물론 사회주의 나라들과 블록 불가담 나라들이 제국주의 나라들과 국가관계를 가질 수 있으며 경제문화교류를 발전시킬 수 있습니다. 그러나 제국주의자들과 원칙적 문제를 가지고 흥정해서는 안되며 제국주의자들에게 혁명의 근본이익을 팔아먹어서는 안됩니다. 사회주의 나라들과 블록 불가담 나라들은 제국주의 나라들과 국가관계를 좋게 가지기 위하여 반제적 입장을 포기하지 말아야 하며 자기 나라의 이익을 위하여 다른 나라의 이익을 희생기키는 행동을 하지 말아야 합니다"[154]라는 직접적 경고를 중국에 전달했다.

미·중 수교과정에서 나타난 북·중 양국의 정치·외교적 부침(浮沈)은 군사분야에 그대로 혹은 정반대로 투영되었다. 관계 정상화 초기 과정에서 중국은 북한 '달래기' 용도로 무상 군사지원까지 제공하였으나, 막상 미·중 관계 정상화가 가시화되면서 중국의 對북한 군사지원은 거의 이뤄지지 않았다.[155] 급기야 북한은 중국의

154) 김일성, "조선로동당 제6차 대회에서 한 중앙위원회 사업총화보고"(1980. 10. 10), 『김일성저작집 35』(평양: 조선로동당출판사, 1987), pp. 361-362.

민감한 부분을 건드리면서 동시에 미·북 직접 접촉을 위한 중국의 도움을 청하는 모험적 도발을 구상하게 되었다.

한편, 미·중 관계 정상화 과정에서 저우언라이의 선제외교와 북·중 간 전개된 공조외교를 현대적 의미의 군사외교 차원에서 해석해 볼 수 있다. 양국 간 전개된 일련의 조치와 행보는 탈냉전 이후 중국이 세계 각 국가와 활발히 전개하고 있는 전략대화, 군 고위급 상호방문, 군사지원 협정 체결 등 다양한 군사외교활동의 선례가 되었다고 볼 수 있다는 것이다. 예를 들면, 닉슨의 중국 방문 이후 북·중 양국이 정치·군사대표단을 활발하게 상호교환한 점이나, 중국 정부가 소련제 MIG-19 초음속 전투기(중국 모델)를 북한에 공급한 사례,[156] 그리고 1974년 5월 27일부터 6월 18일까지 북한과의 군사협의를 위해 중국인민해방군 부총참모장 리다(李達)를 단장으로 한 군사대표단을 북한에 파견[157]한 것은 바로 현대적 의미의 군사외교활동 예로 볼 수 있는 것이다.

나. 중국 개혁개방 노선과 북한의 후계체제

1980년대 북·중 관계는 상호 입장을 조율해 나가면서, 1960년

155) 미·중 관계 정상화 이후 중국은 북한에 대한 군사지원을 서서히 줄여 나갔다. 1979년 3천9백만 달러 상당의 지원량이 1980년에는 2천4백만 달러로 전년대비 절반가량 줄어들었다. 그리고 이 수치도 1981년이 되면 약 20%가 감소한 1천9백만 달러로 하락한다. Yong-Sup Han, “China's Leverages over North Korea,” *Korea and World Affairs,* Vol.18, No.2 (Summer 1994), pp. 243-244.

156) 돈 오버도퍼(Don Oberdorfer), 이종길 옮김, 『두개의 한국』(서울: 길산, 2003), p. 37; 최명해, 『중국·북한 동맹관계: 불편한 동거의 역사』, p. 292에서 재인용.

157) 劉金質·楊淮生主編, 『中國與朝鮮半島國家關係文件資料匯編(1949-1994)』, p. 2027.

대 소원했던 교류협력관계를 복원시켜 나갔다. 이 시기 중국은 덩샤오핑의 개혁개방 노선을 추진하게 되고, 북한의 경우 김정일 후계체제를 공식화시켰다. 중국과 북한은 이러한 자국의 국내정치적 상황에 따라 활발한 교류활동을 통한 친교의 필요성을 깨닫게 되었다

먼저 중국은 마오쩌둥이 사망하고 1976년 문화대혁명의 주역 4인방 숙청이라는 정치적 소용돌이 이후에도 상당한 정치적 갈등을 겪었다. 이러한 가운데 정치적 복권(平反)[158]의 주역 덩샤오핑은 1978년 12월 중공 11기 3중전회를 계기로 새로운 지도체제를 출범시켰다. 홍(紅)과 전(專)의 싸움에서 전(專) 편에 섰던 덩샤오핑은 과거 문화대혁명의 '좌적 과오'를 극복하고, '4개 현대화' 건설에 총력하였다. 이러한 현대화 건설의 성공을 위해서는 대외개방이 필수적이었고, 그 과정에서 북한의 '이해'가 필요했다.

북한의 경우 1980년 10월 조선로동당 제6차 대회를 계기로 김정일 후계체제를 대외적으로 공식화하였다. 이러한 과정에서 북한은 중국 지도부의 '이해'와 '인정'을 필요로 하였다.[159] 또한 북한은

158) '平反'의 사전적 의미는 "잘못된 판결과 잘못된 정치적 평가를 바로잡는 것"으로 복권(復權)과 비슷한 개념이다. 그러나 '平反'은 법적·정치적 의미를 지닐 뿐만 아니라 원직 회복 또는 배상이 수반된다는 점에서 복권과는 차이가 있다. 또한 정치운동이 주기적으로 반복된 중국에서의 '平反'은 그 전제로서 옳고 그름과 허용 및 금지의 준거틀 자체의 변화를 포함하였다. 안치영, "중국 개혁개방 정치체제의 형성(1976-1981)," 서울대학교 대학원 정치학과 박사학위논문 (2003), p. 6.

159) 당시 중국지도부의 김정일 후계체제에 대한 인식은 부정적이었다. 조선로동당 제6차 대회 이전부터 중국은 "아버지로부터 아들로의 권력승계는 봉건시대의 잔재이며 후계자는 인민에 의해 선출되어야 한다"고 비난하였으며, 그 이후에도 '후계자를 지명하는 후진적인 발상' 등의 표현을 써가며 북한 후계작업을

1960년대 문화대혁명과 1970년대 미·중 관계 정상화과정에서 야기된 양국 간의 소원함을 털어버리고 때맞춰 출범한 중국 신지도부와 우호적인 관계 구축의 필요성을 절감했던 것이다.

덩샤오핑을 중심으로 한 개혁개방파들은 계급투쟁의 시대가 종결되었다고 인식하면서 계급적 화해와 협력을 강조했다. 뿐만 아니라 동서진영 간의 적대적 모순과 갈등, 그리고 마오쩌둥 시대의 '전쟁불가피론'(戰爭不可避論)적 냉전논리에서 벗어나 체제와 이념보다는 상호의존적인 국제관계를 추구하는 대외개방노선으로 전환하였던 것이다. 특히, 덩샤오핑은 "평화와 발전이 현 세계의 양대 주제"(和平與發展是當代世界的兩大主題)라는 시대관을 토대로 안보에 있어서의 '전쟁가피론'(戰爭可避論)[160]과 발전에 있어서의 '흑묘백묘론'(黑猫白猫論)[161]을 제기하였다. 이러한 덩샤오핑의 인식은

부정적으로 보았다. 『人民日報』(1980. 8. 19); Bernstein, Mathan, "The Soviet Union and Korea," in Gerald L. Curtis, Sung-Joo Han (eds.), *The U.S-South Korean Alliance* (New York: Lexington Books, 1983), p. 113.

160) 陳越·李書吾, "鄧小平戰爭觀三題," 『紀念鄧小平誕辰一百周年論文集』(2004), pp. 173-177.

161) 이 말은 덩샤오핑이 1979년 미국을 방문하고 난 다음 유행하였으며, 당시 덩샤오핑은 "검은 고양이든 흰 고양이든 쥐만 잘 잡으면 좋은 고양이다"(不管黑猫白猫, 捉到老鼠就是好猫)라는 표현을 하였다. 원래 이 말은 덩샤오핑의 고향인 쓰촨(四川) 농촌의 속담이라고 한다. 그러나 속담에 등장하는 고양이는 '누런 고양이와 검은 고양이'였으며, 이후 마오쩌둥이 1976년 덩샤오핑을 비평하면서 "덩샤오핑은 계급투쟁을 제대로 수행하지 않으며, 지금까지도 계급투쟁을 거론하지 않고 있다. 그러면서 무슨 '흰 고양이(白猫), 검은 고양이(黑猫) 타령이냐"라는 표현 이후 '누런 고양이'(黃猫)가 '흰 고양이'(白猫)로 바뀌면서 '흑묘백묘론'이 되었다고 한다. 1980년대 들어 보이보(薄一波)가 덩샤오핑에게 "지금은 '흑묘백묘론'을 어떻게 보느냐"라고 물었을 때, 덩샤오핑은 "첫째, 아직도 철회하지 않는다. 둘째, 이는 당시 상황을 고려하여 말한 것이다"라고 답하였다고 한다. "鄧小平 "黑猫白猫論"背後故事: 本是四川俗語," 中國新聞網(2008.

1980년 1월 16일 중공중앙 당 간부회의 석상에서 발표한 "당면한 형세와 임무"(目前的形勢和任務)에 잘 나타나 있다.[162)]

> (前略) 80년대 우리가 해야 할 3가지 일이 있다. 첫째, 국제업무에 있어 패권주의를 반대하고, 세계평화를 수호하는 것이다.(中略) 80년대의 시작은 좋지 않았다. 아프간 전쟁, 이란 문제, 월남문제, 중동 문제 등 분쟁이 발생했다. (中略) 둘째, 대만을 조국의 품으로 불러들여 조국통일을 실현하는 것이다. 우리는 80년대 이 목표달성을 위해 최선을 다해야 한다. 설사 중간에 이러 저러한 곡절이 있다 하더라도 시종 우리 일정표의 앞부분에 놓아야 할 중요한 문제이다. 셋째, 경제건설, 즉 4개 현대화 건설에 매진해야 한다. 4개 현대화는 경제건설이 핵심이다. 국방건설도 경제적 기초가 없으면 불가능하다. (中略) 이러한 3가지 중에서 핵심은 현대화 건설이다. 이는 국제문제와 국내문제를 해결하는 가장 중요한 조건이다. (中略)
>
> 외교부문에 대해 말하자면, 최근 3년간 우리는 중·미 수교와 중·일 평화우호조약을 체결했으며, 양국과 정상급 상호방문을 성사시켰다. 華國鋒 동지는 조선을 방문했고, 羅馬는 유럽 4개국을 방문했다.(中略) 최근 3년, 특히 작년 우리나라의 출국 외사(外事)업무는 엄청나게 많았다. 외국 지도자들도 거의 매월 끊이지 않고 중국을 방문한다. 이러한 활동은 4개 현대화 건설에 유리한 국제적 여건을 제공한다. (後略)

덩샤오핑의 실용주의적 인식과 국제정세에 대한 '탈냉전'적 사고를 엿볼 수 있는 연설이다. 그는 1978년 12월 개혁개방노선 천명 이후 약 1년간의 성과를 분석하면서 앞으로 나아가야 할 방향을 제

---

12. 17). http://www.chinanews.com.cn/cul/news/2008/12-17/1490780.shtml.

162) 鄧小平, 《目前的形勢和任務》(1980. 1. 16), 『鄧小平文選(第2卷)』(北京: 人民出版社, 1983), p. 260.

시한 것이다. 현대화 건설이 국내정치와 국가관계를 규정하는 전제가 된다는 그의 인식은 바로 김일성의 우려를 자아내기에 충분하였을 것이다. 특히, 현대화 달성에 있어 걸림돌로 작용할 수 있는 이데올로기로부터의 해방은 주체노선을 고집하는 북한의 행보와 대치되는 것이었다. 반면, 대만문제 해결을 향한 덩샤오핑의 결연한 의지는 북한으로 하여금 한반도 통일에 대한 '동상이몽'(同床異夢)을 부채질했을 것이다.

그러나 북한은 중국의 '사상해방'(思想解放)을 요구하는 개혁개방 노선을 지지하지 않았다. 이러한 북한의 태도는 중공 제11기 3중전회가 폐회한지 이틀만인 1978년 12월 25일 '우리식대로 살아나가자'라는 구호를 제창한데서 여실히 드러난다.[163] 당시 북한은 중국의 변화에 대응하여 대내적 단결을 강화하고, 자력갱생의 원칙하에 주체노선을 강화하는 것이 '정도'(正道)라고 생각하였던 것이다. 즉 중국의 개혁개방을 사회주의 노선의 '이탈'로 매도한 것이다.

한편, 중국의 개혁개방 정책은 대한민국을 새로운 정치적 실체로 인정할 수밖에 없는 기제로 작용하였다. 1970년대 말부터 시작된 한·중간의 비공식 교역을 통해 한국은 중국 현대화에 필요한 정치적 실체로 다가선 것이다. 1980년 1월 중국은 이미 "대문은 닫고 있으나, 자물쇠는 채우지 않는다"(關門不上鎖)는 對한국정책을 추진하면서, 외교부 내에 한국과의 관계 개선을 위한 '對한국 협력

---

163) 김정일, 《당의 전투력을 높여 사회주의건설에서 새로운 전환을 일으키자(조선로동당 중앙위원회 조직지도부, 선전선동부 책임일군 협의회에서 한 연설)》(1978. 12. 25), 『주체혁명위업의 완성을 위하여 4』(평양: 조선로동당출판사, 1987), p. 123.

판공실'을 설치하고 다양한 민간차원의 협력방안을 마련하기 시작했다.[164)]

중국으로서는 '하나의 조선'에서 '두개의 조선' 정책을 추진할 수밖에 없는 딜레마에 빠지게 된 것이다. 1980년대 개혁개방을 반대하는 북한과 경제협력의 주 대상국으로 부상하는 한국 사이에서 중국 지도부는 갈등을 하게 된 것이다. 이러한 중국의 고민을 가장 극명하게 보여주는 것이 1980년 1월 황화(黃華) 외교부장의 내부 비밀연설이다. 그의 연설내용 중 1980년대 중국의 외교방향과 동북아 정책에 관한 부분을 요약하면 다음과 같다.[165)]

> (前略) 조선반도는 2차 세계대전으로 양분되었으나 이 두 각기 독립한 국가는 단기간 내에 재차 통일될 가능성은 없다. 하나는 과거 적이었으나 친구의 친구가 되었고, 또 다른 하나는 과거 우리의 전우였으나 지금은 오히려 우리 적의 친구가 되었다. 여하히 교묘하게 우리와 이 양자 간의 관계를 처리하는가 하는 문제는 최근 몇 년간 외교부를 가장 골치아프게 했던 문제이다. 만일 이렇지만 않다면 우리 외교부에 이 문제를 전문으로 다루는 전문소조를 설치하여 조선반도에 대한 외교정책과 관계를 시시각각으로 연구하고 조정하지는 않았을 것이다. (中略)
>
> 조선의 경제적인 곤란에 대해서는 중국은 오로지 그들을 도와 해결해 줄 의무만을 가질 뿐이며, 이를 도맡을 책임은 없다. 무상 군사원조는

---

164) Sung-po Chu, "Peking's Relations with South and North Korea in the 1980's," *Issues and Studies,* Vol.22, No.11 (November 1986), p. 71; 오진용, 『김일성 시대의 중소와 남북한』, p. 79.

165) 黃華, 《1980年代外交形勢, 政策與今後任務》(1980. 1. 25); 외무부, 『중국관계자료집』(서울: 서라벌, 1988), pp. 8-18.

하지 않으나 매매는 할 수 있다. 조선은 우리에게 몇 10억의 빚을 지고 있는데 이를 천천히 갚아도 되지만 갚는 것을 게을리해서는 안된다. 공짜로 주는 것은 주는 것이고, 빌리는 것은 빌리는 것이다. 공짜로 주는 것과 빌리는 것은 같은 것이 아니다. (中略)

조선이 '소련 카드'를 갖고 있듯이 우리도 '남조선 카드'를 갖고 있다는 것을 잊어서는 안된다. 조선이 만일 소련 일변도로 기운다면 일체의 원조는 생각도 하지 말아야 하며, 또한 우리는 똑같이 뒤돌아서서 남조선을 지지할 것이다. 우리는 이미 이런 일에 익숙해져 있다. (中略)

남조선과 중국관계의 대문은 현재 명백히 닫혔으나 자물쇠를 채우지 않은 그런 상태에 있다. 언제라도 열 수가 있다. (中略) 제일 좋은 것은 조선이 알지 못하게 하는 것으로서 피할 수 있는 것은 최대한 피해야 한다. (中略) 그 목적은 조선을 소련 일변도로 밀어붙여도 안되는 동시에 그들로 하여금 감히 노골적으로 소련에 기울지 못하도록 하는데 있다. (後略)

황화 외교부장은 북한의 중국 개혁개방 반대와 독자적인 행보에 대한 경고 메시지를 보내고 있는 것이다. 즉 북한의 미래 행보를 예측 가능한 범주 내로 관리하는 것이 필요하다고 보고 있는 것이다. 그리고 그 관리의 구체적 수단으로써 미·일과의 공조, '남조선 카드' 등을 제시하고 있으며, 나아가 무조건 지원을 지양하고 처벌과의 적절한 배합을 주장하고 있는 것이다.[166]

이러한 중국 개혁개방 노선에 대한 북한의 불만은 행동화되어 나타났다. 김정일을 포함한 조선로동당 핵심멤버 5명 — 김정일, 황

166) 최명해, 『중국·북한 동맹관계: 불편한 동거의 역사』, p. 339.

장엽, 허담, 오진우, 김철만—은 1982년 4월로 예정된 김일성의 중국방문을 저지하기 위해 5명이 공동 서명한 보고서를 김일성에게 제출했다. 보고서 내용의 요지는 개혁개방 노선을 채택한 중국과의 협력을 반대한다는 것이었다.[167] 보고서를 작성한 시점이 김정일의 후계자 확정 이후라는 점과 김정일이 주도적으로 보고서 방향을 제시하였다는 점을 고려해 볼 때, 이후 북·중 관계의 향방을 가늠할 수 있다. 김정일을 비롯한 5명의 보고서 서명자들은 김일성과 혁명을 같이한 원로들로써 김정일의 의도에 반하는 행동은 어려웠을 것이다. 그러나 김일성은 同 보고서에서 제시한 건의를 수용하였다. 이렇게 해서 1982년에 예정되었던 김일성의 중국 방문은 결국 연기되고 말았다.[168]

반면, 중국은 소련의 위협을 견제하기 위한 목적으로서의 '조선카드'이자, '형제국', '혈맹' 그리고 반제·반패권 공동연대를 위한 '동지'인 북한을 의식하지 않을 수 없었다. 중국은 북한 내부의 반중(反中)적 정서를 인지하고 북한을 달래기 위한 조치를 취했다. 1982년 4월 26일부터 30일까지 덩샤오핑과 후야오방이 평양을 방문한 것이다. 표면적인 명분은 김일성의 70회 생일을 축하한다는 것이었지만 이러한 중국 지도부의 행보는 북한의 '이탈'을 사전에

---

167) 보고서의 내용을 요약하면 다음과 같다. "조선의 현대화 건설이 주체사상에 입각해서 성공리에 수행되고 있다는 점을 평가하고, 다른 나라(중국을 지칭)와의 협력을 위해서 이데올로기를 바꾸는 것은 조선 스스로가 후퇴하는 결과를 초래할 것이다. 만약 그렇게 된다면 조선의 건설을 위해서 이미 협력관계를 맺고 있는 많은 다른 나라들(소련과 기타 사회주의 국가)과의 관계가 소원해질 수도 있다. 따라서 조선은 일부 국가(중국)들과의 적절치 않은 협력은 하지 말아야 한다." 오진용, 『김일성시대의 중소와 남북한』, pp. 87-88.

168) 오진용, 『김일성시대의 중소와 남북한』, p. 88.

막기 위함이었다.

중국의 북한에 대한 '눈치보기'는 북한의 필요, 즉 김정일 후계 구도 인정과 맞물려 유리한 국면으로 반전되었다. 김일성 70회 생일을 축하하러 온 자리에서 덩샤오핑과 후야오방은 김정일을 중국에 정식 초청하였다. 이러한 정식 초청은 그간 '봉건시대의 잔재'이자 '세습왕조 후진국'으로 폄하했던 북한 정권을 인정해 준 셈이 되었다. 비록 비공식적인 인정이긴 했지만 북한의 입장에서는 고민거리를 쉽게 해결한 것이다. 중국의 이러한 전략적 조치로 김일성은 1982년 9월 16일부터 26일까지 그 동안 연기했던 중국 방문을 진행하기로 결정했다.[169)]

김일성이 중국을 방문한 시점은 중국공산당 제12차 전국대표대회(12大)가 막 종료된 때였다. 중국은 12大에서 후야오방을 당 총서기로 재추대하였다. 김일성의 방중 역시 표면적인 명분은 중국 신지도부에 대한 축하 인사였지만, 그 이면에는 전략적인 의도를 깔고 있었다. 먼저, 가장 민감한 부분으로써 중국 신지도부로부터 김정일 후계자에 대한 공식적 인정을 받기 위함이었다. 둘째, 김일성은 만성적인 경제불황을 타개하는데 필요한 중국의 경제원조 및 석유공급 확대가 필요하였던 것이다. 중국은 1978년 화궈펑의 평양 방문 당시 북한에 연간 100만 톤의 석유를 공급해 주기로 약속했으나, 오히려 중국의 對북한 석유 공급량은 화궈펑의 퇴진 이후 약 30만-40만톤이나 감량되었으며 공급가격도 대폭 인상되었다. 셋째, 김일성은 미·중 관계가 정상화된 상황 하에서 한반도 정책에

169) 고수석, "북한·중국 동맹의 변화와 위기의 동학: 동맹이론의 적용과 평가," 고려대학교 대학원 북한학과 박사학위논문(2007), p. 91.

대한 중국의 입장을 확인하고, 이와 더불어 군사원조를 요청하고자 중국을 방문한 것이다. 특히 북한으로서는 소련의 對북한 군사원조가 1975년 이후 지지부진한 상태에 있었으므로 중국의 군사원조에 의존할 수밖에 없었다. 넷째, 김일성은 한·중 간 간접교역규모가 확대되고, 중국이 1986년 아시안 게임과 1988년의 올림픽 게임 참가 의사를 밝히는 등 한·중 관계 개선에 대한 북한의 우려를 전달하고자 했던 것이다.170)

김일성은 중국을 방문하면서 가졌던 전략적 목적을 상당부분 달성하고 귀국하였다. 첫 번째 수확은 김정일 후계체제에 대한 중국의 공식적인 승인을 받게 되었다는 점이다. 김일성의 중국방문을 환영하는 연회석상에서 당 총서기 후야오방은 '김정일 동지의 열정적인 성과'에 대해 축배를 제의하였다. 이는 중국이 북한의 후계구도를 묵시적으로 인정한다는 첫 번째 사례가 되었다. 소련으로부터 북한의 후계구도에 대해 반응이 없었던 이 기간 동안 중국이 보여준 이러한 '인정'은 북한 후계구도에 대한 정당성을 확보하는데 커다란 힘이 되었다. 체제유지와 직결되는 김정일로의 후계구도에 높은 정책적 우선순위를 두고 있었던 김일성으로서는 베이징방문의 제일 큰 수확이었던 것이다.171)

---

170) 정진위, 『북방삼각관계: 북한의 대중·소 관계를 중심으로』, p. 184. 중국과 북한은 김일성 방중 기간 중인 9월 24일 《북·중 군사·경제원조 증가를 위한 합의서》에 서명했다. 더불어 중국은 1980년대 중반부터 감소시켰던 원유지원 규모를 종전보다 10% 늘릴 것을(70만 배럴) 승인했다.

171) 김용호, 『현대북한외교론』(서울: 오름, 1996), pp. 196-197. 이후 1983년 6월 김정일은 비밀리에 중국을 방문하여 덩샤오핑, 후야오방 등을 비롯한 중국 지도자들과 회담을 갖고 중국내 여러 지역을 시찰했다. 당시 오진우, 연형묵, 김정희, 현준극이 동행하였다. 중국은 북한을 자신의 세력권에 묶어두고, 시베리

둘째, 김일성은 중국으로부터의 군사원조라는 또 다른 선물을 갖고 귀국하였다. 그 동안 중국은 북한이 한반도의 군사적 균형을 깨뜨릴 가능성을 우려해 對북한 군사지원에 신중한 태도를 취해 왔다. 그러나 이번 김일성의 방중을 통해 중국 공군 주력기인 A-5 전투기를 공급받기로 한 것이다. 당시 한국이 F-16 팰컨(Falcon) 전투기를 미국으로부터 구매하기로 한 조치에 대한 대응으로 중국은 북한에 대한 공군지원을 고려하게 된 것이었다. 특히, 중국의 A-5 전투기 생산능력이 연간 40기 밖에 안됨에도 불구하고, 그중 절반에 해당하는 20기를 북한에 제공하기로 약속한 것이다.[172] 그러나 이러한 중국의 대북(對北) 군사지원은 미국이 한국에 전투기를 지원한데 따른 대응이기 때문에 군사적 차원이라기보다는 정치적 의미가 더 크다고 볼 수 있다.

중국으로부터 김일성의 후계자라는 '묵시적' 승인을 받은 김정일은 덩샤오핑과 후야오방의 초청을 받고 1983년 6월 2일부터 12일까지 중국을 방문했다.[173] 중국이 김정일을 초청한 것은 북한의 '미래 지도자'에게 개혁개방에 관한 교육을 시키기 위함이었다. 비로소 양국 간의 전략적 이해가 일치되는 순간이었던 것이다. 북한

아에서 출생해 그 곳에서 유년시절을 보낸 김정일이 소련으로 기울 가능성을 미리 차단하기 위해 김정일의 권력승계를 인정했던 것이다. 정진위, 『북방삼각관계: 북한의 대중·소 관계를 중심으로』, p. 185; 박태호, 『조선민주주의인민공화국 대외관계사 2』(평양: 사회과학출판사, 1987), p. 206.

172) 중국이 북한에게 A-5 전투기를 제공하게 된 과정을 보면, 1982년 6월 12일 중국 국방부장 겅뱌오(耿飈)가 북한을 방문했을 때 최초로 논의되었고, 1983년 9월 김일성의 방중시 최종 합의되었다. 劉金質·楊淮生主編, 『中國與朝鮮半島國家關係文件資料匯編(1949-1994)』, p. 2348.

173) 박태호, 『조선민주주의인민공화국 대외관계사 2』, p. 206.

으로서는 후계체제에 대한 확고한 승인을 얻어낼 수 있는 기회였으며, 중국 역시 개혁개방 노선에 대한 북한의 미래 지도자 지지를 이끌어낼 수 있는 호기였던 것이다. 중국은 김정일의 방문 일정표를 개혁개방 홍보에 초점을 맞추었다. 개혁개방의 초기 성과를 보여줄 수 있는 연안지역, 즉 칭다오(青島)와 상하이(上海)로 안내하였으며, 중간 중간 개혁개방에 대한 이론적 학습을 시켰다.[174] 그러나 김정일은 개혁개방에 대한 문제보다는 북·중 양국 관계에 보다 많은 관심을 갖고 있었다. 즉 한반도에서 전쟁이 다시 발발할 경우 중국의 지원 여부에 최대의 관심이 있었던 것이다.[175]

김정일은 방중 후 조선로동당 제6기 7차 전원회의를 소집하여 귀국보고를 하였다. 보고내용 중 중국의 개혁개방 노선과 관련하여, "이제 중국공산당에는 사회주의, 공산주의는 완전히 자취를 감추어 버렸고, 존재하는 것은 수정주의뿐이다. 또 중국이 최대 목표로 하는 4개 현대화 계획도 자본주의의 길, 수정주의 노선이라는 것 이외에 아무 것도 아니다"라는 언급을 통해 중국 개혁개방정책을 노골적으로 비판하였다.[176] 만일 이러한 내용이 사실이라면 북한의

---

174) 『鄧小平年譜』, p. 256. 방문 기간 중 후야오방은 김정일을 칭다오(青島)와 난징으로 직접 안내했으며, 후치리(胡啓立)는 상하이(上海)와 항조우(杭州)까지 김정일과 동행했다. 김정일은 덩샤오핑과 두 차례, 자오즈양(趙紫陽)과 한 차례 공식회담을 가졌다. 덩샤오핑과의 회담에서는 김정일이 북·중 현안문제를 설명하고, 오진우가 북한의 군사정세를 보충 설명했다. 덩샤오핑은 중국 공산당 내 정치문제를 포함하여 대만·홍콩 문제, 미·중, 중·소 관계에 대한 자세한 설명을 하였다. 특히, 덩샤오핑이 중점을 두었던 것은 중국 개혁개방 노선에 관한 내용이었다. 박태호, 『조선민주주의인민공화국 대외관계사 2』, p. 207.

175) 오진용, 『김일성시대의 중소와 남북한』, p. 104.

176) 오진용, 『김일성시대의 중소와 남북한』, pp. 106-107. 그러나 북한의 문헌에 기록된 내용은 이와 다소 차이가 있다. 박태호는 김정일의 방중결과 보고에서

'미래 지도자' 김정일의 눈에 비친 개혁개방의 설계사 덩샤오핑은 수정주의자이고, 그가 추진하는 4개 현대화 정책은 수정주의 노선인 셈이었던 것이다. 이후 덩샤오핑이 김정일의 귀국보고 내용을 듣고는 "도대체 어찌된 일인가! 아무 것도 모르는 철부지[177]로 인해서 장래 중국 운명이 위협받는 사태가 일어나지 말아야 할 텐데…"라며 개탄했다고 한다.[178] 이후 1983년 8월 김일성 중국 방문시 덩샤오핑이 김정일의 '불손한' 태도를 문제삼자 김정일을 중국에 다시 보내 사태를 수습시켰다.[179]

중국의 개혁개방 권고와 북한의 김정일 후계 승인문제는 위에서 살펴본 것처럼 매끄럽지 않게 마무리 되었다. 중국지도부는 이후 어쩔 수 없이 김정일을 김일성의 후계자로 인정하게 되었을 뿐만 아니라 북한으로부터 개혁개방에 대한 전폭적 지지는 끌어내지 못

"중국의 지도간부들을 만나 면목(面目)을 익히고 친교를 두터이 했으며 그들과 친선적인 분위기속에서 회담과 담화를 진행했다. 또한 이르는 곳마다 중국의 지도간부들과 인민들로부터 극진한 환대와 열렬한 환영을 받았다. 그리고 베이징과 4개의 성, 시를 방문하고 공장·기업소들과 농촌, 명승고적들과 군부대 참관을 통하여 중국의 현실을 직접 이해했다"고 기록하고 있다. 박태호, 『조선민주주의인민공화국 대외관계사 2』, p. 209.

177) 여기서 표현된 '철부지'는 원문에서 덩샤오핑이 중국어로 '황쭈이랑'(黃嘴郎)으로 표현한 것을 의역한 것이다. '황쭈이랑'은 중국 소설에서 통상 사용되는 '황쭈이야즈'(黃嘴牙子)와 같은 의미로써 '머리에 피도 마르지 않은 어린 놈'이라는 부정적 표현이다.

178) 에야 오사무(惠谷治), 세키가와 나츠오(關川夏央), 『北朝鮮의 延命戰爭: 김정일 비상시 탈출로를 읽는다』(세스코(동경), 1998); 『현대코리아』, 1998년 12월호, pp. 21-31. 오진용, 『김일성시대의 중소와 남북한』, p. 107에서 재인용.

179) 김일성은 한달 뒤 김정일을 중국에 보내 사과토록 하였으며, 김정일도 이때는 공손한 태도로 덩샤오핑의 말에 귀를 기울였다고 한다. 그러나 김정일은 내심 덩샤오핑의 간섭과 부친 김일성의 어쩔 수 없는 호응을 보면서 반중(反中)적 심리를 가지게 되었다고 한다. 오진용, 『김일성시대의 중소와 남북한』, p. 110.

했던 것이다. 또한 이후 북한에서는 중국모델을 원용한 '합영법' 추진 등 부분적인 개혁개방을 시도하지만 기대한 만큼의 성과는 보지 못했다.

다. 북한의 모험적 대남(對南) 도발

1970년대 미·중 관계 정상화 추진과정에서 중국의 전략적 사고는 '연미제소'(聯美制蘇)에 기초하고 있었다. 그러나 중국이 '연미제소'를 추진함에 있어 감수해야할 부분이 있었다. 소련과 북한과의 반중(反中) 공동연대 차단과 더불어 중국이 북한의 동맹국으로서 '배반'을 하지 않았다는 증거를 보여주어야만 했던 것이다. 미·중 관계 정상화를 시도하는 1970년대 초반 북한은 중국을 통해 미국과 접촉할 수 있다는 '동상이몽'적 희망을 갖고 중국과의 공조외교를 추진했다. 북한은 미·중 관계 정상화로 인해 감수해야 할 손해보다는 북·미 접촉을 통해 얻을 수 있는 혁명전략적 이익이 클 것이라고 판단한 것이다.

그러나 남북관계를 둘러싼 양국의 접근방식에 차이를 보이면서 북한은 한국에 대한 모험적 도발을 시도하게 되었다. 미·중 관계 정상화 과정에서 북한이 보여준 중국에 대한 지지의 대가가 기대에 못미쳤다고 본 것이다. 결국 북한으로서는 자국의 전략적 가치를 극대화할 수 있는 위기조성 수단을 물색한 것이다. 특히 한반도에서 주한미군을 철수시키고 정전협정을 북한이 원하는 방향으로 전환시킬 수 있다는 기대감이 사라지면서 남북대화보다는 극단적인 호전적 수단을 택하였던 것이다. 북한의 표출형태는 크게 두 가지로 나타났다. 한편으로는 한국을 상대로 군사문제 제의를 이전보다

〈표 3-5〉 북한의 연도별 군사문제 제의 횟수(1948-1988)

年度	回數	年度	回數	年度	回數
1948	3	1962	2	1976	5
1949	1	1663	2	1977	7
1950	1	1964	0	1978	4
1951	0	1965	1	1979	5
1952	0	1966	1	1980	1
1953	0	1967	1	1981	1
1954	2	1968	1	1982	1
1955	3	1969	2	1983	3
1956	4	1970	1	1984	3
1957	3	1971	2	1985	5
1958	3	1972	4	1986	9
1959	3	1973	8	1987	9
1960	4	1974	7	1988	7
1961	1	1975	7	合計	127

출처 : 平和硏究院, 『北韓問題提議 資料集(1948-1988)』(서울: 平和硏究院, 1989), p. 21.

활성화하였으며, 또 다른 한편으로는 직접적인 대남 도발을 감행하였던 것이다.

먼저, 한국을 상대로 군사문제에 대한 직·간접적 제의 횟수가 이전에 비해 대폭 증가하였다. 〈표 3-5〉에서 보는 것처럼 1970년대 초·중반과 1980년대 후반에 군사문제와 관련한 제의가 부쩍 늘었던 것이다. 군사문제 제의 횟수에 대한 통계가 유의미한 것은 북한의 시기별 위기의식과 북·중 관계와의 상관성 때문이다. 〈표

3-5〉을 보면, 1951년부터 1953년까지는 한국전쟁으로 인해 군사문제 제기가 없었으며, 1960년대 제기 횟수가 특히 적은 이유는 4대 군사노선을 채택한 가운데 군사력을 증강하면서 전쟁준비를 서둘렀기 때문이다. 주의깊게 봐야 할 부분이 1970년대와 1980년대이다. 1970년대는 앞서 고찰한 바와 같이 미·중 관계 정상화 분위기 속에서 중국이 UN에 가입하고, 미·중, 일·중 관계가 개선됨에 따라 한반도 군사문제를 보다 부각시켰던 것으로 분석된다. 또한 1980년대 후반의 증가는 레이건 행정부의 대북(對北) 강경정책과 더불어 한·중 관계의 변화에 대한 대응으로 해석된다.[180)]

북한의 또 다른 행태로서 직접적인 대남 도발을 들 수 있다. 한국전쟁 이후 북한의 대남 도발사례는 〈표 3-6〉에서 보는 것처럼 수없이 많지만, 여기에서는 1970년대와 1980년대 북·중 관계에 영향을 주었던 몇 가지 주요사건만 선별하여 제시하고자 한다.

김일성은 1972년 《미·중 연합성명》 발표 이후 중국과 나름대로의 공조관계를 유지해 가며 중국으로부터 북·미 접촉에 관한 도움을 지속적으로 요청했다. 이러한 북한의 요청에 대해 중국은 정치·군사적인 지원을 제공함과 동시에 미·중 관계 개선에 필요한 한반도 긴장완화에 필요한 남북대화를 요구하였다. 그러나 김일성

180) 이 통계는 평화연구원에서 북한이 1948년 이래 성명, 연설, 편지, 보고, 결정서, 호소문, 비망록 등의 방식을 통해 제의한 군사문제 관련 횟수를 종합한 것이다. 통계에 포함된 군사문제 제기의 주체는 정부, 정부기관과 부서, 입법기관, 로동당을 비롯한 정당, 사회단체, 국제회의, 남북회담 등을 포함하였다. 또한 여기서 말하는 군사문제 범주에는 미군철수, 병력감축, 군비축소, 남북군대연합, 군사조약 폐기, 휴전협정 준수, 무력 不행사, 북·미 평화협정 체결, 군사연습 중지, 비핵·평화지대 창설, 남북 불가침 선언 등이 포함된다. 平和研究院, 『北韓問題提議 資料集(1948-1988)』(서울: 平和研究院, 1989), p. 26.

은 중국을 통해 주한미군을 철수시키고자 했던 희망이 점차 사라지면서 미국과 중국의 시선을 집중시킬 수 있는 대남도발을 기획하게 되었다.

〈표 3-6〉 북한의 주요 위기도발 사례

<table>
<tr><th>시 기</th><th>발 생 일</th><th>유 형</th><th>내 용</th></tr>
<tr><td>1950년대</td><td>1958. 2. 16</td><td>여객기 피납</td><td>· 6명의 무장괴한이 32명이 탑승한 대한항공기(KNA-1) 피납</td></tr>
<tr><td>1960년대</td><td>1967. 1. 19
1968. 1. 21
1968. 1. 23
1968. 11. 13
1969. 12. 11</td><td>해군함정 피격
청와대 기습
푸에블로호 납치
무장공비 침투
여객기 피납</td><td>· 한국 해군함정 북한 쾌속정에 의해 공해상에서 피격, 침몰
· 북한 무장공비(31명) 청와대 기습 기도
· 미국 정찰함 북한 쾌속정에 의해 나포
· 울진 · 삼척지역 무장공비(120명) 침투
· 대한항공기(YS-11) 북한 간첩에 의해 납치</td></tr>
<tr><td>1970년대</td><td>1970. 6. 22
1974. 8. 15
1974. 11. 15
1976. 8. 18</td><td>국립묘지 폭파 기도
대통령 저격 기도
제1땅굴 발견
판문점 도끼만행</td><td>· 북한공작원 국립묘지 폭파 기도
· 북한공작원 대통령 저격 시도, 영부인 사망
· 서부전선 비무장지대 고랑포 부근에서 남침용 땅굴 발견
· 비무장지대내 미군장교 살해</td></tr>
<tr><td>1980년대</td><td>1983. 10. 9
1987. 11. 29</td><td>랭군 국립묘지 폭파
대한항공기 폭파</td><td>· 북한공작원 폭탄 설치, 한국 고위관리 14명 사망
· 북한공작원 대한항공기 공중 폭파</td></tr>
</table>

출처: 육군사관학교, 『북한학: 정치 · 군사 · 통일의 역동성』(서울: 황금알, 2006), p. 404.

북한은 1974년 8월 15일 광복절 29주년 기념식장에 문세광을 잠입시켜 박정희 대통령 암살을 기도하였다. 그러나 대통령 저격은 미수에 그치는 대신 옆자리에 있던 영부인 육영수 여사가 서거하였다.[181] 이 사건이 끝나고 3개월 뒤 서부전선 고랑포지역 비무장지대에 북한이 굴착한 땅굴이 발견되어 세계의 주목을 집중시켰다. 이후 1975년과 1978년 연이어 제2, 제3땅굴이 발견됨으로써 북한의 전면전 기도와 호전성이 입증되기도 하였다.[182]

1970년대 중국과 미국의 반향을 불러일으켰던 사건은 1976년에 발생하였다. 1976년 8월 18일 판문점의 유엔군측 보니파스 대위는 9명의 미군과 5명의 노무자를 데리고 판문점 공동경비구내 유엔군측 제3초소 남방 30m 지점에서 전방시계 보장을 위해 미루나무 가지치기를 하고 있었다. 이때 북한 경비병 30여 명이 갑자기 나타나 유엔군측 노무자의 도끼를 탈취하여 보니파스(Arthur G. Bonifas) 대위와 바레트(Mark T. Barret) 중위를 도끼로 살해하고 유엔군측 경비병 8명에게 중상을 입혔던 것이다. 이 사건은 군사적 차원에서 위협의 심각성이 덜하다고 볼 수 있겠지만 당시 미국은 국무성과 백악관이 성명을 내는 동시에 북한에 대한 응징의사를 표명하는 수준까지 이르게 되었다. 즉 사건 자체는 위기로 구분하기 어려웠지

181) 이 사건에 대한 외교부의 문서가 2005년 1월 20일 공개되었다. 공개된 외교문서를 토대로 한 심층깊은 연구는 이완범, “김대중 납치사건과 박정희 저격사건,” 『역사비평』2007년 가을호(통권 80호), pp. 312-355를 참고할 것.

182) 북한의 남침용 땅굴에 대해서는 張龍河, “北傀의 休戰協定 違反事例,” 『立法調査月報』118호(1979. 6), pp. 100-104; 金富成 著, 『내가 판 땅굴: 남침음모를 증언한다』(서울: 甲子文化社, 1976); 군인공제회, “발견된 북괴의 또 다른 남침 땅굴,” 『地方行政』, Vol.24, No.257(1975), pp.96-105 등을 참고할 것.

만, 미국과 한국 등 사건에 연루된 국가들이 극단적 위기로 인식하면서 전면전까지 확대될 수 있는 분위기가 조성되었던 것이다.[183] 그러나 이러한 위기는 북한의 도발행위에 대한 김일성의 직접 유감 표명을 통해 일단락되었다.[184]

중국은 '판문점 도끼만행 사건'에 대해 냉담했다. 이전 '푸에블로호 사건'이나 'EC-121 위기'때와는 달리 사건 발생 3일이 지나고 미국의 무력시위가 고조되는 와중에서도 중국의 침묵은 계속되었다. 오히려 미국주재 중국대사는 키신저와의 회담에서 중국의 대북 지원은 없을 것이란 점을 분명히 확인시켜 주었다.[185] 당시 중국은 미·중 화해무드 속에서 북한의 이러한 모험에 대해 일종의 무시와 통제 쪽으로 기울었던 것이다. 북한은 중국의 무반응에 대해 실망했으며, 이 사건을 끝으로 미군에 대해서는 의도적인 도발을 하지 않았다.

---

183) 사건 발생 후 3일만에 주한미군 경계태세는 데프콘(DEFCON)-3으로 격상되었다. 미국방성은 2개 전투비행대대를 한국에 급파하고, 오끼나와에 기지를 둔 F-4 전폭기 1개 대대와 미국 본토 아이다호주에 기지를 둔 가변인 F-111 전투기 1개 대대를 파견하여 예비 경계조치를 취하였다. 또한 B-52 폭격기를 증강 배치함과 동시에 미 항공모함 미드웨이 호가 대규모의 호위함정단이 한반도 수역에 기항했다. 이 외에 한·미 양국은 특수부대를 이용하여 북한에 대한 사전통보없이 공동경비구역내 미루나무를 베어버리는 '폴 버년 작전'(Operation Paul Bunyan) 작전을 수행하였다. 육군사관학교, 『북한학: 정치·군사·통일의 역동성』(서울: 황금알, 2006), p. 401; 최명해, 『중국·북한 동맹관계: 불편한 동거의 역사』, p. 319.

184) 1996년 9월 19일 잠수함 사건 때까지 북한이 직접 유감을 표명한 것은 이 '판문점 도끼만행사건' 뿐이다. 강성학, "냉전시대의 한반도 위기관리," 『아이고와 카산드라』(서울: 오름, 1997), p. 663.

185) Donald S. Zagoria and Janet D. Zagoria, "Crises on the Korean Peninsula," in Stephan S. Kaplan (ed.), *Diplomacy of Power: Soviet Armed Forces as a Political Instrument* (Washington, D.C.: The Brookings Institution, 1981), p. 398. 강성학, "냉전시대의 한반도 위기관리," p. 656에서 재인용.

1980년대 북한은 미·중 관계 정상화 이후 양국이 합의한 3자 회담 개최에 대한 중국측 제의를 받아들일 수밖에 없었다. 그러나 이는 표면적인 수락이었을 뿐 실은 한반도 현상유지를 바라는 미·중 양측의 제안에 불만이 많았다. 이러한 상황에서 북한이 채택한 수단이 남북대화의 무드를 이용한 고도의 화전양면전술이었다. 1970년대 북한의 모험적 도발을 경험한 중국으로서 1980년대 양국 관계를 조율해 나가는 과정에서 북한에 대한 의혹은 지속되었다. 이러한 중국지도부의 북한에 대한 인식 변화를 대변하는 한 예를 소개하고자 한다.

1981년 4월 18일 김일성은 극비리에 중국 선양(瀋陽)으로 건너가 덩샤오핑과 남북관계 및 북·미 관계개선의 필요성에 대해 의견을 조율했다. 김일성은 미·중 관계가 냉각되는 시점[186]을 이용하여 덩샤오핑과의 회담을 타진한 것이다. 이 회담에서 김일성은 "우리는 반드시 미국과 손을 잡아야 하며, 중국이 조선과 미국관계 개선에 협조해 주기 바란다. 우리가 먼저 전쟁을 일으키지 않을 것이니 동지는 안심하라"고 언급했다. 김일성은 북·미 양자 접촉 주선을 중국에 요청하면서, 중국의 북한에 대한 연루 우려를 해소시키고자 했던 것이다. 이러한 김일성의 요청에 대해 덩샤오핑은 "조선 문제는 앞으로 당신들 자신의 문제이다. 물론 우리는 당신들의 투

186) 1981-1982년 미·중 양국은 미 의회의《대만관계법》통과와 미국의 對대만 무기판매 안을 둘러싸고 관계가 냉각되었다. 그러나 레이건 행정부가 1982년 8월 대만에 대한 FX 전투기 판매안을 포기하고, 대만에 대한 무기판매에 일정한 제한을 가하는 내용의 미·중 공동성명을 발표한 이후 양국 협력관계는 급속히 회복되었다. 서진영,『21세기 중국의 외교정책: '부강한 중국'과 한반도』(서울: 폴리테이아, 2006), pp. 171-174.

쟁을 지지한다. 이것은 우리의 일관된 입장이다. … 현재 미·중·소와 남조선은 조선에서 한 차례 전쟁을 할 생각이 없으며, 현 상황을 변경할 생각도 없다. … 미군이 조선반도에서 쉽게 나가지 않을 것이다. … 중국이 미·일에 대해 조선과의 관계개선을 요청하기는 어렵다"라고 대답하였다.[187] 양국 정상의 대화내용을 보면 이미 남북문제와 북·미 양자 접촉에 대해 양측의 인식이 어긋남을 볼 수 있다. 결국 이러한 양국 인식의 불일치는 북한으로 하여금 또 다른 모험을 시도하게 하였다. 북한은 계산된 모험, 즉 평화공세와 더불어 랭군 테러를 동시에 감행한 것이다.[188]

1983년 10월 8일 북한은 중국주재 북한 대사관을 통해 중국외교부에 외교 공한(公翰)을 전달했다. 이 서한에 북한은 "미국 측의 입장을 참작하여 한국대표가 참여하는 미국과의 3자 대화 개최에 동의하기로 했으며, 이 대화 제의에 아무런 조건을 붙이지 않는다"고 기술하였다.[189] 그런데 바로 다음날 북한은 '버마 아웅산 테러사건'을 감행한 것이다.[190] 10월 9일 버마 수도 랭군의 아웅산 국립묘지에서 북한공작원이 설치한 폭발물에 의해 한국 각료 4명 및 수행원

187) 오진용, 『김일성시대의 중소와 남북한』, pp. 81-84.

188) 당시 북한이 랭군 테러를 감행한 목적은 한국정부를 교란시키기 위함이었고, 미국을 표적으로 상정한 것은 아니었다. 미찌시따 나루시게, "북한외교와 군사력의 역할," 경남대학교 북한대학원 엮음, 『북한군사문제의 재조명』(서울: 한울 아카데미, 2006), pp. 472-473.

189) 국가안전기획부, 『한반도문제 관련 관계국 회담 자료집』(1985. 2), p. 63; 최명해, 『중국·북한 동맹관계: 불편한 동거의 역사』, p. 351에서 재인용.

190) 同 사건에 대해서는 싱 후쿠오 지음, 남현욱 옮김, 『아웅산 피의 일요일: 김일성의 랭군 테러의 전모』(서울: 병학사, 1985); 박창석, 『아웅산 리포트』(서울: 인간사랑, 1993); Chuck Downs, *Over the Line: North Korea's Negotiating Strategy* (Washington, D.C.: The AEIP Press, 1999) 등을 참고할 것.

17명과 버마인 4명이 사망하였다. 당시 전두환 대통령은 서남아 순방 중 첫 번째 나라인 버마에 체류하고 있었으며, 아웅산 국립묘지를 참배할 계획이었다. 북한은 2명의 공작원으로 하여금 아웅산 묘소 천정에 강력한 폭탄 3개를 장치해 놓고 한국 대통령을 비롯한 각료들을 위해하려 음모하였던 것이다. 이 사건은 휴전 이후 북한이 한국 대통령을 시해하기 위한 네 번째 시도였던 것이다.

이 사건이 중국과 연계를 가질 수밖에 없는 것은 미·중이 합의한 3자회담 개최와 연관이 있다는 점이다. 중국은 3자 접촉을 위해 자국의 적극적 중재 노력이 가시화되는 와중에 이러한 테러가 발생하자 북한에 대한 극도의 혐오감을 표출했다. 당시 미국의 프리먼(Charles Freeman) 대사는 중국이 북한측 요청에 따라 미국측에 3자회담 수용의사를 전달한 바로 다음날 이 사건이 발생하자, 덩샤오핑은 "이 사건은 분명히 김정일의 의도된 소행이다"고 간주하고 격노했다고 회고했다.[191] 중국은 북한의 이러한 양면적인 전술을 통한 호전성에 대해 분노했으며, 이는 1961년 동맹조약에 대한 포기와 연루를 동시에 고민하게 만든 중요한 계기였다.

중국과 북한은 이러한 일련의 사태를 해결해 나가면서 양국 관계는 점점 평행선을 긋게 되었다. 북한의 입장에서 1980년대 팀스피리트와 같은 한·미 연합훈련을 목도하면서 심각한 안보위협을 느꼈기 때문에 중국과의 공조를 포기할 수 없었다.[192] 반면, 중국

---

191) Nancy Bemkopf Tucker, *China Confidential,* p. 431 and 533, n. 48. 최명해, 『중국·북한 동맹관계: 불편한 동거의 역사』, p. 352에서 재인용.

192) 1980년대 김일성의 위협인식을 엿볼 수 있는 예로 1984년 5월 30일 베를린에서 호네커와 회담시 그가 언급한 내용을 보면 알 수 있다. 김일성은 "작년의 팀스피리트 훈련에는 미군 이외에 10만명의 남조선 병사가 참가했다. 우리는 미

은 소련의 아태지역 군사력 증강에 대한 위협 인식 하에 미국과 군사협력을 강화해 나가고 있었다.[193] 북한으로서는 소련의 군사지원을 요청하는 수밖에 다른 대안이 없었던 것이다. 1975년 이래 거의 중단상태에 있었던 소련의 對북한 무기이전이 1984년 이후 급격히 증가한 것은 바로 이를 대변하고 있는 것이다. 북한은 소련으로부터 무기이전을 받는 대가로 소련에 대한 군사기지 사용권을 제공함으로써[194] 중국에게 심각한 위협을 던져주는 결과를 초래했다. 즉 중국의 중요한 해군기지인 뤼순(旅順), 다롄(大連) 항구로부터 200마일 정도밖에 떨어지지 않은 남포항을 소련함대가 자유로이 출입하고 북한의 영공을 통과한다는 것은 중국에게 있어 현시적인 위협

군이 10만명의 남조선 군사를 동원한데 대해 약간 놀랐다. 그래서 비상사태를 선포했다. 올해는 미군이 20만면의 용병을 동원해 또다시 팀스피리트 훈련을 했다. 적군이 군사훈련을 하면 우리는 이에 대응조치를 취해야 한다. 이는 우리의 생존에 커다란 장애요인이 되고 있다"고 언급했다. 『한국일보』(1995. 10. 12).

193) 이 시기 미·중간 군사협력이 급속히 진전될 수 있었던 계기는 미 국방장관 와인버거(Caspar Weinberger)의 방중이었다고 볼 수 있다. 그의 방중 이후 레이건 행정부는 1986년 초 중국군이 보유하고 있는 F-8 제트요격기(소련제 MIG-23에 해당)의 성능을 강화하고자 5억 5천만 달러 규모의 레이더 및 무기 발사통제시스템 장비 등을 중국에 판매할 용의가 있다고 발표했다. 이는 미국이 이제까지 중국에 판매했던 군사장비로는 최대 규모였다. 이와 함께 미 의회도 중국의 화약 및 포탄 제조공장 설립을 지원하기 위한 9,800만 달러 규모의 對중국 지원안을 승인했다. 국방부, 『주변국 주요인사 발언 및 군사동향(한반도 및 동북아 안보정세를 중심으로)』(서울: 국방부정책기획관실, 1987), p. 248.

194) 1984년 이후 소련은 북한에게 SA-2 지대공미사일 580기, SCUD-B 지대공미사일 15기, MIG-23 전투기 50기, SU-7 전투기 10기, MIG-24 헬기 등을 지원하였다. 북한은 이러한 소련의 군사지원 대가로 소련 TU-16/95 정찰 및 폭격기의 북한 내륙통과 비행 및 기착권 인정(1984. 12), 자진항에 이어 원산항 기항권 인정(1985. 5), 중국과 대면하고 있는 남포항에 대한 소련 해군함대의 기항권 인정(1986. 7) 등을 제공하였다. 정영태, 『북한과 주변4국의 군사관계』(서울: 민족통일연구원, 1996. 10), p. 39.

이었던 것이다.[195)]

1980년대 중반 이후 미·중 양국은 관계 정상화의 가시적 성과를 내기위한 방편의 하나로 한반도 문제에 대한 공조를 지속해 나갔다. 그러나 이러한 양국의 공조는 남북대화와 주한미군 철수문제를 둘러싼 북·중 관계를 악화시킬 뿐이었다. 비록 고위급 상호방문과 경제적 지원 등 북한에 대한 중국측의 '당근'이 있었지만 북한은 또다시 모험적 도발을 감행하였다. 1987년 11월 29일 중국의 對북한 영향력 한계를 보여준 KAL기 폭파사건이 발생한 것이다. 대한항공 소속 여객기가 북한에서 파견된 두 명의 간첩에 의해 공중폭파된 것이다. 이 사건은 아웅산 폭파사건과 마찬가지로 발생장소가 한반도가 아닌 버마 상공이었다는 점에서 중국과 미국의 우려를 배가시켰다. 사건 직후 중국은 민항기 폭파문제를 유엔안전보장이사회에 상정하는데 대한 반대 입장을 피력했다. 유엔안보리에서 이러한 안건을 다루는 것은 한반도의 긴장을 고조시키는 행위라는 이유로 거부하였던 것이다.[196)] 반면, 1988년 3월 8일 미국을 방문중인 우쉐첸(吳學謙) 외교부장은 레이건 대통령 및 슐츠 장관과의 회담에서 "중국은 KAL기 사건으로 인해 조선반도에 긴장이 고조

195) 중국 역시 북·소 군사협력에 대한 '보복성 대응'을 하였다. 즉 1986년 10월 와인버거 미 국방장관 방중시 칭다오(青島)에 미 태평양함대 기항을 승인한 것이었다. 이는 1949년 5월 美 해군 정비함 딕시(Dixie)호가 중국 정권수립 5개월을 앞두고 칭다오를 떠난 이후 37년 만에 처음으로 이루어지는 중대 사건으로 북한을 자극하기에 충분했다. 국방부, 『주변국 주요인사 발언 및 군사동향(한반도 및 동북아 안보정세를 중심으로)』, pp. 249-250.

196) Byong Moo Hwang, "The Evolution of ROK-PRC Relation: Retrospects and Prospects," *The Journal of East Asian Affairs,* Vol.5, No.1 (Winter-Spring 1991), p. 41.

되고 있음을 우려하고 있는 바, 이러한 적대감 완화를 위해 일정한 냉각기간을 갖는 것이 바람직하다고 생각한다. 중국은 조선과 긴밀한 관계를 유지하고 있으나, 조선은 독자적인 정책을 고려하고 있으므로 조선에 대한 영향력에는 한계가 있다. 남조선은 중국과의 관계 증진에 강한 희망을 품고 있는 것으로 알고 있다. 중국은 적절한 경로를 통해 남조선에 대해 통상분야에서 진전이 있을 것임을 전달한 바 있다. 그러나 현시점에서 국가승인이나 관계수립 등은 불가능할 것이며, 이러한 방향으로의 노력은 조선반도 긴장완화에 도움이 되지 않을 것이다"고 언급하였다.[197)]

이상에서 살펴본 바와 같이 1970년대와 1980년대 북한의 도발적 모험은 중국이 미국 및 일본과의 관계 정상화 과정에서 보여준 돌발행동이었다. 동맹조약을 체결한 맹방 중국이 한반도 긴장완화를 위한 다각도의 노력을 경주했지만, 북·미 직접 접촉에 반하는 그 어떤 노력도 허사가 되었던 것이다. 이는 중국의 대북 영향력에 한계가 있음을 의미하며, 북한의 이해관계에 반하는 조치를 급속히 단행할 경우, 북한의 행보를 예측하기 어렵게 된다는 분석을 가능케 한다. 따라서 중국은 이 시기 한국과의 비공식적 교류를 조심스레 확대해 나가면서 북한을 '챙기는' 별도의 조치를 잊지 않았던 것이다.[198)]

---

197) 국방정보본부 중요첩보 제10호(1988. 3. 11), 국방부, 『한반도 및 동북아군사정세 자료집』(1988), p. 339. 그러나 중국 관방의 공식적 문건인 외교백서에서는 "항공기폭파사건으로 남북관계는 더욱 긴장되었다(更加緊張)"는 표현 이외에 별다른 평가를 하지 않았다. 中華人民共和國外交部外交史編輯室主編, 『中國外交槪覽 1988』, p. 46.

198) 중국의 이러한 양면적 조치중 하나로 1988년 중국의 서울올림픽 참가를 앞두

라. '톈안먼(天安門) 사태'와 북한의 지지

앞에서 고찰한 것처럼 1980년대 중반까지 밀접한 유대관계를 유지하던 북·중 양국관계는 1980년대 말 탈냉전이 시작되면서 변화를 보이게 된다. 1980년대 미·중, 일·중 관계 정상화와 중국의 개혁개방 추진과정에서 양국은 발전노선을 둘러싸고 이견이 발생하였지만, 이러한 갈등은 양국의 전략적 이해 때문에 외부로 노출되지는 않았다. 그러나 1980년대 후반 대외환경의 급변으로 인해 억제되었던 양국의 갈등이 표면화되었다. 1980년대 북한에 대한 전폭적인 군사지원을 해 주었던 소련이 군사팽창주의 노선을 포기하고 미국, 중국과의 협력을 모색하기 시작하면서 북한의 전략적 가치는 하락하게 된 것이다. 북한이 이 시기 대일(對日) 관계개선 및 남북한 유엔 동시가입 시도 등 이전과는 다른 대외전략을 추진했던 이유도 바로 중·소와의 관계변화에 기인한 전략적 판단으로 볼 수 있는 것이다.

1983년 '아웅산 테러사건' 이후 소련으로의 준(准) 유착을 추진해 왔던 북한은 중국이 '톈안먼(天安門) 시위'를 강경진압하면서 강경노선으로 회귀하게 되자 중국으로 급선회하게 된다. 톈안먼 사태[199]는 개혁개방을 통해 경제발전을 꾀하는 중국의 정책이 초래

고 북한 정부수립 40주년 기념식에 양상쿤(楊尙昆) 국가주석이 옌밍푸(閻明福) 중앙서기처 서기, 첸치천(錢其琛) 외교부장, 츠하오톈(遲浩田) 중국인민해방군 총참모장 등 강력한 대표단을 인솔하고 평양을 방문해 북한과의 우호협력관계를 과시하기도 하였다. 劉金質·楊淮生主編, 『中國與朝鮮半島國家關係文件資料匯編(1949-1994)』, pp. 2530-2532.

199) 톈안먼 사태에 대해 중국에서는 '北京反革命暴亂'(中華人民共和國外交部外交史編輯室編, 『中國外交概覽 1990』, p. 12), 혹은 '政治風波'(中共中央黨史硏究室,

했던 사상적 혼란과 그에 대한 북한의 불신감을 일소해 주는 작용을 했던 것으로 분석된다. 즉 중국이 톈안먼 시위를 강경진압하자 북한은 중국을 신뢰성있는 북한의 동지로 재평가한 것이다.

중국은 1989년 봄부터 티벳지역에 티벳 분리주의 운동자들의 시위로 계엄령을 선포했고, 베이징에서는 3개월 여 진행된 민주화 시위를 6월 4일 유혈진압하였다. 6·4 톈안먼 사태는 중국정부로 하여금 '화평연변'(和平演變)[200]의 위협에 대한 대책수립을 요구하는 초미의 위기상황이었다. 이러한 일련의 反정부적 사태는 북한과 중국 양국 관계에 있어 보수화 노선을 강화시키는 계기가 되었다. 뿐만 아니라 사회주의 체제 고수를 위한 양국 간의 긴밀한 정책협의 및 상호지원을 다짐하는 전기(轉機)가 되었던 것이다.

북한은 중국지도부의 톈안먼 유혈진압을 적극 지지하였다. 사태 수습도 제대로 되지 않은 7월 1일 『로동신문』 논설에서 중국의 시위사태를 '反혁명 폭란'으로 매도하면서 이를 효과적으로 처리한 중국의 조치에 전적인 지지 입장을 표명하였던 것이다. 또한 톈안먼 사태 발생 4개월 이후 11월 5일부터 7일까지 베이징을 비공식 방문한 김일성은 중국 정권수립 40주년을 기념하는 축전에서 "반

『中華人民共和國大事記(1949年10月-2009年10月)』(北京: 新華出版社, 2009)) 등으로 표현한다.

200) 중국이 표현하는 '화평연변'(和平演變)이라 함은 "서방자본주의국가가 사회주의국가에 대해 '초월억제전략'(超越抑制戰略)을 취해 사회주의국가의 붕괴·와해를 꾀하는 것"이라고 정의하고 있다. 즉, 무력이 아닌 비폭력적인 수단 — 기술교류, 문화교류 등 — 을 이용하여 사회주의국가 인민들의 심리와 행위방식에 영향을 주어 결국 사회주의국가의 생활방식과 국가운영마저도 자본주의화 시키는 일련의 전략을 말한다. 『人民日報』(1991. 6. 5); 中國百度百科, '和平演變'(http://baike.baidu.com/view/121009.htm?fr=ala0_1).

혁명 폭란 평정을 진심으로 축하"했으며, 덩샤오핑은 이에 대해 사의(謝意)를 표명하였다. 또한 중국 지도자들과의 회담자리에서 중국 사회주의 체제의 안정은 북한 안정에 사활적인 문제라고 언급하였으며, 양국은 사회주의 체제와 노선을 고수할 것을 다짐하였다.[201] 톈안먼 사태가 발생한 지 만9개월 만인 1990년 3월 13일에는 장쩌민(江澤民) 당시 중국 총서기가 북한을 방문하였다. 당시 장쩌민은 김일성과 두 차례에 걸친 회담을 개최하는 등 북·중 간의 우호협력관계를 과시하였다.

톈안먼 사태를 둘러싼 북·중 간의 공조와 협력은 북한의 對중·소 정책에 있어 전환점이 되었다.[202] 이같은 북한의 급선회는 중국의 개혁개방정책이 초래했던 것과 유사한 현상이 소련 고르바초프의 개혁노선으로 말미암아 러시아에서도 발생하고 있었다는 점에서도 그 원인을 찾아볼 수 있다.[203] 무엇보다 중요한 점은 중국이 적극적인 개혁개방정책을 추진하면서 상대적으로 약화되었던 북한과의 혁명적·이념적 연대가 다시 강화되었다는 점이다. 군사적인 차원에서 볼 때도 톈안먼 사태 이후 중국 군부의 영향력이 증대되었으며, 쉬신(徐信), 왕하이(王海), 자오난치(趙南起) 등 한국전쟁 참전인물들이 중국 군부의 새로운 핵심으로 부상하였다.[204] 북

201) Byong Moo Hwang, "The Evolution of ROK-PRC Relations: Retrospects and Prospects," *The Journal of East Asian Affairs,* Vol.5, No.1 (Winter-Spring 1991), pp. 43-46.

202) 『북한 및 공산권 동향』, 1989년 10월호(통권 100호), p. 35.

203) 김용호, 『현대북한외교론』, p. 309.

204) 朴斗福, "최근 中國의 對韓半島 政策과 韓·中關係(要旨)," 『環太平洋研究』 제4집(1991), p. 98.

한과 특수한 관계를 갖고 있는 인물들의 등장으로 북·중 관계를 이전보다 긴밀한 관계로 발전시키는 계기가 되었던 것이다.

제2절 對북한 군사외교

지금까지 냉전시기 중국의 對남북한 정치·외교관계를 주요 사안별로 역사적 고찰을 하였다. 이러한 과정에서 군사적 활동도 국가 총체외교의 한 부분으로 포함되어 진행되었음을 알 수 있다. 그러나 이 책에서 분석하고자 하는 군사외교에 관한 내용을 체계적으로 일목요연하게 분석하기에는 한계가 있다. 따라서 여기에서는 앞서 고찰한 시기별 내용에 기초하여 군사외교활동 범주별로 다시 정리해 보고자 한다.

냉전시기 중국이 전개한 對북한 군사외교활동은 크게 인적교류와 군사지원, 그리고 기타 군사교류활동으로 대별할 수 있다. 인적교류 부분은 다시 군 고위급 상호방문과 단독 군사대표단 상호방문으로 구분되며, 군사지원은 상호적 차원이 아닌 일방적인 중국의 북한 지원으로 국한된다. 군사지원 및 협력분야는 무기장비 원조와 기술이전, 그리고 훈련 및 군사요원 양성분야로 다시 세분하여 고찰하고자 한다.

1. 군사교류

현대적 의미의 중국 군사외교에 있어 군사교류의 대부분을 차지하는 인적 교류협력 분야는 중국이 개혁개방정책을 시작한 1978년부터 본격화되었다고 볼 수 있다. 그 이전 중국군의 인적교류는 대부분 공산권 국가들과 추진되었다. 특히 북한과의 인적교류는 한국전쟁 시기를 제외하면, 대표단의 유형과 방문목적에 따라 여러 가지 유형으로 세분화할 수 있다.

중국인민해방군 인적교류의 대표적인 유형으로는 ① 국가 정상급 방문시 군 수뇌부가 수행하는 경우, ② 군 단독으로 대표단을 구성하여 방문하는 경우, ③ 실무요원 상호방문 및 교육교류 등의 기능적 교류, 그리고 ④ 군 체육 및 예술단 교류 등을 들 수 있다. 또한 단기간 방문을 통한 교류가 아닌 주재국에 장기간 파견하여 운영하는 무관부 역시 넓은 의미에서 보면 인적교류의 범주에 포함된다고 볼 수 있다.

일반적인 인적교류에 있어 북・중 간에는 타국에 비해 특이한 현상을 보인다. 일반적으로 군 인적교류는 대부분 비정기적으로 이뤄지는데 반해 북・중 양국 간에 있어서는 정례화된 상호방문이 잦다는 것이다. 이는 양국의 당 창건일, 정부수립일, 한국전쟁 참전일 등을 기념하기 위한 상호 친선방문이 정례화 되어있기 때문이다.[205] 이러한 현상은 양국의 역사적 전통에서 기인하는 것이며, 냉전기 양국관계가 소원했을 때에도 이러한 친선교류방문은 지속되었다. 여기에서는 냉전시기 북・중 간에 진행된 군 인적교류를

205) 양국의 주요 기념일을 정리하면 다음 표와 같다.

구 분	건 국	창 당	창 군	조・중동맹체결	한국전쟁참전	수 교
중 국	10. 1	6. 30	8. 1	7. 11	10. 25	10. 6
북 한	9. 9	10. 10	4. 25			

유형별로 세분화하여 고찰해 보고자 한다.[206)]

가. 한국전쟁 준비 및 한국전쟁 기간 중 방문

북·중 양국 역사에서 한국전쟁은 매우 중요한 의미를 갖는다. 양국이 연합사령부를 구성하여 전쟁준비 및 전쟁을 수행하는 과정에서도 수차례의 정상회담이 진행되었다. 전쟁준비 기간에는 김일성의 전쟁계획 설명하기 위해, 전쟁 발발 이후에는 '조·중 연합사' 구성 및 휴전협상에 대한 논의를 위해 정상회담이 개최되었다. 한국전쟁을 전·후한 양국 정상급 회담은 전시 군사외교에 있어서 매우 중요한 역할을 수행하였다고 볼 수 있다.

〈표 3-7〉 북·중 지도부 회담내역(건국이후-한국전쟁)

연 월	장 소	회담 주체		회담 주제	비 고
		중 국	북 한		
1950. 5. 13	베이징	毛澤東 周恩來	김일성	한국전쟁 도발 계획	비공식
1950. 12. 3	베이징	毛澤東 周恩來	김일성	조·중 연합사령부 설치	
1951. 6. 3	베이징	毛澤東	김일성	휴전회담 운영방침	

출처: 이종석, 『북한-중국관계 1945-2000』(서울: 중심, 2000), p. 309.

206) 인적교류에 있어 전략적 협의(strategic consultation)를 목적으로 한 고위급 교류도 포함된다. 그러나 여기에서는 이러한 전략적 협의의 성격을 띠지 않는 군사분야로만 국한할 것이다. 냉전기 북·중 간 전개된 전략적 협의는 한국전쟁 시기 '조·중 연합사령부'에서 진행된 전시 전략협의를 포함하여 미·중 관계 정상화 과정에서의 북·중 수뇌부 회담 등을 포함할 수 있는데 이러한 세부적 내용에 대해서는 앞에서 논의했기에 여기에서는 생략하기로 한다.

한국전쟁 발발 전인 1950년 5월 13일 김일성은 박헌영을 대동하고 중국을 방문했다. 그는 당일 저녁에 마오쩌둥을 만나 스탈린과 가진 모스크바회담의 내용을 통보하면서 전쟁협조를 요청했다. 이틀 뒤인 5월 15일에는 김일성·박헌영과 함께 2차 회담을 열어 무력남침에 대해 양국의 입장을 교환했다. 이후 한국전쟁이 발발하기 전까지 직접 만나서 회동을 하지는 않았다.

중국인민지원군이 출병 이후 조선인민군과 통일된 지휘체계를 둘러싸고 마찰이 지속되자 김일성은 1950년 12월 3일 가오강(高崗)과 함께 중난하이(中南海)에 있는 마오쩌둥의 집무실을 방문하여 '조·중 연합사' 구성에 대한 문제를 논의했다. 여기서 두 사람은 중국인민지원군과 조선인민군의 작전과 전선의 일체활동을 통일적으로 지휘할 연합사령부 구성에 합의했다. 한국전쟁 발발 이후 두 번째 정상급 회동은 1951년 6월 3일에 있었다. 미·소 양국이 비밀접촉을 진행하는 가운데 휴전문제를 협의하기 위해 김일성은 동북인민혁명정부 주석인 가오강(高剛)과 함께 베이징에 도착하여 마오쩌둥, 저우언라이와 만났다. 여기서 양측 지도자들은 '현 상황에서 휴전하는 것이 유익하다'는 데 합의했다.[207]

나. 한국전쟁 이후 국가 정상급 회담과 군 수뇌부 동반

휴전협정 체결이 이루어지자 김일성은 1953년 11월 중국을 방문하여 중국인민지원군의 참전에 대해 깊이 감사를 표하며, 앞으로의 전후 복구건설 과정에서 중국의 지원을 요청했다. 이후 중국인민지원군 철수에 관한 협의가 있기 전까지 4년여 이상 양국간의 정상급

207) "6·25 내막/모스크바 새증언 19," 『서울신문』(1995. 7. 4)

회동은 없었다.[208)]

1958년 2월 저우언라이는 천이(陳毅) 외교부장, 쑤위(粟裕) 중국인민해방군 총참모장 등을 대동하고 북한을 방문하여 김일성과 중국인민지원군 완전철수에 공식 합의했다.[209)] 저우언라이의 방북 목적은 인민지원군 철수에 따라 기존 '조·중 연합사'를 해체하고 새로운 양국 외교관계의 규범을 정립하기 위함이었다. 이러한 방문의 목적은 대표단 구성을 보면 잘 나타나 있다. 대표단 내에는 인민지원군 철수문제를 협의할 목적으로 인민해방군 총참모장 쑤위(粟裕)가 포함되어 있지만, 주요 구성원은 대부분 외교담당 인사였다.[210)] 이는 북한과 외교관계를 수립한 이후 저우언라이 총리의 최초 북한 방문이었으며, 중국 정부대표단이 외교담당 인사로 구성되어 북한에 파견된 것도 유례가 없는 일이었다.

저우언라이는 방북을 통해 1958년 말까지 인민지원군의 완전 철수에 합의하고, 양국 간 외교적 의사소통 채널을 복구시켰다. 이것이 《조·중 수뇌방문에 관한 협정》이다. 동 협정의 핵심은 양국의 공동 관심사를 상호 협의·통보하는 것으로 알려져 있다.[211)] 동 협

208) 여기에 정리된 인적교류 내용은 북·중 양국 정상간의 단독회담이 아닌 군 고위급 인사를 대동한 방문에 초점을 두었다. 그러나 자료수집에 있어 양국 정상의 공식·비공식 회담시 군 인사 포함여부를 확인하기에는 한계가 있어 여기에 제시된 내용은 그간 저자가 수집한 1·2차 자료를 종합하여 정리한 것으로 국한됨을 밝힌다.

209) 中華人民共和國外交部外交史編輯室主編, 『中國外交概覽 1987』(北京: 世界知識出版社, 1987), p. 45; 『로동신문』(1958. 2. 20).

210) 대표단 구성을 보면, 국무원 총리 저우언라이, 국무원 부총리 겸 외교부장 천이(陳毅), 외교부 부부장 장원톈(張聞天), 북한주재 중국대사 챠오사오광(喬曉光)이었다. 劉金質·楊淮生主編, 『中國對朝鮮和韓國政策文件匯編 3』(北京: 中國社會科學出版社, 1994), pp. 927-948.

정의 존재 가능성을 처음으로 제기한 학자는 오진용이다. 그에 따르면, "중국과 북한 양국 수뇌(首腦)들은 연 1회 정기 수뇌회담과, 필요시에는 수시로 갖는 수뇌회담을 통해서 양국이 직면한 문제를 협의·결정하며, 공동 대응해 나간다"는 것이다. 또한, 이 협정을 근거로 마오쩌둥·저우언라이와 김일성은 양국이 직면한 크고 작은 문제들을 서로 긴밀하게 협의해서 결정하는 체계를 만들어 나갔다는 것이다.212)

북·중 양국 지도부는 이러한 '상호통보' 제도를 바탕으로 세세한 사안까지 서로 협의하고자 빈번한 상호 왕래가 있었다.213) 사실상 중국은 이러한 사전협의 과정을 통해 북한을 관리할 수 있는 기반을 조성하였고, 북한으로서도 번거로운 절차 없이 마오쩌둥과 저우언라이를 직접 접촉하여 문제를 해결할 수 있었다. 따라서 중국에서 북한 문제는 아무리 작은 일이라도 마오쩌둥과 저우언라이가 직접 처리했고, 그 후에는 덩샤오핑이 직접 주관하였다.214)

---

211) 최명해, 『중국·북한 동맹관계: 불편한 동거의 역사』, p. 106.

212) 오진용, 『김일성시대의 중소와 남북한』, pp. 26-27. 다만, 오진용은 동 협정이 1956년에 체결되었으며 마오쩌둥과 김일성 사이에 직접 체결되었다고 주장한다. 그러나 북한 관련 업무를 주로 담당해 왔던 전직 중국외교관에 의하면, 1956년 북·중 양국간에 상당한 긴장감이 조성되어 있었던 정황적 근거로 보아 당시 동 협정이 체결되었을 가능성은 희박하다고 보고 있다. 또한 그와 같은 협정은 정부 간의 공식적 외교사안인 만큼 마오쩌둥이 직접 협정 당사자일 가능성도 없다고 언급하였다. 실제 마오쩌둥은 평생 단 한번도 북한을 방문한 적이 없을 뿐만 아니라 1956년 김일성이 중국을 방문한 흔적도 발견되지 않고 있다.

213) Wang Jingde, "Noth Korean Leaders Pays 39th China Visit," *Beijing Review,* Vol.34, No.41 (October 1991), p. 7.

214) 오진용, 『김일성시대의 중소와 남북한』, p. 28.

이와 같은 《조 · 중 수뇌방문에 관한 협정》의 존재는 1982년 4월 북한을 방문한 덩샤오핑과 후야오방을 위해 마련한 환영 만찬에서 양국 지도자가 발언한 내용을 통해서도 확인할 수 있다.[215)]

> 김일성: 양국의 지도자는 무엇인가 협의해야 할 문제가 있을 때에는 정식 또는 내부적 형식에 의해 상호 왕래하고, 항상 접촉, 협의하여 공동의 행동을 취해 왔다. 이는 매우 좋은 전통으로 금후로도 계속 행해 가겠다.
> 胡耀邦: 과거에 덩샤오핑은 우리 양국의 지도자는 항상 회담해야 하며 협의해야 할 여하한 문제에 대해서도 김일성 동지를 만나지 않으면 안된다고 말했다.[216)]

북한 관련 업무를 주로 담당한 바 있는 전직 중국외교관은 북 · 중 지도부가 말하는 "과거 지도자들이 만든 정치적 전통"이란 다름 아닌 고위급 정치지도자의 상호 방문을 통한 '상호 협의 및 통보제도'를 가리켜 말한다고 했다.[217)] 결국 '상호 협의 및 통보제도'는 서로의 행위를 상호 '제한'하는 동맹의 '관리수단'(tool of management)을 규정한 것으로 볼 수 있다. 즉 '상호 협의 및 통보제도'는 1961년 7월 북 · 중 동맹조약에 규정되어 법적으로 보장되게 되었다.[218)]

---

215) 최명해, 『중국 · 북한 동맹관계: 불편한 동거의 역사』, p. 107.

216) 외무부, 『韓 · 中國, 北韓 · 中國關係 主要 資料集』(執務資料 90-54, 1990. 4), p. 242.

217) 전직 중국외교관과의 인터뷰. 최명해, 『중국 · 북한 동맹관계: 불편한 동거의 역사』, p. 108에서 재인용.

218) 《조 · 중 우호협력 및 상호원조조약》 제4조에서 "체약 쌍방은 양국의 공동 리

중국인민지원군의 철수가 완료되자 김일성은 1958년 11월 22일과 12월 9일 두차례에 걸쳐 중국을 방문하였다. 이때 김광협을 단장으로 하는 군사대표단이 동행하였다. 김일성의 방중 명분은 《조·중 경제 및 문화합작에 관한 협정》 체결(11. 23) 5주년을 기념한 것이었으나 중국인민지원군 철수에 따른 감사 방문의 성격도 띠고 있었다. 김일성은 1954년 9월 28일 중국 건국 5주년 기념식 참석차 방중한지 4년 만에 중국을 찾은 것이다. 당시 중국측의 김일성에 대한 배려는 극진했다. 당시 김일성을 수행했던 황장엽의 회고에 따르면, 중국측에서는 김일성을 마중하기 위해 고위급 간부들이 단둥(丹東)까지 나와 있었고 김일성의 특별열차가 베이징역에 도착하자 저우언라이 총리를 비롯한 당·정 간부들이 나와 있었다고 한다. 사실 이때부터 이러한 의전은 북·중 최고지도자 상호방문의 관례가 되었다.[219] 당시 마오쩌둥은 우한(武漢)에 체류중이어서 11월 26일 김일성이 우한으로 가서 마오쩌둥을 접견하였다. 김일성은 베트남 방문을 마치고 12월 6일 다시 우한에 들러 마오쩌둥과 "국제정세 및 사회주의 진영의 단결과 양국의 우호협력 관계 증진" 등을 주제로 회담하였다.[220]

익과 관련되는 일체 중요한 국제문제들에 대하여 계속 협의한다"고 명시되어 있다.

219) 황장엽, 『나는 역사의 진리를 보았다』(서울: 한울, 1999), pp. 123-124.

220) 11월 26일 회담에 배석한 중국측 인원은 류사오치(劉少奇, 全人大 상무위원장, 중공중앙 부주석), 저우언라이(周恩來, 국무원 총리, 중공중앙부주석), 주더(朱德, 중화인민공화국 부주석, 중공중앙 부주석), 덩샤오핑(鄧小平, 중공중앙 총서기), 펑전(彭眞, 중공중앙정치국위원)이었고, 12월 6일 배석자는 류사오치, 저우언라이, 천윈이었다. 劉金質·楊淮生主編, 『中國對朝鮮和韓國政策文件匯編 3』, p. 1097, 1101.

1959년 9월 25일 김일성을 단장으로 하는 북한 정부대표단이 중국 건국 10주년 기념식에 참석하였으며,[221] 마오쩌둥, 류사오치, 저우언라이 등과 회담했다.[222] 이때에도 1958년 11월과 12월 방중 때처럼 김광협을 단장으로 하는 군사대표단이 동행하였다.[223]

1961년은 북한과 중국과의 혈맹관계를 제도화한《조 · 중 우호협력 및 상호원조조약》이 체결된 매우 의미있는 해이다. 김일성을 단장으로 한 북한 당 · 정대표단은 1961년 7월 6일 모스크바에서《조 · 소 우호협력 및 상호원조조약》을 체결하고 7월 10일 베이징 서우두(首都)공항에 도착하여 저우언라이의 영접을 받았다. 이 방문은 중국과《조 · 중 우호협력 및 상호원조조약》 체결을 위한 목적에서 진행되었다.

북한 당 · 정 대표단에는 김일성(조선로동당중앙위원회 위원장, 조선민주주의인민공화국 내각수상), 김창만(조선로동당중앙위원회 부위원장), 김광협(조선로동당중앙위원회 상무위원, 내각 부수상 겸 민족보위상[224]), 이종옥(조선로동당중앙위원회 상무위원회 후보위원, 내각 부수상 겸 중공업위원회 위원장), 박성철(외무상)로 구성

---

221) 김일성은 9월 26일『人民日報』에 "朝中兩國人民的戰鬪的友誼" 제하의 사설을 발표하였는데, 사설에서 "中國의 創建은 北韓에 巨大한 힘과 勝利에 대한 確信을 주었으며, 抗日共同鬪爭時期부터 友誼가 强化되었다. 6 · 25動亂중 軍事的 支援으로 雙方의 紐帶가 確固히 되었으며 中共軍의 戰後復舊의 勞力支援과 中共의 援助에 의한 建設成果에 대하여 感謝하고 社會主義 東方哨所守護에 共同鬪爭할 것"을 盟誓하였다.『人民日報』(1959. 9. 26).

222) 황장엽,『나는 역사의 진리를 보았다』, p. 127.

223) 劉金質 · 楊淮生主編,『中國對朝鮮和韓國政策文件匯編 3』, p. 1212.

224) 당시 민족보위상은 現인민무력부장의 前身이며, 한국의 국방장관에 해당하는 군 직책이다.

되었다. 당시 방문기간은 10일부터 15일까지 5박 6일이었으며, 기간 중 3차례에 걸친 회담이 진행되었다.[225] 이때에도 마오쩌둥이 항저우(杭州)에 있었기 때문에 13일에는 북한 대표단이 항저우로 가서 마오쩌둥을 접견하였고, 14일에는 마오쩌둥이 직접 김일성을 찾아가 회담을 가졌다. 기간 중 3차례에 걸쳐 회담이 진행된 것은 동맹조약 체결의 신중함과 더불어 사안의 중요성 때문이었다.[226] 북한이 조선로동당의 명의로 당·정 대표단을 구성하여 중국을 방문한 것은 이번이 처음이었다. 이전에는 조선정부대표단, 경제대표단, 군사대표단, 인민대표단 등의 이름으로 방문한 적은 있었지만

---

225) 3차례에 걸친 회담시 중국측 참가인원이 조금씩 달랐는데 이를 정리하면 다음과 같다. ① 제1차 회담(7. 10) : 류사오치(劉少奇, 중공중앙 부주석, 중화인민공화국 주석), 저우언라이(周恩來, 국무원 총리, 중공중앙부주석), 덩샤오핑(鄧小平, 중공중앙 총서기), 펑전(彭眞, 중공중앙정치국위원), 천이(陳毅, 중공중앙정치국위원, 외교부장), 리푸춘(李富春, 중공중앙정치국위원), 허룽(賀龍, 중공중앙정치국위원), 뤄루이칭(羅瑞卿, 국무원 부총리), 우시우췐(伍修權, 중공중앙위원), 지펑페이(姬鵬飛, 외교부 부부장), 챠오사오광(喬曉光, 중국주재 북한대사). ② 제2차 회담(7. 11) : 천이, 리푸춘, 뤄루이칭, 예지좡(葉季壯, 대외무역부장), 팡이(方毅, 국가계획위원회 부주임), 지펑페이, 챠오사오광. ③ 제3차 회담(7. 14) : 저우언라이, 천이, 쟝화(江華, 절강성 제1서기), 챠오사오광. 劉金質·楊淮生主編, 『中國對朝鮮和韓國政策文件匯編 3』, pp. 1271-1295; 中共中央文獻研究室編, 『周恩來年譜(中)』, pp. 423-424; 劉樹發主編, 『陳毅年譜(下)』, pp. 880-881.

226) 제1차 회담(7. 10)은 7월 6일 소련과 체결된 《조·소 우호협력 및 상호원조조약》의 내용을 토대로 《조·중 우호협력 및 상호원조조약》 문안 작성을 위한 사전 작업이었을 것으로 추측된다. 제2차 회담(7. 11)은 당제(黨際)관계에 구애받지 않고 국가 대 국가 차원에서 조약에 조인하기 위한 회담으로 보인다. 그리고 제3차 회담(7. 14)에서는 조선로동당에 대한 정치적 인정과 주권 존중의지를 중국 최고지도자가 다시한번 확인해 줌으로써 양국의 국가관계를 더욱 공고히 하고자 했을 것이다. 최명해, 『중국·북한 동맹관계: 불편한 동거의 역사』, p. 163.

당대표단의 명의로 방문한 적은 없었던 것이다.[227]

1962년 중국과 북한 간 고위 정치지도자 상호방문은 이전에 비해 그 횟수는 줄어든 반면, 중요한 군사·외교적 차원의 상호방문이 추진되었다.[228] 1962년 북·중 양국간 방문중에 국경문제와 관련한 논의가 이뤄졌다. 이러한 교류에 군대표단이 포함되지는 않았지만 양국 군사문제에 중요한 의미를 갖기 때문에 간단히 당시 상황을 정리해 보고자 한다.

10월 11일부터 13일까지 저우언라이가 외교부 대표단을 대동하고 비밀리에 평양을 방문해 김일성과 국경선 문제를 논의하고 《조·중 국경협정》을 체결했다.[229] 중국은 인도와의 국경분쟁을 겪으면서 주변국과의 국경문제를 해결하려고 적극 나섰으며,[230] 북한 역시 중·인 국경분쟁을 목도하면서 북·중간 국경문제가 향후 양국관계의 불씨로 작용할 수 있다는 판단하에 국경문제 사안에 적극성을 띠었던 것이다.[231] 이러한 과정에서 북·중 양국 간의 비공식 상호

---

227) 김일성이 중국을 공식방문한 것은 1953년, 1954년, 1958년, 1959년 네 차례가 있었지만 모두 정부대표단 명의로 방문한 것이었다.

228) 4월 23일부터 5월 3일까지 북한 최고인민회의 초청으로 펑전(彭眞) 베이징 시장을 단장으로 하는 전국인민대표대회 대표단이 북한을 방문하였고, 이에 대한 답방 형식으로 6월 15일부터 30일까지 최고인민회의 부위원장 박금철을 단장으로 한 북한 최고인민회의 대표단이 우호방문 목적으로 중국을 방문하였다. 劉金質·楊淮生主編, 『中國對朝鮮和韓國政策文件匯編 3』, pp. 1337-1353, 1371-1405.

229) 中共中央文獻研究室編, 『周恩來年譜(中)』, p. 502; 劉樹發主編, 『陳毅年譜(下)』, p. 938.

230) 王泰平主編, 『中華人民共和國外交史(第二卷)』, pp. 94-105; 吳冷西, 『十年論戰 1956-1966 中蘇關係回憶錄(上)』, pp. 248-249.

231) 이종석, 『북한-중국관계 1945-2000』, p. 231.

방문이 추진되었다. 6월 28일 중국을 방문한 북한 최고인민회의 대표단(단장: 박금철) 및 중국주재 북한대사 한익수 등과 이 문제를 논의했다. 10월 3일에는 중국 외교부 부부장 지펑페이(姬鵬飛)와 북한 외무성 부상 유장식(柳章植)이 평양에서 양국 간의 국경문제에 관한 실무접촉을 가졌으며, 저우언라이는 천이(陳毅) 외교부장과 함께 1962년 10월 11일부터 13일까지 조약체결을 위해 비밀리에 평양을 방문하여 《조 · 중 국경협정》을 체결하였다.232)

1962년 가을부터 1964년 10월까지 김일성과 저우언라이의 상호 비공식 방문을 포함하여 1963년 북한 최고인민회의 상임위원장 최용건과 중국 국가주석 류사오치(劉少奇)가 상호 교환방문하는 등 각종 교류와 연대가 활발하게 이루어졌다. 당시 양국 지도부의 상호방문은 중 · 소 갈등이 심화되는 국면에서 북한의 보다 확실한 지지를 이끌어내기 위해 중국의 요청하에 전개된 비공식 방문이 주를 이뤘다. 또한 이러한 상호방문은 북 · 중 양국이 대소(對蘇) 대응방안을 논의한 전략적 협의 성격을 갖는다고 볼 수 있다.233)

232) 中共中央文獻研究室編, 『周恩來年譜(中)』, p. 502.

233) 기간 중 양국 수뇌부의 교류방문 대표단에 군 인사는 포함되지 않았다. 양국 당 · 정 대표단의 교류현황을 보면, 1963년 5월 28일부터 31일까지 김일성은 조선로동당 대표단을 이끌고 중국을 방문하여 5월 28일 베이징에서 류사오치, 저우언라이, 덩샤오핑과 회담하고, 다음날 중국대표단과 함께 우한(武漢)으로 내려가 마오쩌둥과 회담을 가졌다. 김일성 귀국 직후인 6월 5일부터 23일까지 북한 최고인민회의 위원장 최용건이 다시 베이징을 방문하였으며, 최용건의 방중 이후 1963년 9월 15일부터 27일까지 중국 국가주석 류사오치가 답방형식으로 평양을 방문하였다. 1964년 2월 27일 김일성은 조선로동당 대표단을 대동하고 비밀리에 베이징을 방문하여 소련의 국제회의 개최(1963. 11. 29) 제안에 대한 북 · 중 양국의 대응안을 토의하였다. 최용건은 10월 다시 베이징을 방문하여 대소(對蘇) 대응방안에 대해 중국지도부와 의견을 나누었으며, 10월

문화대혁명 기간 악화된 북·중 양국관계는 1969년 9월 10일부터 11일까지 최용건이 저우언라이와의 회동을 통해 관계 정상화 분위기가 재개되었다. 최용건은 베트남 호찌민 장례식에 참가한 후 귀국 길에 베이징에서 저우언라이와 회동하였다. 이때 양당·양국 관계 개선에 관한 의견 교환과 더불어, 김일성이 중국과의 관계 개선을 희망하고 있다는 말을 전했다.[234] 또한 중국 건국 20주년 기념식에 북한 고위대표단 파견을 제의하였으며, 대표단은 결국 9월 30일 저녁 늦게 베이징에 도착하였다.[235] 10월 1일 최용건은 마오쩌둥과 회담을 가졌으며 1970년 저우언라이의 방북에 합의했다.[236]

1970년 한국전쟁 참전 20주년을 맞아 문화대혁명 시기 소원했던 양국 관계를 청산하고 양국 정상간의 상호방문과 군사대표단을 비롯한 제반 분야의 교류활동이 전개되었다. 양국 관계 정상화는 1970년 4월 5일부터 7일 사이에 있었던 저우언라이의 북한 방문을 통해 본격적으로 추진되었다.[237] 이로써 1967년 이후 단절되었던

말 흐루시초프 실각이 결정되자마자 덩샤오핑과 펑전(彭眞)이 비밀리에 평양을 방문하여 김일성과 소련 신지도부를 포함한 향후 대응방안을 논의하였다. 이후 11월 11일 김일성은 베트남 방문 귀국 길에 베이징에 들러 마오쩌둥을 접견하고 소련 신지도부에 대한 의견을 나누었다. 이 회담을 끝으로 1969년 말까지 북한과 중국 간에는 양국 정상의 상호방문이 무려 5년 넘게 중단되었다. 吳冷西, 『十年論戰 1956-1966 中蘇關係回億錄(下)』, pp. 666-723, p. 844; 劉金質·楊淮生主編, 『中國對朝鮮和韓國政策文件匯編 3』, pp. 1337-1353, 1371-1405, 1427-1428, 1456-1488; 中共中央文獻硏究室編, 『周恩來年譜(中)』, p. 556, 763.

234) 中共中央文獻硏究室編, 『周恩來年譜(下)』, p. 320.

235) 王泰平主編, 『中華人民共和國外交史(第三卷)』, p. 36.

236) 외무부, 『韓·中國, 北韓·中國關係 主要 資料集』, p. 163.

237) 中共中央文獻硏究室編, 『周恩來年譜(中)』, p. 357, 360. 이번 저우언라이의 북한 방문은 1958년 이후 12년 만에 재개된 것이었다.

당·정·군 의사소통 채널이 재가동되게 되었던 것이다. 북·중 양국은 그동안 뜸했던 교류관계를 넘어서서 각각 정부대표단, 경제대표단, 군사대표단, 친선대표단, 과학기술협조대표단 등을 교환하며 우의를 복원해 나갔다.[238] 그리고 이 과정에서 1970년 10월 8일부터 10일까지 김일성이 베이징을 비공식 방문해 마오쩌둥, 저우언라이와 회담을 가졌다. 이 자리에서 마오쩌둥은 문화대혁명 기간 중의 김일성에 대한 비판을 사실상 철회했으며, 양당·양국문제를 비롯해 국제공산주의 운동과 관련해서 의견을 조율했다.[239]

김일성은 1975년 4월 18일부터 26일까지 오진우 인민군 총참모장을 대동하고 중국을 공식방문하여 마오쩌둥, 저우언라이 등 중국지도부와 회담을 가졌다.[240] 당시 북한대표단은 정치·외교분야에 부주석 김동규, 부총리 박성철, 부총리 겸 외무상 허담, 중국주재 북한대사 현준극 등 4명, 군사분야에 총참모장 오진우, 북한인민군 상장 전문섭, 공군사령관 오극렬 등 3명, 경제분야에 무역부장 계응태, 대외경제사업부장 정송남 등 2명 등 총 10명으로 구성되었다.[241] 김일성은 당시 북·중 관계의 건재함을 과시하는 한편, 4월 17일 크메르루주 군(軍)이 캄보디아 수도 프놈펜을 함락시켰다는 '희보'(喜報)를 접하고 한반도 문제 해결을 위한 중국의 지지를 얻

---

238) 劉金質·楊淮生主編, 『中國對朝鮮和韓國政策文件匯編 4』, pp. 1773-1805; 中共中央文獻研究室編, 『周恩來年譜(下)』, pp. 399-400.

239) 中共中央文獻研究室編, 『周恩來年譜(下)』, p. 400. 1964년 11월 방문을 끝으로 그동안 중국으로의 발걸음을 끊었던 김일성은 1970년부터 1973년까지 비공개리에 매년 한 차례씩 중국을 방문하여 중국지도부와 급변하는 국제환경 속에서 공동전략을 모색했다.

240) 외무부, 『韓·中國, 北韓·中國關係 主要 資料集』, p. 209-217.

241) 極東問題研究所, 『北韓全書 1945-1980』(서울: 極東問題研究所, 1980), p. 185.

어내기 위해 중국을 방문하였던 것이다.[242)]

1979년 1월 1일 미·중 외교관계가 정식으로 수립 이후 중국은 북한 정권수립 기념일에조차 대표단을 파견하지 않았다. 김일성은 주한미군 철수에 대한 강한 집착을 보이면서 1980년 3월 허담 외무상을 극비리에 중국에 파견하였다. 목적은 미·북 접촉 성사를 위한 중국의 지원 요청이었다.[243)]

김일성은 1982년 9월 16일부터 25일까지 1975년 이후 7년간 진행되지 않았던 공식적인 중국방문을 재개했다. 당시 오진우 인민무력부장, 김영남 당 국제부장, 허담 외교부장 등을 대동하였으며, 9월 24일 양국은《조·중간 군사·경제원조 증가를 위한 합의서》에 서명했다.[244)]

1983년 6월 2일부터 12일까지 김정일은 조선로동당 제6차 당대회에서 공식적으로 김일성의 후계자 지위를 부여받은 후 처음으로 중국을 방문하였다.[245)] 김일성의 후계자로서 중국 지도층에 대한

---

242) 同방문기간중 4차례에 걸친 공식회담을 가졌으나 구체적인 내용은 밝혀지지 않고 있다. 그러나 당시 포괄적으로 발표된 회담의제, 印支사태를 비롯한 당시의 국제정세, 쌍방 대표단 구성, 그리고 쌍방 연설내용 등을 기초로 분석해 볼 때, 중국은 북한에 대해 다음과 같은 지원을 약속한 것으로 보인다. 즉 첫째, 북한의 '內部革命戰爭' 지원요청에 대해 후원국으로서의 무기를 포함한 군사적, 정치적 지원, 둘째, 전·평시 유류공급보장과 정유공장건설 지원 및 전자공업지원을 비롯, 1976년부터 시작되는 북한의 새로운 경제계획지원을 위한 경제원조, 셋째, 북한의 국제적 對南 우위확보와 한국의 국제적 고립을 촉진시키기 위한 지원협조, 특히 미·일의 對韓支援을 견제하고 제30차 유엔총회에서 공산측 결의안 통과 및 한국의 6·23 선언에 대한 봉쇄 등 외교적 지원에 대한 약속을 했을 것으로 추측된다. 極東問題研究所,『北韓全書 1945-1980』, pp. 185-186.

243) 오진용,『김일성시대의 중소와 남북한』, pp. 72-74.

244) 오진용,『김일성시대의 중소와 남북한』, p. 90.

인사차원에서 실시된 방문이었다. 당시 후야오방, 덩샤오핑, 자오즈양 등 중국 지도자들과 공식회담을 가졌으며, 칭다오(靑島), 난징, 상하이(上海), 항저우(杭州) 등 지역을 시찰하였다. 당시 김정일을 수행한 북한 인사로는 오진우, 연형묵, 김정희, 현준극 등이 있었다. 특히, 오진우는 덩샤오핑과 김정일 회담시 북한의 군사정세에 대한 보충설명을 하기도 하였다.[246)]

1985년 3월 중순 김일성은 후야오방과 극비리에 중국 다롄(大連)에서 회동하여 남북대화를 주제로 의견을 교환했으며, 동년 5월 4일부터 6일까지 다시 후야오방을 북한의 신의주로 초청하여 북·소 관계의 진척사항을 알려주었다.[247)] 이때 중국인민해방군 총참모장 쉬신이 수행하였고, 북한측에서도 인민무력부장 오진우가 김일성을 수행함으로써 양국 군사협력분야에 대한 논의도 진행된 것으로 추정된다.[248)]

1990년 3월 14일부터 16일까지 쟝쩌민 총서기는 김일성 초청을 받고 북한에 대한 공식 우호방문을 실시했다. 방문시 쟝쩌민은 김정일 서기를 포함한 당·정·군 대표들을 접견하고, 김일성과 회담을 가졌다. 또한 한국전쟁 참전 40주년을 맞아 중국 국무위원 리톄잉(李鐵映)을 단장으로 한 당·정 대표단이 북한을 방문하여 기념활동에 참가하였다. 이외에도 한국전쟁 참전 40주년 기념을 위해 중국인민우호대표단, 前중국인민지원군 대표단, 前지원군 군속(烈屬) 대표단 등도 북한을 방문하여 40주년을 기념하였다.

---

245) 박태호, 『조선민주주의인민공화국 대외관계사 2』, p. 206.

246) 오진용, 『김일성시대의 중소와 남북한』, p. 102.

247) 오진용, 『김일성시대의 중소와 남북한』, pp. 156-158.

248) 國際問題硏究所, 『防衛年監 1945-1989』(서울: 國際問題硏究所, 1989), p. 258.

〈표 3-8〉 북·중 국가 정상급 회담시 군 수뇌부 대동 현황

시 기	정상회담		군 인사	방 문 목 적
	中	北		
1958. 2. 14 (訪北)	周恩來	김일성	粟裕 (총참모장)	중국인민지원군 완전철수 협의
1958. 11-12 (訪中)	毛澤東 周恩來	김일성	김광협 (민족보위상)	중국인민지원군 철수 감사 《경제 및 문화합작협정》 체결 5주년 기념
1959. 9. 25 (訪中)	毛澤東 周恩來	김일성	김광협 (민족보위상)	중국 건국 10주년 기념식 참석
1961. 7. 11 (訪中)	毛澤東 周恩來	김일성	김광협 (민족보위상)	《조·중 우호협력 및 상호원조조약》체결
1975. 4. 18-26 (訪中)	毛澤東 周恩來	김일성	오진우(총참모장) 등 군 인사 4명	북·중 우호관계의 건재함 과시 한반도 문제에 대한 중국 지지 요청
1982. 9. 16-25 (訪中)	鄧小平 胡耀邦	김일성	오진우 (인민무력부장)	《조·중 군사·경제원조 증가 합의서》체결
1983. 6. 2-12 (訪中)	鄧小平 胡耀邦	김정일	오진우 (인민무력부장)	김정일 후계체제 중국지지 요청
1985. 5. 4-6 (訪北)	胡耀邦	김일성 김정일	徐信 (총참모장)	북·소 관계 진척사항 중국에 통지 북·중 군사협력분야 논의

1949년 10월 중국 건국 이후 1992년 8월 한·중 수교 기간 중 북한과 중국의 국가지도자 공식·비공식 정상회담은 총 45회(공식: 22회, 비공식: 23회)에 걸쳐 진행되었다.[249] 이러한 국가 정상회담

시 군 인사 혹은 대표단이 수행한 경우는 총 8회로써, 이 중 공식 정상회담에 6회, 비공식 정상회담에 2회 수행하였다. 군 인사의 수행이 갖는 중요한 의미는 북·중 군사외교에 있어 상징적인 행사에 동원된 것이 아니라 양국의 핵심적인 군사·안보이익과 관련된 사안이 있을 경우에만 진행되었다는데 있다.

냉전기 북·중 양국은 한국전쟁에서 같이 피를 흘렸고, 이후 동맹조약을 체결함으로써 혈맹관계를 제도화시켰다. 이러한 기반 하에 군 고위급 인사를 대동한 국가 정상급 회담은 양국 관계에 있어 군사관계가 갖는 중요성과 더불어 군정 일체(軍政一體)의 단면을 보여주고 있는 것이다.

나. 단독 군사대표단 방문

냉전기 북·중 단독 군사대표단의 방문 추이를 보면 시기적인 면에서 볼 때 정례성을 보이는 방문과 비정기적인 방문으로 구분되며, 방문 유형에 따라 우호참관단과 우호방문단, 그리고 군사대표단으로 나눠진다.[250] 이 중 북·중 양국의 군 인적교류에 있어 보

---

249) 이에 대한 자세한 현황은 이종석, 『북한-중국관계 1945-2000』, 부록 1(pp. 309-312)을 참고할 것.

250) 냉전기 북·중 군사대표단의 상호방문에 관한 자료를 찾기란 매우 어려운 작업일 뿐만 아니라 이러한 현황만 별도로 종합해 놓은 자료도 없다. 따라서 저자는 본 연구진행을 위해 중국자료와 국내자료, 그리고 북한자료를 입체적으로 대조하는 작업과정을 거쳤다. 연구에 참고된 중국자료로는 중국외교백서, 즉 『中國外交槪覽』 1987년판부터 1993년판에 일부 포함된 북·중 군사관계와 中國社會科學出版社에서 출판한 『中國對朝鮮和韓國政策文件匯編 1-5』, 그리고 中國人民大學書報資料社에서 月刊 『中國外交』를 분기단위로 묶어 제본한 자료 및 『人民日報』를 활용하였다. 또한 국내자료로는 國際問題研究所에서 출간한 『防衛年監』과 極東問題研究所의 『北韓全書』를 주로 활용하였다. 이 외에

다 중요한 의미를 갖는 교류방문은 비정기적 방문과 군사대표단 방문으로 볼 수 있다. 여기에서는 중국 건국 이후 한·중 수교 이전까지 무려 40여년이 넘는 기간의 교류방문 전체를 분석하기에는 한계가 따르기 때문에 군사분야 교류방문 중에서 보다 중요한 의미를 갖는 방문 중심으로 논지를 전개하고자 한다. 특히, 정례화된 교류방문은 양국의 당 및 군대 창건일, 정부수립일, 한국전쟁 참전 기념일, 그리고 한국전쟁 참전 기념일 등을 기념하기 위한 상호 친선 방문이 주를 이루기 때문에 이 중 대표적인 방문사례를 중심으로 고찰할 것이다.

1960년 10월은 중국인민지원군의 한국전쟁 참전 10주년이 되는 해이다. 중국은 평양에서 개최된 한국전쟁 10주년 기념식에 대규모 군사대표단을 파견하여 "피로써 맺어진 영원히 끊어질 수 없는" 양국간의 '혈맹'관계를 강조함으로써 흐루시초프의 북한방문 계획이 취소되는 결과를 가져오기도 하였다.[251]

1960년대 북·중 간 단독 군사대표단 방문은 매우 적었다. 게다가 북한 군사대표단이 방문기간중 어떠한 활동을 전개했는지에 대해서는 거의 밝혀진 것이 없다. 다행히 중국의 푸젠(福建)성 당사연구실(黨史研究室)에 보관중인 자료를 확보할 수 있어 군사대표단의 활동 행태를 파악할 수가 있었다.

자료에 의하면 1964년 3월 민족보위상 김창만 대장을 단장으로 한 군사대표단이 중국을 방문하였다고 한다. 수행인원을 포함 총 24명에 달하는 대규모 군사대표단으로서 방문목적이나 중국지도부

북한의 『로동신문』도 일부 참고하였음을 밝힌다.

251) 國際問題研究所, 『防衛年監 1945-1989』(서울: 國際問題研究所, 1990), p. 256.

와의 회동은 밝혀지지 않고 있다. 단지 대규모 북한 군사대표단이 중국 국방부 판공실 외사국의 지대한 관심하에 당시 중국의 전방지역(前線)으로 간주하던 푸젠성을 방문하였다고 밝히고 있다. 당시 광저우(廣州)군구 사령관은 북한 군사대표단을 영접하기 위해 한셴추(韓先楚)를 위원장으로 한 영접위원회와 별도의 임시 사무실까지 편성하여 북한 군사대표단을 정성스레 영접하였다. 북한 군사대표단은 3월 20일부터 22일까지의 방문기간 중 군구내 부대 및 푸조우(福州) 소재 칠기탈태(漆器脫胎)공장을 방문하였으며, 기타 공연 관람 및 연회를 가졌다고 한다.[252)]

1970년 한국전쟁 참전 20주년을 맞아 북·중 양국은 문화대혁명 시기 소원했던 관계를 청산하고 양국 정상간의 상호방문과 군사대표단을 비롯한 제반 분야의 교류활동이 전개되었다. 1970년 6월 24일부터 28일까지 중국인민해방군 총참모장 황융성이 한국전쟁 20주년 기념행사 참석차 북한을 방문했으며, 7월 25일부터는 황융

---

252) 당시 대표단 구성을 보면, 단장: 민족보위상 김창만 대장, 부단장: 총참모장 최광 대장, 단원: 제2집단군사령관 지병학 상장, 제1집단군사령관 정병갑 중장, 제1부총참모장 겸 작전국장 김철만 중장, 제1군단장 김양춘 중장, 제3군단장 조명록 중장, 제6군단장 주도일 중장, 공군참모장 안영호 소장 등 15명이었으며, 9명의 수행인원으로 구성되었다. 莊正, "有朋自遠方來: 憶越南和朝鮮軍事代表團訪問福建前線," 『福建黨史月刊』, 2007年第9期, pp. 10-11. 특이한 점은 김창만이 방문 직전까지 신장결석으로 가족들과 수개월간 광주에서 휴양중이었다는 것이다. 그러나 그는 대표단이 푸조우(福州)에 도착하기 10일 전 가족을 동반하고 먼저 푸조우에 와서 쉬다가 3월 20일 대표단 도착시 합류했다고 기록되어 있다. 이 자료에서 제시한 단장이 과연 김창만이었는지 아니면 부단장으로 기록된 최광이었는지는 정확하지 않다. 저자의 판단으로는, 건강이 좋지 않아 장기간 요양중이던 김창만을 대표단장으로 임명하지 않았을 것이고, 당사연구실에서는 대표단 중 최선임자가 김창만이었기 때문에 단장으로 기록한 것으로 보인다.

성의 초청으로 북한 인민군 총참모장 오진우를 단장으로 하는 군사대표단이 중국인민해방군 창군 43주년 기념행사 참석차 중국을 방문하였다. 同 군사대표단은 단장 오진우 외 제1부참모장 김철만, 포병사령관 김광진, 해군사령관 최창환 등 각군을 망라한 13명의 단원과 수행원으로 구성된 북한사상 최대 규모의 대표단이었다. 또한 10월 8일부터 10일까지 실시된 김일성 방중을 계기로 10월 25일 중국인민지원군 참전 20주년을 기념하기 위해서 대규모 친선대표단이 북한에 파견되었다.[253] 1970년 실시된 북한 군사대표단의 방중은 한국전쟁 20주년을 전후하여 그간 이룩한 북·중 양국의 우호협력 성과를 군사관계 측면에서 과시한 것으로 볼 수 있다.

1971년 조·중 동맹조약 체결 10주년을 맞아 북·중 양국은 다양한 교류활동을 전개하였다. 7월9일부터 16일까지를 우호주간(友好節)으로 정하고 기간 중에 리셴녠 국무원 부총리와 리더성 중국인민해방군 총정치부 주임으로 구성된 중국 당·정 대표단이 중국에 파견되었으며, 북한 측에서도 김중린 당비서를 베이징에 보내 조약체결 10주년을 기념했다.[254] 또한 8월 17일부터 9월 7일까지는 오진우 총참모장을 단장으로 하는 군사대표단이 중국을 방문하였다. 약 3주간 베이징에 체류하면서 방문일정이 끝날 무렵인 9월 6일 오진우와 중국인민해방군 총참모장 황융성은《조선에 대한 중국의 무상군사원조 제공 협정》을 체결하였다.[255]

253) 『로동신문』(1970. 10. 24-27)

254) 劉金質·楊淮生主編, 『中國對朝鮮和韓國政策文件匯編 4』, pp. 1909-1918.

255) 외무부, 『韓·中國, 北韓·中國關係 主要 資料集』, p. 164-165; 정진위, 『북방삼각관계: 북한의 대중·소 관계를 중심으로』, p. 158. 同협정이 체결된 과정과 그 이후 시행된 상황을 간단히 정리해 보면, 군사원조에 대한 최초 제의는

1974년 5월 중국은 북한과의 군사협의를 위해 중국인민해방군 부총참모장 리다(李達)를 단장으로 한 군사대표단을 북한에 파견하였으며,[256] 동년 6월에도 중국인민해방군 우호사절단이 북한을 방문하여 북한 여러 지역을 시찰하였다.

1977년 5월 20일부터 6월 4일까지 중국인민해방군 신장(新疆)군구 사령관 양용(楊勇)이 북한을 방문하여 "한반도에서 전쟁이 일어나면 중국은 북한과 한 전선에서 함께 어깨를 나란히 하고 싸울 것"이라고 호전적인 대북(對北) 지지 발언을 하였다.[257]

미·중 관계 정상화가 성사되기 직전인 1978년 7월 23일부터 8월 15일까지 북한인민군 前공군사령관 오극렬이 중국을 방문하고, 8월 18일부터 9월 1일까지 중국인민해방군 국방부장 쑤위(粟裕)가 북한을 방문하는 등 쌍방 고위 군사대표단의 교환 방문이 성사됨으로써 양국 군사협력에 대한 관심이 집중되었다.[258]

1979년 1월 1일 미·중 외교관계가 정식으로 수립된 이후 동년 5월 북한 인민무력부 부부장 백학림이 중국을 방문, 당시 국방부장

1970년 4월 저우언라이가 북한을 방문했을 때 김일성 및 최용건과의 회담에서 '조선지원 주요 목록'(援朝重點項目)을 결정하였고, 1971년 8월 저우언라이가 오진우 총참모장과 접견시 신속히 지원해줄 것을 동의하였다. 이후 저우언라이는 당시 해군 副참모장이었던 류화칭(劉華淸)을 단장으로 한 '북한 고찰단' 36명을 구성하여, 1971년 10월 18일부터 12월 12일까지 북한에 파견하여 실무접촉 및 협조를 진행토록 하였다. 고찰단 복귀 이후 1972년 1월 저우언라이가 조선(造船)을 담당하는 제6기부(第6機部)에 '13호 프로젝트 사무실' 창설을 지시함으로써 1973년 12월에 지원임무를 완료하였다. 劉華淸, 『劉華淸回億錄』(北京: 解放軍出版社, 2004), pp. 343-345.

256) 劉金質·楊淮生主編, 『中國對朝鮮和韓國政策文件匯編 4』, p. 2085.

257) 極東問題研究所, 『北韓全書 1945-1980』, p. 186.

258) 極東問題研究所, 『北韓全書 1945-1980』, p. 186.

쉬샹첸(徐向前), 총참모장 양더즈(楊德志)와 회담을 갖고 쌍방간의 "革命的 友誼와 戰鬪的 團結"을 다짐하였다.[259] 그러나 중국은 북한 정권수립 기념일(9. 9)에조차 대표단을 파견하지 않았다. 이후 9월 24일부터 27일까지 란저우(蘭州)군구 정치위원 샤오화(肖華)를 단장, 난징군구 부사령관 샹서우즈(向守志)를 부단장으로 하는 중국인민해방군 우호참관단이 북한을 방문하였다.[260] 샤오화는 방문기간중 김일성과 회담을 가졌으며, 강량욱 부주석이 중국대표단원들에게 훈장을 수여하기도 하였다.[261]

1980년 10월은 중국인민지원군 한국전쟁 참전 30주년으로써 양국은 참전 30주년을 기념하는 각종 행사를 가졌으며, 이에 따른 주요 인사 상호방문이 활발하였다. 북・중 군사대표단의 상징성 상호방문 성격을 갖는 한국전쟁 참전 기념행사가 과연 어떻게 진행되는지 30주년 기념행사를 통해 자세히 고찰해 보고자 한다. 10월 23일 중국인민해방군 총후근부 정치위원 왕핑(王平)을 단장으로 한 우호대표단이 북한을 방문하여 북한에서 개최되는 참전 30주년 기념행사에 참가하였다. 중국인민지원군 한국전쟁 참전 30주년 기념식은 10월 23일 평양의 2・8 문화회관에서 개최되었으며, 북한인

259) 國際問題硏究所, 『防衛年監 1945-1989』, p. 258.

260) 『人民日報』(1979. 9. 28), 第5版.

261) 9월 24일 김일성 접견시 북한측에서는 인민무력부장 오진우와 총정치국 부국장 윤치호가 배석하였으며, 중국측은 대표단 외에 북한주재 중국대사 뤼즈셴(呂志先)과 무관 위커종(于克忠)이 배석하였다. 『人民日報』(1979. 9. 25), 第5版. 9월 26일 훈장수여식에서 肖華에게는 1급 자유독립훈장, 向守志에게는 2급 국기(國旗)훈장, 대표단원들에게는 2급 자유독립훈장 및 3급 국기훈장이 수여되었으며, 수행요원들에게는 공로표창(功章)을 하였다. 『人民日報』(1979. 9. 27), 第5版.

민군 총참모장 오극렬과 중국인민해방군 총후근부 정치위원 왕핑이 연설하였다. 기념식장에 참석한 북한측 인사로는 오극렬 총참모장, 부총리 겸 외교부장 허담, 조·중 우호협회 위원장 김관섭, 무역부장 최정근, 평양시 행정위원회 위원장 안승학, 공군사령관 조명록, 부총참모장 김광진, 총정치국 부국장 윤치호 등이었다. 중국측에서는 왕핑을 단장, 바이졔푸(白介夫)를 부단장으로 한 중국인민우호대표단(中國人民友好代表團), 장치(張祺)를 단장으로 한 중국공회대표단(中國工會代表團), 북한주재 중국대사 뤼즈셴(呂志先), 중국인민지원군대표단 수석참모 톈셩(田勝), 평양에 체류중인 중국전문가 및 유학생 들이 참가했다.[262)]

한편, 베이징에서는 30주년 기념행사(宴會)를 중국주재 북한대사관에서 개최하였다. 기념식에서는 대리대사 배용재와 중국인민해방군 총참모장 양더즈가 연설하였으며, 기념식에 참석한 중국측 인사로는 중공중앙 부주석 리셴녠, 총참모장 양더즈, 국무원 부총리 지펑페이, 국무원 부총리 겸 외교부장 황화 및 기타 유관부서 책임자 등이었다.[263)]

1981년 5월 중국인민해방군 부총참모장 우시우췐(吳修權), 공군副사령관 자오리화이(曹里懷) 등이 주축이 된 군사대표단이 북한을 방문해 오진우 인민무력부장, 오극렬 총참모장 등과 회담을 갖고 양국 군의 군사협력 등을 다짐하였다.[264)] 또한 1981년은 《조·중 우호협력 및 상호원조조약》체결 20주년으로서, 20주년을 기념하는

262) 『人民日報』(1980. 10. 25), 第6版.

263) 『人民日報』(1980. 10. 25), 第1版.

264) 國際問題硏究所, 『防衛年監 1945-1989』, p. 258.

〈표 3-9〉 한·중 수교 이전 북·중 군 인사교류 현황

년도	訪北(中→北)	訪中(北→中)
1960	· 대규모(?) 군사대표단	
1970	· 6월, 군사대표단, 총참모장(黃永勝)	· 7월, 군사대표단, 총참모장(吳振宇)
1971		· 8월, 군사대표단, 총참모장(吳振宇)
1974	· 5월, 군사대표단, 副총참모장(李達) · 6월, 우호대표단	
1977	· 5월, 군사대표단, 新疆군구사령관(楊勇)	
1978	· 8월, 군사대표단, 국방부장(粟裕)	· 7월, 군사대표단, 前공군사령관(吳克烈)
1979	· 9월, 우호참관단, 蘭州군구정치위원(肖華)	· 5월, 군사대표단, 인민무력부副부장(白鶴林)
1980	· 10월, 우호대표단, 總後勤部정치위원(王平)	
1981	· 5월, 군사대표단, 副총참모장(吳修權)	
1982	· 6월, 군사대표단, 국방부장(耿飈) · 10월, 前중국인민지원군 대표단, (韓先楚)	· 5월, 군사대표단, 인민무력부副부장(朴重國) · 9월, 군사대표단, 총정치국副국장(尹治浩)
1983	· 정치공작자 대표단	
1984	· 우호참관단	· 우호참관단
1985	· 前중국인민지원군 대표단 · 우호참관단	· 우호참관단

〈표 3-9〉 한·중 수교 이전 북·중 군 인사교류 현황(계속)

년도	訪北(中→北)	訪中(北→中)
1986	· 우호참관단	· 우호참관단 · 해군사령관(金一哲)
1987	· 4월: 우호참관단, 成都군구 사령관(傅全有) · 8월: 우호대표단, 공군사령관(王海) · 12월: 우호대표단, 瀋陽군구 사령관(劉精松)	· 8월: 군사대표단, 총참모장(吳克烈) · 10월: 우호참관단, 인민무력 부副부장(李炳煜)
1988	· 4월: 우호참관단, 廣州군구 정치위원(張仲先) · 10월: 우호참관단, 瀋陽군구 정치위원(宋克達)	· 5월: 군사대표단, 인민무력부장(吳振宇) · 7월: 군사대표단, 공군사령관(趙明祿) · 11월: 우호참관단, 인민무력 부副부장(許克成)
1989	· 10월: 군사대표단, 中央軍委 副秘書長(劉華淸)	· 8월: 군사대표단, 총참모장(崔光) · 9월: 우호참관단, 820군단장(朴基瑞)
1990	· 4월: 우호참관단, 해군정치위원(李耀文) · 5월: 總政가무단, 총정치부 副주임(周文元) · 8월: 우호대표단, 국방부장(秦基偉)	· 8월: 해군함대, 동해함대사령관(權相浩) · 11월: 군사대표단, 인민무력 부副부장(全文燮) · 11월: 군사대표단, 인민무력 부副부장(金光鎭)

〈표 3-9〉 한·중 수교 이전 북·중 군 인사교류 현황(계속)

년도	訪北(中→北)	訪中(北→中)
1991	·6월: 우호참관단, 南京군구 정치위원(史玉孝) ·10월: 해군대표단, 해군사령관(張連忠) ·10월: 공안무경(公安武警)대표단, ?	·3월: 군 협주단, 총정치국선전부장(韓東根) ·11월: 老兵대표단, 당 민방위부장(金益鉉) * 11-12월: 인민무력부장(吳振宇) 중국 요양
1992	·4월: 우호대표단, 濟南군구 사령관(張萬年) ·4월: 우호대표단, 瀋陽군구 副참모장(趙樹峰) ·6월: 군사대표단, 총정치부 주임(楊白氷) ·7월: 군사훈련대표단, 군사훈련부장(胡長發) ·8월: 우호참관단, 濟南군구 정치위원(宋淸渭) ·10월: 前지원군대표단, 해군 정치위원(金山) ·10월: 前지원군대표단, 공군 부사령관(劉志田) ·10월: 軍기자대표단, 『老年報』主編(姚遠方)	·8월: 우호대표단, 해군사령관(金一哲) ·11월: 우호참관단, 부총참모장(全在善)

출처: 劉金質·楊淮生主編, 『中國對朝鮮和韓國政策文件匯編 1-5』; 中國人民大學書報資料社, 『中國外交』(D6 1979-1986); 中華人民共和國外交部外交史硏究室, 『中國外交槪覽 1987-1992』; 極東問題硏究所, 『北韓全書 1945-1980』; 國際問題硏究所, 『防衛年監 1945-1989』 내용을 토대로 저자가 정리하였다.

행사가 양국 수도에서 개최되었다. 그러나 기념식 참가를 위한 별도의 대표단 상호방문은 없었다.

평양에서는 7월 9일 중앙공인회관(中央工人會館)에서 집회를 가졌으며, 기념식에는 북한주재 중국대사(呂志先)과 평양에 거주하는 중국 전문가 및 유학생들이 중국측 대표로 참석하였다.[265] 한편, 베이징에서는 중국주재 북한대사(金明洙)가 주관하여 대사관에서 연회를 갖고 조약체결 20주년을 축하했다. 연회에는 전인대(全人大) 상무위원회 부위원장 우란푸(烏蘭夫)와 국무원 부총리 완리(萬里), 중국인민해방군 부총참모장 양용(楊勇), 총정치부 부주임 옌진성(顏金生), 외교부 부부장 궁다페이(宮達非), 중공 당연락부(中聯部) 부부장 챠오스(喬石), 정부 기타 유관기관 및 베이징 신문사, 그리고 대외우호협회 대표가 중국측 대표로 참석하였다.[266]

1982년 5월 18일부터 6월 8일까지 북한 인민무력부 부부장 박중국을 단장으로 한 군사대표단이 중국을 방문하였다. 同대표단은 방문기간중 스자좡(石家庄), 시안(西安), 청두(成都), 난징, 상하이(上海) 등 군사도시를 방문하였으며, 베이징 체류기간 중에는 쉬샹첸 중앙군사위원회 부주석을 비롯한 중국인민해방군 지도자들과 회담을 가졌다.[267] 이어 1982년 6월 14일부터 22일까지 껑뱌오(耿飈) 부총리 겸 국방부장을 단장으로 하는 군사대표단이 북한을 방문하여 9월로 예정된 김일성 방중시 제공될 대북(對北) 군사지원에 대해 사전 의견을 교환했다.[268] 김일성이 1982년 9월 16일부터 25

---

265) 中國人民大學書報資料社, 『中國外交』(D6 1981. 7), p. 26.

266) 中國人民大學書報資料社, 『中國外交』(D6 1981. 7), pp. 27-28.

267) 『人民日報』(1982. 6. 8), 第4版.

268) 劉金質・楊淮生主編, 『中國對朝鮮和韓國政策文件匯編 4』, p. 2348; 최명해,

일까지 공식적인 중국방문을 마치고 귀국하자마자 북한인민군 총정치국 부국장 윤치호를 단장으로 한 군사대표단이 중국을 방문하였다. 윤치호는 중국 국방부장 껑뱌오(耿飈)와 회담을 갖고 양국 군의 혈맹을 강조한 이후 중국 공군의 주력기인 A-5 전투기 20기를 북한에 제공하기로 결정한 것으로 알려져 있다.[269)]

1986년 양국군의 주요 대표단 교류는 중국인민해방군 및 북한인민군 우호참관단의 상호방문과 북한 해군사령관 김일철의 중국방문 등 3건이 진행되었다.[270)] 이후 1987년 북・중 양국간의 군사대표단 방문은 중국군사대표단의 방북 3건, 북한군사대표단의 방중 2건이었다. 중국측에서는 4월 청두군구 사령관 푸췐요우(傅全有)를 단장으로 한 우호참관단, 8월에는 중국인민해방군 공군사령관 왕하이(王海)를 단장으로 한 우호대표단, 그리고 12월 선양군구 사령관 류징송(劉精松)을 대표단장으로 한 우호대표단이 북한을 방문하였다. 북한측에서는 8월 인민군 총참모장 오극렬을 단장으로 한 군사대표단과 10월 인민무력부 부부장 이병욱을 단장으로 한 우호참관단이 각각 중국을 방문하였다.[271)]

『중국・북한 동맹관계: 불편한 동거의 역사』, p. 347. 껑뱌오 국방부장의 방북에 대한 북한의 관심과 정성은 대단했다. 김일성을 비롯한 군 지도자와의 회담 이외에 군사대표단이 평양에 도착하는 날 오진우 인민무력부장을 포함한 3천여명의 장병 및 군중이 공항에서 환영을 해 주었다. 뿐만 아니라 북한주재 중국대사관에서의 환영(6. 14) 및 환송(6. 21) 연회와 개성지역 군부대 연회 개최, 다양한 탐방활동(만경대, 김일성 군사종합대학, 개선문, 인민대학, 만수대 예술극장, 조선조국해방전쟁승리기념관 등), 육・해・공군 부대방문, 공연관람(音樂舞蹈史詩 "영광의 노래," 조선인민군 협주단 공연 등) 등 다양한 프로그램을 진행하였다. 『人民日報』(1982. 6. 15, 6. 16, 6. 17, 6. 20, 6. 22, 6. 23).

269) 國際問題研究所, 『防衛年監 1945-1989』, p. 258.

270) 中華人民共和國外交部外交史編輯室主編, 『中國外交概覽 1987』, p. 47.

1988년 군사부문에서 양국 대표단의 방문을 보면, 먼저 중국측에서는 4월 광저우군구 정치위원 장중셴(張仲先)을 단장으로 한 우호참관단, 10월에는 선양군구 정치위원 숭커다(松克達)를 단장으로 한 우호참관단이 북한을 방문하였다. 북한측에서는 5월 인민무력부장 오진우를 단장으로 한 군사대표단과 7월 공군사령관 조명록을 단장으로 한 군사대표단, 그리고 11월 인민무력부 부부장 허극성을 단장으로 한 우호참관단이 각각 중국을 방문하였다.[272)]

1989년 군사부문에서 추진된 양국 대표단의 방문을 보면, 먼저 중국측에서는 10월 중앙군사위원회 副비서장 류화칭을 단장으로 한 군사대표단의 북한방문이 있었다. 북한측에서는 8월 총참모장 최광을 단장으로 한 군사대표단과 9월 제820 전차군단장 박기서를 단장으로 한 우호참관단이 각각 중국을 방문하였다.[273)]

1990년에는 중국측에서 4월 해군 정치위원 리야오원(李耀文)을 단장으로 한 우호참관단, 5월 총정치부 부주임 저우원웬(周文元)을 단장으로 한 총정치부 가무단(歌舞團), 그리고 8월 국방부장 조우지웨이(奏基偉)를 단장으로 한 우호대표단의 북한방문이 있었다. 한편, 북한측에서는 8월 동해함대 사령관 권상호가 단장이 되어 해군함대를 이끌고 중국을 방문하였으며, 11월에는 인민무력부 부부장 전문섭과 김광진이 각각 군사대표단을 이끌고 북한을 방문하였다.[274)]

1991년에는 중국측에서 6월 난징군구 정치위원 스위샤오(史玉

271) 中華人民共和國外交部外交史編輯室主編, 『中國外交槪覽 1988』, pp. 53-54.
272) 中華人民共和國外交部外交史編輯室主編, 『中國外交槪覽 1989』, pp. 41-42.
273) 中華人民共和國外交部外交史編輯室主編, 『中國外交槪覽 1990』, p. 39.
274) 中華人民共和國外交部外交史編輯室主編, 『中國外交槪覽 1991』, pp. 39-40.

孝)를 단장으로 한 우호참관단, 10월 해군사령관 장롄종(張連忠)을 단장으로 해군대표단, 그리고 10월 인민공안무장경찰(人民公安武警) 대표단이 북한을 방문하였다. 한편, 북한측에서는 3월 총정치국 선전부장 한동근을 단장으로 한 군 협주단(協奏團), 11월 당 민방위부장 김익현을 단장으로 한 노병(老兵) 대표단이 중국을 방문하였다. 이외에 북한 인민무력부장 오진우는 건강이 좋지 않아 중국 국방부장 친지웨이(秦基偉)의 초청으로 11월부터 12월까지 중국에서 요양을 하였으며, 요양기간중 쟝쩌민과 양상쿤을 접견하였다.[275)]

1992년 8월 한·중 수교 이전 양국 대표단의 방문을 보면, 먼저 중국측에서는 4월 지난(濟南)군구 사령관 장완녠(張萬年)과 선양군구 副참모장 자오수펑(趙樹峰)을 각각 단장으로 한 우호대표단, 6월 총정치부 주임 양바이빙(楊白氷)을 단장으로 한 군사대표단, 7월 군사훈련부장 후장파(胡長發)을 단장으로 한 군사훈련대표단, 그리고 8월 지난군구 정치위원 송칭웨이(松淸渭)를 단장으로 한 우호참관단이 북한을 방문하였다. 반면 북한에서는 수교 직전 해군사령관 김일철을 단장으로 한 우호대표단 1건 외에는 중국 방문이 없었다.[276)]

앞에서 냉전기 북·중 양국의 군사분야 대표단 방문 추이를 분석하기에 앞서 연구의 한계를 먼저 시인하고자 한다. 〈표 3-11〉에서 보듯이 중국에서 사용하는 용어가 '군사대표단'으로 통일되지 않고, '우호대표단', '우호참관단' 등 그 표현을 달리하고 있다. 즉 중국의 경우 군에서 전개하는 인적교류의 유형을 구분하고 있다는

275) 中華人民共和國外交部外交史編輯室主編,『中國外交概覽 1992』, p. 41.
276) 中華人民共和國外交部外交史編輯室主編,『中國外交概覽 1993』, pp. 39-40.

것이다. 그러나 저자가 중국군의 이러한 용어 구분에 대한 용법을 명확하게 설명한 자료를 찾지 못했을 뿐만 아니라, 그동안 진행된 북·중 군사교류의 현황을 토대로 일관성있는 원칙과 근거를 찾아보려 했으나 발견할 수 없었다. 이에 대한 논리적이고 명확한 설명은 어쩔 수 없이 후행 연구로 돌리고자 한다.

이러한 한계를 전제로 군사대표단의 방문시기 면에서 그 빈도를 보면, 주로 매년 10월 한국전쟁 참전 기념일을 전·후로 한 군사대표단 상호방문이 가장 빈번했음을 알 수 있다. 그 다음으로 매년 7월 조·중 동맹조약 체결 기념일을 전후한 군사대표단 상호방문이 많았고, 기타 창군 및 건국 기념일과 수교기념일을 기념하기 위한 대표단의 방문이 간헐적으로 진행되었다. 먼저, 한국전쟁 참전 기념일을 전·후한 대표단 방문은 매 10년 주기에 가장 활발한 활동을 전개하였고, 그 다음으로 5년, 1년 순으로 방문빈도가 차이를 보이고 있다.

여기에서는 먼저 1980년 한국전쟁 참전 30주년의 경우를 예로 하여 대표단 방문활동을 고찰하고자 한다. 중국 대표단장 왕핑(王平) 상장(上將)은 총후근부 정치위원으로서 북한 방문 당시 73세의 고령이었다. 그러나 그가 대표단장으로 선임된 것은 아마도 한국전쟁 당시 중국인민지원군으로서의 참전 경력을 고려한 것으로 보인다.[277]

대표단이 평양에 도착한 이후 활동을 보면 2·8 문화회관에서 기념행사를 개최하여 북·중 양측 대표—1980년의 경우 중국측

277) 한국전쟁 당시 왕핑은 중국인민지원군 제20병단 정치위원, 지원군 副정치위원 겸 정치부 주임, 중국인민지원군 정치위원을 역임하였다.

대표는 대표단장 왕핑, 북한측 대표는 총참모장 오극렬—가 연설을 하고, 김일성을 포함한 북한 지도부 및 인민군 수뇌부와의 접견을 하였다. 경우에 따라서는 대표단의 탐방활동과 공연관람을 하기도 하였다. 기념식에 참석한 인원을 보면, 중국측의 경우 군사대표단 외에 중국인민우호대표단, 중국공회(工會)대표단,[278] 북한주재 중국대사, 중국인민지원군 대표단, 그리고 평양에 체류중인 중국 전문가 및 유학생들이 참석을 하였다. 또한 북한측에서는 통상 인민군 총참모장 및 부총참모장, 총정치국 부국장, 해·공군 대표자, 외교부장 및 기타 부서장, 조·중 우호협회 위원장, 평양시 행정위원회 위원장 등이 참석하는데 이는 상황에 따라 다소 유동적이다. 반면, 베이징에서는 기념행사를 중국주재 북한대사관에서 연회(宴會) 형식으로 개최하고, 대표연설은 통상 북한대사와 중국인민해방군 총참모장이 하였다. 중국측에서는 통상 중공중앙 부주석, 총참모장, 국무원 부총리 및 외교부장, 그리고 기타 유관부서 책임자들이 행사에 참석하였다. 이러한 형식의 기념행사는 통상 10년 주기 기념식에 적용되고, 매 5년 주기와 매년 실시되는 기념식은 행사가 대폭 축소되거나 경우에 따라서는 국가정상들의 축전으로 대체되기도 하였다.

다음으로 조·중 동맹조약 체결 기념을 위해 군사대표단을 파견하는 경우는 1981년 조약 체결 20주년의 예를 통해 살펴보고자 한다. 1981년의 경우 20주년을 기념하는 행사는 베이징과 평양에서

278) 中國工會는《中國工會章程》에 의하면 중국공산당 영도하에 직공들이 자발적으로 구성한 工人계급의 군중조직을 말한다. 즉 공산당과 직공군중의 교량역할을 하는 조직으로서《中華人民共和國工會法》과《中國工會章程》에 근거하여 행사권과 이행의무를 갖는다.

개최되었지만 대표단 상호방문은 실시되지 않았다. 평양에서는 중앙공인(工人)회관에서 집회를 갖고 기념식에 북한주재 중국대사와 평양에 거주하는 중국 전문가 및 유학생들이 동원되었다. 반면, 베이징에서는 한국전쟁 참전 기념행사처럼 중국주재 북한대사관에서 북한대사 주관하에 연회를 개최하였다. 연회에 참석하는 중국측 인사들로는 통상 중국인민해방군 4대 총부 대표자, 전인대(全人大) 상무위원회 및 국무원 고위급 간부, 외교부 및 중공 당연락부 대표, 중앙정부 유관기관 및 신문사, 그리고 대외우호협회 대표가 상황을 고려하여 참석하였다.

위의 두 사례를 통해 볼 때, 군부측에서 대표단을 구성하여 적극적인 기념활동을 하는 것은 조·중 동맹조약 체결 기념행사보다는 한국전쟁 참전 기념행사로 볼 수 있으며, 이러한 양상은 이후에도 지속될 것으로 보인다.[279)]

또한 시기별로 양국의 군사대표단 방문현황을 볼 때 정치·외교관계의 친소(親疎)에 직접적으로 영향을 받는다는 것을 알 수 있다. 즉 1960년대 중반과 1980년대 중반 양국관계가 소원했을 때 군사대표단의 상호방문 횟수는 현격히 감소하였다. 그러나 1990년대 초반 한·중 수교의 가능성이 커지면서 중국은 의도적으로 북한에 대한 군사대표단 파견을 대폭 증가시켰는데, 이는 일종의 '북한 달래기'로 볼 수 있다. 반면 북한은 1992년의 경우 중국에 대한 군사대표단 파견이 중국에 비해 현격히 적은데 이는 한·중 수교에 대한 불만으로 해석된다.

---

279) '조·중 동맹체결' 기념행사의 경우 군부보다는 대부분 외교부가 주관이 되어 행사를 개최하고, 참석인원도 외교부 간부 중심으로 선정된다.

라. 기타 교류

현대적 의미의 군사외교 차원에서 군 인적교류는 앞에서 고찰한 군 고위급 및 군사대표단 외에 실무급 교류방문이나 위·수탁 교육, 그리고 체육 및 예술교류활동까지를 포함한다. 보다 더 넓은 의미로 본다면 함정방문까지를 포함한다고 볼 수 있다. 그러나 냉전기 북·중 양국의 군사교류에 있어 앞에서 살펴본 인적교류 외에 타 분야의 현황은 파악하기가 매우 어려울 뿐만 아니라, 노출이 되지도 않는다. 보다 엄밀히 분석하면 냉전시기 이러한 분야의 교류는 거의 없었던 것으로 보인다.

그렇다면 냉전시기 북·중 군 고위급 및 군사대표단 교류방문을 제외한 타 분야에서의 교류활동이 부진했던 이유는 무엇인가? 이는 북·중 군사관계에 있어 한국전쟁이라는 '특수'한 역사적 배경 때문이다. 양국은 전쟁을 통해 연합사령부 구성의 경험이 있으며, 작전간에도 상호 교리와 무기체계를 현장에서 어느 정도 공유했기 때문에 제3국에 비해 필요성을 덜 느꼈을 것이다.[280)]

그러나 한국전쟁 이후 양국 간에 이러한 교류가 전혀 없었던 것은 아니다. 중국은 건국 이후 1960년대 중반까지 북한을 포함한 월남, 쿠바, 알바니아 등 공산권 국가에 6,700여명의 군사학원 요원과 700여명의 인민해방군 전문요원을 파견하여 초청국의 군사요원

---

280) 북·중 양국간 한국전쟁시 연합작전을 제외하고 평시 연합훈련은 한번도 이뤄지지 않았다. 반면, 북·소 간에는 함정 및 전투기 상호방문과 연합훈련이 실시되었다. 즉 소련함대 및 비행단의 방북(1985. 8, 1986. 7, 1987. 5)과 북한함대 및 비행단의 방소(1985. 4, 1986. 7), 그리고 1986년 10월 이후 세 차례의 해군 기동훈련이 실시되었다. 대한민국 국방부, 《1990년대 북한-소련관계연구》(3차회의 평가자료, 1988. 12), pp. 20-22.

교육과 훈련을 담당하였다.[281] 또한 개혁개방정책을 추진하기 전까지 중국은 북한을 포함한 40여개 국가의 군사요원 양성을 위해 중국 군사요원 6,400여명을 해외에 파견했고, 8,000여명을 중국에서 교육시켰다. 중국은 당시 외국에 최첨단장비와 무기를 제공하지 않았기 때문에 많은 훈련요원, 고문관, 장비관리 및 운영요원들의 파견은 요구되지 않았다. 중국 교관요원들이 외국군 요원들에게 훈련시킨 내용은 통상 보병 경무기의 사용방법과 기본전술로부터 육·해·공군의 중장비 전문기술과 혼합군대의 전역전술까지를 포함하였다.[282]

한편 인민해방군은 외국군대나 게릴라들의 훈련을 지원하기 위해 1960년대 말부터 군사원교(軍事院校)에 외국훈련과(外訓系)나 외국훈련부대(外訓隊)를 설치하여 외국군 훈련업무의 제도화를 꾀하였다.[283] 그러나 비교적 완전한 외국훈련체계가 구축된 것은 1987년 국방대학(國防大學)과 육군지휘학원(陸軍指揮學院)에 각각 외국훈련과를 설립하여 지휘요원의 양성을 책임지기 시작한 이후이다. 중국이 개혁개방노선 천명 이후 1980년대 말까지 인민해방군은 해외에 약 2,800여명의 군사요원을 파견했고, 약 2,600여명의 외국 군사요원에 대한 수탁교육을 진행하였다.[284]

---

281) 《當代中國》叢書編輯委員會, 『當代中國軍隊的軍事工作(上)』(北京: 中國社會科學出版社, 1989), p. 585; 軍事科學院軍事歷史研究所, 『中華人民共和國軍事史要』(北京: 軍事科學出版社, 2005), p. 627.

282) 《當代中國》叢書編輯委員會, 『當代中國軍隊的軍事工作(上)』, p. 586.

283) 《當代中國》叢書編輯委員會, 『當代中國軍隊的軍事工作(上)』, p. 587.

284) 《當代中國》叢書編輯委員會, 『當代中國軍隊的軍事工作(上)』, p. 586; 軍事科學院軍事歷史研究所, 『中華人民共和國軍事史要』, p. 627. 이러한 자료 중에서 북한에 대해서만 추진된 내용을 별도로 제시하고 있지는 않다.

냉전시기 북·중 양국 간의 체육 및 예술교류 역시 연구자가 파악하기 힘든 부분이다. 일부 자료에 의하면 중국인민해방군 총정치부와 북한인민군 총정치국 문화담당부서 간에 각각 가무단(歌舞團)과 협주단(協奏團) 교류방문이 냉전기에도 추진되었다고 한다.[285) 특히, 양국의 중요한 기념행사시 가무단과 협주단을 통한 군사교류가 매우 중요한 역할을 수행하기도 하였다.

이 외에 북한은 냉전시기 중국에 '인민군 휴양단'을 군사교류 차원에서 파견하기도 하였다. 1973년의 경우 7월 28일부터 무려 한 달 이상 중국을 방문하여 중국인민해방군 창군 기념일을 포함한 각종 행사에 참석하기도 하였다. 당시 인민무력부 부부장 장정환 중장을 단장으로, 정경식 소장을 부단장으로 한 조선인민군 휴양단을 구성하여 중국을 방문하였으며, 중국 국방부 외사국에서 휴양 및 교류활동에 관한 프로그램을 준비하였다. 기간 중 활동을 보면, 베이징 외에 상하이(上海), 칭다오(青島), 광둥(廣東) 지역을 탐방하였으며, 군 활동과 관련해서는 8월 1일 중국인민해방군 창군 기념식장에 참석하였다.[286) 그러나 1973년 이후 북한에서 중국에 파견한

285) 北韓研究所, 『北韓軍事論』(서울: 北韓研究所, 1978), pp. 544-607. 중국인민해방군 가무단은 통상 '總政歌舞團'으로 불리며 1953년 5월에 창설되었다. 최초에는 국내 변방 및 오지의 장병위문을 위해 설립되었으나, 이후 공산권 국가의 군대와 문화 및 친선교류차원에서 활발한 활동을 하였다. 한편 북한인민군 협주단은 1947년에 창설되었으며, '김일성 훈장', '1급 자유독립훈장', '1급 국기훈장' 등을 수상할 정도로 활동이 매우 활발하다. 냉전시기 중국과 소련 등 공산주의권 국가를 방문하여 공연을 하였고, 중국방문시 인민해방군 수뇌부와의 접견을 할 정도로 군사교류분야에서 중요한 역할을 수행하였다.

286) 휴양단 지원을 위해 중국 국방부는 전용기까지 제공하였으며, 상하이에서는 上海革命委員會 부주임, 上海警備區政治委員 류야오종(劉耀宗) 소장, 上海警備區副司令官 천스화(陳士法) 소장 등과 접견을 하기도 하였다. 또한 칭다오(青島)

'조선인민군 휴양단' 교류방문에 대한 소식은 없다. 이러한 '휴양단' 방문활동은 북한과 중국의 냉전기 '혈맹' 역사에 배경을 둔 특수한 군사교류활동으로 볼 수 있지만, 1980년대 이후 관찰되지 않는 것으로 보아 현재는 추진되지 않는 것으로 보인다.

중국은 탈냉전 이후 군사외교에 있어 함정 상호방문을 매우 중요하게 다루고 있다. 중국이 타국에 대한 최초의 함정 방문은 1985년 11월 16일 남아시아 3국 — 파키스탄, 스리랑카, 방글라데시 — 방문이었으며, 이후 1989년 4월에는 훈련함 '鄭和'호가 미 태평양함대사령부가 있는 진주만을 방문하였다. 그러나 중국의 외국에 대한 함정방문은 탈냉전 이후 본격화되었다.[287] 냉전시기 중국의 함정 상호방문이 없었던 이유는 무엇보다 열악한 함정수준 때문이었으며, 이와 더불어 당시 중국은 함정방문을 '함포 외교'라는 강압외교로 보았기 때문이었다.

그러나 냉전시기 북한과의 함정방문이 추진될 수도 있었다. 앞에서 고찰한 바와 같이 1986년 7월 조·중 동맹조약 체결 25주년을 기념하기 위해 1985년 8월 소련이 원산항에 항공모함 민스크호를 주축으로 한 태평양함대를 파견한 것처럼 중국도 북해함대를 서해의 남포항에 파견해 줄 것을 제의했던 것이다. 그러나 당시 중국은 한반도 긴장을 고조시킬 것을 우려하여 북한의 제안을 거절하였

방문시 중국이 북한에 지원한 함정 건조를 담당하는 장난조선소(江南制船廠)를 방문하였으며, 이외에도 군 관련 공장과 농장 등을 방문하였다. 『人民日報』(1973. 8. 1, 8. 19).

287) 미국은 1986년 11월 5일 군함 3척으로 편성된 함정편대를 이끌고 칭다오(靑島)를 방문하였으며, 이는 중국 건국이후 최초의 美함대 방문이었다. 中華人民共和國外交部外交史編輯室主編, 『中國外交概覽 1987』, p. 333.

다.[288] 냉전시기 함정방문을 둘러싼 북·중 양국의 태도를 보면 엄밀한 의미에서 군사외교 차원이 아닌 냉전시기 양국관계의 친밀도를 과시하기 위한 차원에서 고려했던 것으로 보인다.

2. 군사과학기술 및 방산협력

중국인민해방군의 대외군사지원은 철저하게 국가차원의 대외업무에 종속된다. 이러한 '종속성'을 대표적으로 확인할 수 있는 공식적 문건을 먼저 확인하고자 한다. 먼저, 중국의 저우언라이 총리는 1964년 1월 아프리카를 순방하면서 군사지원을 포함한 '대외경제기술원조 8개 원칙'을 밝혔다. 그 내용을 정리하면 다음과 같다.

> 첫째, 중국정부는 일관된 평등과 호혜원칙 하에서 원조를 제공한다. 중국은 지금까지 이러한 원조를 일방의 하사(賜予)로 보지 않고, 상호적인 것으로 인식해왔다. 둘째, 중국정부는 대외원조에 있어 엄격히 수원국(受援國)의 주권을 존중하고 어떠한 조건이나 특권을 요구하지 않는다. 셋째, 중국정부는 무이자 또는 저리(低利)로 경제원조를 하고, 필요시에는 지불 시한을 연장하여 수원국 부담을 최대한 줄여줄 것이다. 넷째, 중국정부의 대외원조 목적은 수원국으로 하여금 중국에 대한 의존을 조성하는 것이 아니라, 수원국가의 자력갱생과 경제적 독립발전을 돕는데 있다. 다섯째, 중국정부는 수원국이 적은 투자로 빠른 효과를 보게 함으로써 수원국 정부 수입을 늘리고 자금을 축적할 수

288) 일본관계자 인용한 『도쿄연합』 보도(1986. 9. 12), 국방부, 『주변국 주요인사 발언 및 군사동향』(1987), pp. 238-239. 최명해, 『중국·북한 동맹관계: 불편한 동거의 역사』, p. 367에서 재인용.

289) 中共中央文獻編輯委員會編, 『周恩來選集(下)』(北京: 人民出版社, 1997), pp.

있도록 도울 것이다. 여섯째, 중국정부는 중국이 생산 가능한 최고 양질의 설비와 물자를 제공하며, (원조물자는) 국제시장 가격에 근거하여 지원한다. 일곱째, 중국정부가 제공하는 모든 기술원조는 수원국 인원이 충분히 습득할 수 있는 것으로 한다. 여덟째, 중국정부는 수원국 건설을 지원할 수 있는 중국 전문가를 파견하되, (중국 전문가는) 어떠한 요구나 특권을 누리지 않고 수원국 요원과 동일한 대우를 받도록 한다.289)

저우언라이가 아프리카에서 귀국한 후 同 원칙을 인민해방군에 구체적으로 적용하기 위한 노력이 전개되었다. 1964년 12월 23일 인민해방군 부총참모장 장아이핑(張愛萍)의 주관하에 총참모부와 총후근부 대표들을 소집하여 '군사장비물자 대외지원 공작회의'(軍事裝備物資援外工作會議)를 개최하였다. 회의에서는 그간 인민해방군의 교류성과를 분석하고 향후 대외군사지원 임무 분석 및 업무분담을 하였다.290)

저우언라이의 '8개 원칙' 외에 대외원조업무와 관련한 중국정부의 입장을 확인할 수 있는 것으로 1971년 11월 유엔총회에서의 중국대표단장 발언을 들 수 있다. 당시 대표단장 챠오관화(喬冠華)는 "우리는 대외원조를 함에 있어 철저하게 수원국의 주권을 존중하고, 어떠한 조건도 달지 않으며, 어떠한 특권도 요구하지 않는다. 현재 反침략 투쟁을 전개하고 있는 국가와 인민에 대해 우리는 무상 군사원조를 제공하고 있다"고 언급하였다.291)

429-430.

290) 《當代中國》叢書編輯委員會, 『當代中國軍隊的軍事工作(上)』, p. 579.

291) 喬冠華, "在聯合國大會第26屆會議全體會議上的發言," 『人民日報』(1971. 11. 17)

한편, 건국 이후 냉전기 중국의 대외군사지원 및 무기거래에 관한 공식적인 입장은 1989년 발간한 『當代中國軍隊的軍事工作』을 통해 확인할 수 있다.[292] 同 저서에서 기술하고 있는 중국인민해방군의 무기장비의 대외원조와 대외훈련업무에 대한 내용을 요약하면 다음과 같다.

> 중국인민해방군은 중국정부와 수원국(受援國) 간에 체결한 협의에 근거하여 무기장비의 대외원조와 외국 군사요원에 대한 훈련지원을 지속해 왔다. 1950년부터 1987년까지 인민해방군은 중공중앙 및 중국정부의 대외방침 및 정책을 성실히 집행하였으며, 평화공존 5원칙을 엄격히 준수하였다. 또한 개별국가와의 우호관계를 적극 발전시켜왔으며, 국제주의 의무를 충실히 이행하였다. (인민해방군은) 70여개 국가의 무장역량에 대해 무기장비를 지속적으로 지원하였다. 뿐만 아니라 50여개 국가의 군사요원에 대한 훈련지원을 해왔으며, 수원국(受援國)의 건설은 물론 민족독립을 쟁취하기 위한 투쟁을 적극 지원하였다.[293]

위의 인용문을 분석해 보면, 중국인민해방군은 대외무기장비 원조와 외국군에 대한 군사훈련을 국가 외교정책의 일환으로 추진해왔음을 알 수 있다. 즉 중국은 건국 이후 이러한 대외군사원조(무기, 장비, 훈련)를 통해 제3세계 국가와의 우호관계 유지, 국제주의 의무 준수, 수원국 국가건설 및 민족독립 투쟁을 지원한다는 명확한 목적을 갖고 있었던 것이다.

---

292) 同 저작에서는 제18장 "무기장비 대외원조와 대외훈련업무"(武器裝備的對外援助和外訓工作)를 별도 편성(pp. 575-590)하여 관련내용을 상세히 기술하고 있다.
293) 《當代中國》叢書編輯委員會, 『當代中國軍隊的軍事工作(上)』, p. 575.

1980년대 후반에 이르면 중국은 대외군사원조를 개혁개방 정책의 틀 안에서 보게 된다. 즉 자국에서 생산한 무기장비를 해외시장에 적극 판매하려는 의도를 보이게 된 것이다.[294] 이후 1988년 9월 8일에는 외교부 대변인을 통해 무기판매 3개 원칙을 제시하였다. 즉 중국은 ① 핵무기를 판매하지 않는다. ② 무기를 구매하는 국가들의 내정에 간섭하지 않는다. ③ 지역의 평화와 안정의 기여를 고려하여 무기를 판매한다는 원칙을 제시한 것이다.[295] 이러한 무기판매 3개 원칙은 다음해 유엔군비축소위원회에서 행한 중국대표의 연설에 의해 보다 구체화되었다. 중국대표는 연설에서 무기판매에 대한 중국의 기본정책을 9개항으로 제시하였다. 9개항 중 이전과 유사한 조항을 제외한 6개항의 내용을 요약하면 다음과 같다.

> 첫째, 무기이전은 신중하고 책임있는 태도로 실시되어야 하며, 관련국가의 독립, 주권, 영토수호에 기여하고, 필요하고 합리적인 방위력 유지에 부합하여야 한다. 어떠한 국가도 무기이전을 통하여 타국의 내정을 간섭해서는 안된다. 둘째, 무기이전은 식민지 지배, 외부침략과 점령에 대한 인민의 정당한 투쟁, 그리고 민족자결과 독립을 위한 인민들의 권리를 구현하기 위한 투쟁에 도움이 되어야 한다. 셋째, 국제무기이전은 관련 지역이나 세계 평화와 안전 및 안정을 유지하고 증진시키는데 기여해야 한다. 넷째, 모든 형태의 무기이전은 유엔헌장이나 다른 국제관계를 규율하는 기본규범을 위반한 국가 또는 침략이나

294) 이러한 의도가 보이기 시작한 시점은 1986년 베이징에서 개최된 제1차 국제군사박람회에서의 자오즈양(趙紫陽) 언급에 나타나 있다. 그는 자력에 의해 무기와 기술을 발전시키면서 중국은 외국과 무기거래를 증대시킬 것을 강조하였다. 新華社 발표(1986. 11. 7). 黃炳茂, 『新中國軍事論』, p. 434에서 재인용.

295) 新華社 발표(1988. 9. 8). 黃炳茂, 『新中國軍事論』, p. 434에서 재인용.

군사점령, 인종차별정책 및 식민지 지배를 시도하는 국가에 대해서는 금지되어야 한다. 다섯째, 국제무기이전은 국제긴장완화, 지역갈등 해소, 군비경쟁을 금지하고 효과적인 감독체제하에서 군축을 실현할 수 있도록 연계되어야 한다. 여섯째, 미국이나 소련같은 최대의 무기수출국은 국제무기이전을 규제하고 제한하는 데 특별한 책임을 져야 한다.[296)]

이상에서 살펴본 중국의 대외원조 및 무기이전에 관한 중국의 공식적인 규정과 방침을 통해 볼 때 중국정부와 인민해방군의 대외원조 목적과 의도가 매우 '정의롭고' '선의'(善意)에 차 있는 것처럼 보인다. 그러나 실천과정에서는 이러한 공식적인 목적 이외에 중국은 당시 국제정세를 고려한 전략적 목적을 추가하여 대외군사원조를 추진했다. 중국은 군사원조나 1970년대 후반부터 적극적인 무기이전을 통해 대상국과의 국가관계 수립 및 우호관계를 유지함은 물론, 이들 국가들의 반미(反美)·반소(反蘇) 연합전선에 끌어들였다. 뿐만 아니라 유엔이나 여타 국제회의에서 중국의 입장을 지지케 하는 영향력 제고의 수단으로 삼았던 것이다.[297)]

중국은 건국 이후 국제정세의 변화와 중국대외관계의 발전, 그리고 국내 군수산업의 발전이라는 세 가지 요인의 변화에 따라 대외무기장비 및 대외군사훈련 지원 업무를 조정·발전시켜 왔다. 즉 건국 이후 38년 동안 시작단계(1950-1963)로부터 신속 성장(1964-1978), 그리고 조정 및 개혁(1979-1989)이라는 3단계의 과정을 밟

296) 新華社 발표(1988. 9. 8). 黃炳茂, 『新中國軍事論』, p. 434에서 재인용.

297) Anne Gilks and Gerald Segal, *China and the Arms Trade* (New York: St. Martin's Press, 1985), cpt. 5.

아온 것이다. 이러한 3단계 발전과정을 무기장비의 종류, 대상지역, 지원방식으로 구분하여 그 특징을 요약하면 다음과 같다. 첫째, 원조대상 무기장비의 종류는 일반적으로 경무기 및 장비에서 출발하여 대형화포, 전차 및 장갑차, 비행기, 군함 및 미사일 등 중형무기 및 장비로 발전하였다. 둘째, 원조대상 지역은 아시아의 주변국가로부터 아프리카, 라틴아메리카 그리고 유럽의 일부국가로 확대되었다. 셋째, 원조방식은 무상의 단일방식에서 시작하여 무상, 원가제공, 차관 등 다양한 방식으로 변화하였다.298)

이러한 중국의 대외 무기장비 및 대외군사훈련 지원에 대한 일반적인 원칙과 목적을 토대로 냉전시기 북한에 대한 무기장비 지원에 대한 내용을 전시와 평시로 구분하여 분석하고자 한다. 위에서 언급한 중국의 대외 무기장비 지원 방침과 목적은 건국 이후 제시된 것이기 때문에 항일투쟁 및 국공내전 시기 양측의 군사지원은 이 책의 연구범위에서 배제하였다.

가. 한국전쟁 지원

한국전쟁 시기 중국의 對북한 군사지원은 크게 전투병력 파병과 무기장비 지원으로 양분할 수 있다. 먼저 전투병력은 중국군이 한국전쟁에 출병하는 1950년 10월 중순과 하순에 제1차로 6개 군(38군, 39군, 40군, 42군, 50군, 66군) 18개 보병사단을 포함, 3개 포병사단, 1개 고사포단, 2개 공병단을 주축으로 한 28만 명이었다. 이후 중국인민지원군은 점차 증원되어 1953년 4월부터 7월 어간에는 〈표 3-10〉에 제시된 것처럼 최대 130여만 명이나 되었다.299)

---

298) 《當代中國》叢書編輯委員會, 『當代中國軍隊的軍事工作(上)』, p. 575.

〈표 3-10〉 한국전쟁 시기 중국군 전투병력 파견 현황

구 분	보병사단	포병사단	기 타	총 병 력
최초 출병시 (1950. 10)	18	3	· 1개 고사포단 · 2개 공병단	28만명
1차 추가 파병 (1950. 11)	30 (+12)	3		38만명
3차 전역 발동시 (1950. 12)	30	3	· 철도병 1개 사단 · 공병 4개 단	?
5차 전역 이후 (1951. 4)	47	7	· 4개 고사포 사단 · 3개 철도병 사단 · 4개 탱크연대 · 9개 공병단	95만명
정전협정 당시 (1953. 7)	?	?	?	135만명

출처: 《當代中國》叢書編輯委員會, 『當代中國軍隊的軍事工作(上)』(北京: 中國社會科學出版社, 1989); 軍事科學院軍事歷史硏究部編, 『中國人民支援軍抗美援朝戰史』(北京: 中國人民解放軍軍事科學院, 1987); 洪學智, 『중국이 본 한국전쟁』(서울: 고려원, 1992). 에 기술된 관련내용을 저자가 정리한 것이다.

최초 출병 이후 중간에 파병인원의 변동상황을 간단히 요약해 보면, 1차 추가 파병은 1차 전역이 종료된 1950년 11월 초 제9병단의 3개 군(20군, 26군, 27군) 12개 사단을 추가 파병함으로써 총 6개 군 30개 사단, 38만명이 되었다.[300] 1950년 12월 31일 3차 전역(戰役) 발동시 중국군은 보병 9개 군 30개 사단과 포병 3개 사

299) 《當代中國》叢書編輯委員會, 『當代中國軍隊的軍事工作(上)』, pp. 451-452.

300) 洪學智, 『중국이 본 한국전쟁』, p. 105. 최초 파병된 총 21개 사단(보병 18, 포병 3)에 1차 추가 파병된 12개 사단을 합하면 33개 사단이 된다. 여기서 말하는 30개 사단의 출처가 정확하다면 아마도 보병사단만을 지칭한 것으로 분석된다.

단, 철도병 1개 사단, 공병 4개 단으로 구성되어 있었다.[301] 5차 전역 이후 전쟁이 장기화되면서 중국지도부는 장기전에 대비해 부대를 작전, 휴식, 준비를 위한 3개 그룹으로 편성하여 순환시킨다는 '3교대 순환제'를 적용함에 따라 중국군 규모는 대폭 확대되었다. 즉 전투부대 순환제가 가동되던 1951년 4월 중순의 경우 한반도 내에 배치된 중국군은 전투병력과 휴식병력을 합쳐 16개 군 47개 사단, 7개 포병사단, 4개 고사포 사단, 4개 탱크연대, 9개 공병단, 3개 철도병 사단 등 총병력이 95만명으로 이는 최초 출병시보다 3배나 많은 규모였으며, 정전협정이 체결된 1953년 7월 당시 중국군 병력은 총 135만명이었다.[302]

〈표 3-11〉 한국전쟁 시기 중국의 對북한 무기장비 지원내역

시 기	지 원 내 역		비 고
1950-1953	· 소총 6.7만 여정 · 전차/자주포 120대 · 포탄 61만 여발 · 무선전화기 200여대 · 지뢰 1.9만 발	· 화포 920문 · 각종 탄약 5,929만 발 · 차량 1,233대 · 유선전화기 500대 · 수류탄 39.6만 발	3개 사단 병력분의 무기장비 full set 조선인민군 지원(1952년)
1958	다량의 무기장비 및 물자 무상 공급		중국인민지원군 철수시

출처: 楊松河, 『軍事外交概論』(北京: 軍事誼文出版社, 1999), p. 135; 軍事科學院軍事歷史研究所, 『中華人民共和國軍事史要』(北京: 軍事科學出版社, 2005), p. 630; 韓懷智 · 譚旌樵主編, 『當代中國軍隊的軍事工作(上)』(北京: 中國社會科學出版社, 1989), p. 577. 자료를 종합하여 저자가 정리하였다.

301) 軍事科學院軍事歷史研究部編, 『中國人民支援軍抗美援朝戰史』, pp. 339-341.
302) 洪學智, 『중국이 본 한국전쟁』, p. 259, 354.

한국전쟁 시기 중국이 북한에게 지원한 무기장비는 전부 무상공여 방식으로 지원되었다. 사실 이 시기 중국은 경제적으로 전후복구에 자원을 우선적으로 배분해야 했기 때문에 군수산업은 초보적 수준에 머물러 있었다. 인민해방군의 장비는 대부분 국공내전 시기에 쓰다 남은 것과 소련으로부터 수입한 것이었다.[303] 따라서 북한에 대한 지원은 차관형식으로 제공받은 소련의 무기장비를 중국인민지원군에 지급하여 한국전쟁에 참여하는 것으로 대체되었다.

중국측 자료에 의하면, 소련으로부터 지원받은 무기장비의 상당량을 〈표 3-11〉에서 보는 바와 같이 한국전쟁 당시 북한 지원을 위해 사용했다고 주장한다. 1950년대 중국이 소련으로부터 제공받은 차관 총 66.163억 루블(舊幣) 중에서 한국전쟁시기 차관은 총액의 48%에 해당하는 32억 루블이었으며, 한국전쟁 기간 중 중국군이 소모한 각종 물자는 약 560만 톤이었고, 그중 탄약이 25만 톤이었다. 또한 중국 군사비 사용은 총 62억 위엔(당시 환율 적용시 약 26억 달러)으로써, 이를 모두 합산하면 한국전쟁시 중국이 사용한 전비(戰費)는 약 100억 달러에 달한다고 한다.[304]

나. 평시 지원 : 한국전쟁 이후(1958-1992)

한국전쟁이 끝난 뒤에도 중국군은 34개 사단 이상이 북한지역에 남아 정전 후의 불안정한 군사정세 속에서 북한을 지원했다. 중국

303) 黃炳茂,『新中國軍事論』, pp. 420-421.

304) 沈志華 ,『毛澤東, 斯大林與朝鮮戰爭』(廣州: 廣東人民出版社, 2003), p. 398; 徐陷,『第一次較量: 抗美援朝戰爭的歷史回顧與反思』(北京: 中國廣播電視出版社, 1990), p. 323; 包國俊, “抗美援朝戰爭歷史不容歪曲,”『解放軍報』(2000. 11. 1), 第1版.

군은 1958년 10월 북한에서 완전히 철수할 때까지 대부분 전후복구 지원을 담당했기 때문에 주로 건설 및 공병 분야지원이 주가 되었다. 그러나 중국측 주장에 의하면 한국전쟁에 참가한 중국인민지원군이 철수하면서 상당 규모의 군사장비를 북한측에 이전하였다고 한다.305)

한국전쟁 이후 냉전기 중국의 對북한 무기장비 지원은 소련과 연계하여 고찰할 필요가 있다. 왜냐하면 냉전기 북·중 군사관계는 철저하게 중·소 관계의 친소(親疎) 영향을 받으면서 시소게임을 해왔기 때문이다. 한국전쟁 시기로부터 중·소 갈등이 시작되기 전까지는 어느 정도 북한에 대한 공동의 군사지원이 진행되긴 했지만, 중·소 분열이 본격화되면서부터 북·중 군사관계는 밀월과 갈등이 반복되었으며, 이러한 관계는 무기장비 지원에 직접적인 영향을 주었다.306)

냉전기 중·소의 무기장비 지원은 크게 6단계로 구분하여 대별할 수 있다. 앞에서 고찰한 북방 3각 관계의 정치·외교적 관계를 토대로 한 중·소의 對북한 무기장비 지원단계는 〈표 3-12〉와 같이 정리할 수 있다. 이러한 중·소의 對북한 무기장비 지원의 변화주기는 양국의 對북한 군사대표단 교류횟수와 어느 정도 상관성을

---

305) 《當代中國》叢書編輯委員會, 『當代中國軍隊的軍事工作(上)』, p. 577. 그러나 한국전쟁 이후 중국군이 철수하면서 북한에 제공한 무기장비 내역에 대해서는 발표된 자료가 없다.

306) 중국 역시 개혁개방 추진전까지 자국 무기장비 획득에 많은 제약이 따랐다. 시기별 무기장비 획득추이에 대해서는 차이밍옌 著, 이두형 옮김, 『중국 군사력: 현대화의 발전과 도전』(서울: 21세기군사연구소, 2006), pp. 100-108을 참고할 것.

보이며, 이러한 상관관계는 결국 앞서 고찰한 정치·외교관계와 직접적 관련이 있다고 보여진다.

1958년 10월 중국군 철수 이후 중국의 북한에 대한 군사원조는 급증하였다. 1958년 2월 저우언라이의 평양방문과 1958년 11월과 12월 두 차례의 김일성 방중 이후 중국은 중국군 철수로 야기되는 북한 군사력 약화를 보완한다는 취지하에 3억 달러에 달하는 무상원조와 함께 각종 무기장비를 지원하였다. 특히 1958년부터 1960년까지 중국은 북한에 막대한 양의 군사지원을 하였으며, 이는 1957년 후르시초프의 집권이래 소련 지원이 감소되는 상황에서 북한에 커다란 도움이 되었다.

〈표 3-12〉 북한에 대한 중·소의 무기장비 지원단계와 지원동기

시 기	소련	중국	지 원 동 기		
			소 련	중 국	비 고
1945-1957	초기 지원		·위성화 정책 ·한국전쟁	·전쟁수행비용	
1958-1961		대량 지원	·평화공존정책	·중국군 철수	·金門島 사건
1962-1964	지원 중단	소량 지원	·북한 친중화	·중·소 분쟁 ·중·인 분쟁	·중국 핵실험 ·쿠바 사태 ·4대 군사노선
1965-1972	대량 지원	지원 감소	·對北 우위전략	·문화대혁명	·월맹 폭격
1973-1982	지원 감소	지원 증가	·데땅뜨 ·영향력 상실	·군 현대화 ·생산능력 증가	·일본 재무장
1983-1991	지원 유지	지원 유지	·對蘇 봉쇄위협	·군 현대화	·미, 중, 일 관계

1960년대 초반 중국은 1958년 중국인민지원군 완전철수 이후 소련으로부터 지원받은 MIG-15, MIG-17, 그리고 Shenyang F-4 (MIG-15 개량형)와 Yak-18을 대량으로 지원하였다.[307] 이러한 대량의 항공기 지원은 북한이 강력한 공군력을 유지하는 것이 중국 본토의 제1차 공중방어선이 된다는 인식하에 이뤄진 것이었다. 중국의 지원으로 북한은 1개 전투·폭격사단, 6개 전투기 연대를 창설하였고 북한 공군을 중국식 패턴으로 조직·편성하게 되었다.[308] 그러나 1960년대 중반 중국의 문화대혁명 영향으로 북한에 대한 군사지원은 완전히 단절되었다. 이에 북한은 1965년 5월 소련과 군사원조협정을 체결하고 1967년 말까지 소련제 최신형 군사 중장비를 대량으로 제공받아 북한 군대의 재무장을 꾀하였다.

1970년대 들어 중국은 미·중 데탕트 분위기에 따른 북한의 불만을 상쇄시키기 위해 군사원조를 재개하였다. 즉 1971년 9월 오진우 총참모장을 단장으로 하는 북한 군사대표단이 중국을 방문했을 때 《무상 군사원조 제공 협정》을 체결하고 북한에 대한 공식적인 군사지원을 재개한 것이다.[309] 1972년 중국 정부가 소련제 MIG-19 초음속 전투기(중국 모델)와 중국 33형 잠수정이 북한에 제공된 것도 바로 이 시기였으며, 이로써 중국은 한국전쟁 이후 북

---

307) *SIPRI,* 1971, p. 412; Richard D. Cassidy, *Arms Transfer and Security assistance to the Korean Peninsula 1945-1980: Impact & Implication* (Monterey California: Navy Postgraduate School, 1980), pp. 316. 이 시기 무기체계별 정확한 지원규모는 밝히지 않고 있다.

308) Richard M. Bueschel, *Communist Chinese Airpower* (New York: Frederic A. Praeger, 1968), p. 81.

309) 劉金質·楊淮生主編, 『中國對朝鮮和韓國政策文件匯編 4』, pp. 1944-1954; 『동아일보』(1971. 9. 9).

한에 대한 공식적인 군사지원국이 되었다.[310] 그러나 1970년대 중·후반 미·중 관계 정상화가 가시화되어가면서 중국의 對북한 군사지원은 거의 이뤄지지 않았을 뿐만 아니라, 관계 정상화 이후에는 북한에 대한 지원규모도 점차 감소되었다.[311]

1980년대 초반 중국은 한국이 F-16 팰컨(Falcon) 전투기를 미국으로부터 구매하기로 한 조치에 대한 대응으로 MIG-19기를 중국식으로 개량한 공군 주력기 A-5 전투기를 지원하였다. 당시 중국의 A-5 전투기 생산능력이 연간 40기 밖에 안되는데 그중 절반에 해당하는 20기를 북한에 제공하기로 약속한 것이다.[312] 또한 1983년 중국은 다량의 A-5 전투기를 북한에 제공하는 대가로 청진항 사용권과 백두산 천지의 상당부분을 중국에 양도한 것으로 알려지고 있다.[313]

한국전쟁시기를 포함한 한·중 수교 이전까지 중국이 북한에 제공한 무기장비 지원현황을 정리하면 〈표 3-13〉과 같다.

---

310) 돈 오버도퍼, 『두개의 한국』, p. 37; 정진위, 『북방삼각관계: 북한의 대중·소 관계를 중심으로』, p. 158; 安野, "解密中國江南造船廠秘密軍事外援," pp. 89-92.

311) Yong-Sup Han, "China's Leverages over North Korea," pp. 243-244.

312) 중국이 북한에게 A-5 전투기를 제공하게 된 과정을 보면, 1982년 6월 12일 중국 국방부장 껑뱌오(耿飈)가 북한을 방문했을 때 최초로 논의되었고, 1983년 9월 김일성의 방중시 최종 합의되었다. 劉金質·楊淮生主編, 『中國與朝鮮半島國家關係文件資料匯編(1949-1994)』, p. 2348.

313) 外務部編, 『1983年度 外務部 執務資料』(서울: 外務部, 1984), p. 24.

〈표 3-13〉 중국의 對북한 무기장비 지원 현황(1950-1990)

( ) : 미확인 또는 추정치

분 야	수출시기	무기명	무기종목	수량	비 고
항공기	1950-1951	F-4	전투기	100(추정)	MiG-15의
	1957	AN-2	수송기	4	중국명칭
	1958	F-4	전투기	80	
	1958-1959	IL-28	폭격기	40	
	1958-1959	IL-28U	훈련기	4	MiG-17의
	1958-1959	Yak-18	훈련기	20	중국명칭
	1959-1960	J-5	전투기	300	MiG-19의
	1958-1960	J-6	전투기	20	중국명칭
	1978	BT-6	훈련기	10	
	1982	A-5	전투기	20(추정)	MiG-19 개량형
	1988-1989	A-5	전투기	?	MiG-19 개량형
함 정	1957-1960	?	근해소해정	24	
	1967	上海-1급	초계정	4	
	1968	汕頭급	초계정	4	
	1968	P-6급	고속어뢰함	3	
	1970년대	上海-1급	초계정	11	
	1972	上海-2급	초계정	8	
	?	Swatow급	초계정	8	
	1973-1976	Romeo급	잠수정	7	면허생산
	1975-1978	海南급	구잠정	6	
	1979	海南급	구잠정	4	
	1982	黃蜂급	고속유도탄정	4	
미사일	1977-1989	海鷹-2	함대함미사일	156(추정)	면허생산
지상 무기	1950-1954	?	야 포	수천문	
	1960년대	130mm야포	야 포	?	
	1970년대	85mm야포	야 포	?	
	(1974)	T-59, 64	전 차	?	
	1977	531형 APC	장갑차	?	
	1979-1980	?	전 차	?	
종류 미상	1982-1983	?	?	?	무기원조

출처: 黃炳茂, 『新中國軍事論』, pp. 438-441.

한편, 중국이 북한에게 지원한 무기장비를 시기별로 중·소의 對북한 무기장비 지원 현황과 비교하여 정리하면 〈표 3-14〉와 같다.

〈표 3-14〉 시기별 중·소의 對북한 무기장비 지원 현황

무 기 시 기	전차/장갑차 (대)	항공기(대)	해군함정 (척)	대공무기 * 소련만 해당
1945-1957 (소련지원)	600	400	60	
1958-1961 (중국지원)	·	460	30	
1962-1964 (중국지원)		·	11	
1965-1972 (소련지원)	770	170	40	· SA-2: 360 · SA-7: 200 · Frog-5 SSM: 43
1973-1992 (중·소지원)	· T-62(60) : 蘇 · T-59(520) : 中	· 181: 蘇 · 133: 中 · AN-2(100) : 폴	· 2: 蘇 · 9: 中	· SA-2: 550 · SA-3: 30 · SA-5: 미상 · Styx shsh 1: 132 · Frog-5, 7: 15 · Rocket: 20 · SCUD-B: 15

출처: Richard D. Cassidy, *Arms Transfer and Security assistance to the Korean Peninsula 1945-1980: Impact & Implication* (Monterey California: Navy Postgraduate School, 1980), pp. 315-318; 北韓問題硏究所, 『北韓軍事論』(서울: 北韓問題硏究所, 1978), p. 235; Military Balance, 1980-1989; SIPRI 1970-1994.를 토대로 저자가 작성하였다.

〈표 3-15〉 중·소 무기의 對북한 이전생산 현황

무 기 명			도입년도	생산년도	기술지원국
기관총	RP-46		1960	1964	중·소
	RPD		1950-1953	1962	
대전차화기	RPG-2		1958-1959	1960-1964	중·소
	RPG-7		1962	1970-1979	
고사총	14.5mm		1950-1953	1960	
박격포	82mm		1950-1953	1960-1964	중·소
	120mm		1950-1953	1960-1964	
야 포	76mm		1949	1963	
	122mm		1950-1953	1973-1976	
	152mm		1967-1968	1970-1979	
방사포	107mm		1957	1967	중 국
	200mm		1965	1973-1976	
	240mm		1965	1973-1976	
전 차	T-54		1950-1953	1973	
	T-59		1971	1973	중 국 (T-59모방)
	T-62		1978	1978	소 련
장갑차	M-1973		1960-1969	1973	중 국 (M-1967모방)
	K-61		1950-1959	1970-1979	
유도무기	SCUD-B		1985	1987	중 국
	SILK WORM		1974	1976	
	STYX		1967	1974	
함 정	잠수함	R급	1972	1975	중 국
	유도탄정	서흥급	1968	1974	소 련 (KOMAR급 모방)
		서주급	1967-1968	1974	소 련 (OSA급 모방)
	어뢰정	SHER SHEN급	1960-1962	1967	
		P-6급	1960-1962	1967	
항공기	YAK-18		1949-1950	1980-1989	중 국 (부품조립)

출처: 金勇男, "北韓에 대한 中·蘇의 軍事協力에 關한 硏究," 漢陽大學校 行政大學院 석사학위논문(1989), pp. 70-71.

중국은 냉전기 對北 무기장비 지원과 병행하여 무기생산에 필요한 기술지원을 하였다. 이러한 기술지원은 소련에 의해서도 진행되었으며, 특이한 현상은 중국이 소련에 비해 무기생산 기술지원에 보다 적극성을 보였다는 점이다. 이는 소련에 비해 무기를 충분히 보유하고 있지 못한 대신 북한과의 군사협력 관계를 기술지원을 통해 만회하려는 중국의 전략적 고려로 판단된다. 중국과 소련에서 생산한 무기의 對북한 이전(移轉) 생산 현황을 정리하면 〈표 3-15〉와 같다.

제3절 소 결

본 장에서는 현대적 의미에 있어서의 중국 군사외교 틀을 토대로 냉전기 중국의 對북한 군사관계를 역사적으로 고찰하였다. 냉전기 중국은 '하나의 조선' 정책을 추구하며, 북한과는 '혈맹'관계를, 그리고 한국에 대해서는 '국가'라기 보다는 '남조선 당국'(當局)이라는 표현과 함께 미국과 연동된 적대정책을 추진하였다. 특히, 군사관계에 있어서 이러한 편중현상은 일관되게 지속되었으며, 북·중 군사관계는 그야말로 '죽의 장막' 그 자체였다고 평가된다.

비록 냉전시기 중국이 군사외교에 대한 인식과 정책적 실천은 드러나지 않지만 북·중 양국 군사관계를 역사적으로 조명하면서 현대적 의미의 군사외교 요소를 도출해 보았다. 즉 현재 중국 군사외교의 틀을 토대로 역추적하는 작업을 진행하였던 것이다.

냉전시기 북·중 군사관계를 정치·외교적 측면에서 보면 크게 인적교류와 군사지원으로 양분된다. 먼저, 냉전시기 북·중 양국이 추진했던 군 인사교류를 보게 되면 여타 국가와는 상당히 '특수'한 현상이 나타난다. 한국전쟁을 통한 전시 정상급 회동시 군 수뇌부가 수행한 점을 제외하더라도 냉전기 양국의 군 인사교류는 그 유형이나 목적에서도 타국과 비교해 볼 때 많은 차이가 있다.

이를 간략히 정리해 보면 첫째, 정상회담시 군 수뇌부 수행이나 독립적인 군사대표단 방문에 있어 가급적 노출을 시키지 않았다는 점이다. 양국의 비밀외교에 대해서는 이미 알려진 사실이지만, 냉전시기 군사부문에 대한 양국의 비밀주의는 거의 빈틈을 보이지 않았다. 이는 최근 중국이 외국과의 군 고위급 인사교류를 대대적으로 홍보하는 것과 대비되는 현상이다.

둘째, 양국 대표단의 방문시기를 보면 어느 정도 정례성을 띠는데 이 역시 최근 중국의 군 인사교류와는 매우 '특수한' 현상에 포함된다.[314] 이는 앞서 언급한 바와 같이 양국만이 공유하는 역사적 배경에 기인한다고 볼 수 있다.

셋째, 최근 인민해방군은 군 인사교류를 통해 타국 군대의 선진화된 경험을 습득하고 교류방문을 통해 첩보를 수집한다는 목적을

314) 최근 중국인민해방군의 일반적인 고위급 방문은 1월 말에서 2월 초 춘절(春節) 후 1-2개월 사이나 全人大(12월 초) 직전에 실시된다. 방문일정의 경우 통상 4개국 이내로 하며, 한 나라에는 3-5일 가량 체류하여 전체일정은 2-3주 정도가 소요된다. 대부분의 인민해방군 최고 지도자들은 형평성을 고려하여 1인당 연 1-2회 외국방문을 실시한다. 또한 중국을 방문하는 외국 군사대표단도 통상 4-7명의 고위급 장성으로 구성되고, 1-2일간의 베이징 체류 후 관광 또는 군사시설 견학차 3-4개의 타 도시를 방문하는 것으로 하여 1주일 이상을 경과하지 않는다. 이러한 최근의 추세를 놓고 볼 때 냉전기 북·중 군사대표단의 상호방문은 시기나 구성면에서 차이를 보인다고 볼 수 있다.

갖고 있다. 그러나 냉전시기 북한과 중국 간의 교류방문에 있어서 이러한 목적과 의도는 거의 없었던 것으로 보인다. 1970년대 '조선인민군 휴양단'이나 '가무단', '협주단' 등의 교류방문 예에서 보듯이 '형제국'으로서의 우의증진과 관계악화시 '보상' 및 '달래기' 혹은 지원 요청을 위한 교류가 주된 목적이었다고 볼 수 있다. 즉, 우의친선을 토대로 한 '견제'와 '견인' 목적의 군 인사교류가 진행되었던 것이다.

마지막으로, 한국전쟁 이후 시간이 지나면서 양국은 특별한 경우를 제외하고는 대부분 상징성 친선교류에 치중된 인적교류를 진행하였다. 최근 다양한 유형의 인적교류 — 실무급 상호방문, 친선교류, 국제회의참가, 군사학술교류, 군사교육교류 등 — 틀에서 볼 때 냉전시기 양국의 인적교류 폭은 상대적으로 좁았다고 볼 수 있다. 중국은 북한과의 인적교류에 있어 군 현대화 달성에 기여하는 대상이 될 수 없었으며, 교리나 교육훈련분야에 대한 교류동기 역시 타국에 비해 적었다. 그러나 우호증진 차원에서 북한과 인접한 선양 및 지난 군구와의 유대는 타 군구에 비해 강화되었다고 보인다. 이외에 양국간의 문화·예술분야의 교류방문은 냉전시기 같은 공산주의권 국가이자 '혈맹'국으로서의 우호증진에 크게 기여하였다고 볼 수 있으며, 이러한 친선교류활동은 양국관계가 소원할 경우 보다 커다란 역할을 하였던 것으로 보인다.

이 외에 냉전시기 중국이 북한에 대해 무기장비와 기술을 이전한 동기와 목적은 과연 무엇인가? 냉전기 중국의 對북한 무기장비 원조는 전체적으로 볼 때 중국 외교정책의 일환으로 추진해 왔음을 알 수 있다. 즉 중국은 건국 이후 이러한 대외군사원조를 통해 북한과의 '혈맹'적 우호관계를 유지한다는 명분하에 반미(反美)·반소(反蘇) 연합전선에 북한을 끌어들였던 것이다. 뿐만 아니라 이러한 군사지원을 통해 북한에 대한 영향력 제고의 수단으로 삼고자 했던 것이다. 1960년대와 1970년대 중국은 주로 독립국가 및 민족해방운동단체들을 대상으로 군사원조를 하였으며, 이 중 북한에 대한 비중은 그리 크다고 볼 수는 없다.[315]

중국의 무기수출 총액중에 북한이 차지한 비중을 보면, 1967-1976년: 2.8%, 1974-1978년: 1.9%, 1979-1983: 2.3%, 1984-1988: 0.5% 수준이었다.[316] 비중의 추이를 볼 때 지속적으로 감소하였으며, 이러한 원인 역시 중국의 위협인식 변화와 더불어 중·소, 미·중, 미·일 관계의 호전(好轉)에 기인한다고 볼 수 있다. 그러나 여타 국가와는 달리 중국이 보는 북한의 전략적 가치는 중국의 직접적 안보이익 확보와 친소(親蘇)화 방지의 최우선 대상이었기 때문에 냉전기 북한에 대한 군사지원은 지속되었던 것이다.

현대적 의미의 군사외교 차원에서 볼 때, 상술(上述)한 냉전기 중국이 북한에 대해 제공한 군사지원과 군 인사교류 외에 다른 활동은 없었는가? 우리는 앞에서 제한적이긴 하지만 추정의 방식을 빌어 군사외교활동의 몇 가지 분야에 대해 간단히 고찰하였다. 즉

---

315) 이 시기 중국 군사원조의 주 대상국은 베트남, 알바니아, 라오스, 탄자니아 등 국가였으며, 이러한 국가들이 차지한 중국 대외군사원조의 비중은 80% 이상을 차지하였다. 《當代中國》叢書編輯委員會, 『當代中國軍隊的軍事工作(上)』, p. 580-584.

316) *World Military Expenditure and Arms Transfer 1969-1978/1985/1989* (Washington, D.C.: U.S. Arms Control and Disarmament Agency, 1980/1985/1990).

실무급 교류방문이나 위·수탁 교육, 그리고 체육 및 예술교류활동, 그리고 함정방문은 있었는가에 대해 알아보았다. 냉전시기 북·중 군사관계에 있어 한국전쟁이라는 '특수'한 역사적 배경으로 기타 분야의 활동은 매우 저조했을 뿐만 아니라 그 실태마저도 노출되지 않았다는 결론을 얻었다. 양국은 전쟁을 통해 연합사령부 구성의 경험이 있으며, 작전간에도 상호 교리와 무기체계를 현장에서 어느 정도 공유했기 때문에 제3국에 비해 필요성을 덜 느꼈을 것이라는 추정이 이를 대변한다.

제한적이긴 하지만 그 실태를 보면, 먼저 중국은 건국 이후 공산권 국가에 인민해방군 전문요원을 파견하여 해당국가 군사요원을 양성하였다. 정확한 통계는 공개되지 않지만 이러한 시스템 속에 북한도 포함되어 있었으며, 특히 중국인민해방군 군사학교에 북한 인민군 간부를 파견하여 위탁교육을 시켰다. 또한 냉전시기 북·중 양국 간의 체육 및 예술교류 역시 진행되었다. 중국인민해방군 총정치부와 북한인민군 총정치국 문화담당부서 간에 각각 가무단(歌舞團)과 협주단(協奏團)의 교류방문과 '조선인민군 휴양단' 파견 등의 활동을 통해 양국 군사관계를 보다 공고히 하였던 것이다. 한편 함정방문에 대해서는 북한이 제의를 하긴 했지만 당시 중국은 한반도 긴장을 고조시킬 것을 우려하여 북한의 제안을 거절함으로써 함정 상호방문은 성사되지 않았다. 이 외에 연합훈련은 북·중 양국 공히 제의하지도 않았을 뿐만 아니라 이 역시 한반도 긴장고조를 원치않는 중국의 태도로 인해 한 번도 실시되지 않았다. 그러나 현대적 의미의 군 고위급 군사전략대화 및 협의는 한국전쟁시기는 물론 냉전기간 내내 1961년 조·중 동맹조약 조항에 의거하여 활발하게 전개되었다고 평가된다.

냉전시기 중국의 對남북한 군사외교를 종합적으로 평가해 볼 때, 북・중 양국은 한국전쟁을 통해 북・중 '혈맹'관계를 구축하였고, 미・소 양대 진영이라는 국제체제 하에 1961년 체결된《조・중 우호협력 및 상호원조조약》에 기초하여 군사외교의 최고 수준인 군사동맹 차원의 군사외교를 전개하였다고 볼 수 있다. 이러한 국제안보환경 하에서 중국은 북한 일변도의 군사관계를 지속하였고, 한국과는 일말의 여지도 없이 적대적인 군사관계로 일관하였다.

또한 중국은 중・소 분쟁 국면과 미・중 관계 정상화 추진과정에서 북한을 끌어들이기 위한 '견인'형 군사외교를 추진하였으며, 문화대혁명 및 북한의 친소(親蘇)노선 시기에는 부분적으로 '견제'와 '관리 및 통제'를 위한 군사외교를 전개하기도 하였다. 그러나 냉전기 전 기간을 놓고 볼 때 중국은 북한에 대해 '견제'보다는 '견인'을 위한 군사외교활동에 비중을 두었다. 냉전기 중국의 對북한 군사외교에서 이러한 특징이 나타나는 가장 큰 이유는 무엇보다 냉전구도 하에서 마오쩌둥의 對한반도 전략적 사고에 기초한 군사・정치이익 최우선 주의에서 기인한다고 볼 수 있는 것이다.

제4장

탈냉전기 중국의 對남북한 군사외교

한・중 수교 이후 중국은 남북한에 대해 '두개의 조선' 원칙하에 점진적으로 등거리 실리외교를 추진하고 있다. 과거 '혈맹'관계라는 특수한 지위를 부여했던 북한과의 관계는 전통적 우호협력관계로 조정되었고,[1] 한국과의 관계는 1992년 수교 이후 선린우호관계에서 협력적 동반자관계로, 그리고 2008년에는 급기야 동반자 관계의 최고 수준인 전략적 협력 동반자관계로 격상되었다.[2]

엄밀한 의미에서 중국에게 있어 탈냉전시대의 북한은 '관리와 통제'를 요하는 부담스런 존재가 되고 말았다. 중국은 미국과 협력적

1) 중국은 수교국과의 양자관계를 긴밀도에 따라 단순수교–선린우호관계–동반자관계–전통적 우호협력관계–혈맹관계의 5단계로 구분하고 있다고 한다. 이러한 구분 방식에 따르면 북한은 과거에는 혈맹관계라는 특별대우를 받았지만, 탈냉전 이후 전통적 우호협력관계로 한 단계 하향조정 되었다고 볼 수 있다. 서진영, 『21세기 중국의 외교정책: '부강한 중국'과 한반도』(서울: 폴리테이아, 2006), p. 323.

2) 중국의 대외관계 유형과 한・중 동반자관계 발전과정에 대해서는 김흥규, "중국의 동반자외교 小考," 『한국정치학회보』제43집 제2호, pp. 296-297을 참고할 것.

관계를 견지하면서, 동아시아의 안정과 발전을 담보한다는 국가이익을 노골적으로 표출하고 있다. 이러한 차원에서 중국은 미국과의 불화를 조성하고 동아시아의 안정과 평화를 위협하고 있는 북한의 호전적 자세가 불만스러운 것이다. 특히, 국가 제1의 당면 목표로 경제발전을 설정한 중국에게 북한의 이러한 호전적이고 모험적인 태도는 탈냉전기 중국의 국가이익을 심하게 훼손시키고 있다고 보는 것이다.

북한의 입장도 이해할 수는 있다. 항일투쟁과 한국전쟁에서 '피를 같이 나눈' 중국이 공동의 적이었던 한국과 수교를 맺고, 혈맹국 북한에 대한 가치를 평가절하하고 있다는 것이 억울한 것이다. 북한은 중국에게 1961년 체결한 조·중 동맹조약 위반이라는 호소를 하고 싶은 것이다.3)

그러나 중국은 개혁개방 추진 이후 중국의 국가이익을 침해하는 그 어떤 대상이나 행위도 용납하지 않고 있다. 과거 마오쩌둥의 혁명관과 인식관을 과감히 탈피하여 덩샤오핑 발전관을 기초로 한 제3세대, 제4세대 중국지도부의 실리적 국가이익관이 '진리를 검증하는 유일한' 준거가 되고 있는 것이다. 이러한 원칙에 한반도도 예외가 될 수는 없었다. 개혁개방과 한·중 수교를 거치면서 중국 지도부의 對한반도 사고와 인식이 급전(急轉)하였으며, 이러한 인식의 변화는 對남북한 국가이익의 구분을 초래하였다.

---

3) 1961년 체결한 《中朝友好合作互助條約》 제3조에 의하면 "체약 쌍방은 체약 상대방을 반대하는 어떤 동맹도 체결하지 않으며 체약 상대방을 반대하는 어떠한 집단과 어떠한 행동 또는 조직에도 참가하지 않는다"고 규정하고 있다. 同조항에 입각하여 한·중 수교를 해석하면, 북한이 수교를 반대할 경우 한·중 수교는 조약 위규라고도 볼 수 있는 것이다.

앞장에서 논의한 바와 같이 중국은 1990년대 이후 그 어느 국가보다 군사외교에 대한 실천적·이론적 노력을 경주하고 있다. 나아가 군사외교에 대한 해석도 '군사'에 국한되지 않고 정치·외교·경제정책 영역을 어우르는 수준으로 확대하고 있다. 냉전시기 북한 일변도의 군사관계를 벗어나 한국과도 점진적으로 군사교류영역을 확대해 나가고 있다. 이러한 중국의 변화는 독립적인 군사적 측면으로만 해석이 불가능하다. 변화의 동인은 바로 앞서 언급한 중국의 對한반도 전략적 사고와 인식의 변화에 기초한 국가이익관의 변화인 것이다.

이 장에서는 한·중 수교 이후 중국의 對남북한 군사외교의 특성을 모색하고자 한다. 논의의 전개는 앞의 3장과 같이 먼저 탈냉전기 중국의 對남북한 정치·외교관계를 주요 사안별로 분석하면서, 그 과정에서 전개된 남북한과의 군사외교활동을 중국 군사외교 분석틀에 입각하여 평가할 것이다.

제1절 한반도 안보전략

1. 탈냉전과 한·중 수교

냉전기 40여년에 걸친 중·소 분쟁의 종결은 중국에게 있어 북한의 전략적 가치를 하락시키는 계기가 되었다. 또한 한국에서는 노태우 정부의 북방정책 추진으로 동구권 국가 및 소련, 중국 등과 역사적인 수교가 성사됨으로써 북한의 입지는 더욱 위축되는 시기였다. 한국은 1988년 서울올림픽을 계기로 중국과 다방면에서의 교류협력을 추진해 나갔다. 특히 북방정책을 표방하면서 출범한 노태우 정부는 1990년 소련과의 국교 정상화, 1991년 남북한 UN 동시 가입에 이어 임기 내에 한·중 수교를 실현함으로써 북방정책의 가시적 성과를 내고자 노력했다.[4)]

북한은 1989년 하반기부터 한국의 UN 가입문제가 제기되면서 중국 및 러시아와 외교적인 접촉이 빈번해지기 시작했다. 한국이 북한에 대해 UN 동시가입을 제안했으나 북한은 '하나의 조선'을 내세우며 반대입장을 고수하였다. 그러나 북한의 예상과는 달리 중국과 소련은 북한의 편을 들어주지 않았다. 소련의 경우 한국의 UN가입에 대해 긍정적 입장을 표명하는가 하면 한반도에 두 개의 국가가 존재한다는 것을 사실상 인정하는 발언이 잦아졌다. 한국이 1991년 4월 UN에 단독가입 신청서를 제출했을 때 북한은 소련의 지지 발언을 맹비난하였으며, 특히 제주도 한·소 정상회담시 고르바초프가 한국의 UN가입 지지와 한·소 우호협력조약 체결을 제의하자 "돈 30억불에 의리를 팔아먹은 배신자," "조선반도 분열의 책임자" 등으로 소련을 비난하였다.[5)]

중국의 경우는 소련과 다소 차이가 있었다. 한국이 UN가입 신청서를 단독으로 제출하면서부터 북한에 대해 외교적 압력을 행사하

---

4) 1990년 말 한국 외무부장관에 취임해 한·중 수교 협상과정을 진두지휘한 이상옥 장관은 회고록에서 노태우 정부의 북방정책을 완성하기 위해 다각적으로 중국과 접촉, 한·중 수교 의사를 타진했으며 협상을 진행했다고 기술하고 있다. 이상옥, 『전환기의 한국외교: 이상옥 전 외무부장관 회고록』(서울: 삶과 꿈, 2002).

5) 김영호, 『현대북한외교론』(서울: 오름, 1996), pp. 297-298.

긴 했지만 소련에 비해 강도는 미약한 편이었다. 중국의 UN주재 대표부 관리는 중국이 거부권을 행사하지 않을 것을 시사한 반면, 대외연락부장 주량(朱良)은 한국의 단독가입에 반대한다는 의견을 분명히 표명하였다.[6)]

중국은 1990년까지만 해도 한국의 UN 단독가입에 대해 북한과 입장을 같이 했다. 그러나 톈안먼 사태와 걸프전쟁을 목도한 중국 지도부는 주변국가와의 안정적 관계 유지를 위해 노선을 전환하였다. 1991년 4월 김정일의 비밀 방중에 이은 리펑(李鵬) 총리의 방북, 그리고 5월 15일부터 시작된 장쩌민(江澤民) 국가주석과 고르바초프의 정상회담을 통해 남북한 UN가입문제를 심층깊게 토론하였다. 이러한 중국의 '압력'에 의해 북한은 어쩔 수 없이 5월 27일 UN가입의사를 발표했다. 물론 내면적으로 북한은 이미 1990년 9월 김일성의 중국방문 이후 한국의 UN가입을 더 이상 저지할 수 없다는 판단을 했고, 사실 그때부터 UN가입 선언과 외교노선 전환을 모색하기 시작했던 것이다.[7)] 중국은 남북한 UN 동시가입이 북한의 외교적 고립을 완화시키고, 남북대화를 촉진시켜 한반도의 평화정착에 기여할 것이라고 기대했다. 또한 중국은 남북한의 개별 UN가입은 통일 이전까지의 과도기적 조치라는 단서를 달고 있는 북한의 주장을 지지했다.[8)]

6) 민족통일연구원, 『세계주요사건일지』(서울: 민족통일연구원, 1991), 1991년 7월호. 반면, 중국은 이미 일찍부터 1991년에는 한국의 UN가입을 반대하지 않는다는 원칙을 정해놓고도 북한을 자극하지 않기 위해 발표하지 않고 있었다는 주장도 있다. 『동아일보』(1991. 5. 29).

7) 오진용, 『김일성시대의 중소와 남북한』(서울: 나남출판, 2004), pp. 310-318.

8) 『동아일보』(1991. 9. 18).

남북한의 UN 동시가입은 중국으로 하여금 남북한 관계에서 자신감을 갖게 한 계기로 작용하였다. 냉전기처럼 소련을 의식할 필요도 없고, 북한에 대해서도 '눈치'를 볼 필요가 없어진 것이다. 이러한 배경이 한·중 수교에 대한 중국의 적극성을 배가시켰던 것이다.

남북한 UN가입 이후 중국은 UN에서 회의가 있는 시기에 한·중 외무장관회담을 개최하자는 한국측 제의를 일주일만에 수락하였고, 9월 27일에는 김일성을 북경에 초청한다는 사실을 공개적으로 발표하였다. 중국 외교부장이 한·중 외무장관회담을 수락했다는 것은 사실상 수교를 위한 첫 협상을 시작한다는 의미가 있는 것이었다. 뿐만 아니라 중국정부가 김일성을 초청한 것도 한·중 수교를 위해서는 '반드시 넘어야 할 산'이라는 점에서, 한·중 수교를 위한 중국의 시나리오는 이때부터 본격적으로 모습을 드러냈다고 볼 수 있는 것이다.[9)]

한·중 외무장관회담이 끝난 직후 김일성이 1991년 10월 4일부터 13일까지 중국을 방문하였다. 이때 방문은 과거처럼 비밀리에 진행된 것이 아니라 공개적인 방문형식을 갖추었고, 중국의 초청이 아닌 김일성이 자원한 방문이었다. 중국과 한국의 관계가 개선되기 시작한 시점에서 김일성의 방중은 중국에게 있어 호기로 작용하였다. 즉 중국의 행보에 가장 불만을 갖고 있는 세력인 북한 군부에 대한 회유책을 제시한 것이다.[10)]

중국은 이미 이러한 회유책 제시를 위한 사전작업을 미리 진행하고 있었다. 1991년 6월부터 중국은 중앙군사위원회를 중심으로

---

9) 오진용, 『김일성시대의 중소와 남북한』, pp. 327-328.
10) 오진용, 『김일성시대의 중소와 남북한』, p. 350.

총참모부와 총후근부 합동지원단을 북한에 비밀리에 파견하여 북한의 군사력 현황을 조사하기 시작했던 것이다. 또한 북한 군부에 대한 지원을 보다 효과적이고 체계적으로 진행하기 위해 북한과 인접한 선양(瀋陽)군구가 북한의 장비개선 임무를 맡도록 하고, 일부는 베이징(北京)군구에서도 북한인민군을 지원하도록 결정하였다.[11)]

한편, 중국은 이 시기에 북한으로부터 놀라운 소식을 접하게 된다. 즉 북한의 핵무기 개발에 대한 의지를 포착한 것이다. 1991년 8월, 북한 노동당 김용순 서기와 주량 중공 대외연락부장이 비밀협의를 진행하는 과정에서 "조선을 영구 분단하려는 서방측의 음모를 쳐부수기 위해서, 우리 당은 핵을 보유하기로 했다"는 사실을 김용순이 언급한 것이다.[12)] 당시 중국으로서는 한국과의 관계개선을 위해 북한군부를 달래기 위한 조치에만 열중하고 있다가 북한의 핵개발 추진을 포기시켜야 하는 딜레마에 봉착하게 된 것이다. 중국은 어쩔 수 없이 북한에 대해 핵개발은 절대 용인할 수 없다는 강력한 입장을 전달함과 동시에, 대신 최신 무기원조와 군사기술을 지원하겠다는 대안을 제시했다.

11) "中越, 中朝共産黨的秘密會談," 『爭鳴』(香港), 1991年8月, pp. 12-13.

12) "中越, 中朝共産黨的秘密會談," p. 13. 당시 김용순의 발언은 중국지도부에게 크나큰 충격을 주었다. 이러한 중국지도부의 인식은 동년 10월 4일 김일성이 중국을 방문하는 날 첸치천(錢其琛) 외교부장이 오스트리아 빈을 방문하면서 공개적으로 "조선반도에서 핵무기가 개발되는 것을 단호히 반대한다. 조선이 핵무기를 독자 개발하는 것은 조선반도 뿐만 아니라 중국에도 바람직하지 않다"는 입장을 표명한데서도 나타난다. 중국의 외교책임자가 북한의 핵개발을 반대한다는 입장을 공개석상에서 분명히 밝힌 것은 이번이 처음이었다. 『세계일보』(1991. 11. 9).

남북한 UN 동시가입 이후 1991년 10월 4일 김일성이 중국을 방문하였다. 김일성은 쟝쩌민과의 회담시 남북한이 UN에 가입하긴 했지만, 북한은 "한 민족, 한 국가, 두 개의 제도, 두 개의 정부"라는 연방제 통일방안을 통해 지속적으로 한반도 통일을 위해 노력하겠다고 언급하였다. 쟝쩌민도 이러한 김일성의 통일방안을 적극 지지한다고 언급하면서 한·중 수교문제를 거론하였다. 쟝쩌민은 북한과의 우호관계를 지속하겠다는 전제 하에 한·중 수교의 불가피성을 설명하면서 김일성의 양해를 구했다. 당시에는 정확한 수교시점을 언급하지는 않았고, 가까운 장래에 한·중 수교를 추진하겠다는 중국측의 입장을 전달하였다.[13)]

김일성은 이러한 쟝쩌민의 언급에 대해 한·중 수교를 언제까지 반대할 뜻은 없다는 점, 다만 그 조건이 아직은 성숙되지 않았다고 말하면서, 첫째 남북한이 불가침조약을 체결하고, 둘째 미군이 한국으로부터 핵무기를 철거하고, 미군철수 시간표가 확정·제시되어야 하며, 셋째 일·북 수교회담의 실질적인 진전이 있어야 한다는 이른바 세 가지 조건을 제시하였다. 이에 대해 쟝쩌민은 김일성의 세 가지 조건을 존중하지만 이것이 한·중 수교의 전제조건이 되어서는 안된다고 언급하였다. 그는 "남북한이 UN에 동시 가입한 이상, 중국은 언제까지나 북한의 요구대로 국제사회의 흐름을 외면할 수 없을 뿐만 아니라, 한·중 수교가 본질적으로 중국의 '내정 문제'이기 때문에 중국은 이 문제만큼은 독자적으로 결정해 나갈 것"임을 분명히 밝혔다.[14)] 더불어 중국은 북한의 핵개발을 분명히 반

---

13) 劉敬懷, "金日成主席金秋訪華,"『瞭望』1991年第41期, pp. 4-5.
14)『중앙일보』(1991. 10. 22).

대하고, 이러한 입장은 미국과 일치한다는 뜻을 전하면서 핵 포기 대신 북한체제에 대한 안전을 보장하겠다는 대안을 제시하였다.[15]

다음날, 김일성은 덩샤오핑과 별도의 회동을 하였다. 이 회동에서 덩샤오핑은 국제사회의 변화 속에서 바람직한 북·중 관계에 대한 많은 얘기를 나눴다. 특히, 덩샤오핑의 발언 중에는 1961년에 체결한 조·중 동맹조약과 연계된 내용이 있어 주목된다. 그는 한·중 수교 이후에도 "중국과 조선의 관계는 결코 변하지 않을 것"이며, 기존에 중국과 북한 간에 유지돼 온 모든 약속과 조약은 반드시 지켜질 것임을 누차 강조했다.[16] 덩샤오핑은 "조선에 대해 외국이 침범해 올 경우, 조선전쟁 때처럼 대규모 병력을 파견하겠다"는 확실한 언질과 함께, 매년 125만 톤의 석유와 경제지원을 위해 150억 위엔(약 30억 1천 3백만 달러, 1991년 달러 대 위엔화 환율 1 : 5.3094 적용)의 차관을 제공하겠다고 약속했다.[17] 김일성은 1991년 10월의 중국 방문을 통해 한·중 수교를 받아들이면서 핵개발을 포기하는 대가로 대규모 군사·경제원조, 그리고 체제보장을 약속받았던 것이다. 김일성은 귀국 후 다음날인 10월 16일 정치국 회의를 열고 중국방문 결과에 대한 토의를 진행하였다.

1991년 6월부터 비밀리에 추진한 총참모부와 총후근부 합동지원

15) 『중앙일보』(1992. 8. 25).

16) 『人民日報』(1992. 8. 24).

17) 여기에 제시된 숫자는 月刊 『爭鳴』(香港) 1991년 10월호에 실린 현황을 한국기자들이 그대로 인용한 것이다. 처음에는 차관규모가 너무 커서 중국관계 실무자들은 이 숫자를 의심했으나, 한·중 수교의 반대급부 성격의 원조라는 점에서 중국의 의도가 분명해졌다. 오진용, 『김일성시대의 중소와 남북한』, pp. 338-338에서 재인용.

단의 북한 군사지원 활동계획은 11월이 되어 중앙군사위원회의 결심을 얻어냈다. 중앙군사위원회는 북한이 먼저 남침하지 않는다는 조건으로 1992-1993년간 매년 75억 위엔(당시 환율 적용시 14억 1천 2백만 달러) 상당의 군사원조를 제공하고, 최신 무기와 군사기술도 이전하기로 결정했다.[18] 결정된 내용에 대해 정확히 확인할 수는 없지만 일부 전문가들은 중국의 군사기술이전 항목에 북한의 '노동 1호' 성능을 한 단계 높일 수 있는 미사일기술이 포함되어 있다고 주장하기도 한다. 즉 중국은 북한의 핵무기 개발에 대한 집착을 포기시키기 위해 미사일 기술을 제공했을 가능성이 크다는 것이다.

중국이 제공한 대북(對北) 군사원조의 구체적 내역은 매년 무상원조 25억 위엔과 군사장비 판매 50억 위엔인데, 이 중 북한의 군사기술자 및 조종사 수탁교육과 훈련, 군사기술 이전비용이 포함되어 있다. 2년 동안의 군사원조를 통해 북한에 인도될 무기체계를 보면, 젠(殲)-8 전투기 60기, 젠(殲)-9 전투기 18기, 홍(轟)-9 전폭기 24기, 상하이(上海)급 미사일 호위함 및 다롄(大連)급 구축함 4척, 개량형 잠수함 6척 등이 포함되었다.[19] 중국의 이러한 '출혈'은 북한이 한·중 수교를 수용하고, 핵개발을 포기하도록 하기 위한

---

18) 『세계일보』(1991. 10. 17). 한국 언론에서 제시한 중국의 대북(對北) 군사지원 규모는 홍콩에서 발간되는 月刊 『動向』 1991년 10월호에서 인용한 것이다. 『爭鳴』과 『動向』은 동일 잡지사에서 발간하지만 성격은 약간 다르다고 볼 수 있다. 『爭鳴』에서 밝힌 원조규모는 160억 위엔이고 『動向』에서는 150억 위엔으로 그 규모를 추정하였다. 특히, 『動向』의 경우 중국의 북한에 대한 원조가 '군사원조'(軍援)라는 점을 분명히 하였다. 오진용, 『김일성시대의 중소와 남북한』, p. 341.

19) 오진용, 『김일성시대의 중소와 남북한』, p. 341.

보상책이었던 것이다.[20)]

남북한 UN 동시가입 이후 제1차 한·중 외무장관회담을 계기로 급물살을 타기 시작한 한·중 수교는 첸치천 외교부장의 아시아-태평양 경제협력체(APEC) 제3차 장관급 회의 참석을 통해 가시화되었다. 1991년 11월 12일 서울에서 개최된 APEC 제3차 장관급 회의 개막 전날 노태우 대통령은 참가국 외무장관들을 접견한 후, 첸치천 중국 외교부장 등 중국측 대표단을 별도로 접견하였다. APEC 회의가 종료되는 11월 14일 제2차 한·중 외무장관회담이 서울에서 개최된 이후, 미국의 베이커(James Baker) 국무장관과 첸치천 외교부장 간의 줄다리기 협상이 진행되었다. 베이커와 첸치천의 회담 이후 한·중 수교 교섭은 비교적 순조롭게 진행되었으며, 한·중 양국이 진행해야 할 큰 윤곽은 이미 정해졌다. 이후 1992년 4월 북경에서 제3차 한·중 외무장관회담을 갖고 역사적인 한·중 수교의 실무교섭을 위한 단계를 밟기로 합의하였다.[21)]

---

20) 한·중 수교 이후 1992년 11월 김일성이 비밀리에 중국을 방문하여 경제원조 및 군사지원 강화를 요청하였지만 중국은 군사지원에 대해 거부의사를 밝혔다. 『중앙일보』(1993. 1. 22). 이 내용은 일본 NHK가 1993년 1월 20일 북경의 믿을 만한 소식통을 인용해서 보도한 것을 중국주재 중앙일보 특파원이 재인용하여 보도한 것이다. 오진용, 『김일성시대의 중소와 남북한』, p. 387.

21) 첸치천 외교부장은 당 중앙위원회에 제출한 비공개 보고서에서 한·중 수교는 중국에게 '1석 4조'(downing four birds with one stone)의 이익이 있다고 역설했다. 즉 ① 한국과 대만의 외교관계 단절을 요구, 관철시킴으로써 대만의 외교적 고립을 증대시킬 수 있다. ② 한국과의 경제협력을 확대하여 중국의 경제발전에 기여하게 할 수 있다. ③ 북한의 끝없는 원조 요구 등을 억제할 수 있다. ④ 미국의 통상 위협에 대해서도 한국 카드는 중국의 교섭력을 높일 수 있다. 이러한 4가지 측면에서 한·중 수교는 중국에게 유리하다고 주장한 것이다. 한·중 수교와 관련한 첸치천의 비공개 보고서 내용에 대해서는 Samuel S. Kim, "The Making of China's Korea Policy in the Era of Reform," in David

양국 간의 실무교섭은 세 차례의 예비회담을 통해 진행되었다. 특히, 1992년 6월 2일 베이징 댜오위타이(釣魚臺)에서 개최된 제2차 예비회담에서는 한국전쟁에 대한 양국의 입장도 제기되었다. 이상옥 외무장관은 수교협상 과정에서 중국의 '사과'가 있었다고 발표했으나, 중국은 "당시 국경지대가 위협받고 있는 상황에서 군대를 파견하지 않을 수 없었다"는 점과 "수교라는 큰 일을 앞두고, 그런 과거의 일을 꺼내지 말고 미래 지향적으로 나가자"고 언급하였다고 한다.[22]

한 · 중 수교협정 체결 1주일 전 우쉐첸(吳學謙) 중국 국무원 부총리는 주창준 중국주재 북한대사에게 한 · 중 수교가 1주일 후 발표된다고 통보하였다. 김일성은 북 · 일 관계 정상화가 성사되지 않은 상황에서 한 · 중 수교가 발표된다는 소식에 충격을 받고 주창준 대사를 즉시 소환했다.[23] 덩샤오핑(鄧小平)은 북한의 이러한 대응을 보면서 김일성에게 친서를 보냄과 동시에, 장쩌민(江澤民) · 양상쿤(楊尙昆) 명의로 김일성과 김정일을 중국으로 초청하였다.[24]

1992년 8월 24일 베이징 댜오위타이(釣魚臺)에서 첸치천 중국 외교부장과 이상옥 한국 외무장관은 한 · 중 수교를 선언하고, 6개항에 달하는 공동성명을 발표했다. 공동성명 내용 중에서 제2항을 보면 양국 정부의 관계발전을 위한 원칙을 제시하고 있는데 1961

M. Lampton (ed.), *The Making of Foreign and Security Policy in the Era of Reform* (Stanford University Press, 2001), p. 382.

22) 『明報』(1992. 8. 25).

23) 『香港經濟日報』(1992. 8. 22). 오진용, 『김일성시대의 중소와 남북한』, p. 349에서 재인용.

24) 『明報』(1992. 8. 24).

년 북한과 체결한《조·중 우호협력 및 상호원조조약》과 대조되는 표현이 있어 매우 흥미롭다. 즉 한·중 공동성명에서는 "양국 정부는 UN헌장 원칙과 주권 및 영토보존의 상호존중, 상호불가침, 상호내정 불간섭, 평등과 호혜 그리고 평화공존의 원칙에 입각하여 항구적인 선린, 우호, 협력관계를 발전시켜 나간다"는 표현을 통해 UN헌장 원칙과 평화공존 5원칙을 제시하고 있다. 반면, 1961년의 조·중 동맹조약 전문에서는 "조선민주주의인민공화국 최고인민회의 상임위원회와 중화인민공화국 주석은 맑스-레닌주의와 프롤레타리아 국제주의의 원칙에 립각하여, 또한 국가주권과 령토 완정에 대한 호상 존중, 호상 불가침, 내정에 대한 호상 불간섭, 평등과 호혜, 호상 원조 및 지지의 기초 우에서 조선민주주의인민공화국과 중화인민공화국 간의 형제적 우호, 협조 및 호상 원조관계를 가일층 발전시키며(후략)"라고 표현하고 있다. 즉 북한과는 프롤레타리아 국제주의 원칙과 평화공존 5원칙을 제시하고 있는 것이다. 중국은 이처럼 조약 규정에 두 원칙을 동시에 적용함으로써 '두개의 조선' 정책을 추진하겠다는 의지를 표명하였던 것이다.

북한은 한·중 수교가 발표되었을 당시 특별한 대응없이 몇 달 동안 침묵으로 일관했다. 북한의 입장에서 한·소 수교에 이어 이뤄진 한·중 수교는 '교차승인 반대'라는 북한의 일관된 주장이 좌절되었음을 의미하는 대사건이었던 것이다.[25] 그러나 시간이 지나면서 북한은 언론을 통한 반박은 물론 중국에 대한 불만을 행동화하였다.[26] 1993년 1월부터 4월까지 북한 인민군은 압록강변에서

---

25) 이종석, 『북한-중국관계 1945-2000』(서울: 중심, 2000), p. 272.

26) 노동신문과 중앙통신은 한·중 수교에 관한 내용을 보도하지 않다가 1992년 9

무려 42차례나 도발사건을 일으켰고, 7백 발의 총탄을 퍼부었다. 이로 인해 중국군 변방 근무자 18명, 민간인 13명이 부상을 입었으며, 이 중 군인 2명과 민간인 3명이 사망했다. 1993년 4월에는 베이징발 평양행 중국 민항기의 평양 항로를 폐쇄시켰고, 북한의 베이징행 조선민항여객기의 운행도 1-2주일에 한 번 정도로 비행횟수를 줄여나갔다. 이외에도 북한은 중국에 대해 대만과의 관계를 개선하겠다는 의지를 공공연히 드러내기도 하였다.27)

중국입장에서 볼 때 한·중 수교는 남북한 양측에 대해 영향력을 제고시킬 수 있는 계기가 되었을 뿐만 아니라, 동북아 지역에서 미국의 對한반도 영향력에 대한 협상 기제를 제공한 셈이 되었다.

월 노태우 대통령의 중국방문을 "제국주의에 굴복한 변절자, 배신자"라고 규정함으로써, 중국을 우회적으로 비판하였다. 『조선중앙통신』(1992. 27). 또한 중국 건국 43주년 기념일에 김일성이 중국에 보낸 축전에서는 '혈맹관계'라는 표현이 사용되지 않았으며, 북한 언론에서의 중국 찬양기사 게재 빈도도 현저히 떨어졌다. 『월간 북한동향』(1992년 10월호), pp. 46-47. 뿐만 아니라 한·중 수교를 전후한 시기에 북·중 우호관계를 찬양한 문학작품이나 영화가 북한지역에서 모습을 감추고, 전쟁박물관에 있는 중국인민지원군에 대한 위문품과 같은 전시품도 전부 철거되었으며, 교과서에 실렸던 지원군이나 우호원조에 관한 서술도 모두 삭제되었다고 한다. 어우양산 지음, 박종철·정은이 옮김, 『중국의 대북조선 기밀파일』(서울: 한울, 2008), pp. 64-65.

27) 孟琳, "中國對朝鮮半島再申立場," 『鏡報』(香港), 1993年6月, p. 46. 오진용, 『김일성시대의 중소와 남북한』, p. 355에서 재인용. 한·중 수교를 둘러싼 대만문제는 한국에서도 논의되었다. 당시 서강대 이상우 교수는 "우리가 중화민국(대만)을 버리게 될 때, 중국에게 북한을 버릴 것을 요구해야 한다. 북한이 중국에 血盟관계요, 脣齒관계라면 우리와 대만과의 관계도 마찬가지 특수관계이다"는 입장을 밝혔다. 또한 미 코네티컷대학(University of Connecticut) 김일평 교수도 "수교시 북경정권이 대만과의 斷交를 요구하면 우리는 북한과의 斷交를 요구하지 않았다는 논리로 이를 거절해야 하며, 이것은 한국과 중국의 내부문제인 것으로 몰아가야 한다"고 주장하였다. 黃炳茂, "中國의 對韓半島 戰略展望," 『한국전략문제연구소 세미나 결과보고서』92-3(1992), pp. 77-78.

그러나 북한은 심각한 고립감에 빠지게 되었음은 물론, 중국에 대한 배신감과 한국에 대한 증오심만 배가되었다.

한·중 수교를 중국의 국가이익 차원에서 볼 때 당시 중국은 한반도에 대한 지정학적 이익보다는 경제적 이익, 그리고 동맹이나 이념보다는 개혁개방 노선에 부합되는 현실적 국가이익을 선택했다고 볼 수 있다. 냉전기 북한에 대한 정치·안보이익의 우선순위가 경제이익 뒤로 밀린 것이다. 동맹국인 북한이 미국 및 일본과의 관계 정상화를 간절히 원하고 있는 상황에서 한국과 수교를 단행한 것은 무엇보다도 경제적 이익을 우선적으로 고려한 결과인 것이다. 더불어 한·중 수교를 통해 전략적으로 아시아에서 일본의 정치·군사적 역할 확대를 견제하고, '한국 카드'를 적극 활용함으로써 미국의 對중국 압력을 줄일 수 있다는 복선도 깔려 있었다고 보아야 할 것이다.[28)]

한·중 수교를 추진하는 과정에서 양국 군(軍)의 직접적 참여나 개입은 없었다. 그러나 중국의 경우 수교 추진과정에서 북한을 달래기 위해 군을 동원했다. 중앙군사위원회를 중심으로 한 총참모부와 총후근부의 합동조사단 운영이나 북한과 인접한 선양 및 베이징 군구에 대한 북한 지원임무를 부여한 점은 바로 국가 총체외교에 기여하는 인민해방군의 기여로 보아야 할 것이다.[29)] 또한 한·중

28) Samuel S. Kim, "The Making of China's Korea Policy in the Era of Reform," p. 382.

29) 당시 한·중 수교를 지원한 중앙군사위원회의 역할과는 달리 군 내부적으로 반대여론도 있었다고 한다. 특히 인민해방군 원로 장군들 중에서도 타이지웨이(秦基偉, 前 국방부장) 상장, 홍쉐즈(洪學智, 前총후근부 부장) 상장, 쉬신(徐信, 前 총참모부 부총참모장) 상장처럼 한국전쟁에 중국인민지원군으로 참전했던 고위

수교와 1961년의 조·중 동맹조약을 연계시키되 북한에 대한 조약 이행의무를 결코 소홀히 하지 않겠다는 김일성과의 약속은 수교추진의 안전판으로 작용한 점도 소홀히 할 수 없는 부분이다. 중국은 이러한 '구두 약속'과 병행하여 실질적인 대규모 군사지원과 군사기술이전도 제공하였다. 앞장에서 고찰한 무기장비 지원 및 기술이전, 그리고 외국군 군사요원 양성이 탈냉전 이후에도 지속되었던 것이다. 물론 군사적 차원만이 아닌 정치·외교적 협상차원에서 추진되긴 했지만 여타 국가와의 관계에서는 보기 드문 '특수한' 현상으로 보아야 할 것이다.

그러나 한·중 수교과정에서 전개된 북·중 양국간의 군사관계를 조망하면, 북한을 달래고 중국의 국가이익을 관철시키기 위해 군사적 수단을 동원했음을 알 수 있다. 이는 바로 인민해방군이 중국 군사외교에 있어 국가 제일의 목표인 경제 현대화에 기여한다는 근본 목적에 부합되는 기능을 수행했다고 평가해야 할 것이다. 국가목표 달성을 위해 군사적 수단을 동원하여 북한을 '견인'하고자 한 중국의 의도가 내포되어 있었던 것이다.

2. 북한의 핵실험과 중국의 대응

1990년대 이후 지금까지 한반도 안보의 핵심 이슈 중 하나는 북

급 장군들의 반발이 거세었다고 전해진다. 이러한 친북세력들은 중·북 관계의 약화를 우려해 단순히 한·중 수교 반대에 그치지 않고 실제 덩샤오핑이나 당중앙에 심경을 담은 편지까지 올렸을 정도였다. 어우양산 지음, 박종철·정은이 옮김, 『중국의 대북조선 기밀파일』, p. 28.

핵문제라고 볼 수 있다. 1991년 12월 28일 노태우 대통령은 한반도내 핵 부재를 선언하고, 이틀 후인 12월 30일 남북한은 한반도 비핵화 공동선언을 발표하였다. 북한은 1992년 1월 IAEA의 핵 안전협정에 서명하고 6차례에 걸친 핵사찰을 받았다. 그러나 IAEA가 북한에 대해 사찰대상에 포함되지 않았던 두 개 시설에 대한 특별사찰을 요구하면서 북핵문제가 불거지기 시작하였다. 북한은 동 시설이 핵과 무관한 군사시설이라는 이유로 사찰을 거부하였고, 급기야는 1993년 3월 NPT를 탈퇴하였다. 이러한 위기는 1994년 6월 카터(Jimmy Carter) 전 미국대통령의 방북을 계기로 북핵 동결을 약속하고 동년 10월 경수로 건설과 중유공급을 전제로 한 제네바 합의가 성사됨으로써 북핵문제는 일단 진정되었다.

1990년대 초반의 제1차 북핵위기 이후 북한은 2006년과 2009년, 2013년 모두 세 차례에 걸친 핵실험을 감행함으로써 한반도는 물론 국제사회를 긴장의 도가니로 몰아넣었다. 국제사회는 북핵문제 해결을 위해 다각적인 노력을 진행하였으며, 이러한 과정에 중추적인 역할을 중국이 담당했던 것이다.[30] 중국은 북・미 간에 전개된 협상과 갈등 중재를 담당하면서 냉전 이후 10년이 훨씬 넘는 긴 시간 동안 북한과의 '회유'와 '갈등' 관계를 반복하였다.

중국의 북핵 문제에 대한 태도는 시간이 지나면서 적극성을 띠게 되었다.[31] 제1차 북핵 위기 당시 중국은 당시 국제정세와 북한

30) 서진영, "북핵위기와 중국의 대북정책," 2006 국립제주대학교 학술회의 발제논문, pp. 3-4. http://www.suh-china.com/bbs/zboard.php?id=learning&no=24 (검색일: 2012. 2. 4).

31) 북한의 핵개발 의도가 중국의 핵개발 역사와 유사성을 갖는다는 주장도 있다. 이러한 자료로는 정기열, "중국이 핵무기 가진 뒤에야 비로소 수교 나선 미국:

이 처한 상황을 고려하여 북핵 개발이 방어용이고 협상용일 가능성이 많다고 인식하고 적극적인 개입을 하지 않았다. 그러나 2차, 3차 북핵 위기 과정에서 중국 지도부는 북한의 핵 개발이 북한 안전보장을 담보하기 위한 방어용이고 협상용 수단이기도 하지만, 실제로 핵 보유를 기정사실화 하려는 것일 수도 있다고 판단하였다. 북한의 핵무장은 곧바로 중국의 핵심적 안보이익을 위협할 수도 있다고 인식한 것이다. 왜냐하면 북한의 핵무장은 한반도 비핵화 정책의 실패를 의미하는 것이고, 그것은 결과적으로 일본과 한국의 핵무장 촉발, 그리고 마침내 대만의 핵무장까지도 초래할 수 있는 것이기 때문이다.

북한의 핵 보유는 미국으로 하여금 북한에 대한 군사적 공격을 단행할 수 있는 구실을 제공하여 한반도의 안정과 평화를 직접 위협할 수도 있는 사안이었다. 북한의 핵무장은 결과적으로 중국의 핵심적 안보 이익을 위협할 수 있기 때문에 북핵 문제를 더 이상 방치할 수 없다는 주장이 제기되었다. 뿐만 아니라 중국은 대만문제 해결과 강대국 부상을 위한 미국과의 협력적 관계 유지라는 실리적·전략적인 고려 때문에 북핵문제 해결에 적극성을 띠게 되었던 것이다.

북핵문제는 엄밀히 말해 군사영역을 뛰어넘어 전 세계적인 안보영역으로 간주된다. 따라서 중국을 포함한 세계 각 국의 북핵문제

어떤 일이 있어도 중·조 선린우호관계 원칙 유지해야," 『민족 21』(2009. 7), pp. 38-44를 참고할 것. 1964년 중국의 핵실험 성공에 따른 중국정부의 성명문과 2006년과 2009년 두 차례의 북한 핵실험 성공에 따른 북한 성명문의 내용 역시 유사한 부분이 많다. 양국 정부의 공식 성명서 전문은 『人民日報』(1964. 10. 17)와 『조선중앙통신』(2006. 10. 9, 2009. 5. 25)을 참고할 것.

해결을 위한 노력도 군사부문이 아닌 정치·외교라인에서 주무를 담당한다. 여기에서는 이 책의 연구주제인 군사외교와 북핵문제의 연계성을 찾는데 중점을 두고 논의를 전개하고자 한다. 북핵문제와 중국과의 연계는 대부분 외교부분에 집중되지만, 협의의 군사부문 특히 군사외교에 주는 함의를 도출하는데 중점을 둘 것이다.

북한이 2006년 10월 9일 제1차 핵실험을 하기 전까지 국제사회는 장기간에 걸쳐 북한의 핵개발 의도를 억제하기 위한 노력을 지속해왔다. 북핵 문제를 논의하는 6자 회담은 중국 외교부의 대북담당 라인의 노력으로 그간 부침(浮沈)이 있긴 했지만 현재까지 계속 운영되고 있다. 그런데 중국이 종래의 외교 방침을 바꿔 지금까지 회피했던 조정·중재의 역할을 맡은 이유는 무엇인가? 북·미와 북·일 사이에 전개되는 치열한 외교전에서 6자 회담 의장국을 자처한 배경은 무엇인가?

여기에는 외교부만이 아니라 중국지도부의 중대한 결단이 있었다. 미국 파월(Colin L. Powell) 국무장관은 한국의 노무현 대통령 취임식에 참석하기 전인 2003년 2월 24일에 중국을 방문했다. 베이징에서 파월은 장쩌민 주석, 후진타오(胡錦濤) 부주석, 탕자쉬안(唐家璇) 외교부장과 회담을 거행했다. 이 회담에서 가장 주요한 주제는 한반도 문제였다. 파월 장관은 다자협의 형태로 핵 위기를 해결하려면 중국의 건설적인 역할이 필수적이라고 중국지도부에 호소했다. 중국은 이 회담을 계기로 종래 회담 장소만을 제공하는 방관자 입장에서 태도를 완전히 바꿔, 당과 정부를 비롯한 다양한 통로를 통해 북한을 다자회담에 끌어들이는 역할을 수행하기 시작했다.

국내에서 번역된 『중국의 대북조선 기밀파일』에 의하면,[32) 2003년 4월 말, 베이징 교외 시산(西山)에서 당 중앙서기처와 당 중앙외사공작영도소조 합동으로 중국 최고위급 '외교공작회의'가 개최되었다고 한다. 이 자리에는 3월 16일 막 취임한 원자바오(溫家寶) 총리를 포함해 베이징에 있는 당정치국 위원과 외교부, 대외연락부, 공안부, 중국인민해방군 총참모부, 국가안전부 등 관련 기관 최고위급 간부들이 한자리에 모였다. 이 자리에서 주요 의제는 대만문제와 한반도 문제였다. 특히 한반도 문제와 관련하여 대북 외교정책에 대한 논쟁이 치열하였다. 즉 북한을 자극하지 말자는 공안부와 국가안전부, 그리고 인민해방군 수뇌들의 신중론이 제기되기도 했고, 정상적인 국가관계로서 북한을 보자는 의견도 개진되었다.

당시 이라크 전쟁이 지속되는 국제 안보상황 하에서 북핵문제 해결에 있어서 중국의 역할을 논의한 것은 중국 국가이익과의 상관성을 염두한 것이었다. 먼저 북한의 핵 개발은 중국에도 커다란 안보위협이었기 때문에 시종일관 한반도의 비핵화를 주장해왔다. 경제발전을 위한 평화로운 주변환경 조성이라는 맥락과도 일치하는

---

32) 본 번역서는 일반적으로 '혈맹'으로 알려져 있는 북한과 중국의 관계에 대해 부정적인 시각으로 접근한 연구서이다. 저자 어우양산은 가명이며, 중국공산당 중앙대외연락부 등에 소속된 중국 현역 관료 다섯 명이 공동집필한 것으로 알려졌으나 정확한 저자의 신원은 파악되지 않았다. 중국어 원본 입수나 저자와의 접촉은 이뤄지지 못했고 대신 2007년 9월 일본 문예춘추사에서 발간된 일본어판 『대북조선·중국기밀파일: 오고야 말 북조선과의 충돌에 대하여』를 번역한 것이다. 번역자인 박종철 박사는 "지은이와의 면담은 물론 원문의 한국반입을 거절당한 상태였지만 이 책을 한국어로 소개하기 위해 검증작업을 진행했다"고 밝혔다. 따라서 국내는 물론 중국에서도 이 책에 대한 신뢰성에 이견을 달기도 한다. 그러나 저자가 타 자료와의 교차 검증을 하는 과정에서 확인한 결과 상당 부분 사실에 근거하여 기술했음을 알 수 있었다.

것이었다. 따라서 북한의 핵 개발을 그저 방관하기보다는 오히려 권위있는 국제 외교무대를 적극 활용해 북한을 압박할 수 있는 다자기제가 필요했던 것이다. 다자회담이라는 접근법은 중국이 세계를 향해 자국의 '전 방위 대북외교'를 펼칠 절호의 기회이기도 했다. 이를 통해 국제적으로 손상된 이미지를 개선하고, 책임있는 대국으로서 영향력을 제고할 수 있다는 판단을 한 것이다. 그리고 북한의 핵 위기를 타개함으로써 일본에게 군비증강 구실을 제공하지 않을 수 있을 뿐만 아니라 장기적으로 미국과의 한반도 주도권 경쟁에서 우위를 점할 수도 있다는 거시적 고려도 반영되었다고 볼 수 있다.

설령 다자회담이 실패로 끝나거나 장기화된다 해도 중국의 입장에서 크게 손해볼 것은 없었다. 왜냐하면 중국은 다자회담의 당사자이면서도 중재자이기 때문이다. 북핵 위기가 타결되지 않은 채 회담이 실패로 끝나더라도 중국이 비난받는 상황은 없을 것이며, 비난의 화살은 미국 아니면 북한으로 돌아갈 것이라는 판단을 한 것이다. 반면 중재자인 중국은 국제사회로부터 노고와 동정을 얻게 될 것이고 만일 북핵 문제가 다자회담을 통해 원만히 해결될 경우에는 그 공이 대부분 중국에게 돌아갈 것이었기 때문이다.

중국이 이러한 '중역'(重役)을 맡은 가운데 북한은 2006년 10월 9일 역사적인 제1차 핵실험을 감행했다. 이는 2005년 2월 10일 북한 외무성이 핵무기를 보유했다는 성명을 낸지 1년 8개월 만이었다. 핵보유 선언 시점이 중국 최대 명절인 '춘제'(春節) 기간이었다면 제1차 핵실험은 중국공산당 제16기 중앙위원회 제6차 전체회의(16기 6중전회) 기간에 실시된 것이었다. 뿐만 아니라 북한은 핵실험을 하기 전인 동년 7월 5일 탄도미사일을 발사할 때 사전에 러시아에게는 통보를 했으나 중국에게는 알려주지도 않았다.[33)]

북한은 미사일 발사 이후 북한의 입장을 중국에게 전달하고 양해를 얻기 위해 최고인민회의 상임위원회 부위원장인 양형섭이 중국을 방문하여 후진타오와 접견하였다.[34)] 당시 후진타오는 한반도 비핵화와 6자회담 복귀를 전제로 생필품과 에너지 지원을 제안했지만 북한은 이를 거절했다.[35)] 북한 미사일 발사에 대해 UN안보리는 15개 회원국 모두가 찬성하는 방식으로 제1695 결의안을 통과시켰다. 북한은 이러한 UN의 조치에 강력히 반발하면서 결의안을 이행하지 않겠다는 성명을 발표하였다. 그리고는 중국의 수차례에 걸친 만류에도 불구하고 2006년 10월 9일 불과 20분 전에 '내키지 않는' 통보를 한 후 핵실험을 감행했던 것이다.[36)]

---

33) *International Herald Tribune,* Apr. 13. 1993. 북한 미사일 발사 이후 중국이 UN 결의안에 동조하자 베이징에 거주하는 북한 사람들이 동원되어 외교부 앞에 모여 "중국은 배반자이다. 중국은 배신자이다"라고 외치며 시위했다고 한다. 어우양산 지음, 박종철 · 정은이 옮김, 『중국의 대북조선 기밀파일』, p. 39.

34) 당시 양형섭은《조 · 중 우호협력 및 상호원조조약》체결 45주년 기념식에 참석하기 위해 친선대표단을 이끌고 7월 11일부터 15일까지 베이징을 방문하였으며, 후진타오 외에 중국 전인대 상무위원장인 우방궈(吳邦國)와 회동하였다.

35) 이태환, "북한미사일 발사 후 북중관계," 『정세와 정책』2006년 9월호, p. 14.

36) 중국과 북한은 사실 오래전부터 핫라인이 구축되어 있다고 볼 수 있다. 1958년 2월 저우언라이 방북시 체결한《중 · 조 수뇌방문에 관한 협정》에 따르면, 양국의 공동 관심사를 상호 협의 · 통보하기로 합의하였고, 이 협정을 근거로 마오쩌둥 · 저우언라이와 김일성은 '양국이 직면한 크고 작은 문제'들을 서로 긴밀하게 협의해서 결정하는 체계를 구축했다. 김일성 시기 북 · 중 양국 지도부는 이러한 '상호통보' 제도를 바탕으로 아주 작은 세세한 일까지 서로 협의하고자 빈번한 상호 왕래가 있었던 것이다. 오진용, 『김일성시대의 중소와 남북한』, pp. 26-27. 제1차 핵실험시 중국주재 북한대사관은 평양으로부터 핵실험을 실시하기 약 2시간 전에 '중국측에는 30분전에 알리라는 지령' 전보를 받았다고 한다. 그러나

북한의 의도와 무관하게 시기적인 면에서 중국을 불쾌하게 했음은 틀림이 없었을 것이다. 북한의 핵실험 이후 후진타오(胡錦濤) 총서기는 임시 긴급회의를 개최하고, 중앙외사공작영도소조 및 외교부의 보고를 받았다. 이 자리에서 당 중앙정치국 상무위원들을 중심으로 한 대책 토의를 거쳐 외교부 발표문안에 대한 승인이 이뤄졌다. 결국 중국 외교부 다음과 같은 공식적 입장을 발표하였다.

> 조선민주주의인민공화국은 국제사회의 보편적인 반대를 무시하고 제멋대로(悍然) 핵실험을 했으며, 중국정부는 이에 대해 단호한(堅決) 반대입장을 표한다. 조선반도의 비핵화와 핵확산 방지는 중국정부의 절대변하지 않는(堅定不移的) 일관된 입장이다. 중국은 조선이 비핵화 약속을 준수하고, 형세를 더 악화시킬 수 있는 일체의 행동을 중지하며, 6자회담에 다시 복귀할 것을 강력히(强烈) 요구한다. 동북아 지역의 평화와 안정을 수호하는 것은 유관국가의 공동이익에 부합된다. 중국정부는 유관국가의 냉정한 대응을 호소하며 협상과 대화를 통해 평화적으로 문제를 해결한다는 입장을 견지한다. 중국은 이를 위해 적극 노력할 것이다.[37]

지령을 받은 최진수 대사는 하달받은 시각보다 10분 더 늦춰 중국측에 통보했다는 것이다. 어우양산 지음, 박종철 · 정은이 옮김, 『중국의 대북조선 기밀파일』, pp. 31-32.

37) 『人民日報』(2009. 10. 9). 한편, 후진타오는 북한이 핵실험을 감행한 당일 저녁 미국의 부시 대통령과 전화통화를 통해 북핵 실험을 둘러싼 양국의 입장을 교환하고 특히, 중국의 對한반도 비핵화 정책에 대해 강조했다. 劉金質等編, 『中國與朝鮮半島國家關係文件資料匯編(1991-2006)』 (北京: 世界知識出版社, 2006), pp. 653-654.

위의 인용문을 보면 ‘제멋대로’,[38] ‘단호한’, ‘절대 변하지 않는’, ‘강력히’ 등의 강도 높은 표현들이 사용되었다. 이러한 어조는 그간 북·중 관계에서 전대미문(前代未聞)의 표현으로, 이는 중국이 북한 핵실험에 대한 분노와 모욕감을 반영하고 있다고 보아야 할 것이다. 이러한 문구는 중앙외사공작영도소조의 장(長)인 후진타오를 포함한 정치국 상무위원들의 승인을 받고 포함시켰을 것이다. 중국은 2006년 7월 북한 미사일 발사 때와 마찬가지로 UN 안보리가 주도한 대북 제재 결의안에 찬성표를 던졌을 뿐만 아니라, 미국이나 일본과 같은 대북 강경파 사이에 조건을 내건 투쟁이나 흥정없이 오히려 보다 적극적인 태도로 대북제재를 찬성하였던 것이다.[39]

한편, 북한이 핵실험을 실시한 직후 중국지도부는 국가 긴급 외교라인을 소집하였다. 그리고 2006년 10월 18일과 6자 회담이 재개된 직후인 2007년 2월 1일, 당 중앙외사공작영도소조 명의로 ‘조선의 핵 문제 및 조선반도 정세를 둘러싼 조사연구회의’가 소집되었다. 다이빙궈 외교부 부부장이 국무원외사판공실 대표 자격으로 회의 진행을 맡았다. 회의에는 외교부와 공안부·총참모부·대외연락부에서 북한을 담당하는 최고위 간부, 정부 부문 주요 싱크탱크에 소속된 북한문제 전문가 15명가량이 참석했다. 당시 토의된 내용을 정리하면 다음과 같다.[40]

---

38) ‘제멋대로’(悍然)이라는 표현은 냉전시기 중국의 적대국이었던 ‘미 제국주의’를 비난할 때 전형적으로 사용되었을 만큼 격한 표현이기 때문에, 통상 분노가 정점에 달해 상대방을 강력히 비난해야 할 국면에 이르렀을 때 사용되었다. 최근에는 미군기가 유고슬라비아 주재 중국 대사관을 오폭했을 때 이후로 사용된 적이 없었다. 어우양산 지음, 박종철·정은이 옮김, 『중국의 대북조선 기밀파일』, pp. 34-35.

39) 王健民, “核試風暴北京緊急應變幕後,” 『亞洲週刊』第20卷42期(2006. 10. 22).

조선은 핵실험을 실시한 목적에 대해 "미국과 그 동맹국인 일본의 위협과 압력, 경제제재에 대항하는 조치이다"라고 설명하고 있지만, 진짜 목적은 군사적인 의미보다도 오히려 정치적인 효과이며, 이를 더 중시한 것은 아닌가? 조선 국내에서 인민의 사기를 고양할 수 있고, 대외적으로도 조선의 자주 독립성과 강인한 태도를 보여줄 수 있기 때문이다. 조선의 핵실험은 중국에 대한 일종의 보복이기도 했다.
중·조 관계는 지금 최악의 상황이고, 이는 문화대혁명의 시기보다 나쁘다. 전략적 입장에서 중·미관계나 타이완 문제, 극동아시아의 전략적 균형을 생각하면 지금 이상으로 중·조 관계를 악화시켜서는 안 된다.
국제사회와의 협조를 고려하면, 조선에 대한 경제제재에 일단 동조해야 하지만, 실제로 경제봉쇄에 동참할 것을 결정하기는 어렵다. 지금까지 전개된 인도주의적 경제원조는 지속해야 하지만, 종래와 같이 무조건적이기보다는 좀 더 확실하게 중국측 요구를 조선에 주장해야 하지 않을까?
현 정권의 현상유지야말로 가장 바람직하다. 지금 단계에서 조선 정권 붕괴라는 대란(大亂)이 일어나는 것은 중국에도 큰 재앙이 될 수 있다. 열쇠를 쥔 김정일과 군부의 관계나 핵실험이 일어난 배경에 관해 좀 더 정확한 정보가 필요하다.
조선이 금후(今後) 취하리라고 생각되는 최악의 선택으로는 핵실험을 지속적으로 실시하는 것과 일방적으로 정책협정을 파기하고 UN을 탈퇴하는 것 등이 있다. 어느 쪽이든지 곧바로 일어날 가능성은 높지 않지만, 중국은 최악의 상황을 상정한 대응책을 현 단계부터 모색해야 한다.
현실적으로 조선이 중국에 대한 군사행동을 일으키리라고 생각하기 힘들지만, 조선에 핵무기가 있는 것이 중국에 있어 현실적 위협인 것은 틀림없다. 이는 수도 베이징에서 가장 가까운 위치에 있는 핵무기

40) 어우양산 지음, 박종철 · 정은이 옮김, 『중국의 대북조선 기밀파일』, pp. 180-182.

이다. 베이징만이 아니라, 현재 조선의 미사일 기술에 의하면 동북지방과 톈진(天津), 화베이(華北)지방, 산둥(山東)반도에 걸쳐 살아가는 약 2억 명이 핵 위협에 놓이게 되는 것이다. 이러한 지역을 둘러싼 전략적 군비와 중·조 국경 안전경비 대책을 재점검해야 한다.
핵실험 실시는 중국의 중재·조정외교의 실패를 의미하는 것이 아니다. 그리고 중국의 조선에 대한 외교정책의 실패를 의미하는 것이 아니다. 복잡한 배경이 있기 때문에 6자 회담을 계속하는 것이 중국의 이익을 추구하는 것이다. 성공이라고 평가할 만한 결과가 도출되는지와 상관없이 회담의 지속적인 개최야 말로 중국 외교의 승리이다.
1960년대에 중국과 조선이 교환한《中朝友好合作互助條約》에는 시대에 뒤처진 내용도 포함되어 있지만, 조약을 재검토할지 여부에 대해서는 광범위한 요소를 고려하면서 의논해야만 한다.[41)]

이 비밀회의에 참가했던 전문가 중 한 사람은《조·중 우호협력 및 상호원조조약》에서의 군사행동에 관한 항목을 개정해야만 한다고 주장했으나, 군 관계자가 시기상조라며 강하게 반대했다고 한다. 이러한 반대의 최선봉에는 슝광카이(熊光楷) 중국국제전략학회장(前 중국인민해방군 부총참모장)이 있었다. 슝광카이 회장은 "전략적 관점에서 보면 중국에 북조선만큼 중요한 나라는 없다"고 말하며 북·중 군사협력관계의 중요성을 역설했다.[42)]

비밀회의를 마친 탕자쉬안 외교부장은 후진타오 국가주석의 특

41) 여기에 기술된 비밀회의 내용에 대한 신뢰도 문제에 대해서는 이론의 여지가 있다. 그러나 토의내용에 대한 전문(全文)은 없지만 홍콩 언론에서도 이와 유사한 내용을 다루고 있어 이 비밀회의에 대한 신뢰도는 높다고 볼 수 있다. 홍콩의 언론보도는 王健民, "核試風暴北京緊急應變幕後,"『亞洲週刊』第20卷42期(2006. 10. 22)를 참조.

42) 어우양산 지음, 박종철·정은이 옮김,『중국의 대북조선 기밀파일』, p. 183.

사로 긴급하게 북한을 방문했다. 방북단의 주요 단원에는 드물게도 '정당외교'와 '군사외교' 관계자가 포함되지 않았다. 방북단원에는 김정일과 개인적으로 친분이 두터운 다이빙궈) 외교부 부부장(수석차관)과 6자 회담의 중국측 대표단장인 우다웨이(武大偉) 외교부 부부장(아시아 담당 외무차관), 추이톈카이(崔天凱) 외교부장 보좌관, 후정웨(胡正躍) 아시아국장이 포함되어 마치 중국 외교부내 대북 외교라인이 총출동하는 분위기였다.[43)]

김정일이 핵실험 이후 처음으로 외국 방문단 앞에 모습을 드러내었던 것이 이 때였다. 탕자쉬안은 후진타오 주석의 메시지를 전달하면서, "중국 정부는 일관되게 조선반도의 비핵화를 주장하고 있다. 조선은 좀 더 정확히 국제정세를 파악하고, 국제사회에서의 위치를 스스로 진단해 보기 바란다. 조선은 지금보다는 훨씬 (국제사회에) 협조할 것을 밝힘으로써 고립을 자초하지 않기를 바란다"고 말했다. 김정일은 핵실험을 하는 데 중국의 이해를 얻지 못한 것에 '유감의 뜻'을 표시하면서, "핵실험은 어디까지나 미국의 위협에 대한 방어조치로서, 미국이 양보하면 조선도 양보할 것이다. 조선과 중국의 우호관계를 후퇴시킬 뜻은 전혀 없다. 중국 정부는 조선이 처해 있는 국제적 입장을 좀 더 이해해서 도의적(道義的) 지원을 해주기 바란다"고 말했다. 탕자쉬안과 김정일의 회동에서 얻은 결과라면 북한이 두 번째 핵실험을 하지 않겠다는 약속을 받아

43) 비밀회의 참석자와 방북 대표단 인원이 중복되는 것은 아마도 시간 조정을 했기 때문에 가능했던 것으로 보인다. 비밀회의가 10월 18일 소집되었고, 대표단의 방북은 19일 시작되었는데, 이는 비밀회의는 당일 종료되고 다음날 방북이 진행됨으로써 가능했을 것이다. 그러나 이러한 자료가 공개된 것은 없기 때문에 확언하기는 어렵다는 점을 밝힌다.

낸 것이었다.44)

그렇다면 2009년 5월 25일 감행된 제2차 북핵실험시 중국의 대응은 1차 때와 어떠한 변화가 있었는가? 중국 외교부 친강(秦剛) 대변인은 6월 13일 UN안보리의 제1874호 결의안 통과에 대한 담화문을 발표하였다.45) 그 내용을 정리하면 다음과 같다.

조선은 국제사회의 보편적인(普遍) 반대를 무시하고, 2009년 5월 25일 2차 핵실험을 하였다. 2009년 6월 13일 UN안보리는 조선 핵실험 문제에 관한 제1874호 결의안을 만장일치로 통과시켰으며, 중국도 찬성표를 던졌다. 중국정부는 조선의 2차 핵실험에 대해 단호한(堅決) 반대입장을 표한다. 조선은 이러한 행위는 안보리 유관 결의를 위배한 것이며, 이는 국제 핵 비확산체제의 유효성에 손해를 입혔음은 물론 동북아 지역의 평화와 안정에 영향을 주었다. (중략)

조선은 주권국가임과 동시에 UN회원국이다. 주권과 영토완정, 그리고 합리적인 국가 안보와 발전이익은 존중받아야 하며, NPT 탈퇴 이후 체약국으로서 핵에너지를 평화적으로 이용할 권리는 갖고 있다. 제재 자체가 안보리 행동의 목적은 아니며, 정치・외교적 통로를 통해 조선반도 문제를 해결하는 것이 정확하고 유일한 길이다. 안보리가 막 통과시킨 결의안도 조선에 보내는 적극적인 신호이며, 각 국은 대화를 통해 평화적으로 조선 핵문제를 해결할 수 있는 공간을 남겨두자.(후략)46)

44) 어우양산 지음, 박종철・정은이 옮김, 『중국의 대북조선 기밀파일』, pp. 169-170.

45) 대북 결의안 1874호의 주요내용은 무기금수 및 수출통제, 화물검색, 금융 및 경제제재 등을 골자로 하며, 제재범위는 2006년 10월에 결의된 1718호보다 넓어지고 수위도 상승되었다.

46) "秦剛: 中國政府堅決反對朝鮮再次核試驗," 『新華網』(2009. 6. 13).

위의 인용문을 보면 1차 때보다는 표현이 훨씬 완곡하고 부드러워졌음을 발견하게 된다. 1차 때의 '제멋대로'(悍然)란 표현은 없어졌고, '단호한'(堅決)이란 표현만 동일하다. 특히, 제재보다는 평화적인 대화를 해결방안으로 제시하고 있다는 점이 1차 때와 다르다고 볼 수 있다.[47] 또한 1차 핵실험 이후 중국외교부 대변인이 UN안보리 결의안 1718호에 대한 담화문에서는 주권국가 및 UN회원국 관련 언급이 없었으며, '정치 · 외교적 통로'(政治外交途徑)라는 표현도 없었다.[48]

그러나 중국은 북한의 제2차 핵실험 이후 북한과의 관계 재정립을 위한 대책마련을 하였던 것으로 보인다. 후진타오 주석은 6월 3일 미국 오바마(Barack Hussein Obama) 대통령과 전화통화를 통해 1차 핵실험 때와 마찬가지로 북핵문제 해결을 위한 양국의 협조를 부탁하면서 중국의 입장을 전달했다.[49] 또한 중국 정부는 북한의 5월 25일 제2차 핵실험 이후 1주일 지난 시점에서 당 중앙외사공작영도소조를 포함한 당 · 정 · 군 유관부서에 대북정책 관련 회의를 소집하였다. 공산당 대외연락부, 국방부(총참모부), 외교부, 상무부 등 당 · 정 기구 뿐만 아니라, 지린(吉林)성과 랴오닝(遼寧)성 정부까지 참여해 광범위하게 대북 정책을 전면 검토한 것이다. 검토결과는 후진타오 주석에게 보고되었으며, 중앙외사공작영도소조

47) 그러나 왕광야(王光亞) 외교부 부부장이 북한 핵실험 후 중국주재 북한대사 최진수를 호출하여 강력 항의했다거나 중국정부가 UN안보리 결의안에 찬성했다는 것이 반드시 과거 정책의 변화를 의미하는 것은 아니다. 이는 1차 핵실험 이후에도 보였던 반응이었다. 이태환, "중국의 2차 핵실험과 중국," p. 2.

48) 劉金質等編, 『中國與朝鮮半島國家關係文件資料匯編(1991-2006)』, p. 658.

49) "胡錦濤與奧巴馬通電話談朝鮮半島局勢," 『財經網』(2009. 6. 3).

를 거쳐 당 중앙 정치국 상무위원회에서 최종 방향을 결정하였다. 이러한 일련의 과정을 통해 중국의 중·장기 대북정책이 어느 정도 조정되었을 것이다.

중국은 북한 핵실험에 대한 국제사회의 대북결의안에는 항상 찬성해왔고 2009년 6월 12일 북한 2차 핵실험을 규탄하는 결의안 1718호와 1874호에도 참여하였다. 그러나 2차 핵실험 이후 중국은 북한과의 무역을 확대하거나, 지도부 간 의사소통을 지속함으로써 일부 비판을 받기도 하였다. 그렇다면 3차 핵실험 이후 중국의 대응은 어떠했는가? 가장 두드러진 변화는 북한에 대한 비판여론이 여과 없이 부각되었다는 점일 것이다. 중국 네티즌들의 노골적인 북한 비판이나 항의 시위는 물론, 관료에 의한 공개적 비판까지 이어졌다.[50] 또한 유엔 결의안 2094호에 동참하면서 대북 경제제재를 강력히 시행하거나, 3차 북핵실험에 대한 대응으로 기존 북·중 전략대화의 격을 조정하는 등 2차 핵실험시와는 강도와 범위를 달리하는 대응을 하였다.

북한의 세 차례에 걸친 핵실험시 중국이 보여준 공식적 반응을 보면 몇 가지 일관된 원칙을 발견하게 된다. 첫째, 중국외교부는 여전히 협상과 대화를 통한 평화로운 북핵문제 해결을 주장하고 있

---

50) 중국 중앙당교(黨校)에서 발행하는 학습시보(學習時報)의 부편집장 덩위원(鄧聿文)은 2013년 2월 28일 영국 파이낸셜 타임즈(Financial Times)에 기고한 글에서 "북한을 포기하는 가장 좋은 방법은 한반도 통일을 추진하는 것"이라며, "그러면 한·미·일 전략동맹이 약화되고 중국에 대한 동북아의 지정학적 압력이 완화되며 타이완 문제 해결에도 도움이 될 것"이라고 주장하였다. 이상숙, "북한 3차 핵실험 이후 중국의 대북정책 변화 평가와 전망", 『주요국제문제분석』, No. 2013-26(2013. 9.11), p. 3.

다. 안보리 대북결의안에 제재내용 포함을 지지할 것이냐는 질문에도 "중국정부는 관련국이 침착하고 적절하게 대처하고, 협상과 대화를 통해 평화롭게 문제를 해결할 것을 호소한다"고 대답했다.

둘째, 수단은 평화적이어야 한다는 점이다. 안보리 결의에 동참을 하면서도 세르게이 라브로프(Sergei Lavrov) 러시아 외무장관과의 전화통화에서 양제츠(楊潔篪) 중국 외교부장은 안보리에 "설득력있는 대응이 필요하나 오직 정치·외교적 수단을 통해서만 해결되어야 한다"는 점을 강조했다.

셋째, 북·중 관계상의 변화를 인정하지 않는다는 점이다. 북·중 간의 관계 변화를 묻는 질문에 "북·중 간에는 정상적인 인적왕래가 유지되고 있다"고 했고,[51] 2009년 6월 초로 내정되어있던 전인대 상무위원회 천즈리(陳至立) 부위원장의 북한 방문이 취소된 것이 아니라 국내일정 때문에 연기된 것이라고 대답한 바 있다. 표면적으로는 북·중 교류에 별다른 문제가 없는 것처럼 보였다.

특히, 2차 핵실험 이후 중국인민해방군은 오히려 북핵실험으로 조성된 한반도 긴장국면을 군사외교로 풀어나가고 있는 모습을 보이고 있다. 『瞭望』에서는 2010년 1월 초 중국 국방부 외사판공실 주임 첸리화(錢利華)와의 인터뷰를 통해 북한의 2차 핵실험 이후 군부의 남북한 상호방문이 활기를 띠고 있다고 홍보하고 있다.[52]

51) 2009년 6월 2일 중국 외교부 정례 브리핑에서 중국과 북한과의 관계가 동맹관계냐는 기자의 질문에 외교부 친강(秦剛) 대변인이 '정상적인 국가관계'라고 대답한 것도 과거 입장의 변화를 의미하는 것이라고 볼 수는 없다. 왜냐하면 이전에도 중국은 북·중 관계를 정상국가관계라고 주장해 왔기 때문이다. 이태환, "북한미사일 발사 후 북중관계," p. 2.

52) 첸리화는 "중국 국무위원 겸 국방부장 량광례(梁光烈)의 방북과 북한 군 고위급

긴장된 한반도 정세를 풀어나가기 위한 군사외교적 행보라고 하지만 이는 북한에 대한 직접적 비난을 자제하면서 우회적으로 북한을 압박하는 전략적 조치로 해석된다.

북한의 1차 핵실험 이전부터 중국은 북핵문제에 대한 명확한 입장을 정리해 놓고 있었다. 즉 한반도의 비핵화와 핵 확산을 반대하고, 대화와 협상을 통해 한반도 핵 문제를 해결해야 한다는 것이다. 더불어, 한반도 및 동북아의 평화와 안정을 유지하고, 6자회담을 통한 북한 핵문제를 해결해야 한다는 입장을 일관되게 주장해 왔던 것이다.[53] 그러나 이러한 중국 관방의 원칙적이고 수사적인 입장과는 달리 중국 내부의 학자 및 전문가들은 북한의 핵개발 동인에 대해 다양한 시각과 의견을 제시하고 있다.

먼저, 미국 부시행정부가 김정일 정권에게 '악의 축'이나 '정권교체', '학정(虐政)의 전초기지' 등과 같은 강경일변도의 대북 압박정책을 구사했기 때문에 북한이 대량살상무기를 적극적으로 개발하고자 한다는 시각이다. 북한은 바로 이러한 배경 하에 핵개발을 시도했다고 보는 것이다.[54] 이와 비슷한 시각으로 미국의 핵무기 선

의 방중을 통해 양국 군 상호간에 전통적인 우의를 공고화하였으며, 천빙더(陳炳德) 총참모장의 방한과 한국 국방부장의 방중을 통해 한반도 문제에 대한 솔직한 의견을 주고받았다"고 언급하였다. 또한 이러한 군 고위층의 상호방문은 북핵 실험 이후 경직된 관계는 물론 한반도 평화와 안정에 긍정적인 작용을 하였다고 평가하였다. "國防部官員稱2010年對外軍事交流力度將更大," 『瞭望』(2010. 1. 4).

53) "中華人民共和國外交部聲明"(2006. 10. 9); "2006年10月10日外交部發言人劉建超在例行記者會上答記者問"(2006. 10. 10).

54) 昊錚, "核武降臨朝鮮半島," 『財政』(2006. 10. 15); "沈驥如: 中朝關係短期內不會有太大改變," 『中國日報』(2006. 10. 10).

제사용권(NFU)을 포기하지 않고 있다는 점도 핵개발을 서두르게 한 원인이라고 보기도 한다. 북한의 핵 개발은 '궁극적인 안전을 확보하기 위한 것'(獲得終極安全)이라는 중국의 푸단(復旦)대학 선딩리(沈丁立) 교수의 평가가 이러한 시각을 대변한다고 볼 수 있다. '북핵불용론'(北核不容論)을 주장해 온 중국정부의 공식적 입장과는 대조적인 입장이다. 선딩리는 또한 북한이 핵을 보유하게 될 경우 미국이 북한에 대해 속수무책일 수밖에 없는 이유를 제시하고 있다. 즉 북한의 핵 및 정규군의 위협, 동맹국인 한국과 일본의 반대, 중국과 러시아의 반대, 그리고 이라크문제를 포함한 이란 핵문제, 레바논 이라크 정세 혼란 등으로 대북 강경책을 구사할 수 없을 것이라고 보고 있는 것이다.[55)]

북한의 경제사정을 고려할 때 핵개발이야말로 저비용으로 고효율의 대미(對美) 억지력을 확보할 수 있는 방안이 될 수 있다는 시각도 있다. 다시 말해 북한이 핵보유국이 되면 대폭적인 군비절감 효과와 함께 더 많은 자원을 경제발전에 투자할 수 있게 된다는 것이다. 이런 차원에서 볼 때 북한의 핵개발은 북한지도부의 '합리적' 결정이라고 할 수도 있는 것이다. 북한의 핵실험은 북한에게 불리할 것이 없으며, 1998년 인도·파키스탄의 경우처럼 핵보유국이 되면 북한의 국가안보를 손쉽게 보장받을 수 있다는 전략적 계산을 했다는 것이다. 뿐만 아니라 인도·파키스탄이 핵보유국 반열에 진입한 이후 미국과의 관계개선을 성사시킨 사례는 북한으로 하여금 핵보유가 북·미간의 관계악화만을 초래하지는 않을 것이라는 판단을 하게 했을 수도 있다는 주장이다.[56)]

---

55) "沈丁立: 朝鮮試驗核武器之考量,"『青年參考』(2006. 9. 5).

반면, 북한의 핵실험 동기를 중국에 대한 불만으로 보는 관점도 있다. 칭화(清華)대학 천치(陳琪) 교수가 이러한 시각을 대표한다.[57] 그는 2006년 4월 중국이 미국의 대북금융제재(BDA)에 동참하게 되자 중국이 북한의 안전을 보장하지 않을 것이라는 위기의식을 갖게 되었다고 본다. 2006년 7월 5일 대포동 2호 미사일 발사와 10월 9일 핵실험 이전부터 분출되기 시작한 북·중 관계의 부분적 균열을 계기로 북한이 핵실험을 감행했을 수도 있다는 시각이다.

이 외에도 제2차 북핵위기 이후 중국내 일부 관료들을 포함한 학자들 사이에서도 북핵개발 반대입장과 동시에 김정일 정권에 대한 노골적인 불만을 표시하기도 했다. 그 단적인 예가 중국 톈진(天津) 사회과학연구원 대외경제연구소의 왕종원(王忠文) 연구원의 논문이다. 그는 『戰略與管理』에 김정일 국방위원장의 세습통치와 선군정치를 비판했을 뿐만 아니라, 북핵문제가 중국에 위협이 되기 때문에 UN안보리에 상정해서라도 북한의 핵개발을 막아야 한다는 미국 지지의 논조를 표명함으로써 북·중 양국 간의 마찰을 초래하였다.[58]

---

56) 李敦球; "朝核問題面面觀," 『世界知識』2003年第18期, p. 26; 해리슨 저, 이홍동 외 역, 『셀리그 해리슨의 코리아 엔드게임』(서울: 삼인출판사, 2003), p. 35.

57) "陳琪: 制裁朝鮮, 是害中國," 『聯合早報』(2006. 10. 17); "沈丁立: 朝鮮試驗核武器之考量," 『青年參考』(2006. 9. 5).

58) 王忠文, "從新的角度密切關注朝鮮問題與東北亞局勢," 『戰略與管理』2004年第4期. 김정일 정권에 대한 신랄한 비난으로 북한으로부터 강력한 항의를 받아, 2004년 9월 정치국 상무위원 리창춘(李長春)의 평양 방문 직전에 본 잡지를 몰수하고 이후로 정간되었다. 이 논문은 곧 외부 세계의 주목 대상이 되어 논문 내용이 발췌 소개되었다. "中·對北노선 수정 신호탄인가: 中국책연구소 '북한

북한측 역시 중국에 대해 불만을 갖기는 마찬가지이다. 북한측의 중국에 대한 불만은 중국이 북한보다 미국을 비롯한 서방측과의 협력에 더 치중하고 있다는 점이다. 이러한 중국에 대한 북한의 불만은 2007년 3월 8일 북한 외무성 부상 김계관이 뉴욕에서 발언한 내용에 잘 표현되어 있다. 그는 미국 외교정책전국위원회 등 기관에서 주최한 오찬 및 토론회에서 "중국이 우리(북한)에게 갖는 영향력은 그리 크지 않다. 미국은 핵문제 해결을 위해 중국에 큰 기대를 갖지 마라. 과거 6년 간 미국은 북핵 문제 해결을 위해 중국에 의존해 왔는데 얻은 결과가 무엇이냐? 우리는 미사일도 발사했고, 핵실험도 하였다. 우리가 하겠다고 하면 한다. 그러나 중국은 단 한건도 해결할 수 없다"고 언급하였다.[59]

게다가 북한이 보기에 그동안 북·중 전통적인 우호협력관계 유지를 위해 핵심적 역할을 해왔던 당 대외연락부의 역할이 대폭 축소되었을 뿐만 아니라 오히려 중국은 미국이나 한국과의 관계 개선을 위한 노력에 더 관심이 있다는 것이다. 무엇보다 북한이 중국정부에 불만을 갖게 된 계기는 북한 핵개발 저지를 위한 미·중간의 타협과 '빅딜' 때문이다. 중국의 대북 압박 대가로 미국으로부터 대만문제 해결을 위한 지지를 꾀한다는 것이다.[60] 이러한 '빅딜' 역

같은 국가 지지할 도덕적 책임없다'," 『조선일보』(2004. 8. 20); "中國某研究機關罕見强烈批評北韓," 『多維新聞網』(2004. 8. 23). 참조. 그리고 이런 논문을 게재한 『戰略與管理』에 대해 중국 당국이 취한 조치와 행정적 처벌에 대해서는 "『戰略與管理』開罪金正日被勒令停刊," 『多維新聞網』(2004. 9. 21); "中당국, 北비판한 잡지 무기한 정간," 『조선일보』 (2004. 9. 21). 참조.

59) "北韓高官: 中共只想利用我們," 『大紀元』(2007. 3. 13).

60) "田曉明: 中國核如何因應朝鮮半島的變化?"(http://www.aisixiang.com/data/8173.html, 검색일: 2011. 3. 4); International Crisis Group (2006. 17-18).

시 중국이 사활적 국가이익인 대만통일을 우선에 두고 북핵문제를 취급한다는 점에서 북한의 대중(對中) 불만을 고조시킨 한 원인이 되었다고 볼 수 있다. 이를테면, 2003년 7월 27일, 한국전쟁 휴전 50주년을 기념하는 TV대담에서 인민대학 스인훙(時殷弘) 교수는 중국의 국익, 특히 대만 통일을 위해 "북한 핵 문제로 한반도에서 전쟁이 일어나도 중국은 개입하지 말아야한다"고 주장하기도 하였다.[61)]

상술(上述)한 중국의 관방과 지식인들의 시각과 입장을 종합해 볼 때, 북핵문제로 인해 북·중 관계가 군사안보적 차원에서 근본적인 변화를 하고 있는가에 대한 의문이 든다. 이에 대한 답을 한마디로 하기는 쉽지 않다. 그러나 몇 가지 근거를 토대로 답을 내리면 '근본적'인 변화는 없다고 본다.

우선, 중국은 자국의 사활적인 국가이익인 경제와 군사안보를 위해 북한의 안정과 도움이 절대적으로 필요하다. 비록 북핵문제를 둘러싸고 미·중 간에 '빅딜'(북한-대만)이 비공식적으로 거론되긴 했지만 동북아의 안정과 평화가 중국에게는 무엇보다 중요하기 때문에 대북(對北) 군사제재를 결의할 수 없을 것이다. 중국이 수 차례에 걸친 UN안보리의 대북제재 수위에 신중할 수밖에 없었던 이유가 여기에 있는 것이다. UN 안보리의 대북제재가 북한체제의 붕괴로 이어질 경우 그 파급효과에 대해 중국은 절대적인 우려감을 갖고 있는 것이다. 전략적 '완충지대'의 가치를 갖고 있는 북한에

61) 인터넷 첸룽(千龍)의 한국전쟁과 중국의 참전에 대한 대담 프로에서 스인훙(時殷弘) 교수가 발언한 내용에 대해서는 "中, 남북 충돌해도 참전 말아야," 『중앙일보』(2003. 7. 29). 참조.

대한 군사제재와 대량살상무기 확산방지구상(PSI)에 줄곧 반대했던 이유가 여기에 있다.[62)]

다른 한편으로 북한이 주한미군을 어느 정도 견제하고 있기 때문에 북·중 군사안보관계는 지속될 것이라는 추측이 가능하다. 대만 독립 추진에 따라 미·중 간 군사적 대립이 불가피할 경우, 북한이 중국을 위하여 전략적 방어벽 역할을 하면서 중국을 지원할 수 있다는 관점이다. 이런 관점은 대표적으로 중국 런민(人民)대학의 스인홍 교수가 취하고 있다. 그는 중국이 남북한 양국에 영향력을 발휘할 수 범위 내에서 '두 개의 한국', 그리고 한반도 '현상유지' 정책이 필요하며, 만일 미·중 혹은 일·중 간 관계가 악화되었을 경우 북한의 존립과 유지는 중국에게 절대적으로 필요하다고 주장한다.[63)]

이러한 관점에서 볼 때 중국은 국가안보와 경제발전을 위해 북한을 포기할 수 없으며, 북한이 핵실험을 했다고 해서 직접적인 군사제재나 체제안전을 위협하는 과감한 조치를 하기 어려울 것이다. 특히 양국 간 군사안보 차원에서의 근본적인 변화를 모색하기에는 양국이 처한 현 상황과 국제적인 역학 구도, 그리고 전략적 이익을 고려해 볼 때 시기상조인 것이다.[64)]

---

62) 김재관, "제2차 북핵 위기 이후 북중관계의 근본적 변화 여부에 관한 연구: 경제/군사안보 영역의 최근 변화를 중심으로," 『東亞硏究』第52輯(2007年 2월), p. 314.

63) 時殷弘, "朝鮮核危機: 歷史, 現狀與可能前景," 『教學與硏究』2004年第2期, pp. 58; 時殷弘, "當代中國的對外戰略思想: 意識形態, 根本戰略, 當今挑戰和中國特性," 『世界經濟與政治』2009年第9期, pp. 18-24.

64) 중국내 많은 학자들은 북핵문제와 중국의 국가이익의 상관관계를 언급함에 있어, 국가이익 전 분야와 연관되어 있다는 주장을 한다. 즉, 북핵문제의 해결 여

그러나 중국 입장에서 북핵 문제에 대한 딜레마가 있다. 중국이 직면하고 있는 가장 큰 딜레마는 다른 어떤 나라보다 대북 압박을 가장 효과적으로 할 수 있는 조건을 갖추고 있음에도 불구하고 중국이 북한에 대해 '전략적 부담'(strategic liability)을 느끼고 있다는 사실이다. 뿐만 아니라 대북 영향력에도 일정 정도 한계가 있으며, 북핵문제에 있어서도 이미 수 차례 이러한 현상이 나타났다.[65] 먼저, 중국의 강력한 반대에도 불구하고 북한이 2003년 NPT에서 탈퇴하고, 2005년 2월 10일에는 핵보유 선언을 해 버렸다. 나아가 2006년 7월 대포동 2호 발사에 이어 급기야는 동년 10월과 2009년, 2013년 세 차례에 걸친 핵실험을 감행한 것이다. 중국의 핵개발은 정당화되는 반면, 북한의 핵개발이 용납될 수 없는 이유에 대해 북한의 비판이 제기될 수 있는 것이다. 또한 중국이 북핵 불용론으로 대북압박을 행사하는 것은 중국이 국제관계에서 그토록 강조해왔던 일종의 내정불간섭 원칙을 스스로 위배하는 꼴이 된다. 다시 말해 양국 사이에 주권침해의 논란이 야기될 수 있다는 것이다.[66]

하에 따라 중국의 정치·외교, 군사, 경제이익 득실 여부가 결정된다는 시각이다. 이러한 논조에 대해서는 李虎·王偉和, "朝鮮核問題與中國的安全利益關係,"『新遠見』2009年10期, pp. 81-87을 참고할 것.

65) Scobell, Andrew, "China and North Korea: From Comrades-in-arms to Allies at arm's length," *Strategic Studies Institute of the U.S. Army War College,* March 2004, http:// www.strategicstudiesinstitute.army.mil/pubs/display.cfm?pubID=373.

66) 선딩리(沈丁立)는 북한의 핵 개발을 주권국가의 '자주권' 차원으로 본다. 북한이 자국의 근본적 국가이익 때문에 핵을 개발하는 것에 대해 중국은 기본적으로 반대할 수 없다는 입장이다. 이에 대한 근거로 중국도 1960년대에 미국의 공격에 대응하기 위해 핵개발의 경로를 북한처럼 밟았던 역사를 제시한다. "沈丁立: 朝鮮試驗核武器之考量,"『青年參考』(2006. 9. 5). 이러한 선딩리의 북한 옹호적

북한의 핵개발과 주권과의 관계를 중국인들은 어떻게 인식하는가에 대한 참고자료가 있어 소개를 한다. 중국 여론조사기관인 중국사회조사소(中國社會調查所)가 2003년 6월 9일, 베이징(北京)과 상하이(上海) 등 중국 6대 도시에서 주민 1천명을 전화 인터뷰 방식으로 조사한 바에 따르면 “만일 북핵 문제가 원만히 풀리지 못하고 전쟁으로 치달을 경우 중국 인민은 중국 정부의 제2차 항미원조(抗美援朝) 전쟁에 참여하는 것을 찬성 하는가”라는 설문에 57%의 중국인들이 찬성했고, 북한의 핵 개발 문제와 관련, 조사 대상 중 54%가 북한의 핵 개발을 지지했다는 것이다. 이와 같은 일반 대중의 반응에 대해 조사 책임자는 “한 국가의 핵무기 보유 여부는 그 나라의 주권에 속하는 문제로 이미 핵무기를 보유한 미국이 여타 국가의 핵무기 문제를 간섭할 권리가 없다"는 중국인의 의사가 표출된 것이고 해석하였다.[67] 이러한 시각으로 본다면 중국은 북한이 자국의 사활적인 군사안보 이익에서 출발하여 핵보유국이 되는 것을 묵과할 수밖에 없는 딜레마에 빠진 것이다.

이런 상황에서 익명을 요구한 중국의 학자에 따르면, 최근 중국

관점에 대해 베이징(北京) 대학 국제관계학원 주펑(朱鋒) 교수는 비판적이다. 선딩리의 관점은 냉전적 사고로서 탈냉전 시기에는 부합되지 않는 부적절한 시각이라는 것이다. 김재관, “제2차 북핵 위기 이후 북중관계의 근본적 변화 여부에 관한 연구,” p. 316에서 재인용.

67) 설문조사 내용에 대해서는 中國社會調查所 (SSIC), 東民 · 王星, “中國公衆對美朝核危機看法的調查”(http://www.chinasurvey.com.cn/freereport/northkorea.htm)을 참고할 것. 서진영, “북핵위기와 중국의 대북정책,” p. 6에서 재인용. 또한 북핵문제를 둘러싼 중국인의 대북 인식에 대한 국내연구로는 신상진, “중국의 대 북한 인식변화 연구,” 『통일정책연구』제17권 1호(2008), pp. 265-291을 참고할 것.

내에서 개최된 중국의 북한문제 전문가 토론회에서 중국이 비록 공식적으로 한반도 비핵화(북핵 불용론)를 주장해왔다 할지라도 북한 핵실험 이후 북한을 이제 '핵보유국'으로 인정하는 편이 현실적이라고 보는 쪽이 3:1 비율로 우세했다고 한다. 비록 중국내 일부 학자들의 시각이긴 하지만 북한을 핵보유국으로 기정사실화하자는 분위기가 중국내에서 대두되고 있는 것이다. 이 점 역시 중국의 對북한 핵정책에서 한반도 비핵화란 원칙적 입장과 실제 사이의 불일치와 딜레마를 보여주고 있는 것이다.[68)]

중국정부나 일부 학자들은 북한의 핵개발이 동북아 지역의 핵도미노 현상을 초래할 수 있다고 전망하면서 북한의 핵개발을 우려어린 시각으로 보고 있다.[69)] 물론 다른 한편에서는 이러한 가능성에 대해 부정적 입장을 취하기도 한다.[70)] 왜냐하면 무엇보다 미국이 한국과 일본 그리고 대만의 핵개발을 용납하지 않을 것이며, 이들 국가들의 핵개발 자체는 한·미·일 동맹체제로부터의 이탈을 의미하기 때문이다.

결과적으로 북핵문제를 둘러싸고 중국이 딜레마에 직면한 것은 사실이지만, 북한의 핵개발이 직접적으로 북·중 간 군사안보적 갈등을 확대시키지는 않을 것이다. 오히려 중국은《조·중 우호협력

68) 김재관, "제2차 북핵 위기 이후 북중관계의 근본적 변화 여부에 관한 연구," p. 316.

69) 姜龍範·王宇, "朝鮮核戰略與東北亞地區的核擴散: 兼談中國周邊安全的影響,"『延邊大學學報』2010年01期, pp. 54-60.

70) 沈驥如, "維護東北亞安全的當務之急: 制止朝核問題上的危險博弈,"『世界經濟與政治』2003年第9期 (http://www.iwep.org.cn/wep/200309/shenjiru.pdf); 李敦球; "朝核問題面面觀,"『世界知識』2003年第18期.

및 상호원조조약》이라는 제도적 장치를 내세우며 북한을 '관리·통제'하면서, 외형적으로는 '중재자'로서의 역할을 통한 국익 극대화를 꾀할 것이다. 딜레마에는 뚜렷한 해결책이 없으며 단지 '관리'할 수 있을 뿐이라면, 중국의 대북 딜레마 역시 파국을 방지하기 위한 관리만 가능할 뿐이다. 북핵문제에 있어서 중국의 '한반도 비핵화'와 '대북 무력제제 반대'는 바로 이러한 딜레마에 대한 중국의 관리책인 셈이다. 즉 한반도 비핵화는 북한의 벼랑끝 전술로 인한 중국의 분쟁연루 가능성을 제어하기 위한 대응이며, 대북 무력제재 반대는 북한의 동맹 이탈 가능성을 차단하기 위한 조처라고 볼 수 있는 것이다.[71)]

지금까지 북한의 세 차례에 걸친 핵실험과 중국의 대응에 초점을 맞춰 논의를 전개하였다. 북한의 핵개발 추진배경 및 그 과정이나 중국의 대응은 공히 정치·외교적 측면에서 대부분 다뤄졌다. 그러나 저자가 북한 핵개발의 역사나 이를 해결해 나가는 양자적·다자적 현상보다 군사적 측면에 초점을 맞추고자 한 이유는 앞서 언급한 바와 같이 군사외교적 함의를 도출하기 위함이었다.

탈냉전 이후 현재까지 한반도 안보의 핵심이슈는 북한의 핵개발문제에 있었고, 중국의 對남북한 관계 역시 북핵문제를 둘러싼 교류와 접촉이 상당한 비중을 차지했다. 여기에서는 중국이 북핵문제 해결을 위한 다자회담의 중재자 역할보다는 북한, 그리고 한국과의 양자관계로 국한하여 고찰하였다. 그렇다면 지금까지 논의한 내용

---

71) 박홍서, "중국, 북한 핵보유국 추구시 정권교체 모색?," 『통일한국』(2009. 7), p. 30. 또한 북핵위기와 북·중 동맹 딜레마의 관계에 대한 자세한 분석은 박홍서, "북핵위기시 중국의 대북 동맹안보딜레마 관리 연구: 대미관계 변화를 주요 동인으로," 『國際政治論叢』제46집 1호(2006), pp. 103-122를 참고할 것.

을 이 책의 연구주제인 중국 군사외교의 분석틀에 적용하면 어떠한 함의를 얻을 수 있을까?

먼저 북핵문제와 관련된 중국의 국가이익은 정치·군사이익에 우선순위를 두었다고 볼 수 있다. 물론 탈냉전기 중국의 핵심적 국가이익은 경제이익에 있다고 볼 수 있다. 북핵문제의 원만한 해결, 즉 한반도 비핵화를 대원칙으로 제시한 중국의 전략적 고려는 국가 당면목표인 경제 현대화에 유리한 안정적이고 평화로운 주변환경 조성이 전제되어야만 했던 것이다. 중국은 이러한 정치·군사적 이익을 북핵문제 해결에 있어 최우선 순위로 두고 외교라인이 주축이 되어 국제사회와 북한 사이에서 중재자 역할을 적극적으로 수행해 왔다.

중국은 북핵문제 해결 과정에서 대부분 외교라인을 주축으로 하여 북한과 미국, 그리고 UN을 상대하였다. 그러나 의사결정과정에 군부도 적극 참여하여 군부의 입장을 전달하였다. 특히 당 중앙외사공작영도소조의 조원으로 편성된 국방부장과 부총참모장은 북핵문제 해결과정에 직접 개입하여 군부의 입장과 이익을 대변하였다고 볼 수 있다. 이러한 사례는 앞서 살펴본 것처럼 제1차 북핵 실험을 전후로 2003년 4월, 2006년 4월과 2007년 2월에 소집된 긴급회의를 통해 확인되었다.

또한 군부는 의사결정과정에 참여한 것 이외에도 실제 북핵문제 해결과정에도 동원되었다. 심지어는 중국의 대북정책을 외교부가 아닌 중국인민해방군 지도부가 장악하고 있다는 의견까지 제기되고 있다.[72] 일례로 미국 헤리티지재단(Heritage Foundation)의 타

72) 『국민일보』(2006. 7. 14).

식(John J. Tkacik, Jr.) 연구원은 중국이 북핵문제를 해결함에 있어 외교부보다 인민해방군이 주도적인 역할을 하고 있다고 주장하였다. 이에 대한 근거로 6자회담이 시작되기 직전인 2003년 4월 북한의 조명록 차수가 베이징을 방문해 중국 최고지도부를 만났으며,[73] 그해 8월에는 중국인민해방군 총정치부 주임 쉬차이허우(徐才厚)가 급히 평양을 방문한 점을 들고 있다.

타식 연구원은 2006년 4월 차오강촨(曹剛川) 중국 국방부장이 4일간 북한 방문시 소위 중국인민해방군내 '북한 전문가'(朝鮮通)이라 불리는 류야저우(劉亞洲)[74] 공군 부정치위원을 대동하고 북한을 방문한 점도 중국 군부가 자체적인 대북정책 논리를 갖고 있음을

---

73) 당시 북한인민군 대표단과 중국 국방부장 챠오강촨의 회담시 참석한 중국인민해방군 인사로는 선양군구 사령관 장완녠, 총참모장 보좌관 장친성(章沁生), 해군 부사령관 장용이(張永義), 공군 부정치위원 류야저우 등이며, 북한대표단에 북한주재 중국대사 우동허(武東和)가 수행한 것이 특이했다. "朝鮮國防委員會第一副委員長趙明錄會見曹剛川," 『新華網』(2006. 4. 5).

74) 류야저우는 중국군 내 '북한통'(朝鮮通)이라 불리며, 1992년 한·중 수교에도 기여한 것으로 알려져 있다. 그는 1988년 9월 중앙군사위원회 판공실 정치부 간부 신분으로 서울에서 개최된 제52회 국제서예대회에 인솔단장으로 참석하였다. 그는 기간 중 한국의 정·경분야 인사들과 접촉하면서 한국이 중국과의 관계를 개선하려는 움직임이 있다는 것을 인지한 것이다. 귀국 후 그는《시기를 놓치지 말고 한국과 관계를 발전시키자》(不失時機地與南朝鮮發展關係) 제하의 보고서를 작성하여 중국인민해방군 정보분야 책임자에게 보고하였는데 이 보고서가 지도부까지 보고될 정도로 관심을 끌었던 것이다. 이후 한·중 수교를 추진하는 과정에서 총정치부 연락부장 웨펑(岳楓, 葉劍英의 아들)의 요청을 받고 막후에서 비밀업무를 수행하여 수교 성사에 크게 기여한 공로로 중국인민해방군 2등 공로표창까지 수여하였다. 그는 중국 前국가주석 리셴녠(李先念)의 사위로써 2003년 소장에서 중장으로 진급하였고, 2009년 12월부로 중국국방대학 정치위원으로 보직되었다. "李先念女婿劉亞洲: 從作家到空軍副政委的成長路," 『鳳凰網』(2008. 2. 25). http://news.ifeng.com/mil/history/200802/0225-1567_412352_1.shtm (검색일: 2012. 12. 11).

시사한다고 주장하였다. 그는 북한의 중대한 외교적 고비가 있을 때마다 중국인민해방군 지도부와 북한 군부의 접촉이 있었던 것은 중국지도부가 북핵이나 미사일 문제를 외교가 아닌 군사문제로 인식하고 있다는 증거라고 언급했다.[75] 이러한 사례를 통해 볼 때 북핵문제 해결과정에 있어 중국 군부의 위상과 입김은 결코 과소평가할 수 없다고 볼 수 있다.

다음으로 중국이 군사외교를 추진하는 목적 측면에서 북핵문제 해결과정을 연계시켜 볼 수 있다. 앞의 제2장에서 우리는 중국이 1990년대 후반 이후 적극적으로 군사외교를 추진하고 있음을 알아보았다. 그러나 여기에서 북핵문제를 고찰하는 과정에 군사외교의 추진목적과 북핵문제를 해결하는 중국의 태도와 입장이 상당부분 일치하고 있음을 발견할 수 있다. 우리는 앞에서 중국이 추진하는 일반적인 군사외교의 목적으로 평화로운 국제환경 조성을 통한 국가경제건설에의 기여, 첨단과학기술무기 도입을 통한 국방 현대화 촉진, '중국 위협론' 불식, 그리고 국제무대에서의 대만 생존공간 박탈과 영향력 확대 등을 제시했다. 지금까지 살펴본 북핵문제 해결과정에서 중국이 보인 의도와 전략적 사고, 그리고 실천과정에서 나타난 딜레마는 바로 이러한 군사외교 목적과도 상당부분 합치되고 있는 것이다. 이러한 연계성을 간단히 분석하면 다음과 같이 정리할 수 있다.

첫째, 한반도 비핵화 원칙을 강조하면서 북한에 대한 군사제재를 반대한 이면에는 무엇보다 평화로운 주변환경이 필요했기 때문이

---

75) John J. Tkacik, Jr. "China's Army Yawns at Pyongyang's Missiles," *Web Memo* Published by The Heritage Foundation, No.1148. (July 11, 2006).

었다. 중국이 군사제재보다는 정치·외교적 수단, 즉 협상과 대화를 통해 북핵문제를 해결하자고 한 근본적인 이유가 바로 여기에 있으며, 이러한 중국의 입장표명은 '평화롭고 책임있는' 강대국 이미지 홍보에도 긍정적으로 작용하였던 것이다.

둘째, 제2차 북핵위기를 전후하여 중국이 북핵문제를 접근하는 태도가 적극적으로 선회한 데에는 '중국 위협론' 불식과 국제무대에서 영향력을 확대시킬 수 있다는 전략적 이익을 고려했기 때문이다. 2차 북핵실험으로 긴장된 국면 하에서도 중국군은 남북한 군부와 상호방문을 오히려 활성화하였다. 긴장된 한반도 정세를 풀어나가기 위한 군사외교적 행보라고 하지만 이 역시 '중국 위협론'을 불식시키는데 일조하는 조치로 평가할 수 있다. 반면, 일부 학자들과 국내 여론에서 북·중 동맹조약의 수정 혹은 폐기를 주장하긴 했지만 정부 및 군부에서 북한 '달래기'와 '감싸기'를 했던 것도 결국은 북한 카드를 활용한 대미(對美) 전략의 일환으로 보아야 할 것이다. 이러한 전략은 결과적으로 당사국인 북한은 물론 국제사회에서 중국의 영향력을 확대시키는 추동력이 되었다. 반면, 중국 군사외교 목적 중의 하나인 국방 현대화 달성 차원에서는 북핵문제 해결과정과 뚜렷한 상관성을 갖는다고 보기는 어렵다.

셋째, 북핵문제를 둘러싼 북·중 딜레마는 바로 국제무대에서 대만의 생존공간을 박탈함으로써 통일을 달성한다는 중국의 사활적 이익과 연관된다고 볼 수 있다. 물론 여기에는 미국 및 일본과 한반도 문제의 주도권을 선점하겠다는 의도도 포함되어 있다고 볼 수 있다.

상술한 북핵문제와 중국 군사외교의 상관성을 토대로 볼 때, 북핵문제 해결과정에서 보여준 중국 군사외교는 미국을 포함한 국제 무대에서의 '영향력 제고' 및 '견제' 유형과, 대북(對北) 제재 및 지원을 통한 북한 '견제·견인' 복합형 군사외교로 정리할 수 있을 것이다.

3. 對남북한 관계의 '변주곡'

한·중 수교 이후 중국은 '두개의 조선' 정책을 추진할 수 있게 되었다. 냉전기 중국은 북한과 '혈맹', 한국에 대해서는 적대시 정책이라는 이분법적 구분하에 북한 일변도의 정치외교 및 군사 유대관계를 지속할 수 있었다. 그러나 냉전의 해체와 한·중 수교는 중국에 대해 새로운 對남북한 관계 정립을 요구하였다. 북·중 관계는 1961년에 제도화된 동맹의 틀이 현재까지 유지되고 있으며, 한·중 관계는 1992년 단순 수교관계에서 이제는 전략적 협력동반자관계로까지 급상승되었다.

여기에서는 한·중 수교 이후 중국의 對남북한 관계를 제도화된 틀을 통해 고찰해 보고자 한다. 양자 관계를 고찰함에 있어 정치·외교와 군사영역에 초점을 둘 것이며, 이러한 논의는 군사외교와의 연계성을 도출하는데 목적이 있다.

가. 북·중 관계 : 전통적 우호협력관계

북·중 관계를 흔히 '특수한' 관계라고 표현한다. 양국 관계를 일반적인 국가 간의 관계가 아닌 특수한 관계로 보는 것은 양국의 특수한 역사를 토대로 규정하는 것일 것이다. 북·중 '혈맹관계'는 일방이 제3국과의 전쟁에 타방의 전폭적인 지원 및 참전을 통해 동맹이 공고화된 관계로서, 장기적으로 정치 · 안보 · 경제 · 문화적 측면 등을 포괄하는 특수관계의 가장 중요한 요소인 안보적 측면을 강조하는 관계라고 할 수 있다.[76)]

중국과 북한은 건국 이전 양국 공산주의자들에 의해 형성된 '형제적 우의', 한국전쟁시 형성된 혈맹관계, 그리고 사회주의 건설이라는 오랜 역사 속에서 이른바 특수관계를 형성해 왔다.[77)] 또한 양국은 제도화되지 않은 환경에서 혁명적 우의에 기초한 일종의 비공식화된 관계를 추구해 왔다. 또한 양국관계는 제도적 측면과 정치이념에서 중국이 북한에 대한 모범적 전형이 되어 왔다. 중국 공산당과 북한 노동당은 서로 명칭은 다르지만 모두 마르크스-레닌주의에 입각한 정당이다. 바로 이 두 당이 중국과 북한을 지배해 오면서 양당과 양국은 '형제당'과 '형제국'이라는 표현으로 관계를 맺어온 것이다.

그러나 냉전체제 와해와 동북아 정세의 변화, 그리고 양국 정책노선 조정에 따라 중국과 북한간의 특수관계도 상당한 변화를 보이고 있다. 냉전체제의 해체, 그리고 중국의 개혁개방정책 추진 이후 노정된 양국의 국가발전 노선차이, 한 · 중 수교 등의 요인으로 북 · 중 관계는 냉전기와 달리 변화와 지속의 양방향 발전을 해나가고 있다. 즉 양국은 대외관계에 있어 국가이익을 최우선 순위에 두고, 공조 · 협력 · 갈등으로 표현되는 일반적 국가관계로 변화되는

76) 李丹, "북 · 중 관계의 변화와 지속성에 관한 연구," 전남대학교 박사학위논문 (2003), p. 10.

77) 이종석 외, 『남북정상회담 이후 주변 4강의 대북정책 변화와 우리의 대응방향』 (서울: 세종연구소, 2001), pp. 39-42.

양상을 보이고 있는 것이다.

탈냉전 이후 북·중 관계는 1961년 체결된《조·중 우호협력 및 상호원조조약》에 자동군사개입 조항이 포함되어 있고, 동 조항이 여전히 유효하기 때문에 중국의 모호한 태도에도 불구하고 통상 '준(准)동맹' 관계로 평가된다.[78] 그러나 중국에서 발행하는 관방문건이나 언론보도에서는 북·중 관계를 대부분 '전통적 우호협력'(傳統的友好合作)관계로 표현한다.[79] 그렇다면 1990년대 이후 중국 외교의 특징이라고 할 수 있는 동반자관계와는 어떠한 차이가 있는 것일까? 그리고 비공식적으로 표현되는 '혈맹'과는 내용과 수준면에서 차이가 있는 것인가? 중국에서 최근 분류하고 있는 외교유형으로 본다면 전통적 우호협력관계는 주변국가와의 관계를 규정짓는 우호협력관계에 가깝다고 볼 수 있다.[80] 특히, 중국은 한·중

78) 탈냉전기 중국에게 있어 동맹이나 중립보다는 준(准) 동맹전략이 보다 합리적이고 이성적인 대안이라고 주장하는 글은 孫德剛, "中國的和平發展與中阿准聯盟關係,"『和諧世界: 和平發展與文明多樣性』(上海市社會科學界第四屆學術會議論文集, 2006)을 참고할 것.

79) 중국관방의 외교백서의 경우 한·중 수교 이후 중국 외교백서에서 중국-북한 관계는 공통적으로 '우호협력관계'의 '지속 발전', 혹은 '강화, 공고' 등으로 표현되고 있으며, 양국 수교 50주년인 1999년과 2000년, 2003년에만 '전통적'이라는 수식어를 사용하였으며, 2007년판에서는 '선린우호'관계로 표현하고 있다. 이러한 수식은 냉전기 '혈맹'이나 '형제국' 등으로 표현되었던 양국 관계가 한·중 수교 이후 주변국가에 공통적으로 사용된 '(선린)우호협력관계'로 표현되고 있음을 알 수 있다. 반면, 한국에 대한 수식을 보면 수교 직후에는 '경제'를 포함한 각 영역에서의 발전으로 표현하다가 점차적으로 '선린우호협력관계', '협력적 동반자관계' 등으로 변화하고 있다. 中華人民共和國外交部政策研究室,『中國外交概覽』1993-1995年版(北京: 世界知識出版社, 1993-1995); 中華人民共和國外交部政策研究室編, 『中國外交』1996-2004年版(北京: 世界知識出版社, 1996-2004); 中華人民共和國外交部政策研究司編,『中國外交』2005-2007年版(北京: 世界知識出版社, 2005-2007).

수교 이후 북한에 대한 '혈맹'이란 표현보다는 '전통적 우호협력관계'라는 표현과 함께 일반 정상국가로 상대하려는 경향마저 보이고 있다.

북·중 양국의 군사대표단이나 친선사절단의 상호방문시 언론에 소개되는 대담내용을 보면 아직도 '전통우의'(傳統友誼)를 강조하며, 냉전시기 사용되었던 표현들이 계속 등장한다. 2000년대 들어 변화된 것이 있다면 2000년 5월 김일성이 북경을 비공식 방문하여 쟝쩌민과 공동으로 천명한 "전통을 계승하고, 미래를 지향하며, 선린우호를 도모하고, 협력을 강화하자"(繼承傳統, 面向未來, 睦隣友好, 加强合作)[81]라는 북·중 관계 '16자 방침'이 단골처럼 등장하고 있다는 점이다. 21세기 양국관계를 규정짓는 16자 방침은 전통계승과 더불어 시대에 부합되는 새로운 관계를 모색한다는 특징을 갖는다. 쟝쩌민을 이은 제4세대 중국지도자 후진타오 역시 이러한 방침을 계승, 발전시키겠다는 의지를 수차례 공식적으로 표명한 바 있다.[82]

여기에서는 이러한 북·중 관계의 변화가 정치·외교 및 군사분야에서 어떻게 진행되었는지를 살펴볼 것이다. 앞에서 고찰한 북핵문제와 경제, 그리고 탈북자 문제 등의 분야는 논의 대상에서 제외하고 정상급 상호방문 및 군사관계를 중심으로 역사적인 고찰을 하

80) 탈냉전 이후, 특히 1990년대 후반 이후의 북·중 관계에 대해 이종석 박사는 '전략적 협력관계'라고 표현하면서, 이러한 관계는 새로운 실용주의적 질서 위에 동맹적 성격을 가미시킨 것을 의미한다고 주장한다. 이종석, 『북한-중국관계 1945-2000』, p. 282.

81) 中華人民共和國外交部政策硏究司編, 『中國外交』2001年版, p. 27.

82) 于美華, "中朝關係在世界形勢變革中與時俱進," 『世界知識』(2008. 2. 13).

고자 한다.

북・중 '혈맹'관계의 균열은 엄밀히 말해 1980년대부터 시작되었다. 1989년 5월 중・소 관계 정상화 이후 1991년 소련이 해체됨에 따라 중국은 북한에 대한 운신의 폭이 커지게 되었다. 뿐만 아니라 중국이 개혁개방 속도를 배가함에 따라 균열의 틈은 더욱 커지게 되었다. 1992년 8월 성사된 한・중 수교로 북한 지도부는 무려 7년 동안 베이징을 방문하지 않았다.[83] 1999년 6월 김영남 최고인민회의 상임위원장이 중국을 방문하고 나서야 비로소 양국 관계가 정상화 궤도에 오르게 된 것이다. 중국에서도 북한과의 정치적 갈등이 증폭되는 과정에서 리펑(李鵬) 총리(1991년 5월)와 양상쿤(楊尙昆) 국가주석(1992년 4월)이 각각 남북한 동시 UN가입과 한・중 수교에 관한 북한 양해를 구하러 북한을 방문했을 뿐이다. 특히, 1994년 7월 김일성 사망으로 인해 중국은 냉전기 북한과의 '혈맹'관계에서 어느 정도 자유로울 수 있는 여건이 조성되었다.[84]

한・중 수교로 인한 양국의 소원했던 관계는 북한의 일방적인 중국측 정전위원회 대표단 철수 요구에서도 나타났다. 북한은 직접 협상을 통한 '새로운 평화보장체제 수립'과 기존 휴전체제의 무용화를 주장하면서, 1994년 4월 말에 판문점에서 대표단을 철수시키고, 동년 5월 27일에는 '조선인민군 판문점 대표부'를 설치하였다. 그런데 이러한 북한의 조치는 휴전협정 체결 당사자 중 하나인 중국과 사전 협의없이 추진된 것이었다. 당시 중국은 판문점에 '중국

83) 총리급 이상의 정상외교로 볼 경우에는 1991년 김일성의 방중 이후 8년만에 재개된 것이다.

84) 趙全勝 著, 김태환 역, 『중국의 외교정책: 미시-거시 연계접근 분석』(서울: 오름, 2001), p. 278.

인민지원군 대표단'을 파견하고 있었다.[85)]

북한은 1994년 8월 외교부 부부장 송호경을 특사로 중국에 파견하여 중국외교부 부부장 탕자쉬안과 회담을 갖고 정전위원회 중국대표단의 철수를 요구했다. 중국 입장에서 정전위원회 대표단 철수는 한반도에서 스스로 자신의 영향력을 감소시킬 뿐만 아니라, 수교국 한국과의 관계를 고려해봐도 내키지 않는 사안이었다. 중국은 북한의 이러한 일방적인 요구에 불만이 많았지만, 북한의 입장을 수용하였다.[86)] 당시 첸치천(錢其琛) 부총리는 송호경과의 회담석상에서 새로운 평화체제가 수립되기 전까지 휴전협정은 계속 유효하며 관련 당사자들은 이를 준수해야 한다는 입장을 전했다.[87)] 중국은 1994년 9월 2일 군사정전위에서 대표단 철수를 선언하고, 동년 12월 15일 대표단을 본국으로 소환했다.

1995년 10월 쟝쩌민 총서기는 조선노동당 창립 50주년 기념 중국주재 북한대사관 연회에 참석하여 "앞으로 국제정세가 어떻게 변하더라도 중국공산당과 중국인민은 변함없이 중·조 우호협력관계를 유지·옹호하고 발전시키기 위하여 전력을 다하겠다"고 이례적으로 양국관계의 유대를 강조했다.[88)]

북·중 관계가 정상화된 시점은 1999년이었다. 1999년 6월 김영

85) 이종석, 『북한-중국관계 1945-2000』, p. 273.

86) 당시 탕자쉔 부부장은 "조선의 요구를 고려해 볼 때, 조선대표단이 이미 군사정전위에서 철수했을 뿐만 아니라 사실상 군사정전위의 기능이 정지되었기 때문에 중국정부는 군사정전위에 있는 중국인민지원군 대표를 철수시키기로 결정하였다"고 언급하였다. 『中國二十世紀通鑒(1901-2000)』第五册第十九卷(北京: 線裝書局, 2002), pp. 6343-6344.

87) 中華人民共和國外交部政策研究室, 『中國外交概覽』1995年版, p. 30.

88) 中華人民共和國外交部政策研究室, 『中國外交』1996年版, p. 30.

남 최고인민회의 위원장이 홍성남 내각 총리를 비롯한 김일철 국방위원회 부위원장 겸 인민무력부장 등 주요 인사들을 대동하고 중국을 방문함으로써 한·중 수교 이후 중단되었던 정상외교가 재개된 것이다. 김영남의 방중은 1992년 4월 양상쿤 중국 국가주석의 방북을 끝으로 중단되었던 양국 정상급 지도자들의 상호방문 관례를 복원시키는 계기가 되었다.

한편, 한·중 수교로 북·중 관계가 냉각기에 접어들었던 1990년대 양국의 군사관계는 크게 영향을 받지 않았던 것으로 분석된다. 특히 중국은 한·중 수교로 인한 북한의 불만을 우려하여 1992년 한해동안 이례적으로 8개의 군 대표단을 북한에 파견했다. 그러나 1990년대 양국의 군사교류는 북한측이 상대적으로 군사력 강화나 실질적인 양국의 군사협력관계에 도움이 되는 실무대표단 파견에 치중한데 반해, 중국은 상징적인 친선목적의 대표단 파견에 치우침으로써 대조를 보였다. 중국은 북·중 전통적인 '혈맹'관계를 이어주는 중요한 통로로 한국전쟁에 참가했던 중국인민지원군 출신들을 적극 활용하였다.[89] 1992년에 중국인민지원군 대표단 3개 팀이 북한을 방문한 것을 비롯하여 1994년과 1995년에도 대표단을 파견하여 양국 간의 군사적 유대관계를 과시했다.[90]

양국 군사유대는 중국 해군함정의 최초 북한방문을 통해 과시되었다. 1996년 7월 10일부터 14일까지 《조·중 우호협력 및 상호원

89) 1997년 당시 중국 권력구조상 군 최고지도부를 이루고 있는 당 중앙군사위원회 위원 9명 중 5명이 중국인민지원군 출신으로 알려져 있다. 신상진, 『중·북관계 전망“ 미·북관계와 관련하여』, 민족통일연구원 연구보고서 97-04(서울: 민족통일연구원, 1997. 11), p. 49.

90) 이종석, 『북한-중국관계 1945-2000』, pp. 281-282.

조조약》 체결 35주년을 기념하기 위해 중국 북해함대 소속의 하얼빈(哈尔滨) 미사일구축함과 시닝(西寧) 미사일 구축함으로 구성된 함정편대가 북한 남포항을 방문한 것이다. 기간중 북한 인민군과 친선교류활동을 전개했으며, 특히 중국 해군 군악대는 북한 인민군에게 특별공연을 선보이기도 하였다. 당시 편대는 북해함대 사령관 왕지잉(王繼英) 중장을 단장으로 대표단이 구성되었으며, 북한에서는 만경대 참관 등 41개 프로그램을 동원해 중국 대표단을 환영하였다.[91] 이번 중국함정의 북한 방문으로 김일성 사후 소원해졌던 북·중간의 군사교류가 다시 활성화될 가능성이 제기되기도 하였으나, 양국간 전반적인 관계가 경색되는 가운데 전개된 하나의 예외적인 사례로 평가되었다.

북한이 본격적으로 중국과의 관계개선 의지를 보인 것은 2000년 5월 말에 있었던 김정일의 비공식 중국방문이었다.[92] 김정일이 비밀방문을 한 것은 1989년 이후 이번이 처음이었으며, 1991년 김일성의 방중 이래 첫 번째 정상간의 회동이었다. 냉전시기 북·중 양국 정상의 비밀방문은 중국의 개혁개방과 한·중 수교에 대한 북한의 불만으로 중단되었다. 그러나 11년 만에 김정일이 비밀방문을 재개한 것은 동년 6월로 계획된 남북정상회담 개최를 중국측에 사전 통보하고, 이에 대한 전략협의를 하기 위함이었다.[93] 냉전시기

---

91) "北京爲何堅稱称針對平壤措施不是制裁而是"懲罰"?," 『亞洲時報』(2006. 10. 20).

92) 김정일이 5월 중국방문 전에 3월 5일 이례적으로 북한주재 중국대사관을 방문하였다. 이때 국방 및 통일부문 주요 인사들이 대거 수행하였는데, 군부 인사로는 조명록 총정치국장, 김영춘 총참모장, 김일철 인민무력상, 현철해 총정치국 조직부 국장, 박재경 총정치국 선전부 국장, 이명수 총참모부 작전국장 등이 포함되었다. 도진순, 『분단의 내일 통일의 역사』(서울: 당대, 2001), p.35.

의 전략협의와 긴급현안에 대한 사전통보제가 부활한 것이었다.

당시 김정일은 그간 비난만 해오던 중국의 개혁개방정책에 대해 "중국의 개혁개방은 위대한 성과를 내었으며, 종합국력도 부단히 증강되어 국제지위가 한층 제고되었다. 이는 덩샤오핑이 제기한 개혁개방정책이 정확했다는 것을 증명하는 것이며, 조선의 당과 정부는 이러한 개혁개방정책을 지지한다"고 찬양하였다. 또한 북·중 관계 16자 방침이 최초로 이번 양국 정상회담에서 언급되었으며,[94] 중국은 북한에 대해 새로운 무상원조를 제공하기로 결정하였다.[95]

김정일이 귀국한 이후 동년 6월 15일 쟝쩌민은 김정일에게 성공적인 남북정상회담 개최에 대한 축전을 보내주었다. 또한 10월 9일에는 조선 노동당 창당 55주년을 맞아 중국주재 북한대사관 초청을 받고 기념연회에 참석함으로써 그간 소원했던 양국 관계를 정상화하겠다는 의지를 보여 주기도 하였다.[96]

2000년 10월 25일은 중국인민지원군 한국전쟁 참전 50주년 기념일이었다. 중국은 인민해방군 총정치부를 포함한 각계 인사 6,000여명이 인민대회당에 참석하여 대대적인 기념행사를 가졌으

93) 2000년 5월 김정일의 비공식 방중을 중국 외교부에서는 쟝쩌민의 초청에 의해 이뤄졌다고 기록하고 있다. 中華人民共和國外交部政策研究室, 『中國外交』2001年版, p. 27.

94) 통상 '북·중 관계 16자 방침'이 2001년 쟝쩌민의 방북시 제기된 것으로 알려져 있는데, 중국 외교백서에 의하면 이에 대한 최초의 언급은 2000년 5월 김정일의 방중시 제기된 것으로 되어있다. 이에 대한 내용은 中華人民共和國外交部政策研究室, 『中國外交』2001年版, p. 27을 참고할 것.

95) 『로동신문』(2000. 6. 2); 中華人民共和國外交部政策研究室, 『中國外交』2001年版, p. 28.

96) 中華人民共和國外交部政策研究室, 『中國外交』2001年版, p. 28.

며, 북한에서는 5·1 체육관에 18만명이 집결하여 대규모 기념집회를 개최하였다. 당시 츠하오톈(遲浩田) 중앙군사위원회 부주석 겸 중국 국방부장이 북한을 방문중에 있어 평양 기념집회에 동참하였다.[97)]

김정일은 다음해인 2001년 1월 당·정·군 핵심인사들을 대동하고 8개월만에 중국을 다시 방문하였다.[98)] 방문기간중 김정일은 상하이를 방문하여 "상하이의 발전상을 보니 개혁개방 이후 중국에서 천지개벽(翻天覆地)과 같은 거대한 변화가 있었음을 충분히 알 수 있다. 중국공산당이 추진해 온 개혁개방정책은 정확한 것이었다"는 감탄어린 찬사를 아끼지 않았다. 또한 양국 정상은 한반도 통일과 대만문제 해결방식에 대한 상호 지지를 하였으며, 기타 양국관계 및 국제문제에 대한 공통의 관심사에 대해 의견을 교환했다.[99)]

김정일에 대한 답방으로 쟝쩌민 중국 국가주석이 2001년 9월 북한을 공식방문하였다. 공식적 명분은 김정일 위원장의 방중(2000. 5, 2001. 1)에 대한 답방형식을 띠었으나, 쟝쩌민이 1990년 3월 당 총서기 자격으로 북한을 방문한 이후[100)] 9년 5개월만에 양국 관계의 정상화를 상징하는 의미깊은 방문이었다. 양국 정상은 21세기 북·중 선린우호협력관계의 안정적 발전이 매우 중요한 의미를 갖

97) 中華人民共和國外交部政策研究室, 『中國外交』2001年版, p. 29.

98) 당시 대표단에는 김영춘 총참모장, 현철해 대장, 박재경 대장이 군부인사로 포함되었다.

99) 中華人民共和國外交部政策研究室, 『中國外交』2002年版, pp. 24-25.

100) 중국 최고지도자들이 지도자 연수과정에서 북한을 제일 먼저 방문하는 이유에 대해서는 "중국 최고지도자의 첫 공식 해외방문국은 왜 북한일까," 오마이뉴스(http://www.ohmynews.com/), 2010. 4. 5를 참고할 것.

는다는데 공감했으며, 2000년 제기된 16자 방침에 근거하여 우호협력관계를 한층 높은 수준으로 발전시켜 나가기로 합의했다. 또한 2000년 김정일 방중시와 마찬가지로 이번에도 북한에 대해 식량 20만톤과 중유 3만톤 등의 무상원조 제공을 약속하였다.[101)]

2001년 김정일의 방중 이후 북핵문제를 둘러싸고 진통을 겪다가 2003년 8월 북한이 제1차 6자회담에 참여함으로써 양국 간의 고위급 인사교류가 확대되기 시작하였다. 2004년 4월 김정일이 3년 만에 다시 중국을 비공식 방문한 것이다. 이번 방중에서는 김영춘 총참모장, 박봉주 총리, 연형묵 국방위 부위원장, 강석주 외무성 제1부상 등 북한 주요 정·군 인사들이 대거 수행하였다. 특히 군부인사를 대동한 것은 북한의 6자회담 참가를 기회로 중국으로부터 정치·군사부문에서의 지원을 얻어내려는 의도가 반영된 것으로 평가되었다.[102)]

북핵문제가 난항을 거듭하는 가운데 중국과 북한의 최고지도자인 후진타오 주석과 김정일 국방위원장은 평양(2005. 10)과 베이징(2006. 1)에서 각각 공식, 비공식 정상회담을 개최하였다.

2005년 10월 후진타오가 평양을 방문한 시점은 당중앙군사위원회 주석직을 쟝쩌민으로부터 승계한 이후였다. 이러한 직책의 변화는 양국간의 당제(黨際) 교류를 활성화시키는 계기가 되었다. 후진

101) 中華人民共和國外交部政策研究室, 『中國外交』2002年版, p. 26.

102) 이러한 평가와는 달리 개혁개방의 필요성을 군부에 직접 알리기 위해 군 주요 인사를 대거 포함시켰다는 주장도 있다. 그러나 김정일 방중 이후 2004년 10월에 진행된 김영남 최고인민회의 상임위원장 방중시 대부분 경제관련 인사들이 포함된 것으로 볼 때, 군부인사의 대동은 중국군부와 북핵문제에 관한 협의가 시급했기 때문이라는 주장이 타당하다.

타오는 평양 방문에 앞서 북한노동당 창당 60주년 축전을 보냈다. 축전에서는 그동안 중국이 사용했던 '전통적인 혈맹관계'라는 표현 대신 '전통적 우의'라는 표현이 사용되었다. 이는 후진타오가 쟝쩌민의 북·중 관계 16자 방침을 계승하였을 뿐만 아니라 이를 강력히 시행한다는 의지의 표명이라 볼 수 있다. 평양을 방문한 후진타오는 양당·양국 관계를 한층 발전시키기 위한 '4개 건의'(四點建議)[103]를 제시하고, 이후 양국관계를 보다 포괄적인 협력관계로 발전시키겠다는 의지를 표명했다. 이전의 양국관계 설정보다 미래지향적이며, 공동의 이익을 추구하는 다방면에 걸친 협력관계 구축 방안을 제시한 것이라고 볼 수 있는 것이다. 한편 이번 방문에서 특이한 점은 북한이 핵보유를 선언하여 양국 관계가 급속히 냉각되었음에도 불구하고 김정일은 중국의 반국가분열법(反國家分裂法)[104]에 대한 지지를 보냄으로써 양국의 정치관계가 건재함을 보여주었다.[105]

---

103) 그가 제시한 '4개 건의'는 다음과 같다. ① 고위층 교류를 지속적으로 활성화하여 상호 소통을 강화한다(繼續密切高層往來, 加强相互溝通). ② 교류영역을 개척하여 협력의 함의를 보다 풍부하게 한다(拓展交流領域, 豊富合作內涵). ③ 경제무역협력을 추진하여 공동발전을 촉진시킨다(推進經貿合作, 促進共同發展). ④ 적극적으로 협조·협력하여 공동이익을 보호한다(積極協助配合, 維護共同利益). 中華人民共和國外交部政策研究室, 『中國外交』2006年版, p. 102.

104) 반국가분열법(反國家分裂法)은 중국이 타이완의 독립을 막고 양안 통일을 실현하기 위해 2005년 3월 14일 중국 제10기 전인대 제3차회의에서 통과된 법을 말한다. 타이완이 실질적으로 독립을 추진하거나 평화적인 통일의 틀을 파괴할 경우, 중국인민해방군이 무력을 사용할 수 있도록 규정해 놓고 있다. 법 공표 이후 러시아, 파키스탄, 북한 등이 지지입장을 표명하였다. 법 전문은 "《反分裂國家法》全文發布," 『新華網』(2005. 3. 14)를 참고할 것.

105) 최춘흠, 『중국의 대북한 정책: 지속과 변화』, 통일연구소 연구총서 06-13 (서울: 통일연구원, 2006), pp. 32-33.

후진타오 방북 이후 약 2달이 지난 2006년 1월 김정일 국방위원장의 비공식 중국 방문이 있었다. 특히 이번의 방중이 극비리에 전개되었던 것은 북핵문제를 둘러싼 양국 정상의 긴급 협의가 필요했기 때문이었다.[106] 김정일은 경제 및 군사부문 고위 인사들을 대거 대동하고 중국을 방문하였다. 박봉주 총리, 외무성 제1부상 강석주, 당중앙위원회 부장 박남기, 이광호, 내각 부총리 노두철 등이 방문단으로 구성되었다. 군 인사 포함여부는 공식적으로 발표되지 않았지만, 당시 현안인 북핵문제 협의를 위해 군부의 대동은 불가피했을 것으로 추측된다.

2006년 1월 김정일의 방중 이후 북·미 관계가 악화되고 중국의 만류에도 불구하고 북한이 핵실험을 강행하면서 북·중 관계도 상대적으로 악화되었다. 그리고 2008년 8월 김정일이 뇌혈관계 이상으로 쓰러진 후 그의 건강회복에 많은 시간이 걸렸고, 2009년 5월 북한의 장거리로켓 발사 및 제2차 핵실험 강행 후 국제사회의 대북제재에 중국이 부분적으로 협조함으로써 북·중 관계도 악화되어 2007년부터 2009년까지는 아예 북·중 정상회담이 개최되지 않았다. 이후 2010년 5월과[107] 8월에는 김정일 국방위원장이 중국을 4년만에 비공식 방문하여 후진타오(胡錦濤) 국가주석과 정상회담을

106) 김정일의 긴급 방중은 북핵문제를 평화적으로 해결할 수 있다는 점을 대내외에 부각시킴으로써 중국으로부터 안전보장과 경제지원을 목적으로 추진되었다고 볼 수 있다. 최춘흠, 『중국의 대북한 정책: 지속과 변화』, p. 35.

107) 대표단에는 김영춘 국방위 부위원장 겸 인민무력부장과 현철해. 리명수 국방위 국장이, 노동당에서는 최태복. 김기남 비서, 장성택 행정부장, 주규창 군수공업부 제1부부장, 김영일 국제부장, 김양건 통일전선부장이 포함됐으며 차기 후계자인 김정은은 동행하지 않은 것으로 알려졌다.

갖고 한반도 비핵화 및 6자 회담, 천안함 폭침, 경제협력 문제 등 양국 현안에 대해 논의했으며, 김정일의 생전 마지막 방중은 2011년 5월에 있었다.[108]

1992년 한・중 수교 이후 북・중 양국 최고지도자의 상호방문을 종합하면, 김정일 국방위원장의 비공식 방중이 7회, 쟝쩌민과 후진타오 국가주석의 공식 방북이 2회 실시되었다. 이는 모두 2000년 이후 전개되었으며, 정상회담의 주요 의제는 북핵문제였다. 2006년과 2009년 두 차례에 걸친 핵실험 이후 양국 정상의 상호방문은 성사되지 않았다. 또한 김정일 위원장의 경우 후진타오 주석과는 달리 방문단에 군부 인사를 포함시켜 자국의 군사안보에 대한 보장 및 군사협력을 추진하려는 의도를 표출하였다.

상술한 국가정상 상호방문 외에 1990년대 후반부터 2000년대 초반까지의 인적교류는 친선을 강조하거나 양국의 '혈맹'관계를 강조한 대표단 성격을 띠었다. 반면, 2003년 이후에는 북핵문제 해결을 위한 6자회담과 맞물려 '혈맹'관계 강조보다는 6자회담의 성공적 개최를 목적으로 한 고위 실무급 방문이 주가 되었다.

2000년대 중국측 고위급 인사의 방문순서를 보면 일정한 현상이 감지된다. 즉 외교부문 인사 파견 이후 군 인사들이 차례로 북한을 방문한다는 점이다. 2000년 9월 다이빙궈 중국 대외연락부장이 1994년 이후 6년 만에 북한을 방문하여 '전통적 친선관계' 발전을 강조하였다. 40일 후인 2000년 10월 22일에는 중국 군부의 대거

108) 이후 2011년 8월 김정일은 러시아 방문을 마치고 귀국 도중 중국 동북지역을 순방했다. 중국 국가주석인 후진타오를 대신하여 국무위원 다이빙궈(戴秉國)가 영접했으며, 다칭시와 헤이룽장 공장지대를 둘러보았다.

방북이 추진되었다. 북한 인민무력부 초청으로 '항미원조' 전쟁 참전 50주년 기념을 위해 북한을 방문한 것이다. 츠하오톈 국방부장을 대표단장으로 한 인민해방군의 육·해·공군 및 무장경찰 고위급 인사가 고루 편성된 군사대표단이 한국전쟁 참전을 기념하면서 전통적인 '혈맹관계'를 과시한 것이다.[109] 먼저 북한을 방문한 당 및 외교부문의 대표단이 북한과의 관계를 '전통적 친선관계'로 표현한데 반해, 군부는 '혈맹관계'라는 강한 결속력을 과시했다고 볼 수 있다. 또한 중국 군사대표단은 기간 중 북한측에서 준비한 연회에 참석하였고, 평남 회창군과 개성지역을 방문하여 한국전쟁 참전시 사망한 마오쩌둥의 아들 마오안잉(毛安英) 묘와 지원군 열사묘를 참배하였다.[110]

2003년 4월21일부터 북한 조명록 총정치국장을 단장으로 한 북한 군사대표단이 중국을 방문하였다. 후진타오는 조명록과의 회담에서 16자 방침에 따라 양국 관계를 발전시켜 나가자고 언급하였다. 조명록의 방중은 당시 베이징 3자회담을 앞두고 추진되면서 국제사회로부터 중국과의 고위급 사전협상 내지는 김정일의 방중을 사전 조율하기 위한 방문으로 의혹을 사기도 하였다.[111]

---

109) 대표단에는 슝광카이 부총참모장, 장수톈(張樹田) 총정치부 부주임, 첸궈량(錢國梁) 선양군구 사령관, 천빙더 지난군구 사령관, 잔마오하이(詹懋海) 국방부 외사판공실 주임, 렁콴(冷寬) 해군 부정치위원, 쉬청동(徐承棟) 공군 부정치위원, 류위안(劉源) 무장경찰 부정치위원 등 인민해방군 고위급 인사들이 대거 포함되었다. "國防部長遲浩田上將率軍事代表團出訪朝鮮," 『新華網』(2000. 10. 22).

110) 『조선중앙방송』(2000. 10. 23); 『新華網』(2000. 10. 23).

111) 조명록 총정치국장은 만성 신부전증 치료를 위해 자주 베이징을 출입하였다. 2003년 3월 3자회담 개최를 한달 앞두고도 중국인민해방군 305병원에서 치료

2003년 8월 18일에는 쉬차이허우(徐才厚) 총정치부 주임이 군사대표단을 이끌고 북한을 방문하여 인민군 총정치국장 조명록 차수와 회담을 가졌다. 회담시 쉬차이허우는 16자 방침 강조와 동시에 양국 군대의 전통적 우의를 지속 발전시켜 나가자고 언급하였다.[112] 한편, 중국 군사대표단의 방북과 때를 같이하여 중국 공산당 대외연락부 부부장 류홍차이(劉洪才)를 단장으로 한 공산당 대표단도 19일부터 북한을 방문하였다. 이러한 당·군 대표단의 동시 방북은 8월 27일 북핵문제 해결을 위한 베이징 6자회담을 앞두고 이뤄졌다는 점에서 북·중 양국 입장 조율차원의 방문으로 평가되기도 하였다.

2004년 6월 28일에는 북·중 양국은 국경수비 강화를 위한《중국국방부와 조선국방위원회인민무력부간의 국경협력협의》(中華人民共和國國防部和朝鮮民主主義人民共和國國防委員會人民武力力量部邊防合作協議)에 서명하였다. 북핵문제 해결을 위한 제3차 6자회담이 진행되던 기간 중에 중국인민해방군 총참모장 보좌관(助理) 리위(李玉)를 단장으로 한 국경대표단이 26일부터 29일까지 평양을 방문한 것이다. 리위는 중국 국방부를 대표하여 북한 국방위원회 인민무력부와 국경협력조약에 서명하였다. 당시 중국은 북한의 식량위기와 정치 불안정으로 탈북자가 증가됨에 따라 치안문제가 대

를 받으면서 중국 군부와 접촉하여 국방 및 안보분야 회담개최를 최종 조율했다. 또한 4월 군사대표단을 인솔하고 베이징 방문을 마친 후 11월 29일 베이징에 다시 와서 305병원에 입원하였으며 12월 1일에는 차오강촨 국방부장을 비롯한 중국 군부 지도자들과 북핵문제 해결을 위한 2차 6자회담 개최 문제 등에 대한 논의를 하기도 하였다. 『경향신문』(2003. 12. 1)

112) 『人民日報』(2003. 8. 19).

두됨에 따라 북한과의 국경협력조약 체결을 서두른 것으로 파악되고 있다.[113)]

동년 7월 12일부터 15일까지 북한 김일철 인민무력부장을 단장으로 한 고위급 군사대표단이 중국을 방문하여 양국 군사부문에 대한 교류협력 강화에 대한 방안을 논의하였다.[114)] 특히, 총후근부장과의 회동이 있었다는 점은 북한의 군수지원 요청 문제가 논의되었을 가능성이 제기되는 부분이다. 당시 방문목적은 북·중 동맹조약 체결 43주년을 기념하기 위한 연례행사였지만 시기적으로 동년 9월 베이징에서 개최되는 제4차 6자회담을 앞두고 미국 백악관 안보보좌관 콘돌리자 라이스(Condoleezza Rice)가 중국을 방문한 직후 이뤄져 주변국가의 주목을 받기도 하였다.

2006년 4월에는 차오강촨 국방부장이 북한을 방문하여 김일철 인민무력부장과 회담을 갖고 역시 16자 방침을 제시하면서 북핵문제에 관한 중국측 입장을 전달하였다. 대표단에는 장완넨 선양군구 사령관, 장친성 총참모장 보좌관(助理), 장융이 해군 부사령관, 류야저우 공군 부정치위원 등이 포함되었다.[115)] 당시 군사대표단의 방문은 제1차 북핵실험이 실시된 후 급조로 편성하여 북한에 대한 중국지도부의 메시지를 전달하기 위해 실시된 것으로 분석된다.

---

113) 중국정부는 지상(地上) 국경을 통일적으로 관리하고 국경관리체계를 재정비하는 일환으로 2003년 9월 초부터 북·중 국경방위임무를 중국인민해방군 국경방위부대로 이전하였다. 『中新網』(2004. 6. 30). 그러나 북·중 국경협력조약 체결 당시 양국 군사교류가 활발하지 않았기 때문에 외교부 대변인이 리위 방북 건에 대해 질문을 받았을 때 상세한 설명을 거부하였을 뿐만 아니라 언론에 어떠한 평론도 발표되지 않았다. 『解放軍報』(2004. 6. 30).

114) 『新華網』(2004. 7. 14).

115) "曹剛川訪問朝鮮表明中方朝核問題原則立場," 『新華網』(2006. 4. 5).

2006년 9월 27일 북한 총참모부 부총참모장 최부일을 단장으로 한 국경대표단이 중국을 방문하여 중국 차오강촨 국방부장과 거전펑(葛振峰) 부총참모장과 회담을 실시하였다.[116] 방문목적과 대표단 구성에 대해서는 정확히 밝히지 않았으나 2004년 6월에 체결한 북・중 국경협력조약에 대한 양국 국경분야 협의와 북핵문제를 둘러싼 양국의 협력을 목적으로 방문한 것으로 추정된다. 또한 북한의 제1차 핵실험에 대한 중국 군부의 불만을 무마시키고, 양국 군대간의 신뢰를 회복하기 위한 방문으로 해석된다.[117]

2008년 4월에는 북한 공군대표단이 10년 만에 중국을 방문하였다. 리병철 신임 공군사령관을 단장으로 한 대표단은 량광례 국방부장과의 면담에서 "조선인민군 공군은 중국 공군과 우호관계 발전에 비상한 관심을 갖고 있으며, 향후 교류협력을 한층 강화하기를 희망한다"는 뜻을 밝혔다.[118] 그러나 북한 공군사령관의 방중은 단순한 교류협력 차원보다는 2007년 중국이 자체 개발해 실전배치를 완료한 제3세대 전투기 '젠(殲)-10' 도입사업 추진 여부에 관심이 모아졌다.[119] 그러나 이에 대한 사실여부를 중국이나 북한에서 공식적으로 발표하지는 않았다.[120]

북・중 수교 60주년을 맞아 양국은 2009년을 '조・중 우호의 해'

116) 『人民日報』(2006. 9. 28).

117) "朝鮮軍事代表團會見中國防長 惑修復兩軍關係," 『星島環球網』(2006. 9. 29).

118) 『中國新聞望』(2008. 4. 22)

119) "北 공군사령관 訪中, '제3세대 전투기' 도입 추진?," 『Daily NK』(2008. 4. 23).

120) 이러한 사실에 대해 중국 언론에서는 북한이 6자회담을 이용해 중국에 대해 '젠-10' 판매를 요청했다는 소식이 있다고 보도하기도 하였다. 『鳳凰網』(2007. 1. 9)

로 정하고 총리가 상호 방문하는 등 교류를 강화하였다. 이는 북핵 실험에 따른 국제사회의 제재로 불안을 느낀 북한이 중국으로부터 군사적 지원과 협력을 구하려는 북한의 입장과, 제재에 동참하면서 북한에 대한 영향력을 유지하겠다는 중국의 전략적 고려가 일치되어 나타난 결과로 보인다. 6월 김영춘 인민무력부장이 중국을 비밀리에 방문한 이후 11월 17일 북한 총정치국 제1부국장 김정각이 베이징을 방문하여 시진핑(習近平) 국가부주석을 면접하고 19일 귀국하였다.[121)]

한편, 9월 북한의 제2차 핵실험 직전 중국군 외사대표단(단장 錢利華)의 북한 방문에 이어 핵실험 이후 중국 군사대표단이 북한을 방문함으로써 국제사회로부터 주목을 받았다.[122)] 량광례(梁光烈) 국방부장이 2009년 11월 22일부터 12월 5일까지 북한, 일본, 태국 방문길에 나선 것이다. 량광례의 방북은 2006년 4월 前국방부장 차오강촨의 북한 방문 이후 3년 7개월만에 성사된 것이며,[123)] 대표단 규모도 이전에 비해 거대했다. 대표단에는 선양군구 정치위원(黃獻中), 지난군구 부사령관(馮兆奉), 난징군구 부사령관 겸 동해

121) "대북제재 불안한 北, 중국에 기대나," 『동아일보』(2009. 11. 21).

122) 12월 8일 미국의 보즈워스 특사의 북한방문 직전에 실시된 방중이었기 때문에 한국을 포함한 국제언론은 중국 국방부장의 방북에 관심이 고조되어 있었다. 그러나 중국 국방부는 국방부장의 북한 방문이 미국 특사의 방북 이전에 이미 계획이 된 사안이었으며, 북한만 방문하는 것이 아니라 일본, 태국이 포함된 동북아 순방이라는 이유를 근거로 북핵문제와는 전혀 관련이 없는 정상적인 군사교류라고 일축하였다. "國防部: 梁光烈訪問朝鮮無關朝核," 『鳳凰衛視』(2009. 11. 21).

123) 2006년 차오강촨 국방부장 방북시 김정일 접견은 없었으며, 김정일 국방위원장과 중국 국방부장 접견은 2000년 츠하오톈 이후 9년만에 성사되었다.

함대 사령관(徐洪猛), 난징군구 부사령관 겸 군구 공군사령관(江建曾) 등이 포함되었다. 대표단 구성을 분석해볼 때 중국인민해방군 중에서 한반도 및 동북아 안보와 직접적 관련을 갖는 주요 4대 군구의 대표인물들이 포함되었음을 알 수 있다. 이러한 대표단 구성과 방문시기로 인해 국제사회로부터 주목을 받지 않을 수 없었던 것이다. 량광례 국방부장은 방문기간 중 북한 인민무력부장 김영춘과 회담을 가졌으며, 자신의 한국전쟁 참전 경력을 얘기하면서 "중·조 우호관계는 생명을 바쳐 세운 것이며, 양국의 단결은 깨질 수가 없다"고 강조하기도 하였다.124)

2010년 10월에는 중앙군사위 부주석 궈보슝(郭伯雄) 상장을 단장으로 하는 군사대표단이 북한을 방문하여 한국전쟁 참전 60주년 기념식 참석 및 우호방문활동을 전개하였다. 대표단에는 부총참모장 마샤오텐(馬曉天), 총정치부 부주임 동스핑(童世平), 총장비부 부부장 리안동(李安東), 총후근부 부부장 친인허(秦銀河), 국방부 외사판공실 주임 첸리화(錢利華) 등이 포함되었다.125)

2011년 11월 리지나이(李繼耐) 중국인민해방군 총정치부 주임을 단장으로 한 군사대표단은 평양에서 북한과 고위급 군사회담을 갖고 전통적인 군사협력 관계를 강화·발전시키는 등 공동 관심사를

---

124) 일부 매체에서는 1950년대 말 김일성이 종파사건을 해결하면서 북한내 '친중세력'을 숙청한 이후 양국 군사교류의 교량이 단절되었는데, 이번 양국 국방부장의 상봉을 통해 이전의 북·중 관계를 회복할 수 있는지에 대해 관심을 모으고 있다고 언급하기도 했다. "國防部: 梁光烈訪問朝鮮無關朝核," 『鳳凰衛視』(2009. 11. 21).

125) "朝鲜劳动党总书记金正日会见郭伯雄", 『解放軍報』(2010. 10. 26). 김정일 국방위원장과의 면담시에는 후계자 김정은 노동당 중앙군사위 부위원장도 배석했다.

놓고 의견을 교환했다. 대표단 구성은 리지나이 주임 외 딩지예(丁繼業) 총후근부 부부장, 천샤오궁(陳小工) 공군 부사령관, 왕덩핑(王登平) 해군 북해함대 정치위원, 쟈오종치(趙宗起) 지난(濟南)군구 참모장 등이 포함되었다.

앞에서 살펴본 양국 국가 및 군부 지도자의 상호방문은 중국측 시각에서 볼 때 양국 간의 신뢰구축을 위한 중요한 채널이라고 할 수 있다. 특히 2003년 북한의 NPT 탈퇴 선언 이후 중국은 북한과 긴밀한 협력채널을 유지할 필요가 있다고 보고 상호신뢰 강화를 강조하였다. 후진타오 주석 역시 군 고위급 인사의 정기적인 상호교류를 통한 협력의 필요성을 강조하였다. 그러나 북한은 미사일 및 북핵 실험시 중국과 긴밀한 군사협의를 하지 않았다. 중국 역시 인사교류 외에 무기장비 지원에 대해서는 북한의 요구를 수용하지 않았다.[126] 중국은 미 · 일 동맹 견제 차원에서 북한에 첨단무기를 지원하지 않았으며, 오히려 중 · 장거리 미사일 실험 자제를 요청하였다. 뿐만 아니라 핵실험에 대한 제재에 동참함으로써 중국의 대북 안전보장에 대한 북한의 불신을 가중시켰다.[127]

군사 · 안보 분야에서 탈냉전 이후 북 · 중 양국관계의 변화여부를 확인하는 주요한 척도로는 1961년에 체결된 《조 · 중 우호협력

126) 중국의 대북 무기지원은 1995년 이후 2002년까지 아예 없는 것으로 파악되고 있다. SPIRI 연감에 의하면, 중국은 북한이 1985년에 주문한 휴대용 SAM인 HN-5A 550기를 1987년에서 1997년까지 10년간 지원하였다. 또한 북한이 1973년에 구입 요청한 로미오급 잠수함 16척을 1975년부터 1995년까지 20년 동안 지원하였다. *SPIRI Yearbooks,* “Transfers and licensed production of major conventional weapons: Exports to North Korea, sorted by suppliers. Deals with deliveries or orders made 1993-2002,” KON 1993-2002. pdf.

127) 최춘흠, 『중국의 대북한 정책: 지속과 변화』, p. 53.

및 상호원조조약》의 적용범위에 대한 중국의 견해라 할 수 있다. 물론 양국간의 군사관계를 가늠할 수 있는 요소로 앞에서 고찰한 북한 미사일 및 핵문제 외에도 정전협정 문제, 탈북자 처리 및 국경문제 등을 들 수 있다. 그러나 이러한 요소들은 한·중 수교 이후에 대두된 문제이며, '혈맹관계'에서 '전통적 우호협력관계'로의 변화를 설명하기에는 제한이 되기 때문에 논의대상에서 제외시키고자 한다.

북·중 동맹조약이 1961년 체결됨으로써 양국의 '혈맹관계'가 제도화되는 계기가 되었음은 상술한 바와 같다. 그러나 덩샤오핑이 천명한 개혁개방정책의 성공적 추진을 위한 평화로운 주변환경 조성에 주력하게 되면서부터 동 조약의 제2조에 의거한 중국의 자동 군사개입과 관련한 발언들이 등장하기 시작하였다. 1980년대 이러한 발언들은 대부분 중국의 군사개입은 '한국의 북침시'일 경우를 상정한 것이다. 이를 강조함으로써 북한의 남침의욕을 억제시킴과 동시에 한·미 측에게도 북침시 좌시하지 않고 북한을 보호하겠다는 뜻을 분명히 한 것이다. 즉 전쟁발발을 사전에 방지하고, 동 조약을 통해 중국은 북한에 대한 '보호'와 '억제'의 2중적 역할을 기대했던 것이다.

한·중 수교 이후 북핵문제가 불거지면서 중국 내에서 대북 견제용 레버리지를 갖기 위해 북·중 동맹조약을 수정 혹은 폐기할 필요성이 제기되었다. 예컨대, 중국 사회과학원의 선지루(沈驥如) 국제전략연구실 주임은 2003년 9월에 발표한 논문에서 《조·중 우호협력 및 상호원조조약》을 개정해야 한다고 주장하였다. 북핵 문제로 북·미간 전쟁이 발발해도 북한 지원을 위해 중국이 군대를 파견하기는 어렵다고 언급한 것이다.128) 이처럼 북한의 핵실험 전후로 자동개입조항의 수정·폐기 주장이 있긴 했지만 중국정부는 동 조약의 변경을 고려하고 있지 않다고 공식적으로 밝혔다.129) 그러나 중국내 동 조약의 수정 혹은 폐기를 주장하는 근거를 보면, 동 조약은 사회주의 진영과 자본주의 진영이 첨예하게 대립되던 특정시기에 체결된 '특수한 양자관계'의 외교적 산물이라는 것이다. 비록 조약의 기본정신은 그대로 남아있지만 대부분의 조항은 탈냉전을 겪으면서 이미 효용성을 잃었다는 것이다.

조약체결 45주년을 맞은 2006년 외교부 대변인 친강(秦剛)은 "조선반도의 평화와 안정을 수호하는 것은 중국이 조선반도 업무를 처리하는 출발점이다. 중국은 기타 각 국가와 이를 위해 공동으로 노력하기를 원한다"고 언급하였다.130) 조약의 수정 혹은 폐기에 찬성하는 중국인들은 이러한 중국정부의 공식적 입장에 대해서도 "대변인이 말하는 '출발점'은 변하지 않았다. 그러나 향후 북·중 관계의 향방은 물론, 중국이 북한을 국제사회에 끌어들이기 위한 효과적인 외교정책 추진 등의 민감한 문제는 난제로 남는다. 뿐만 아니

---

128) 그가 동 조약의 수정을 제기한 이유로는 첫째, 중국은 '신안보관'(新安全觀)에 따라 군사동맹을 포기했고, 둘째 중국이 북한의 핵개발에 찬성하지 않는다는 입장을 이미 표명했으며, 셋째 핵문제로 북·미 간 전쟁이 발발하더라도 대북지원을 위한 군대파견은 무리라는 것이다. 沈驥如, "維護東北亞安全的當務之急: 制止朝核問題上的危險博奔,"『世界經濟與政治』2003年 第9期 (http://www.iwep.org.cn/ wep/200309/shenjiru.pdf). 참조.

129) "2006年10月10日外交部發言人劉建超在例記者會上答記者問," 中國外交部網站, http://www. fmprc.gov.cn//xwfb/2006-10/10lcontent_409441.htm (검색일: 2011. 11.24).

130) "外交部發言人: 中方目前沒有接待金正日訪華安排,"『中國新聞網』(2006. 9. 5).

라 최근 북핵문제를 둘러싼 한반도 위기를 처리함에 있어서 계속 딜레마가 될 것이다"고 반박하고 있는 것이다.131)

이 외에도 최근 들어 동 조약에 대한 수정 혹은 폐기에 대해 찬성하거나 반대하는 입장은 〈표 4-1〉에서 보는 것처럼 다양하다. 특히, 북한의 제2차 핵실험 이후 중국내에서 동 조약에 대한 재해석이 필요하다는 요구도 제기되고 있다. 국가의 지정학적 고려와 외교부문에서의 전략적 차원과는 상당히 동떨어진 주장일 수도 있지만 동 조약을 반대하는 입장을 소개한다는 취지에서 구체적인 이유를 담고 있는 한 예를 들어보고자 한다.132)

〈표 4-1〉 《조·중 우호협력 및 상호원조조약》의 수정 혹은 폐기에 대한 중국측 찬·반 비교

구분	출처	내용
찬성	沈骥如, "维护东北亚安全的当务之急,"『世界经济与政治』2003年第9期	군사동맹 성격을 띠는 중·북간의 조약은 당연히 수정되어야만 함. (근거: 중국의 新안보관) ① 미·북간에 북핵문제로 전쟁이 발발한다 해도 중국은 북핵개발에 찬성하지 않는다는 입장을 이미 표명했음. 따라서 중국은 북한을 지원하기 위해 출병하지 않을 것이기 때문에 동 조약은 수정되어야 함.

131) 鄭浩, "中朝關係往何出去?,"『鳳凰博報』(2006. 9. 5).

132) 여기서 제시하는 사례 외에 중국과 북한의 군사동맹 필요성 여부에 대한 최근 논문으로는 高岩, "中國需要朝鮮這個軍事盟友嗎?,"『軍事文摘』2006年第12期, pp. 18-34를 참고할 것.

〈표 4-1〉《조 · 중 우호협력 및 상호원조조약》의 수정 혹은 폐기에 대한 중국측 찬 · 반 비교(계속)

구분	출처	내용
찬성		② 중국이 어떠한 경우라도 북한에 군사적 개입을 하지 않을 것이라는 명확한 의사를 전달하는 것이 북한의 오판에 의한 한반도 분쟁을 막을 수 있음.
	吴铮 · 王歡, “东北亚風雲：核武降临朝鲜半岛,” 《财经》2006年 第21期	同조약 제2조 자동군사개입 조항 수정 혹은 폐기 ① 중국은 북한측에 同조약의 수정을 요구해야 함. ② 북핵개발로 인한 전쟁 상황 발생시 同조약에 의한 중국의 자동군사개입 의무조항 삭제.
	홍콩잡지 《文匯報》 (2006. 10. 23)	중국 외교부는 비밍록 형식을 통해 북한에 同조약의 수정안을 전달. ① 북핵실험으로 인해 제3국으로부터 선제공격을 받을 수 있음. ② 중국은 이러한 사태 발생시 同조약상의 의무이행을 위한 군사개입을 해서는 안됨.
	北京大學 國際關係學院 王勇 교수 발언(2006년)	① 同조약에서 중국의 자동개입 전제조건은 북한이 침략을 받았을 경우에 한함. ② 북한 스스로의 과오(핵실험 등)로 인해 외부로부터 군사제재를 받을 경우 중국은 자동개입 의무가 없음.
	中央党校战略研究所张琏瑰教授 발언(2006년)	1980년대부터 중국은 ‘비동맹’(不結盟) 외교정책을 천명하고 실천해 왔음. 지난 북핵실험은 중국이 일관되게 주장해 온 ‘한반도 비핵화’에 대한 도전일 뿐만 아니라 NPT체제라는 국제적 권위에 도전한 행위임. 만일 이로 인해 타국과의 전쟁상태에 들어간다면 중국은 조약을 이행하기 보다는 ‘불개입’과 ‘반대하지 않는’(不反對) 입장을 취할 수밖에 없을 것임.

〈표 4-1〉 《조 · 중 우호협력 및 상호원조조약》의 수정 혹은 폐기에 대한 중국측 찬 · 반 비교(계속)

구분	출처	내용
반대	沈驥如, 閻學通 의견에 반대하는 익명의 블로거 (2006.10.17), "《中朝友好合作互助条约》和阎学通沈骥如等博导的认知(http://roomx.bokee.com/5748978.html)	同 조약을 통해 미국, 일본, 한국이 경거망동하지 못하게 함으로써, 동북아 안보에 큰 기여를 하고 있음. ① 沈과 閻의 주장은 위험을 회피하라는 주장밖에 안됨. 또한 친구를 팔아 영예를 얻는 소인배와 같은 행위이며, 대국으로서의 처신이 아님. ② 同조약의 존재는 한반도 분단상태를 고착시킬 수 있는 유용한 기제이며, 미 · 일, 한 · 미 군사동맹에 대항할 수 있는 전략적 카드임. ※ 同조약의 유효기간은 양국 정상이 매년 7월 同 조약체결 ○○주년 기념축전을 주고받는 형식으로 연장되고 있으며, 특히 매 5주년과 10주년에는 고위급 인사가 교환방문하여 同 조약체결을 자축하고 있음.
	중국 외교부 대변인 발언 (2003.7.15, 기자간담회)	同조약에 대한 수정 · 폐기에 대해 들어본 적이 없음. ① 기자 : 戴秉国 외교부 부부장 방북시 김정일 총서기에게 조약의 군사원조 관련내용에 대한 수정 문제를 제기하지 않았는지? ② 대변인(孔泉) : 戴秉国 외교부 부부장이 막 북경에 도착했기 때문에 기자의 질문 관련내용에 대해 상세히 듣지를 못했음. 그러나 同조약의 수정에 관련한 내용에 대해서는 들은 바가 없음.

〈표 4-1〉 《조 · 중 우호협력 및 상호원조조약》의 수정 혹은 폐기에 대한 중국측 찬 · 반 비교(계속)

구분	출처	내용
	중국 외교부 대변인 발언 (2006.9.14, 기자간담회)	북한과 선린우호협력관계를 지속 발전시키는 것이 중국정부의 일관된 정책(근거: 중국의 외교정책) ① 기자 : 제16기 6중전회에서 조약을 수정한다는 보도가 있는데 사실인지? ② 대변인(秦刚) : 同조약에 대한 수정은 고려하고 있지 않음. 북한과 선린우호협력관계를 지속 발전시키는 것은 중국의 일관된 정책이며, 이 정책에는 변화가 없음. 同 조약은 양국의 우호협력관계를 촉진시키는 중요한 작용을 해 왔기 때문에 수정하려는 고려는 없음.

북한의 제2차 핵실험 이후 6월 말 푸단(復旦)대학 법학과를 졸업하고 중국법학회 회원으로 활동하는 스닝(思寧)이란 개인이 중국 전인대(全人大) 상무위원회 앞으로 동 조약의 폐기를 건의하는 문건을 올렸다. 결과적으로는 전인대에서 무대응으로 끝난 일종의 '해프닝'이었지만 이러한 과정에서 중국 『南方週末』과 프랑스의 *Nouvelles d'Europe* (歐洲時報), 영국의 *The Guardian* (衛報), 그리고 싱가포르의 『聯合早報』에 게재되면서 국제사회의 이목을 끌었다.[133] 전인대 상무위원회에 조약 폐기를 건의한 원문 내용은 다음과 같다.

133) "思寧的建議竟被《南方週末》當作外媒評論," 『西祠胡同網站』(2009. 7. 19), http://www.xici.net/u3084985/d94862661.htm (검색일: 2012. 12. 28); 『南方週末』(2009. 7. 2), E32版.

1961년《중·조 우호협력 및 상호원조조약》체결 이후 국제관계는 이미 많은 변화가 있었다. 첫째, 조선은 국제사회의 보편적 반대를 무시하고 '제멋대로' 핵실험을 하였으며, 중국은 이에 대해 반대 입장을 결연히(堅決) 표명하였다. 둘째, 조선은 이미 6자회담 탈퇴를 선언하였다. 셋째, 조선에 대한 제재조치를 포함하고 있는 UN 안보리 결의안 제1874호에 중국이 찬성하였다. 이는《중·조 우호협력 및 상호원조조약》제3조 "체약 쌍방은 체약 상대방을 반대하는 어떠한 동맹도 체결하지 않으며 체약 상대방을 반대하는 어떠한 집단과 어떠한 행동 또는 조직에도 참가하지 않는다"는 조항을 위반한 것이다. 넷째, 조선 군부는《조선정전협정》탈퇴를 선언하였다. 중국, 조선, 미국 3자가 체결한 동 협정은《중·조 우호협력 및 상호원조조약》의 기초인데,《조선정전협정》을 탈퇴했기 때문에《중·조 우호협력 및 상호원조조약》의 기초는 이미 깨진 것이다. 다섯째, 중국은 이미 한국과 수교를 하였다. 중국인민외교학회 회장 양원창(楊文昌)은 최근 한국에서 중국과 조선이 동맹관계가 아니라고 언급하였다.[134] 이는 조선의 한국에 대한 군사행동을 지지할 수 없다는 중국의 입장을 한국에게 전달한 것으로 볼 수 있는 것이다.

현대 국제관계에 있어 만일 중국이《중·조 우호협력 및 상호원조조약》의 "체약 쌍방은 체약 쌍방 중 어느 일방에 대한 어떠한 국가로부터의 침략이라도 이를 방지하기 위하여 모든 조치를 공동으로 취할 의무를 지닌다. 체약 일방이 어떠한 한 개의 국가 또는 몇 개 국가들의 연합으로부터 무력침공을 당함으로써 전쟁상태에 처하게 될 경우에 체약 상대방은 모든 힘을 다하여 지체없이 군사적 및 기타 원조를 제공한다"는 제2조 조항은 UN 안보리 결의 및 NPT 등 국제규범과 충돌하기 때문에 동 조약은 폐기해야 한다. 이를 통해 조선의 핵실험을 결연히 반대한다는 입장 전달은 물론 조선에 대한 실질적인 영향력 행사가 가능한 것이다.

중·조관계 역사에 있어서 중국이 무력침공을 당함으로써 전쟁상태에 처했을 때 조선은 동 조약에 규정된 "지체없이 군사적 및 기타 원조 제공" 의무를 이행하지 않았다. 예를 들면 1962년 중·인 국경 전쟁, 1969년 중·소 전바오다오(珍寶島) 전쟁, 1979년 중·월 국경 전쟁 등이 있다.

국내법적으로 볼 때 《중·조 우호협력 및 상호원조조약》과 《중화인민공화국 헌법》의 규정은 부합되기도 하지만 충돌되는 부분도 있다. 헌법 제67조에서는 전인대 상무위원회가 "전인대 폐회기간 중 만일 국가가 무력침공을 당하거나 국제사회가 공동으로 침략방지 조약을 이행해야 하는 상황에 처하면 전쟁상태 선포를 결정해야 한다"고 명시되어 있는데, 이러한 조항은 《중·조 우호협력 및 상호원조조약》 제2조와 병행하여 전인대 상무위원회가 조선에 대한 군사지원을 결정하고 중국이 전쟁상태에 진입했음을 선포해야 한다(중략).

결과적으로 국제관계의 기초와 국내 헌법 유관 규정을 볼 때 《중·조 우호협력 및 상호원조조약》은 이미 이행할 수 없으며, 당연히 폐지되어야 한다. 따라서 본인은 조속히 전인대 상무위원회 회의를 개최하여 《중·조 우호협력 및 상호원조조약》을 폐지할 것을 건의한다. 물론, 군사동맹 내용이 포함되지 않고, 국제규범과 충돌이 되지 않는 또 다른 조약을 체결할 수는 있다.

추신: 본 건의문은 이미 이메일을 통해 전인대 상무위원회 판공실에 제출했다.

2009년 6월 22일.

위의 원문내용을 요약하여 프랑스의 *Nouvelles d'Europe*은 6월 27일 "중국은 북한 제재를 승인했으며, 학자는 중·조 우호조약 폐

134) 이에 대한 내용은 『조선일보』(2009. 6. 17)를 참고할 것. 양원창(楊文昌)은 1972년부터 중국외교부에서 근무했으며, 싱가포르 대사(1993-1995)와 중국외교부 부부장(1998-2003)을 역임하고, 2008년부터 중국인민외교학회 회장을 맡고 있다.

기를 건의하였다” 제하의 기사를 게재하였다. 결과적으로 대다수의 여론이 아닌 개인 한사람의 의견으로 끝난 ‘해프닝’이었지만 위의 원문을 통해 탈냉전 이후 양국 관계의 변화를 감지할 수 있다. 핵실험 직후 제기되긴 하였지만 이는 그간 누적되어 온 북한에 대한 중국의 ‘구속’(연루)을 벗어버리고 싶은 일부 중국 인민의 호소로 볼 수 있을 것이다.

중국이 북한과의 동맹조약을 쉽사리 폐기하지 못하는 이유는 북한 의도에 대한 의구심과 더불어 미래 한반도 상황에 대한 불확실성에 기인한다고 볼 수 있다. 또한 동 조약은 이후로도 한반도 문제에 중국이 개입할 수 있는 법적 근거로 작용할 것이다. 동 조약이 폐기되기 전까지는 중국입장에서 크게 두 가지 기능을 담당하게 될 것이다. 한편으로는 미래 한반도 상황전개가 중국의 안보이익에 위배되는 방향으로 전개되는 것을 방지하는 對한・미 ‘연성 균형 기제’(soft balancing mechanism)로 작동(조약 2조 근거)할 것이며, 다른 한편으로는 북한에 대해 상호 통보 및 협의의 의무를 강조함으로써 북한의 ‘돌출행동’을 제어하는 對북한 관리기제(management mechanism)로 작동(조약 4조 근거)할 것이다.[135]

지금까지 살펴본 바와 같이 북・중 양국의 관계가 도대체 어떠한 관계인지에 대한 논쟁은 지속되고 있다. 그러나 공식적으로는 ‘전통적 우호협력’ 관계로 형용되고 있다. 최근 중국은 양국 관계를 ‘16자 방침’(16字方針)과 ‘4개 건의’(4點建議)로 함축하고 있으며, 북한은 “조・중 친선을 세대와 세기를 이어 끊임없이 공고, 발전시

135) 최명해, 『중국・북한 동맹관계: 불편한 동거의 역사』(서울: 오름, 2009), pp. 407-408.

킨다"고 표현하고 있다.[136] 북·중 양국의 표현을 보면 비슷하게 보이지만 실은 양국이 해석을 달리 하고 있는 것이다. 즉 중국은 상호신뢰, 상호이익과 협력을 강조하고 있고, 북한은 전통적 우의에 초점을 두고 있는 것이다.

결국 시간이 지나면서 이러한 양국의 '동상이몽'적 격차는 점점 커질 것이고, 관계를 규정짓는 표현법 보다는 전략적 사고에 기초한 국가이익의 득실에 따라 양국 관계가 규정될 것이다. 즉 ① 북한의 존립을 좌우하는 사안에 대해서는 북한을 적극 옹호한다(핵문제를 둘러싼 북한에 대한 군사제재 반대, 북한에 대한 경제지원 재개 및 강화). ② 북한의 존립을 직접 해치지 않는 사안에 대해서는 국제관례에 따름으로써 실리를 취한다(UN 동시가입, 북핵개발 반대, 6자회담에 대한 긍정적 태도 등). ③ 중국의 이해관계와 직접적 연관이 없는 사안에 대해서는 최대한 북한의 뜻을 수용한다는 3가지 대안[137]을 토대로 융통성있는 대북 관계를 유지해 나갈 것으로 보인다.

나. 한·중 관계 : 전략적 협력 동반자관계

중국과 한국은 1992년 수교 당시 '우호협력' 관계로 시작하여 1998년 '협력 동반자' 관계, 2003년 '전면적 협력 동반자' 관계, 그리고 2008년 5월에는 양국 정상회담을 통해 '전략적 협력 동반자' 관계로 발전되어 왔다. 그렇다면 한·중 양국 관계를 규정짓는 이

---

136) 『조선중앙통신』(2005. 10. 31).

137) 吳勇錫, "中國의 對北韓 政策基調와 經濟協力," 『韓半島 周邊 4國의 對北韓政策』, 李昌在 編 (서울: 대외경제정책연구원, 1996), p. 18.

처럼 다양한 '관계'는 어떠한 차이가 있으며, 특히 한·중 양자간 관계에 있어서 관계의 발전에 내포되어 있는 진정한 함의는 무엇인가? 그리고 남북한 관계와 북·중 '전통적 우호협력' 관계를 고려할 때 관계의 '격'(格)에는 어떠한 차이가 있는가? 여기에서는 이에 대한 답을 찾고자 한다.

앞에서 살펴본 북·중 관계처럼 여기에서도 한·중 수교 이후 양국의 정치·외교 및 군사분야의 전개과정을 정상급 상호방문과 주요 군사교류를 중심으로 한 역사적 고찰을 하고자 한다.

1992년의 한·중 수교는 장기간에 걸친 적대관계 청산은 물론 한반도 냉전구도의 완화에 크게 기여한 역사적 사건이었다. 수교 이후 20년 밖에 되지 않은 짧은 기간 동안 양국 관계는 경제, 사회·문화분야를 중심으로 급속한 발전을 이뤘다. 최근에는 정치·군사분야까지 양국 교류협력이 확대되어 명실상부한 '동반자' 관계로까지 격상되었다. 양국의 이러한 관계 발전과정을 보면, 사안에 따라 일부 부침(浮沈) 현상은 있었지만 심각한 수준의 갈등이나 충돌은 발생하지 않은 채 순탄한 발전을 지속해 왔다. 반면, 중국과 2008년 '전략적 협력 동반자' 관계라는 상위수준의 대외관계로까지 격상되었음에도 불구하고, 구체적인 양국관계 발전의 내용을 보면 불균형적인 현상을 발견할 수 있다. 즉 양국간의 경제협력이 정치·외교 및 군사분야의 협력을 유도해 나가는 양상을 띠면서 부문간의 불균형적인 발전이 진행되었던 것이다. 뿐만 아니라 한국은 수교 이후 정치·외교, 안보분야 협력의 확대에 관심을 보였던 반면, 중국은 경제협력 분야에 치중하는 태도를 견지함으로써 접근태도의 비대칭적인 양상을 보였다.

이러한 양국 관계발전의 특징은 그동안 중국이 양국 관계를 주도해 나갔다는 추론을 가능케 한다. 양국 관계발전의 불균형 현상도 그 원인제공을 중국이 했으며, 한반도 주요 사안에 대한 영향력 역시 중국에게 있기 때문에 이러한 추론이 가능하다. 한국은 지정학적 이유로 강대국, 특히 미·중의 영향력 경쟁의 장이 될 가능성이 높기 때문에 한·중 관계 역시 큰 틀에서의 중국 외교전략, 그리고 대미외교의 전개에 영향을 받는 종속변수로 자리매김될 가능성이 높다고 볼 수 있다.[138)]

양국 정치·외교 및 군사분야의 관계발전 정도를 가늠하는 작업은 경제분야에 비해 쉽지 않다. 따라서 양국간 정치·외교분야의 친소(親疎) 정도를 판단하는데 고위급 상호교류 현황을 근거로 활용코자 한다. 북·중 관계는 북한의 비공식 방중으로 이를 추적하기가 어렵지만 한·중 양국은 수교 이후 공식적인 방문을 전개했기 때문에 이러한 자료를 토대로 양국의 관계발전 정도를 어느 정도는 가늠할 수 있다. 특히, 중국의 경우 국가 지도부의 해외방문에 대해 상당한 의미를 부여하기 때문에 이러한 작업은 가치가 있을 것이다.

한·중 수교 이후 2013년 10월까지 약 21년간 양국 정상회담 총 33회, 준(准)정상회담 총 31회 개최되었다.[139)] 정상급 회담 현황을 구체적으로 분석해보면 수교이후 6명의 한국 대통령 모두 중국을

138) 李東律, "수교 이후 한중 정치관계의 회고와 전망: 중국외교전략의 변화를 중심으로". 『中蘇硏究』, 통권 95호(2002), p. 45.

139) 정상회담은 대통령(한국), 국가주석(주석)만 해당되며, 준정상회담은 총리(한, 중), 부주석(중국)만 포함시킨 현황이다. 또한 이 현황은 주중 한국대사관 자료(2013.10. 31 현재)에 근거하였다.

공식 방문하였으며, 이 중 노무현 대통령이 재임간 2회, 이명박 대통령이 3회 중국을 방문하였다. 중국의 경우 장쩌민 국가주석과 후진타오 국가주석이 각각 1회, 2회 한국을 방문하였다.[140)]

이러한 양국 정상회담은 방문횟수보다 회담간 논의된 내용이나 그 성격이 보다 중요한 의미를 갖는다고 볼 수 있다. 정상회담의 경우 총 33회 실시되었지만 상호방문의 성격, 즉 국제회의석상이나 여타 다자간 모임에서 추진된 정상회담을 제외한 단독 방문은 양국간에 불균형 현상을 보인다. 즉 이러한 단독 정상회담은 총 33회 중 12회에 불과하며, 이 중 한국 대통령의 방중이 9회인데 반해, 중국 국가주석의 방한은 3회로써 1/3에 불과하다.[141)] 나머지 21회는 ASEM, ASEAN+3 등 국제회의나 올림픽 식장 참석을 계기로 회담이 추진되었다. 이러한 한·중 양국 정상간의 불균형적인 회동은 한·중 수교 이전 북한과 중국이 매년 정기적인 상호방문을 해왔던 것과는 대조를 보이는 부분이다.

한국 노태우 대통령은 수교 이후 1992년 9월 27일부터 30일까지 중국 양상쿤 국가주석의 초청으로 한국 국가원수로는 처음으로 중국을 공식 방문하였다. 노태우 대통령은 양상쿤 주석과의 정상회담을 비롯하여 장쩌민 당 총서기, 리펑 국무원 총리 등의 중국 지도자들을 만나 한·중 양국관계 증진 방안과 동북아의 평화와 번영

140) 북·중 정상회담의 경우, 한·중 수교 이후 김정일 국방위원장의 비공식 방중이 8회, 장쩌민과 후진타오 국가주석의 공식 방북이 2회 실시되었다. 이는 모두 2000년 이후 전개되었다.

141) 정상회담 횟수의 불균형은 양국 체제의 차이, 즉 중국의 경우 장쩌민과 후진타오 모두 10여년에 걸친 국가주석직을 역임한데 반해, 한국의 경우 대통령 임기가 5년인데서 발생하는 불균형으로 볼 수 있다.

을 위한 협력방안을 논의하였다. 양국 지도자는 상호 선린협력관계를 발전시키는 것이 양국 국민의 이익에 부합될 뿐만 아니라, 아시아와 세계의 평화와 발전에 중요한 의의를 갖는다는데 인식을 같이 하였다. 한국 대통령으로서 최초의 중국 방문을 계기로 양국은 기존의 민간무역협정과 투자보장협정을 정부간 협정으로 대체하고, 과학기술협력협정과 경제·무역·기술 공동위원회 설치협정을 체결하는 등 양국간 교역과 경제협력을 증대시킬 수 있는 기반을 구축하였다.[142)]

한·중 양국은 수교 초기 경제·통상 분야를 중심으로 한 실질적 협력관계를 증진시켜온 데 이어 1994년 정치관계가 보다 심화·발전되어 나가면서 경제분야는 물론 정치·외교, 문화 등 제 방면에서의 교류협력이 긴밀해지는 '전면적 우호협력 관계'로 격상되었다. 특히, 1994년 3월 김영삼 대통령의 방중과, 11월 인도네시아 보고르에서 개최된 한·중 양국 개별 정상회담, 그리고 11월 중국총리로서는 처음으로 리펑 총리가 한국을 방문하는 등 양국 최고 지도자들의 회동을 통해 양국관계의 정치·외교분야에 상당한 진전이 있었다. 김영삼 대통령은 정상회담에서 경제협력분야 외에 북핵문제 및 한반도 비핵화 문제와 같은 외교·안보현안을 공식의제에 포함시켰다.[143)]

특히, 1994년 11월 리펑 중국총리의 방한은 북·미 제네바 합의를 통해 중국측이 중재한 '평화적인' 방향대로 북핵문제가 타결된

142) 劉金質·楊准生主編, 『中國對朝鮮和韓國政策文件匯編 1949-1994』(北京: 中國社會科學出版社, 1994), pp. 2615-2616.

143) 劉金質·楊准生主編 『中國對朝鮮和韓國政策文件匯編 1949-1994』, pp. 2643-2644.

직후 성사되면서 주변국들의 관심을 모았다. 당시 리펑 총리는 남북한관계에 있어서 중국은 자주독립외교 원칙을 견지할 것을 강조하면서 한국과 북한에 대한 중국측의 균형외교 추진 의도를 표출시키기도 하였다. 또한 기자단과의 회견시 "새로운 평화체제가 수립되기 전까지지는 기존의 정전체제가 유효하기 때문에 정전협정이 준수되어야 한다"고 언급함으로써 당시 정전협정체제를 무력화시키려는 북한과 상반된 입장을 분명히 하였다.[144] 리펑의 발언은 기존 중국의 입장과는 변화된 것이었다. 중국의 이러한 태도 변화는 "남북한 당사자간의 자주적, 평화적 해결"이라는 중국의 對한반도 정책기조를 대외적으로 과시하려는 의도도 있었지만, 이보다는 당시 미국과의 관계가 악화되고 있는 상황에서 한반도에 대한 중국의 영향력을 확대하겠다는 전략적 사고에 기인했다고 볼 수 있다.

쟝쩌민 국가주석이 수교 후 3년만인 1995년에 한국을 최초로 공식방문하였다. 쟝쩌민 주석은 김영삼 대통령과의 회담시 "중국이 한반도 관련업무를 처리하는 기본 준칙은 한반도 평화와 안정을 수호하는 것이며, 중국은 한반도 자주평화통일을 지지한다"고 언급하였다. 또한 그는 한국 국회에서 "상호이해를 심화시키고, 공동번영을 촉진하자"라는 제목으로 강연을 하였다. 강연에서 '중국 위협론'의 허구성과 중국의 부상이 위협이 되질 않을 것이라는 주장을 하였다.[145]

---

144) 1994년 10월 31일부터 11월 4일까지 리펑의 방한기간 중 활동과 발언내용에 대해서는 劉金質 · 楊准生主編, 『中國對朝鮮和韓國政策文件匯編 1949-1994』, pp. 2663-2674를 참고할 것.

145) 쟝쩌민이 주장한 '중국 위협론'의 허구성에 대해서는 劉金質 · 楊准生主編, 『中國與朝鮮半島國家關係文件資料匯編 1991-2006』, pp. 22-23을 참고할 것. 또한

한·중 양국 관계는 1998년 11월 김대중 대통령의 중국방문을 계기로 한 단계 격상되었다. 양국 관계가 단순 선린우호협력 관계에서 이른바 동반자 관계로 격상된 것이다. 김대중 대통령은 쟝쩌민 국가주석과 "21세기를 향한 한·중 협력 동반자관계"(面向21世紀的中韓合作伙伴關係) 수립에 합의하였다. 쟝쩌민은 "양국의 공통된 노력을 통해 각 부문에서의 우호협력관계가 상당히 발전되었다. 양국관계는 커다란 발전 잠재력을 갖고 있으며, 양국이 보다 노력하여 이러한 우호협력관계가 한 단계 더 발전되기를 희망한다"[146]고 언급하였다. 이러한 양국관계의 발전은 2000년 10월 서울 ASEM 정상회의시 참석한 주룽지(朱鎔基) 총리와 김대중 대통령의 회담시 군사, 안보분야를 포함하는 '전면적 협력관계'(全面合作關係)로의 발전에 합의하기에 이르렀다.[147]

2000년에 합의된 '전면적 협력관계'는 최초 1998년 김대중 대통령 방중시 논의되었으며, 공동성명 발표문에 양국 간 동반자관계의 성격규정 문제로 한·중 양국은 마지막까지 협상이 진행되었다고 한다. 당시 한국측에서는 '전면'(全面)이라는 단어를 포함시킬 것을

중국의 부상에 대한 아시아의 시각과 반응에 대해서는 Jae Ho Chung, "China and Northeast Asia: A Complex Equation for 'Peaceful Rise'," *Politics,* Vol. 27, No. 3 (2007), pp. 156-164; Jae Ho Chung, "East Asia Responds to the Rise of China: Patterns and Variations," *Pacific Affairs,* Vol. 82, No. 4 (Winter 2009/2010), pp. 657-675를 참고할 것.

146) 『人民日報』(1998. 11. 13).

147) 中華人民共和國外交部政策研究室, 『中國外交』2001年版, pp. 32-33. 이때 양국관계에서 '동반자'(伙伴) 용어는 포함되지 않았음에 유의해야 한다. '동반자' 용어까지 포함된 '전면적 협력 동반자관계'는 2003년 노무현 대통령 방중시 사용되었다.

요구한데 반해, 중국측에서는 이를 추가할 경우 군사, 안보분야까지 포함하는 전방위 협력을 의미하기 때문에 반대하였다. 뿐만 아니라 양국 관계를 '전면적 협력 동반자관계'로 규정할 경우 군사적으로 공동의 목표를 지향하고 있다는 해석과 주변국으로부터의 우려를 불러올 수 있다는 이유로 반대하였던 것이다.[148] 협상과정을 유추해 볼 때 양국은 2000년 '전면적 협력 동반자관계'에 군사분야까지 협력대상에 포함시켰음을 알 수 있다.

그러나 한·중 양국의 공식적 관계발전 합의 이전 군사교류분야는 이미 진행중에 있었다. 1999년 당시 조성태 한국 국방장관이 한·중 역사상 처음으로 츠하오톈 중국 국방부장과 공식회담을 개최하였던 것이다.[149] 뿐만 아니라 2000년 초 츠하오톈 중국 국방부장이 조성태 국방장관의 초청으로 답방을 하였다.

2003년 7월에는 노무현 대통령이 중국을 방문하여 후진타오 주석과 정상회담을 통해 '전면적 협력 동반자관계'(全面合作伙伴關係)로 양국 관계를 한 단계 격상시키는데 합의하고 공동성명을 발표하였다.[150] 후진타오는 한·중 수교 이후 양국관계를 회고하면서 "빠른 발전(發展迅速), 현저한 효과(成效顯著), 거대한 잠재력(潛力巨大), 광활한 전망(前景廣闊)"이라는 4마디로 요약하였다. 또한 양국

148) 高連福, "國家關係的新發展: 淺論東北亞國家構築伙伴關係," 『太平洋學報』第1期(2000), p. 26.

149) 한·중 국방장관 회담 전에도 양국 군부간에 공식·비공식 방문은 있었다. 노태우 대통령과 김영삼 대통령 방중시 수행했던 합참의장 외에 국방정보본부장, 국방부정책실장, 국방차관 등 7건의 방중과 중국 국방부 외사국장, 부총참모장 등 2건의 방한이 있었다.

150) 정상회담 공동성명에 대해서는 "中韓發表聯合聲明: 建立中韓全面合作伙伴關係". 『人民日報』(2003. 7. 9)를 참고할 것.

관계의 격상에 따라 양국 고위층 교류를 보다 강화하고, 각 부문·계층간 대화 및 교류를 확대하는 등 정치·경제 뿐만 아니라 과학기술과 사회부문 등 제 분야에 있어서 양국 발전의 확대를 제안했다. 특히, 후진타오는 북핵문제를 해결하는 데 있어서 한·중 양국의 상호협조와 소통을 강조하였으며, 노무현 대통령은 대만문제에 대한 중국의 입장을 지지하였다.151)

2005월 11월 후진타오 국가주석은 장쩌민 주석의 1995년 방한 이후 10년만에 국빈자격으로 한국을 방문하였다. 방문기간 중 정상회담 외에도 김원기 국회의장, 이해찬 국무총리 등 한국 주요인사와 접견하였다. 국회를 방문하여 "우호협력을 강화하여 아름다운 미래를 공동으로 창조하자" 제하의 강연을 하였는데, 이 자리에서 그는 '전면적 협력 동반자관계'를 보다 발전시키기 위한 4가지 건의를 하였다. 즉 후진타오 주석은 정치, 경제, 인문, 국제업무 등 4가지 분야에 있어 양국의 협력분야를 제시하면서, 체제와 이념의 차이에서 기인하는 부분에 대한 이해를 구하였다. 이 외에도, 양국 정상은 외교·안보 분야에서의 협의를 강화하기 위해 다양한 차원에서의 협의채널을 구축하였다. 한·중 외교차관회의 및 외교안보대화의 정례화에 합의하였으며, 이에 따라 제1차 한·중 외교차관회의(2006. 5. 23, 베이징) 및 제2차 한·중 외교안보대화(2006. 6. 9, 서울)를 개최하여 양국 외교·안보협력 및 동북아 지역협력 방안 등 다양한 의제에 대해 의견을 교환하였다.152)

---

151) 中華人民共和國外交部政策研究室, 『中國外交』2004年版, p. 212; 劉金質·楊准生主編, 『中國與朝鮮半島國家關係文件資料匯編 1991-2006』(北京: 世界知識出版社, 2006), p. 24.

152) 외교통상부, 『2007년 외교백서』, p. 54.

2006년 10월 9일 북한의 제1차 핵실험 이후 노무현 대통령은 10월 13일 전례없는 하루 일정으로 중국을 방문하여 후진타오 국가주석과 정상회담을 갖고 북핵 문제 등 양국 현안을 논의하였다. 이 자리에서 후진타오는 "중국과 한국은 한반도 핵문제를 처리하는 데 있어 인식과 이익을 같이 하며, 그 입장과 태도도 매우 비슷하다. 중국은 조선이 핵실험 한 것을 반대하며, 한국과의 협상과 조율을 희망한다"고 언급하였다.153) 당시 노무현 대통령의 방중은 양국 정상이 형식에 구애받지 않고 양국간 주요 현안을 협의할 수 있는 계기를 마련했다고 평가되기도 하였다.154)

2008년 한·중 관계는 1992년 수교 이후 처음으로 한 해 내에 양국 정상의 상호 교환방문이 이루어지는 등 양국 우호관계 및 실질적인 협력관계에 있어 한 차원 높은 발전을 시현하였다. 2008년 5월 27일부터 30일까지 이명박 대통령은 중국을 방문하여 후진타오 주석과《한·중 공동성명》(中韓聯合聲明)을 통해 양국 관계를 '전면적 협력 동반자관계'에서 '전략적 협력 동반자관계'(戰略合作伙伴關係)로 격상시키는데 합의하였다.155) 이어 8월 25일부터 26일까지는 후진타오 중국 국가주석이 한국을 방문하여 5월에 발표한《한·중 공동성명》에 기초하여 '전략적 협력 동반자관계'를 전면적으로 추진해 나가자는《한·중 연합공보》(中韓聯合公報)를 발표하였다. 동 연합공보의 핵심은 정치신뢰 증진과 호혜협력 심화, 인문(人文)교류 촉진, 그리고 지역 및 세계 문제에서의 협조와 협력

153) 劉金質·楊准生主編,『中國與朝鮮半島國家關係文件資料匯編 1991-2006』, p. 27.
154) 외교통상부,『2006년 외교백서』(서울: 외교통상부, 2006), p. 54.
155) "中韓發表聯合聲明,"『新華網』(2008. 5. 28).

강화 등 4가지로 요약된다.156)

2012년 한·중 수교 20주년 기념 중국측 초청에 의거 이명박 대통령이 중국을 국빈 방문하였다. 공개된 한중 공동언론발표문에 따르면 중국 측은 '남북한 양측이 대화와 협상을 통해 관계를 개선하고, 화해와 협력을 추진하여, 최종적으로 한반도 평화통일을 실현하는 것을 지지한다'고 밝혔다. 실무적으로는 유명무실했던 외교장관간 직통전화(핫라인)을 재가동하고, 외교당국간 고위급 전략대화와 양국 국방 당국간 고위급 접촉 및 상호방문을 계속 유지키로 한 것은 그동안 소위 '불통'(不通)으로 평가받던 양국 관계를 개선하고자 하는 양측의 노력으로 평가되었다.

박근혜 대통령은 시진핑(習近平) 중국 국가주석의 초청으로 2013년 6월 27일부터 30일까지 중국을 국빈 방문하였다. 방문기간 중 시진핑 국가주석과의 정상회담을 가지면서 수교 이래 양국관계 발전성과를 평가하고, 한·중관계, 한반도 정세, 동북아를 포함한 지역정세 및 국제 문제 등 상호 관심사에 대해 심도 있는 의견교환을 가졌다. 또한 한·중간 전략적 협력 동반자 관계를 신뢰에 기반하여 내실 있게 발전시켜 나가기 위해 한·중 미래비전 공동성명을 채택했다. 정상회담을 통해 양국은 정치·안보, 경제·사회 및 인문교류 촉진 등 다양한 분야에 있어 공감대를 형성하고 전략적 협력동반자 관계 내실화의 뼈대를 구축하였다는 평가를 받았다.157)

지금까지 살펴본 양국 정상들의 상호방문 외에도 국제회의나 다

---

156) "中國和韓國在首爾發表《中韓聯合公報》," 『新華網』(2008. 8. 26).

157) 정상회담의 성과에 대해서는 이창형, "한중정상회담의 안보분야 성과와 과제", 코나스넷(http://www.konas.net/article/article.asp?idx=31816, 검색일: 2013. 10.25) 참조할 것.

자간 모임에서 한·중 양국이 개별적인 정상회담을 갖는 경우도 많았다. 2013년 10월까지 총 33회의 정상회담 중에서 앞에서 언급한 양국 정상의 상호방문을 통한 정상회담 12회를 제외한 21회가 바로 이러한 예에 해당한다. 한·중 수교 이후 양국 관계의 발전은 이러한 양국 정상회담을 토대로 준정상회담과 실무차원의 양자간 접촉을 통해 '전략적 협력 동반자관계'까지 발전한 것이다. 준정상회담은 한·중 수교 이후 2013년까지 총 31회가 실시되었으며, 이 중 상호교환 성격의 회담은 한국과 중국 각각 5회, 3회 실시하였으며, 나머지 23회는 정상회담처럼 국제무대에서 전개되었다.

상술한 양국 정부차원의 공식 상호방문에서 특히 주목되는 부분은 1998년 이후 양국 군 고위인사의 교환방문이다. 사실 한·중 수교 이후 양국 군사교류는 무관부 개설 외에 별다른 진척이 없었다. 이는 한국전쟁에서 적대적인 관계로 전쟁을 한 상대라는 역사적 배경과 더불어 북한변수로 인한 한계였다. 한·중 수교 이후 1년 4개월여만인 1993년 12월 베이징에 주중 한국무관부가 개설되었고, 주한 중국무관부는 이보다 늦은 1994년 4월에 베이징에 개설되었다. 양국 무관부 개설 이후 군사교류는 크게 3단계의 발전과정을 거쳤다. 즉 1997년까지 초기단계, 1998년부터 2001년까지 성숙단계, 그리고 이후 현재까지 고조단계로 구분할 수 있다.

주중 한국무관부 개설 전인 1992년 9월과 이후 1994년 3월 노태우 대통령과 김영삼 대통령 방중시 각각 수행한 합참의장이 한국 군부로서는 최초로 중국을 방문한 인사라고 볼 수 있다. 당시 한국 합참의장은 중국 총참모장과 공식회담이 아닌 단순한 대담을 나누는 수준의 접촉만 가졌다.

이후 한국측에서 1994년과 1996년 국방정보본부장의 비공식 방문, 1995년 국방부 정책실장 공식방문, 1996년 국방부 제1차관보의 방중, 1997년 국방 정책차관보와 국방차관의 공식방중 등 중국과의 군사교류 추진을 위한 적극적인 노력이 있었던 반면, 중국측에서는 1996년 12월에 가서야 공식적으로 한국을 방문하였다. 국방부 외사국장 뤄빈(羅斌) 소장이 제2차 한・중 국방정책 협의차 공식적으로 한국을 최초로 방문한 것이다.

이처럼 한・중 양국 군부의 초보적 교류방문이 진행되다가 1998년 8월 슝광카이(熊光楷) 중국인민해방군 부총참모장이 이끄는 군사대표단이 한국을 방문하고, 1998년 11월 한국 해군사관생도 순항분대가 최초로 홍콩에 기항하면서 양국간 군사교류가 급물살을 타기 시작했다. 엄밀한 의미에 있어서 양국 군부의 고위급 인사가 공식적으로 대표단을 구성하여 교류방문을 시작한 것은 1999년 조성태 한국 국방부장관의 중국방문과 2000년 츠하오톈 중국 국방부장의 답방이었다.158) 1992년 한・중 수교 이후 무려 8년만에 양국군 최고인사의 상호 교환방문이 성사된 것이다. 이처럼 양국 군사교류의 부진과 상호주의의 결여는 북한변수가 가장 중요한 원인이라고 볼 수 있다. 그러나 1999년과 2000년 양국 국방장관의 상호방문을 계기로 북한에 대한 중국의 고려 정도가 약화되면서 양국간 군사교류는 급속하게 증가하였다.

2000년 이후 한・중 양국 군사교류는 방문횟수와 영역 면에서

158) 당시 츠하오톈 중국 국방부장은 2000년 1월 11일 출국하여 영국, 러시아를 거쳐 1월 19일부터 23일까지 한국을 방문한 후 이어 몽골을 방문하였다. 또한 그는 동년 10월 '항미원조전쟁' 참전 50주년을 기념하기 위해 군사대표단을 이끌고 북한을 방문하였다. 『解放軍報』(2000. 10. 26).

대폭 확대되었다. 그러나 한국군의 중국방문보다 중국군의 방한 횟수가 현격히 적었으며, 군사교류 영역면에서도 중국군은 선별적인 참여 모습을 보이는 등 불균형적인 현상을 보이기도 했다. 이러한 불균형적인 현상은 '상징적' 유대강화와 '혈맹적' 결속력을 과시하는 북·중 군사교류와는 대조적인 모습이었다.

2000년대 중국과 한국의 군사교류 영역을 보면, 초기 군 고위급 인사교류와 체육교류에 국한되었던 양상에서 점차 '군사외교의 꽃'이라고 하는 함정 상호방문, 군사교육교류, 외교안보대화 및 준(准) 군사부문의 안보포럼 개최, 그리고 군사핫라인 구축 등 교류영역이 확대되고 있다.

그렇다면 앞에서 고찰한 한·중 양국의 관계발전 변화와 양국 군사교류는 어떠한 상관성을 갖는가? 양국관계의 발전이 과연 군사교류의 발전을 유도 혹은 초래하였는가에 대한 의문이 든다. 이를 체계적이고 논리적으로 검증하기는 쉽지 않지만 한·중 양국 관계 발전의 분기점이 양국 군사교류의 발전단계와 어느 정도 일치하는 현상을 발견할 수 있다.

먼저, 1992년 수교 당시부터 1998년 김대중 대통령의 방중 이전까지 양국은 우호협력관계였다. 이 시기 양국 군 간의 군사교류는 초보단계로서 상호 탐색수준에 머물러 있었다. 앞에서 언급한 바와 같이 이 기간 동안 한국측에서 공식·비공식적으로 7번 중국을 방문하였고, 중국측에서는 2회 공식 방문하는데 그쳤다. 또한 방문인사도 소장에서 중장급 인사로써 군 최고지도급의 방문은 성사되지 않았던 것이다. 이는 당시 북한변수와 경제협력을 모태로 성사된 한·중 수교의 태생적 한계로 인해 군사분야에서의 교류협력은 양국 공히 쉽게 접근할 수 없었던 것으로 해석된다.

1998년 김대중 대통령과 장쩌민 국가주석이 합의한 '21세기를 향한 한·중 협력동반자 관계'와 2000년 주룽지 총리와 김대중 대통령이 합의한 '전면적 협력관계'로 양국 관계가 격상된 이후 양국 군사관계는 획기적인 발전을 하게 되었다. 엄밀히 말해 양측이라기보다는 한국측의 적극적인 접근으로 풀이된다. 즉, 1999년 한국 국방부장관이 대표단을 구성하여 중국을 공식 방문한 것이다.[159] 또한 국방부장관의 방중에 이어 2000년 해군참모총장과 합참의장이 각각 군사대표단을 이끌고 중국을 방문함으로써 '전면적 협력관계'에 부합된 군사교류협력 활동이 전개되었다. 한편, 2000년 1월 중국 국방부장이 수교 이후 최초로 한국을 방문함으로써 양국 군 최고지도자의 상호방문 성과를 달성하였다.[160] 이러한 양국 군사분야의 교류협력은 당시 '21세기를 향한 한·중 협력 동반자관계'에서 경제분야는 물론 정치·외교분야까지 포괄하는 '전면적 협력관계'로 격상됨에 따라 이와 같은 군사교류협력이 추진될 수 있었던 것이다. 다시 말해 양국 관계의 '전면적'(全面的) 확대가 군사분야 발

159) 당시 한국 국방부장관의 방중은 중국 국방부장 츠하오톈의 초청을 받고 방문하는 형식으로 진행되었다. 조성태 한국 국방부장관은 주룽지 총리와 접견, 그리고 츠하오톈 국방부장과 회담을 가졌으며, 푸촨요우(傅全有) 총참모장, 챠오강촨(曹剛川) 총후근부장과도 접견하였다. 또한 중국국방대학을 방문하여 학생장교들을 대상으로 강연을 실시하였다. 中華人民共和國外交部政策研究室, 『中國外交』2000年版, pp. 41-42.

160) 당시 중국 국방부장 츠하오톈은 한국을 방문하여 김대중 대통령, 이정빈 외교통상부장관과 접견하였고, 조성태 국방부장관과 회담을 가졌다. 中華人民共和國外交部政策研究室, 『中國外交』2001年版, p. 36. 이는 2000년 한국 국방부장관이 중국을 방문했을 때 회견했던 중국지도부와는 비교가 되는 부분이다.

전을 추동하였다고 볼 수 있는 것이다.

2000년 이후 한·중 군사교류범위의 확대와 방문횟수의 증가는 바로 국가상위차원의 관계발전이 있었기에 가능했으며, 이후로 양국 간의 교류 폭과 범위는 대폭 증가하게 되었다.

그렇다면 2008년 한·중 정상이 합의한 '전략적 협력 동반자' 관계는 양국 군사분야에 과연 어떠한 변화를 초래하였는가? 지금까지 발전해 온 양국 군사교류의 틀에서 대폭적으로 변화된 것이 있는가? 이를 증명할 만한 명확한 자료와 근거는 없다. 그러나, 이전부터 논의되어 온 양국 간 군사핫라인(military hot-line) 설치와 해상공동 탐색구조 훈련에 대한 합의 등은 이러한 변화라고 볼 수도 있을 것이다.

양국 해·공군 작전사 간에 개통된 군사핫라인의 역사는 2000년부터 시작되었다. 처음에는 양국 국방부장관 직통전화를 설치하는 제의가 있었는데 이후 2005년 제4차 한·중 국방장관 회담시 해·공군 직통 통신망 구축 제의로 전환되었다. 이후 5차 양국 국방장관 회담에서 재차 제의가 되었으나 가시적인 성과를 보지는 못했다. 결국 2007년 한·중 수교 15주년을 맞아 개통 직전까지 갔었으나 중국측의 보류로 성사되지 않았다.[161] 이처럼 군사적으로 민감한 사안이 2008년 5월 양국 정상이 합의한 '전략적 협력 동반자 관계' 이후 연말에 성사된 것이다. 양국 해·공군 작전사 간의 군사핫라인이 단순한 군사관계로 볼 수도 있겠지만, 이는 북한을 포함한 주변국, 그리고 한·미 동맹관계까지도 고려해야 하는 '전략적' 차원의 양국 간 협력인 것이다.[162] 이를 계기로 양국 군사관계

161) "中韓開通軍事熱線的三大看點," 『文匯報(香港)』(2008. 12. 17).

는 단순한 군사교류 차원에서 군사협력 차원으로 한 단계 격상되었다는 평가가 지배적이다. 즉, 양국 국가간의 '전략적 협력 동반자관계'가 전제되었기 때문에 이처럼 민감한 군사적 사안이 성사될 수 있었다는 해석이 가능한 것이다.163)

이러한 차원에서 한·중 군사교류협력은 양국 관계의 발전여부를 확인할 수 있는 척도(barometer)라고 할 수 있는 것이다.

2008년 5월 이명박 대통령의 방중을 계기로 양국 관계는 '전면적 협력 동반자관계'에서 '전략적 협력 동반자관계'로 한 단계 격상되었다. 이는 중국 대외관계 유형의 최상위 단계에 한국이 포함되었음을 의미한다. 그러나 이러한 관계가 북·중 간의 '전통적 우호협력' 관계를 뛰어넘을 수는 없다. 대부분의 학자들이 '전략적 협력 동반자관계'의 위상을 최정점에 두지만 전통적 우호관계가 중국 대외관계에 있어 정치적으로 가장 높은 수준의 유형이자 친밀도 면

---

162) 한·중 관계의 현재와 미래에 대한 미국측 시각을 분석한 대표적인 연구로는 Jae Ho Chung, "Ameica's Views of China-South Korea Relations: Public Opinion and Elite Perceptions," *The Korean Journal of Defense Analysis,* Vol. 17, No. 1 (Spring 2005). pp. 213-233; Jae Ho Chung, "South Korea between Eagle and Dragon: Perceptual Ambivalence and Strategic Dilemma," *Asian Survey,* Vol. 41, No. 5 (September/October 2001), pp. 777-796; Jae Ho Chung, *Between Ally and Partner: Korea-China Relations and the States* (New York: Columbia University Press, 2007)를 참고할 것.

163) 한편 이러한 양국 간의 조치가 북한요인이 부분적으로 작용했다고 보는 시각도 있다. 왜냐하면 한·중 군사핫라인은 서해상 우발적 충돌방지 차원에서 제안된 것인데, 북한과의 충돌 가능성이 있기 때문이다. 즉 서해상 우발적 충돌범위에는 서해 북방한계선(NLL) 인근 해역이 포함되는데 중국 어선의 불법조업이 지속적으로 증가함에 따라 불법조업 단속 과정에서 남북 해군 간 우발적 충돌로 이어질 가능성이 내포되어 있다는 것이다. 하도형, "한·중 국방교류의 확대와 제한요인에 관한 연구," 『현대중국연구』 제9집 2호(2008), p. 23.

에서도 가장 상위에 있다는 웨이즈쟝(魏志江)의 주장[164]이 보다 적실하다고 보인다.

2008년 양국 정상이 '전략적' 이라는 접두어를 포함시킨 배경에는 한국이 중국의 제3 교역국이라는 경제적 위상 외에도 외교안보 차원에서의 전략적 중요성이 크게 작용했다고 볼 수 있다. 즉 이명박 정부의 소위 '친미·친일' 성향에 대한 대응과 북핵문제 해결에 한국과의 협력이 필수적이라는 전략적 사고에 기인한 것이다. 따라서 한·중 '전략적 협력 동반자관계' 수립은 이명박 정부 초기 한·미 동맹 강화정책을 강조한 데 따른 중국의 우려를 완화하였고, 중국과 알력 강화에 대한 한국내의 우려도 어느 정도 해소하는 효과를 가져왔다. 북한 변수 역시 한·중 관계 발전의 장애물로 작용하겠지만 결정적 변수가 될 수 없는 제도적 장치가 마련된 것이다. 한·중 양국 간의 군사교류 및 협력이 점차 확대·심화되고 있다는 점은 이러한 주장을 뒷받침한다.

그러나 비록 2008년 한·중 양국이 '전략적 협력 동반자관계' 구축에 합의하긴 했지만 그 구체적인 발전방향이나 내용, 그리고 성격 면에서는 긍정적 차원의 '전략적' 관계수준에 미치지 못하기 때문에 양국 모두의 노력과 '진정성'이 요구된다. 이는 진정쿤(金正昆) 교수가 제시한 동반자의 유형 중 '초보형' 혹은 '잠재형' 전략적 동반자관계에 가깝다고 볼 수 있으며, 러시아, 캐나다 등과 구축한 '안정형', '보통형'보다는 그 내용과 결속력 면에서 부족하다고 평가된다.[165] 특히, 북한과의 '전통적 우호협력관계'와의 표면적 비교를 통

164) 魏志江, "論中韓戰略合作伙伴關係的建立及其影響," 『亞太當代』2008年第4期, p. 60.

한 상대적 우위감은 더없이 위험한 발상이라 할 수 있다. 따라서 한・중 양국은 설정한 동반자관계에 걸맞는 결속력과 우호관계를 형성해 나가기 위해 양자관계 및 세계문제에 대한 전략적 이익을 공유하고, 협력의 내용을 채워나가는 노력을 지속해야 할 것이다.

제2절 對남북한 군사외교

지금까지 탈냉전기 중국의 對남북한 정치・외교관계를 주요 사안별로 '관계'에 중점을 두고 양자관계의 변화과정을 고찰하였다. 냉전기 중국은 북한 일변도 외교 및 군사정책을 추구했지만 남북한의 UN 동시가입 및 한・중 수교를 계기로 '두개의 조선' 원칙을 수용하였다. 특히, 군사관계에 있어서 중국은 수교 직후 제로섬(zero sum) 식의 접근방식에서 탈피하여 2000년대부터 성격과 유형은 다소 상이하지만 남북한과 '균형적'인 군사외교를 추진하였다고 볼 수 있다. 중국이 1990년대 후반부터 중점을 두기 시작한 군사외교의 틀로 對남북한 군사교류협력의 특징을 조망할 수 있게 된 것이다. 따라서 여기에서는 현재 중국이 추진하고 있는 보편적인

---

165) 중국 인민대학 진정쿤(金正昆) 교수는 중국 외교에 있어 동반자관계의 수준(層次)은 발전정도에 따라 크게 4가지 유형으로 구분하고 있다. 즉 ① 안정형(穩固型): 양국 관계가 이미 밀접하고 안정적으로 발전한 동반자관계(예: 중・러 동반자관계). ② 보통형(普通型): 동반자관계가 막 추동되긴 했으나 아직 특별한 표현은 없는 유형(예: 중・캐나다 동반자관계). ③ 초보형(擬議型): 동반자관계를 막 수립했으나 전면적인 추진은 없는 유형(예: 중・미 동반자관계). ④ 잠재형(潛在型): 미래 동반자관계를 구축할 가능성이 있는 유형으로 구분하고 있다. 金正昆, "中國"伙伴"外交戰略初探", pp. 177-188.

군사외교의 틀에 기초하여 한국 및 북한과 추진한 군사교류활동을 영역별로 고찰한 후 중국이 적용하는 군사외교의 유형을 도출하고자 한다.

한·중 수교 이후 중국이 전개한 對남북한 군사외교활동은 대부분 인적교류에 치중되었다. 따라서 여기에서는 중국이 남북한과 전개한 군사외교활동을 인적교류, 실무회의 및 대표단 교류, 교육 및 체육교류, 함정 및 항공기 교환 방문, 그리고 기타 군사교류활동 등의 영역으로 구분하여 고찰하고자 한다. 인적교류 부분은 군 고위급 상호방문을 중심으로 논의하고, 실무회의 및 대표단 교류에는 군종(軍種) 및 기능별 실무대표단 교류와 실무급에서 진행되는 각종 회의를 포함할 것이다. 또한 기타 군사교류활동에는 앞에 제시되지 않은 군사외교활동을 논의할 것이다. 중국 군사외교에 있어 무기장비 지원 및 협력도 매우 중요한 영역이지만 한국과는 현재까지 무기장비 거래가 전혀 없으며, 북한과도 탈냉전 이후 대부분 경제지원 및 원조형태로 전개되었기 때문에 이 분야에 대한 논의는 여기에서 제외한다.

1. 군사교류

가. 군 고위급 상호방문

중국 군사외교에 있어 인적 교류는 군사외교의 상당 부분을 차지하는 영역임과 동시에, 영역 내에도 매우 광범위한 요소들을 포함하고 있다. 뿐만 아니라 인적교류를 교류대상과 성격에 따라 유형화하기도 애매모호한 부분이 많다. 그러나 인사교류에 있어 핵심적인 영역이 군 고위급 상호방문이라는 데는 이견이 없다. 이러한 군 고위급 교류를 학술적으로 논의하기에는 아직 학문적 기반이 제대로 확립되지도 않았을 뿐더러 연구자들의 연구환경 보장을 위한 자료접근마저도 매우 제한되는 실정이다.

우리는 이미 앞장에서 냉전기 북·중 군사교류협력이 단순한 군사활동이 아니라 국가 총체외교 및 정치적 의미까지 내포하고 있다는 것을 확인하였다. 탈냉전기 특히, 한·중 수교 이후 중국과 남북한 간 군 고위급 인사교류를 냉전기처럼 동일한 분석틀로 보기에는 다소 제한적이다. 왜냐하면 북·중 관계에 있어 군 고위급의 인사교류는 냉전기의 전통을 계승하여 양국 정상급 회동시 군사대표단이 수행하기도 하고, 한국전쟁을 배경으로 한 가교(架橋) 역할을 군 고위급에서 지속적으로 담당해왔기 때문이다. 특히 1990년대 이후 북핵문제를 둘러싼 북·중 접촉에 있어 양국 군부의 입김이 크게 작용했기 때문에 이러한 양국 군사관계의 '특수성'을 한국에 동일하게 적용할 수 없는 것이다. 따라서 여기에서는 이러한 특수성과 더불어 1990년대 후반부터 군 인적교류가 급격히 확대된 중국 군사외교의 일반적 현상[166)]이 남북한에는 어떻게 투영되었는지에 대해 중점적으로 알아보고자 한다.

---

166) 알렌(Kenneth W. Allen)과 멕베든(Eric A. McVcdon)은, 1980년대 초반 이후 중국인민해방군은 아시아의 주변국들과 신뢰증진을 위한 방편으로 주변국과의 인적교류를 시작하였다고 한다. 그러나 그 빈도는 저조했으며, 1990년대 중반에 가서 1980년대 교류횟수의 두 배 이상 증가되었다. 이 내용에 대해서는 Kenneth W. Allen and Eric A. McVadon. *China's Foreign Military Relations.* p. 19를 참고할 것.

〈표 4-2〉 한·중 수교 이후 북·중 군 最高位級 상호방문 현황

시 기	訪北	訪中
1993년	·7월, 遲浩田 국방부장 (胡錦濤정치국 상무위원 수행)	
1994년		·6월, 최광 총참모장
1999년		·6월, 김일철 인민무력상 (김영남 최고인민위원회 상임위원장 수행)
2000년	·10월, 遲浩田 국방부장	·5월, 조명록 총정치국장, 김영춘 총참모장 (김정일 국방위원장 수행)
2001년	·9월, 郭伯雄·熊光楷 부총참모장(江澤民 국가주석 수행)	·1월, 김영춘 총참모장 (김정일 국방위원장 수행)
2003년	·8월, 徐才厚 총정치국 주임	·4월, 조명록 국방위원회 제1부위원장
2004년		·4월, 김영춘 총참모장 (김정일 국방위원장 수행) ·7월, 김일철 인민무력부장
2006년	·4월, 曹剛川 국방부장	
2009년	·11월, 梁光烈 국방부장	·7월, 김영춘 인민무력부장 * 12월, 조명록 국방위원회 제1부위원장 (신병치료차 베이징 군 병원 입원)
2010년	·10월, 郭伯雄 군사위 부주석	·5월, 김영춘 인민무력부장 (김정일 국방위원장 수행) ·8월, 김영춘 인민무력부장 (김정일 국방위원장 수행)
2011년	·11월, 李繼耐 총정치부 주임	·8월, 김영춘 인민무력부장 (김정일 국방위원장 수행)
2012년		·8월, 장성택 국방위원회 부위원장
2013년		·5월, 최룡해 총정치국장

출처: 김태호, 『최근 북·중관계 변화의 실체와 아국의 대비 방향』(한국국방연구원 연구보고서 안01-1714, 2001. 12), 『人民日報』, 『解放軍報』, 『연합뉴스』, 『중국개황』, 『내외통신』, 『주간북한동향』 각 해당판 등을 토대로 저자가 작성하였다.

먼저, 북한과 중국 간의 군 고위급 방문은 냉전기와 탈냉전기 공히 크게 두 가지 형태로 진행되었다. 첫 번째는 〈표 4-2〉에서 보는 것처럼 김정일 방중시 군부 핵심인사가 수행하는 형태이고, 또 다른 형태는 군 고위급이 대표단장이 되어 대표단을 이끌고 독립적으로 방문하는 유형이다. 두 번째 유형은 북한과 중국만이 아닌 대부분의 국가에서 공통적으로 나타나는 현상이라 할 수 있다. 그러나 첫 번째 국가정상 수행 유형은 유독 북한에서 많이 나타나는 특징이라고 볼 수 있다. 이러한 현상은 냉전기 북·중 군사교류에서도 두드러지게 나타났으며, 이는 양국에서 개최되는 각종 기념행사 참석 기회가 많고, 국가수립에 양측 군부의 역할이 절대적이었다는 공통점에 기인한다.

〈표 4-3〉 김정일 방중시 군부인사 수행 현황

구분	軍	黨	政
2000년 (5.29-31)	· 조명록 총정치국장 · 김영춘 총참모장	· 김용순 비서 · 김국태 비서 · 김양건 국제부장	
2001년 (1.15-20)	· 김영춘 총참모장 · 연형묵 국방위원 · 현철해 총정치국 조직부국장 · 박재경 총정치국 선전부국장	· 김국태 비서 · 정하철 선전선동부장 · 김양건 국제부장 · 박송봉 제1부부장	· 강석주 외무성 제1부상
2004년 (4.18-21)	· 김영춘 총참모장 · 연형묵 국방위 부위원장	· 김양건 국제부장 · 김국태 비서	· 강석주 외무성 제1부상 · 박봉주 내각총리
2006년 (1.10-18)		· 박남기 계획재정부장 · 리광호 과학교육부장	· 박봉주 내각총리 · 강석주 외무성 제1부상 · 로두철 내각부총리

〈표 4-3〉 김정일 방중시 군부인사 수행 현황(계속)

구분	軍	黨	政
2010년 (5.03-07)	· 김영춘 인민무력부장 · 현철해 국방위원회 국장 · 리명수 국방위원회 국장	· 최태복 비서 · 김기남 비서 · 장성택 조직지도부장 · 김영일 국제부장 · 김양건 통일전선부장 · 주규창 군수공업부 제1부부장 · 김평해 평북도당 책임비서 · 태종수 함남도당 책임비서	· 강석주 외무성 제1부상
2010년 (8.26-30)	· 김영춘 인민무력부장	· 김기남 비서 · 태종수 행정부장 · 장성택 조직지도부장 · 홍석형 계획재정부장 · 김영일 국제부장 · 김양건 통일전선부장 · 최룡해 황북도당 책임비서 · 김평해 평북도당 책임비서 · 박도춘 자강도당 책임비서	· 강석주 외무성 제1부상
2011년 (5.20-26)	· 장성택 국방위 부위원장	· 김기남 비서 · 최태복 비서 · 김영일 국제부장 · 박도춘 비서 · 태종수 비서 · 문경덕 평양시당 책임비서 · 주규창 기계공업부장	· 강석주 내각 부총리

출처: 『人民日報』, 『解放軍報』, 『연합뉴스』, 『내외통신』, 『주간북한동향』 각 해당판을 토대로 저자가 작성하였다.

1992년 한·중 수교 이후 국가 지도자 회담시 군부인사가 수행한 것은 중국이 2번, 북한이 6번 있었다. 북한의 경우 정상회담시 군부요원이 거의 동반했다고 볼 수 있다. 김정일 방중시 군부인사 수행 현황은 〈표 4-3〉에 정리되어 있다. 한편, 정상수행을 제외한 북·중 양국 군 최고위급(最高位級) 인사[167]들의 상호방문 현황을 보면, 1992년 이후 방북(訪北), 방중(訪中)이 각각 7회, 6회 추진되었다. 이는 불균형적인 한·중 최고위급 상호방문 현상과는 대비되는 부분이다.

김정일 국방위원장이 한·중 수교 이후 중국을 처음으로 방문한 것은 2000년 5월이었다. 당시 남북정상회담을 앞두고 중국측에 이러한 중대 사안을 사전 통보하고 양국이 전략적 차원의 협의를 위해 방문한 것으로 파악된다. 이러한 차원에서 북한 군부의 최고 핵심인물인 조명록 총정치국장과 김영춘 총참모장을 대동하고 중국을 방문한 것이다. 김정일은 다음해 1월 당·정·군 핵심인물들을 대거 대동하고 중국을 다시 방문하였다. 〈표 4-3〉에서 보는 것처럼 대표단에 포함된 군부인사는 무려 4명이나 되었다. 이는 전체

167) 여기서 말하는 최고위급(最高位級) 인사는 우리나라의 국방장관, 합참의장 급을 의미한다. 즉 중국의 경우, 국방부장, 4대 총부의 장 및 정치위원, 중앙군사위원회 위원이 해당되며, 북한은 인민무력부장, 총참모장, 총정치국장 등이 포함된다. 이러한 구분은 중국의 구분법(중국외교부 홈페이지, 『中國外交』 등)을 따랐으며, 중국에서는 '최고위급'이 아닌 '지도자'(領導人)로 통상 표현한다. 中華人民共和國外交部外交史編輯室主編, 『中國外交概覽 1987』(北京: 世界知識出版社, 1987), p. 46. 참조. 이에 반해 한국에서는 국방장관, 합참의장, 각군 총장, 연합사 부사령관, 국방차관, 해병대 사령관 또는 이에 상응하는 직위에 있는 인사로 구분하고 있다. "주요 국방정책용어 〈14〉외교관계 ④," 『국방일보』(2002. 11. 2).

대표단 구성요원 중 거의 절반을 차지하는 규모였다.

당시 김일성이 북한 군부의 핵심인사들을 대동한 이유는 중국 개혁개방에 대한 성과를 직접 목도시키기 위함이었다고 한다. 그러나 2004년 제3차 방중시에는 2명의 군부인사를 대동하는데 그쳤다. 이때는 북핵문제와 관련하여 중국측과 긴급 협의를 하기 위한 목적과 더불어 중국으로부터 정치·군사적 지원을 요청하기 위해 군부요원을 대동한 것으로 알려져 있다. 이후 2006년 1월 김정일의 방중시 군부요원 동반여부에 대해서는 공식적으로 밝혀지지 않았다. 당시 김정일의 비밀 방중은 북핵문제를 둘러싼 양국 정상의 긴급 협의가 필요했기 때문에 경제담당 요원과 군부인사들을 대동했을 것이라고 추측하긴 했으나, 대동한 군부요원이 누구였는지에 대해서는 확인이 되지 않는다.

북·중 양국 군 최고위급 상호방문의 특징으로, 우선 국가 정상 회담시 군부요원이 수행한다는 점과, 횟수면에서 양국이 균형을 이루고 있다는 현상을 들 수 있다. 또한 국가정상 수행을 통해 국가 차원의 전략협의에 군부가 직접 참가함으로써 광의의 군사외교 활동을 전개한 것으로 평가된다. 또한 내용면에서 볼 때, 양국의 공식적인 행사기념을 위한 최고위급 상호방문과 더불어 북핵문제 해결을 위한 국가정상의 '전령' 역할을 군부가 담당했다는 평가도 가능하다. 이러한 북·중 양국 군 최고위급 상호방문의 '특수성'은 중국 군사외교에 있어 타국과 대비되는 '견인형' 군사외교로 볼 수 있다.

그렇다면 한·중 간 군 최고위급 교류는 어떻게 전개되었는가? 1992년 수교 이후 1993년과 1994년 각각 주중한국무관부와 주한중국무관부가 개설되었으나,[168] 오랜 기간 양국 국방 당국자는 물론 최고위급의 공식적인 상호방문이 이뤄지지 않았다. 1992년과 1994년 한·중 정상회담시 대통령을 수행하여 합참의장이 중국을 공식 방문하였지만, 이후 군사외교 차원의 교류는 수교 7년만인 1999년에 성사되었다.

〈표 4-4〉에서 보는 것처럼 한·중 수교 이후 양국 최고위급 군인사의 교류는 정상회담 수행을 제외할 경우, 방한(訪韓) 7회, 방중(訪中) 10회로 다소 불균형적인 현상을 보였다. 방문주기면에서도 정례화가 아닌 불규칙적인 현상을 보였으며, 한국의 방문인사도 국방장관이 6회, 합참의장이 4회 방중이라는 국방장관에 편향된 양상을 보였다.

1999년 8월과 2000년 1월 한·중 양국 국방장관의 상호방문은 "양국 고위급 군사지도자들이 역사적인 상호방문을 실현하였으며, 중·한 군사관계의 전면적인 발전을 추동하는 계기가 되었다"는 중국 표현에 그 의의가 담겨있다고 볼 수 있을 것이다.[169] 1999년 한국측에서 먼저 시작된 국방장관의 중국방문은 수행기자단이 16명에 이를 정도로 역사적인 사건임과 동시에 민감한 사안이었다. 방문기간 중 중국인민해방군 육·해·공군 각각 1개 부대를 참관하였고, 방문부대마다 격식을 갖춘 의장행사를 준비하기까지 하였다. 국가지도자 중에서는 주룽지 총리와 접견을 하였고, 군부에서는 츠하오톈 국방부장, 푸첸요우 총참모장, 챠오강촨 총장비부장과 각각 회담 및 접견을 하였다.[170] 츠하오톈과의 회담시 제기된 주요 이슈

168) 주중 한국무관부는 1993년 12월 30일 개설되었고, 주중 한국무관부는 1994년 4월 28일 개설되었다. 초대 주중 한국국방무관과 주한중국무관은 모두 대령급이었으며, 무관부 구성인원은 각각 4명, 3명으로 편성되었다.

169) "中韓要加强軍事合作,"『世界新聞報』(2005. 4. 11).

〈표 4-4〉 한·중 수교 이후 한·중 군 最高位級 상호방문 현황[171]

시 기	訪 韓	訪 中
1992년		·9월, 이필섭 합참의장 (대통령 수행)
1994년		·3월, 이양호 합참의장 (대통령 수행)
1999년		·8월, 조성태 국방장관
2000년	·1월, 遲浩田 국방부장	·8월, 조영길 합참의장
2001년		·12월, 김동신 국방장관
2002년	·8월 傅全有 총참모장	
2003년		·11월, 김종환 합참의장
2005년		·3월, 윤광웅 국방장관
2006년	·4월, 曹剛川 국방부장 ·9월, 徐才厚 중앙군사위 부주석	
2007년	·7월, 梁光烈 총참모장	·4월, 김장수 국방장관 ·11월, 김관진 합참의장
2008년		·
2009년	·3월, 陳炳德 총참모장	·5월, 이상희 국방장관
2011년		·7월, 김관진 국방장관
2012년	·4월, 郭伯雄 중앙군사위 부주석	
2013년		·6월, 정승조 합참의장

출처: 김태호, 『한·중수교 및 군사교류·협력 10년 평가와 전망』(한국국방연구원 연구보고서 안01-1714, 2001. 12); 『국방백서』(1992-2008); 『人民日報』, 『解放軍報』, 『新華網』 각 해당판 등을 토대로 저자가 작성하였다.

170) 中華人民共和國外交部政策研究室, 『中國外交』2000年版, pp. 41-42.

171) 2006년 한국 합참의장의 중국 방문(7. 5-7. 9)이 계획되어 있었으나, 북한의 미사일 발사(7. 5)로 취소되었다.

는 군 고위층 상호방문 및 국방당사국간 실무급 회의 정례화, 양국 해군 상호협력 강화, 군사 교리과정 학생장교 상호교환 교육 등이 포함되었다. 한편, 2000년 1월 츠하오톈 중국 국방부장의 답방 역시 세계적인 주목을 받는 일대 사건으로 평가되었다. 무려 17명에 달하는 군사대표단을 구성하여 5일간의 한국 방문을 진행하였다. 양국 국방장관 회담 외에 츠하오톈 국방부장은 김대중 대통령과 이정빈 외교통상부장관과의 접견을 가졌다.

1999년과 2000년에 걸쳐 진행된 한·중 양국 국방장관의 상호방문을 통해 몇 가지 시사하는 바가 있다. 우선, 대표단 구성면에서 한국은 대부분 국방부 요원으로 편성한데 반해 중국 대표단은 국방부 요원 외에 육·해·공군 및 제2포병 고위인사들이 고루 편성되었다는 점이다. 물론 대표단 규모의 차이가 있긴 하지만 최초의 국방장관회담을 추진하는 양국 군 지도부의 전략적 접근에도 차이가 있었음을 시인해야 할 것이다.[172)]

다른 한편으로 양국 국방장관이 상대국을 방문하여 접견한 국가 지도자들의 차이를 들 수 있다. 한국 국방장관의 경우, 중국 총리와의 접견만 있었는데 반해, 중국 국방부장은 김대중 대통령과 이정빈 외교통상부장관과의 접견을 가졌던 것이다. 공식적인 양국 국방장관 상호방문에 있어 이러한 의전상 '격'(格)의 차이는 이후로도 한·중 군사외교의 불균형을 초래할 여지를 남겼다고 볼 수 있다. 그러나 최초의 양국 국방장관 상호방문을 통해 한국전쟁이 남긴 냉

---

172) 당시 한국 대표단은 8명, 중국 대표단은 17명이었으며, 한국의 경우 국방부 요원 6명과 합참 및 공군본부 각각 1명씩으로 구성되었다. 중국은 중앙군사위원회 및 국방부 요원 12명과 심양군구 1명, 북경군구 1명, 해군 1명, 공군 1명, 제2포병 1명으로 대표단을 구성하였다.

전적 정서를 어느 정도 해소하고,[173] 이후 진정한 의미에 있어서의 군사외교를 전개해 나갈 수 있는 기초를 마련했다는 점에서 그 의의를 찾을 수 있다.

2000년 이후 한·중 양국 군 최고위급 인사들은 한·중 국가관계의 발전 — 우호협력관계 → 협력적 동반자관계 → 전면적 협력 동반자관계 → 전략적 협력 동반자관계 — 에 부합되는 방향으로 군사외교를 추진해 왔다. 양국 관계가 전면적 협력 동반자관계로 격상됨에 따라 고위급 인사교류 외에도 함정·공군기 상호방문, 실무급 회의 및 대표단 방문, 교육 및 체육교류 등 군사외교 영역을 확대해 나갔으며, 2008년 이후 군사직통망 구축 등 전략적 협력 동반자관계에 걸맞는 또 다른 영역을 개척해 나가고 있다.

중국 군사외교에 있어 상술한 군 최고위급 상호방문 외에 고위급(高位級)[174] 상호방문을 통해 군사외교의 내용과 영역을 확대시키고 있다. 중국이 남북한의 군 고위급과 교류한 현황을 정리하면 〈표 4-5〉, 〈표 4-6〉과 같다.

---

173) 츠하오톈 중국 국방부장은 동년 10월 북한을 방문한 이후 그간 견지해 온 '항미원조'의 당위성보다는 북한에 대한 '미련'을 어느 정도 정리하였다고 한다. (저자와 주중 한국무관부 요원과의 인터뷰).

174) 여기서 말하는 고위급(高位級) 인사는 우리나라의 각군 총장, 군사령관 등 4성급 장군을 포함한다. 중국의 경우에는, 총참모부 부총참모장, 해·공군·제2포병 사령관 및 정치위원이 해당되며, 북한은 인민무력부 부부장, 부총참모장, 총정치국 부국장 및 선전부 총국장, 후방총국 국장, 해·공군 사령관 등이 포함된다. 이러한 구분에 대한 명확한 근거는 없으며, 북·중 양국의 정치체제와 저자의 개인적 판단에 따른 임의적 구분임을 밝힌다.

〈표 4-5〉 한·중 수교 이후 북·중 군 高位級 상호방문 현황

시 기	訪北	訪中
1992년	·10월, 魏金山 해군 정치위원	·9월 김일철 해군사령관 ·11월, 전재선 부총참모장
1993년	·7월, 劉安元 南京군구 정치위원	
1994년	·6월, 王克 瀋陽군구 사령관	·10월, 오룡방 부총참모장
1995년	·10월, 史玉孝 廣州군구 정치위원	·4월, 김정각 인민무력부 부부장 ·9월, 현철해 후방총국 국장
1996년	·10월, 姜福當 瀋陽군구 정치위원	·4월, 김정각 인민무력부 부부장 ·5월, 정창렬 인민무력부 부부장
1997년	·10월, 周坤仁 총후근부 정치위원	·6월, 이봉죽 부총참모장
1998년	·8월, 熊光楷 부총참모장 ·10월, 杜鐵環 北京군구 정치위원	·5월, 지영춘 총정치국 부국장
1999년	·10월, 廖錫龍 成都군구 사령관	·7월, 려춘석 인민무력성 부상
2000년	·10월, 唐天標 총정치부 부주임	
2001년	·9월, 郭伯雄 부총참모장	
2005년		·4월, 박재경 총정치국 선전부 총국장
2006년		·9월, 최부일 부총참모장
2008년		·4월, 리병철 공군사령관
2009년	·10월, 劉振起 총정치부 부주임	·9월, 박재경 인민무력부 부부장 ·11월, 김정각 총정치국 제1부국장
2010년	·8월, 張又俠 瀋陽군구 사령관	
2011년	·11월, 丁繼業 총후근부 부부장 陳小工 공군 부사령원 王登平 北海함대 정치위원 趙宗起 濟南군구 참모장	·8월, 전창복 인민무력부 후방총국장
2013년	·7월, 賈延安 총정치부 부주임	

출처: 김태호, 『최근 북·중관계 변화의 실체와 아국의 대비 방향』(한국국방연구원 연구보고서 안01-1714, 2001. 12), 『人民日報』, 『解放軍報』, 『내외통신』, 『주간북한동향』 각 해당판 등을 토대로 저자가 작성하였다.

〈표 4-6〉 한·중 수교 이후 한·중 군 高位級 상호방문 현황

시 기	訪韓	訪中
1998년	·8월, 熊光楷 부총참모장	
2000년		·4월, 이수용 해군 참모총장
2001년	·3월, 劉順堯 공군사령관	·3월, 길형보 육군 참모총장
2002년	·7월, 張文臺 濟南군구 정치위원	·2월, 이억수 공군 참모총장
2003년	·3월, 錢樹根 부총참모장	·
2004년	·11월 錢國梁 瀋陽군구 사령관	·10월, 문정일 해군 참모총장
2005년	·8월, 劉鎭武 廣州군구 사령관	·7월, 이한호 공군 참모총장
2006년		·4월, 김관진 3군 사령관 ·8월, 남해일 해군 참모총장
2007년	·1월, 葛振峰 부총참모장 ·7월, 範長龍 濟南군구 사령관	
2008년	·4월, 劉冬冬 濟南군구 정치위원 ·11월, 吳勝利 해군 사령관	·1월, 박흥렬 육군 참모총장 ·4월, 김은기 공군 참모총장
2009년		·4월, 정옥근 해군 참모총장 ·11월 이계훈 공군 참모총장 ·11월 김상기 3군 사령관
2011년	·7월, 馬曉天 부총참모장	
2013년		·7월, 최윤희 해군 참모총장

출처: 김태호, 『한·중수교 및 군사교류·협력 10년 평가와 전망』(한국국방연구원 연구보고서 안01-1714, 2001. 12); 『국방백서』(1992-2008); 『人民日報』, 『解放軍報』, 『국방일보』 각 해당판 등을 토대로 저자가 작성하였다.

북·중 군 고위급 교류현황을 보면, 1992년부터 1999년까지는 어느 정도 균형된 교류를 보였으나 2000년부터 중국군 고위급의 방북이 진행되지 않았다. 특히, 2000년부터 2004년까지는 양국 공히 고위급 상호방문이 없었다.[175] 이러한 기이한 현상을 밝힐 수 있는 근거자료는 찾을 수 없지만, 해당 시기 북·중 양국 관계나 주요 현안을 입체적으로 조망하면 어느 정도는 해석이 가능할 수 있을 것이다. 2000년 이후 북핵문제가 불거지면서 양국 간의 현안은 외교라인 상호방문을 통해 주로 해결하였고, 특히 2003년 북한의 NPT 탈퇴와 연이은 미사일 발사로 인해 중국의 불만이 고조됨에 따른 조치로 볼 수 있는 것이다. 이러한 상황적 맥락과 더불어 동 시기 군 고위급 상호방문은 없었지만, 국가정상 회동 혹은 최고위급이나 실무급 상호방문을 통해 고위급 교류의 기회가 상대적으로 제한되었을 수도 있다는 '추측성' 해석도 가능하다.

한편, 한·중 군 고위급 상호방문은 수교 이후 어떻게 전개되었는가? 한·중 군 고위급 상호방문은 그 횟수와 방문자의 군종(軍種)에 초점을 맞춰 논의를 전개하고자 한다. 먼저 방문횟수면에서 볼 때, 한국군 고위급의 방중은 14회, 중국군의 한국 방문은 11회로 북한보다는 균형적인 양상을 보였다. 다음으로 방문자의 군종(軍種)면에서는 불균형적인 현상을 보인다. 즉 중국을 방문한 한국

---

175) 어쩌면 이러한 현황은 저자의 자료수집 부족에서 기인하는 착오일 수도 있다. 양국 군사관계에 관한 자료수집의 한계가 바로 여기에 있다고 본다. 그러나 여기에서는 저자가 확인한 자료에 근거하여 논지를 전개할 수밖에 없음을 밝힌다. 한편, 이러한 양국 군 고위급 상호방문의 기현상(奇現象) 외에 고위급 상호방문은 통상 양국의 각종 기념행사 대표단 단장 자격으로 방문을 하는 경우가 많다는 점을 고려해야 할 것이다.

군 고위급의 경우 총 14회 중 국방부 1회, 육군 2회, 해군 5회, 공군 4회, 그리고 3군 사령관이 2회로써 한국군 내에서의 군종별 방문횟수가 불균형적으로 나타났다. 이는 3군 사령관이 육군 소속이라는 점과 최고위급 방문자의 原 군종이 대부분 육군이기 때문에 나타나는 현상으로 해석된다. 반면, 중국군의 경우 총 11회 방한 중 육군이 7회,[176] 해군 1회, 공군 1회, 기타 2회로써 육군 편향적임을 알 수 있다.

지금까지 살펴본 중국과 남북한의 군 고위급 상호방문을 통해 중국군이 남북한에 대해 상이한 기준을 적용하고 있음을 알 수 있다. 일반적으로 중국인민해방군은 타국과의 군 고위급 교류를 선전·홍보용으로 활용한다. 격년으로 발간되는 『中國的國防』에 항상 고위급 상호방문 현황을 제시하는데서 이러한 중국의 의도가 배어난다.[177] 이러한 일반적인 유형의 군 고위급 상호방문 속에서 한국과 북한은 중국에게 있어 어떠한 '특수성'이 있는가?

북한의 경우 북·중 양국 공히 당-국가체제라는 공통점에서 기

176) 이 현황에는 부총참모장 첸수건(錢樹根), 거전펑(葛振峰)과 각 군구 사령관을 모두 육군에 포함켰다. 2명의 부총참모장 방한시 모두 한국 육군 참모총장과 회담을 가졌으며, 중국측에서도 이들이 육군 참모총장의 업무 파트너라고 언급하였다. 슝광카이(熊光楷) 부총참모장의 경우 군생활을 거의 총참모부 제2부(정보)에서 했으며, 특별히 어느 군종에 대해 치우침이 없기 때문에 기타로 분류하였으며, 마샤오톈(馬曉天) 부총참모장 역시 2011년 제1차 한·중 국방전략대화시 한국 국방차관의 업무파트너로 방한하여 기타로 분류하였다. 또한 군구 사령관 중 지난(濟南)군구 사령관은 3군 사령관과의 업무 파트너이다. (국방부 및 육군본부 관계자 발언, 저자 통역 담당시 득문)

177) 2008년 중국 백서의 경우 "최근 2년 동안 인민해방군 고위급 군사대표단이 40여개 국가를 방문하였고, 60여개 국가의 국방장관과 총참모장(합참의장)이 중국을 방문하였다"고 기술하고 있다. 中華人民共和國國務院新聞辦公室, 국방정보본부 역, 『2008年中國的國防』(北京: 中華人民共和國國務院新聞辦公室, 2008), p. 58.

인하는 대표단의 구성과 더불어 '혈맹'관계에서 기인하는 비전형적인 방문시기와 방문목적을 갖는다는 점을 대표적으로 들 수 있을 것이다. 더불어 타국과는 고위급 상호방문을 공개적으로 선전하는 데 반해, 북한과의 교류는 '비밀성'이 강조되는 점도 특이한 현상이라 볼 수 있을 것이다. 특히, 1990년대 이후 한반도는 물론 세계안보에 심각한 영향을 준 북핵문제 해결을 위한 군 고위급 상호방문이 타국과의 관계에서 볼 수 없는 현상이라 할 수 있다.

한국과의 고위급 교류는 대부분 여타 국가와 동일한 맥락에서 추진되었다고 볼 수 있다. 그러나 중국 입장에서는 수교 이후 1999년과 2000년 양국 국방장관회담을 개최하면서 북한의 '눈치'를 보아야 했으며, 그 이후에도 항상 북한을 '배려'하는 부분이 내재되어 있었다고 볼 수 있다.[178] 이와 동시에 중국의 경쟁상대인 미국을 염두한 한국과의 고위급 인적교류를 추진했다는 특징을 갖는다. 즉, 군사외교 영역마저도 앞에서 언급한 북·중 관계에 있어서의 3가지 중국측 대안을 고려할 수밖에 없었던 것이다.[179] 한편 중국 고위급 인사교류의 목적 중에 하나가 견문확대 및 첩보수집이라 할 수 있는데 이는 북한과의 교류에는 전혀 적용되지 않는 반면, 한국과는 어느 정도 이러한 목적이 반영된 교류를 추진했다고 볼 수 있다.

---

178) 한·중 군사교류 초기 북한요인이 중요한 영향을 미쳤으며, 이후 확대과정에서도 지속적으로 영향을 미치고 있다는 주장에 대해서는 하도형, "한·중 국방교류의 확대와 제한요인에 관한 연구," pp. 16-20을 참고할 것.

179) 여기서 말하는 3가지 대안은 앞에서 이미 언급한 내용으로서, 재언(再言)한다면 ① 북한의 존립을 좌우하는 사안에 대해서는 북한을 적극 옹호, ② 북한의 존립을 직접 해치지 않는 사안에 대해서는 국제관례를 따름, ③ 중국의 이해관계와 직접적 연관이 없는 사안에 대해서는 최대한 북한의 뜻을 수용한다는 것이다.

나. 실무회의 및 대표단 교류

중국군의 실무 대표단 파견은 통상 작전 및 훈련, 군수와 관련된 첩보수집 및 경험습득에 초점이 맞추어져 있다. 이는 군 현대화를 위한 군 구조 개편과 더불어 군사변혁 추진을 위한 선진국 기술과 경험을 습득한다는 취지하에 추진되고 있는 것이다. 작전 및 훈련 관련 실무 대표단은 통상 대군구 단위로 편성하며, 난징(南京)군구를 제외한 나머지 6대 군구를 특정 국가들과 각각 연계시켜 대표단을 파견하고 있다. 특히, 선양군구는 북한을, 지난군구는 한국과 연계를 시켜 실무대표단을 구성하는 것으로 알려져 있다.[180] 중국이 군구임무와 실무 대표단 파견을 연계시키는 의도는 자료수집과 '제한국부전'(制限局部戰)이라는 중국 군사전략에 부합되는 작전을 구상하는데 도움을 받기 위함일 것이다.

한편, 중국군이 군 현대화를 추진하면서 취약하다고 판단하는 분야가 군수분야라고 볼 수 있다. 이러한 중국군 지도부의 판단은 군수분야 실무대표단 파견을 촉진시키는 결과를 가져왔고, 1990년대 이후 군수분야 교류가 인민해방군의 대외군사교류 중 가장 큰 성과를 거두었다는 평가를 받고 있다.[181] 중국군의 이러한 인식이 남북

---

180) 이러한 연계는 군구별 임무를 고려한 편성이며, 지난군구의 경우에는 실무대표단과의 연계보다 '자매결연' 성격을 갖는다. 한국측에서는 지난군구와 3군 사령부와의 교류를 군사령부급 군사교류로 구분하여 2006년부터 군사교류를 추진해왔다고 밝히고 있지만, 중국측은 자국의 전략적 판단하에 이러한 연계를 추진하고 있다고 볼 수 있다. "한·중 육군간 군사협력 강화," 『국방일보』 (2010. 4. 7).

181) 일례로 1998년 총후근부장 왕커(王克)에 의해 추진된 인민해방군 군수체계 현대화사업을 통해 외국군의 다양한 경험을 습득하고, 이를 중국군에 시험적용해 봄으로써 인민해방군 실정에 부합되는 새로운 군수체계를 개발하였다고 한다.

한에는 어떻게 적용되었을까? 이에 대한 중국측의 평가는 우리가 정확히 알 수는 없지만, 여기에서는 외형적으로나마 상호방문의 현상을 분석하고자 한다. 더불어 작전훈련 및 군수분야 실무 대표단 교환방문 외에 친선을 목적으로 한 상호방문도 이 영역에 포함되기 때문에 논의에 포함시킬 것이다.

먼저, 북·중 실무대표단 상호방문의 경우 친선목적의 교류가 대부분이라는 특징을 갖는다. 〈표 4-7〉에서 보는 것처럼 한·중 수교 이후 양국은 다양한 유형의 대표단의 교류가 있었다. 중국군 실무대표단의 경우 총 19회 중 외사(外事)부문 대표단이 5회로 가장 많았으며, 교육대표단 4회, 총정치부 3회, 해·공군 및 선양(瀋陽)

〈표 4-7〉 한·중 수교 이후 북·중 실무대표단 상호방문 현황

시 기	訪北	訪中
1992년	·10월, 劉志田 공군 부사령관	
1993년	·11월, 李文卿 국방대학 정치위원	·11월, 옥봉린 상장(김일성 정치대학 연구사)
1994년		·5월, 김학산 인민무력부 대외사업국장
1995년	·3월, 孫啓祥 국방부 외사국 부국장 ·9월, 張工 군사과학원 정치위원	
1996년	·7월, 王繼英 北海함대 사령관 ·8월, 田愛習 총정치부 문화부 부부장	·3월, 이상우 인민무력부 대외사업국장 ·10월, 이명운 국경경비총국 부국장
1997년	·7월, 李東輝 국방부 외사국 부국장 ·11월, 唐天標 총정치부 부주임	

중국군은 이러한 군수체계 현대화의 밑거름이 된 것은 다름 아닌 군수 실무대표단을 통한 자료수집 및 실무 토의였다고 밝히고 있다. Allen and McVcdon, *China's Foreign Military Relations,* pp. 36-37.

〈표 4-7〉 한·중 수교 이후 북·중 실무대표단 상호방문 현황(계속)

시 기	訪北	訪中
1998년		·3월, 이동일 인민무력부 외사국 부국장
1999년	·6월, 葛振峰 瀋陽군구 부사령관 ·8월, 羅斌 국방부 외사판공실 주임	
2000년	·10월, 唐天標 총정치부 부주임	·4월, 김양점 총참모부 공병국장 ·7월, 한원화 군단 부군단장 ·12월, 안영기 인민무력부 대외사업국장
2001년	·5월, 范印華 해군정치부 주임 ·9월, 吳玉謙 瀋陽군구 부사령관 ·10월, 詹懋海 국방부 외사국장	·11월, 김송운 군단 부군단장
2002년	·10월, 徐根初 군사과학원 부원장	·10월, 강표영 중장 ·11월, 이태일 상장
2003년		
2004년	·6월, 李玉 총참모장 보좌관(助理)	
2005년		
2006년		·6월, 이용환 9군단장
2007년	·7월, 西安·南京정치학원 대표단 ·10월, 宋昆 공군정치부 부주임	·3월, 안영기 인민무력부 대외사업국장
2008년		·2월, 인민무력부 정책실무단 ·10월, 김춘삼 815기계화 군단장
2009년	·9월, 錢利華 국방부 외사판공실 주임	·4월, 한상순 서해함대 사령관 ·9월, 안영기 인민무력부 대외사업국장 ·11월, 김광수 공군부사령관
2011년		·11월, 이태철 인민보안부 제1부부장

출처: 김태호, 『최근 북·중관계 변화의 실체와 아국의 대비 방향』(한국국방연구원 연구보고서 안01-1714, 2001. 12), 『人民日報』, 『解放軍報』, 『연합뉴스』, 『중국개황』, 『내외통신』, 『주간북한동향』 각 해당판 등을 토대로 저자가 작성하였다.

군구 각각 2회, 총참모부 1회 순으로 나타났다. 외사 대표단의 경우 각종 기념일을 축하하기 위한 우호대표단의 성격을 띤 방문으로써 중국군 최고지도부의 대리역할을 수행한 것으로 보인다. 총참모부와 총정치부 역시 실무분야에 대한 교류협력보다는 친선목적의 방문이며, 각 군종 대표단의 경우에는 이보다는 실무적 목적을 띤 방문으로 해석된다. 앞서 언급한 것처럼 선양군구는 북한과 작전·훈련 면에서의 연계성을 갖고 방문한 것으로 보이며, 해·공군은 각 군종의 균형을 맞추는 차원에서 방문했을 것으로 분석된다.

한편, 북한 대표단의 경우에는 총 19회로써 횟수면에서는 중국과 대등한 수준을 보인다. 그러나 대표단장의 소속과 직책을 놓고 볼 때는 중국과 다소 차이를 보인다. 이 중 외사분야 간부가 대표단장인 경우는 총 6회로써 중국처럼 우호대표단 성격을 띤 방문으로 해석된다. 외사분야를 제외하고는 군단급 단장 4회, 정책실무, 군수, 경비, 해군분야 대표단이 각각 1회씩 방문했으며, 기타 대표단 성격이 명확히 드러나지 않는 방문이 5회 있었다.

북·중 양국의 실무대표단 교류현황만 갖고 앞서 언급한 중국 군사외교에 있어서의 실무대표단 파견 목적을 식별하기는 매우 어렵다. 그러나 중국군이 추구하는 2대 목적, 즉 경험습득 및 첩보수집을 목적으로 한 실무대표단 구성은 아닌 것으로 분석된다. 이는 양국의 체제적 동일성과 북한이 냉전시기부터 중국의 군사지원 수혜자라는 역사적 배경은 물론, 북한으로부터 습득할 경험이나 첩보가 없다고 보기 때문이다. 따라서 양국 실무대표단의 상호방문은 대부분 친선목적이거나 고위급 상호방문이 제한될 경우 대표단장의 직급을 한 단계 하향시킨 대체성 교류로 볼 수 있는 것이다. 그러나 이러한 해석이 가능하기 위해서는 한·중 수교 이후 기간에 양국 군부가 공동으로 경축해야 할 한국전쟁 참전 45주년(1995년), 50주년(2000년), 55주년(2005년), 60주년(2010년)에 양국 대표단의 왕래가 많았어야 하는데 현황을 보면 2000년을 제외하고는 특별한 현상을 보이지 않는다. 이는 앞서 언급한 것처럼 동 시기 최고위급 및 고위급 상호방문을 통해 실무대표단 교류의 기회가 상대적으로 제한되었을 수도 있었다는 해석이 가능하다.

한편, 한·중 실무 대표단의 상호교류를 분석해 보면 북·중 교류와 상당한 차이점이 있음을 발견하게 된다. 2000년 츠하오톈 국방부장의 방한 이후 양국간의 군사외교 영역은 점차 확대되어 2000년대 중반에 이르러서는 실무대표단의 경우 년간 평균 10회 이상의 상호방문을 하였다. 여기에서는 대표적으로 최근 2년간의 양국 실무대표단 교류현황만 샘플로 하여 논의하고자 한다.[182]

〈표 4-8〉에 나타난 양국 실무대표단 교류의 특징을 보면, 먼저 실무대표단의 유형이 북·중 대표단에 비해 다양할 뿐만 아니라 대표단 명칭에서도 그 성격이 명확히 나타남을 알 수 있다. 2008년 한국 실무대표단의 경우 중국 베이징 올림픽을 앞두고 공군 실무대표단이 구성되어 중국을 방문하는 등 평화적이고 우호적인 차원의 활동이 전개되었다. 2009년의 경우 중국측에서는 방공, 해군, 인민무장경찰 등의 단위에서 실무협조를 목적으로 한 대표단이 파견되었으며, 특히 국방군수분야의 대표단이 방한함으로써 향후 양국 간의 군수분야 협력의 가능성을 보여주었다.[183]

---

182) 실제 양국간에 진행된 대표단의 정확한 성격과 목적 등을 정확히 기술하는데는 군 보안문제가 야기되기 때문에 여기에서는 샘플만 제시한다.

〈표 4-8〉 한·중 실무대표단 교류 현황(2008-2009년)

구 분	訪韓	訪中
2008년	·공군올림픽 공중안보팀	·육군항공 대표단 ·국방정책실무회의
2009년	·제1차 공군방공 실무회의 ·해군 장비고찰단 ·국방 군수협력 대표단 ·국방부 외사판공실 대표단 ·인민무장경찰 대표단	·고공강하 대표단 ·제1차 공군 정보교류회의 ·제3함대 대표단

출처: 『국방백서』(2008), 『解放軍報』, 『국방일보』 각 해당판 등을 토대로 저자가 작성하였다.

한·중 국방정책 실무회의는 양국 국장급 대표간 군사협력 증진 방안을 논의하기 위한 협의체로서 1995년 최초로 시작된 이래 매년 말 양국에서 교대로 개최되고 있다. 통상 한국측에서는 국방부 국제협력관이, 중국측에서는 국방부 외사판공실 주임이 대표로 참석한다. 2007년에 중국에서 개최된 국방정책 실무회의의 경우 한국측은 주중 국방무관을 포함하여 8명이 대표단으로 구성되었고, 중국측은 외사판공실 주임 등 6명이 참석하였다. 회의는 통상 다음해

183) 현재 한·중 간에 방산협력은 전혀 이뤄지지 않고 있다. 주중 한국무관부의 업무는 타 무관부에 비해 과다한 편이지만 방산분야 업무가 전혀 없기 때문에 과학무관 혹은 군수무관이 파견되지 않고 있다. 양국간 군수분야 실무대표단의 상호방문은 2001년 9월 중국 쑤수옌(蘇書岩) 총후근부 부부장의 방한과 2002년 3월 최인수 국방부 군수국장의 답방을 통해 성사되었다. 중국측 후근(後勤) 대표단의 방한은 중국측 요청으로 성사된 최초의 군수분야 실무자급 방문으로 근본적으로 체계가 상이한 한·중 군수업무체계를 이해하는 성과가 있었다고 한다(주중 무관부 요원과의 인터뷰).

한·중 군사교류 추진계획과 양국 주요 현안문제에 대한 토의를 진행하고, 양국 군의 우의증진을 위한 별도의 행사를 개최하기도 한다.[184)]

둘째, 한·중 양국 실무 대표단은 북·중과는 달리 경험습득과 첩보수집의 목적달성을 위해 양국이 적극성을 갖는다는 차이를 보인다. 즉 상징적이고 친선교류의 목적보다는 실질적 수확을 추구하는 기능적 교류 측면이 강하다는 것이다. 북·중 실무 대표단의 경우 각종 기념일 경축을 위한 친선교류 차원의 활동이 많은데 반해, 한·중 양국의 경우 이러한 공동의 기념일도 없을뿐더러 이러한 친선교류와 우의증진 목적의 상호방문은 보다 상위층의 교류에서 추진된다는 특징을 갖는다. 뿐만 아니라 중국은 한국과의 실무 대표단 교류를 통해 미국으로부터 직접 얻을 수 없는 경험과 첩보를 간접적으로 취득하려는 의도도 갖고 있다고 보아야 할 것이다.

다. 함정 및 항공기 교환 방문

냉전시기 중국은 함정 상호방문을 일종의 강압외교 수단으로 인식하고 타국에 대한 함정 방문을 적극적으로 추진하지 않았다.[185)] 물론 자국 해군력의 수준이 열악했기 때문에 타국에 이러한 활동을 추진할 수 없었던 이유도 있다. 그러나 탈냉전기 이후 중국은 군사

184) 『국방일보』(2007. 2. 12); 『연합뉴스』(2008. 11. 18).

185) 냉전시기 중국이 타국에 대한 최초의 함정 방문은 1985년 11월 16일 남아시아 3국(파키스탄, 스리랑카, 방글라데시) 방문이었으며, 이후 1989년 4월에는 훈련함 '鄭和'호가 미 태평양함대사령부가 있는 진주만을 방문하였다. 한편 1986년 11월에는 미국이 함정편대를 이끌고 칭다오(靑島)를 방문하였으며, 이는 중국 건국이후 최초의 美함대 방문이었다. 中華人民共和國外交部外交史編輯室主編, 『中國外交概覽 1987』, p. 333.

외교에 있어 가장 특징적인 활동 중의 하나를 함정 상호방문이라고 평가하고, 이를 중국 군사외교활동의 최우선순위로 부여하고 있다.[186] 해군 함정의 타국 방문은 종합국력의 증강과 중국군 현대화의 성취를 단적으로 표현해 주는 상징이 된다고 인식하고 있는 것이다.

냉전시기 중국은 남북한과 단 한건의 함정 교류방문도 없었지만,[187] 한・중 수교 이후에는 한국에 편향된 함정 상호방문이 전개되고 있다. 먼저, 중국 해군은 앞에서 살펴본 바와 같이 1996년 7월 10일부터 5일간에 걸친 북한에 대한 최초의 함정방문을 전개하였다. 《조・중 우호협력 및 상호원조조약》 체결 35주년을 기념하기 위해 중국 북해함대 소속의 '하얼빈'(哈尔滨) 미사일구축함과 '시닝'(西寧) 미사일 구축함으로 구성된 함정편대가 북한 남포항을 방문한 것이다. 기간중 북한 인민군과 친선교류활동을 전개했으며, 특히 중국 해군 군악대는 북한 인민군에게 특별공연을 선보이기도 하였다. 당시 편대는 북해함대 사령원 왕지잉(王繼英) 중장을 단장으로 대표단이 구성되었으며, 북한에서는 만경대 참관 등 41개 프로그램을 동원해 중국 대표단을 환영하였다.[188]

---

186) 軍事科學院軍事歷史硏究所, 『中華人民共和國軍事史要』(北京: 軍事科學出版社, 2005), p. 624.

187) 냉전시기 북한과의 함정방문이 추진될 수도 있었다. 1986년 7월 조・중 동맹조약 체결 25주년을 기념하기 위해 중국 북해함대를 서해의 남포항에 파견해 줄 것을 북한이 제의했지만 당시 한반도 긴장을 고조시킬 것을 우려한 중국의 거절로 성사되지 않았다. 『도쿄연합』(1986. 9. 12); 국방부, 『주변국 주요인사 발언 및 군사동향』(1987), pp. 238-239. 최명해, 『중국・북한 동맹관계: 불편한 동거의 역사』, p. 367. 재인용.

188) "北京爲何堅稱称針對平壤措施不是制裁而是"懲罰"?," 『亞洲時報』(2006. 10. 20).

중국의 북한에 대한 함정방문은 한·중 수교와 김일성의 사망을 계기로 소원해졌던 양국 군사관계를 회복시킬 수 있다는 전망도 있었지만, 이는 양국간 전반적인 관계가 경색되는 가운데 전개된 하나의 예외적인 사례로 평가되었다. 중국의 북한에 대한 함정방문은 1996년 이후 15년 만인 2011년에 북·중 우호협력 원조조약 체결 50주년 기념 차원에서 성사되었다. 중국 해군 훈련함대 소속의 '정허'(鄭和)호와 '뤄양'(洛陽)호가 러시아 해군 창립 315주년 및 태평양 해군함대 창립 280주년 기념행사 참석 후 북한을 방문한 것이다.[189] 중국이 군사외교 분야에 있어 함정 상호방문을 매우 중시하는데 반해 양국간 함정 교류가 활발히 추진되지 않는 것은 내적으로 '혈맹'관계에 기초한 '불필요성'과 더불어 외적으로 한반도 긴장조성을 우려하는 중국의 '전략성'이 부합된 결과로도 볼 수 있을 것이다.

한·중 수교 이후 북·중 함정 및 항공기 상호방문이 거의 없었던 반면, 한국과 중국의 교류는 매우 활발하게 전개되었다. 〈표 4-9〉에서 보는 것처럼 방중이 방한에 비해 월등히 많긴 하지만 양국 국방장관회담을 비롯한 각군 총장급 상호방문이 정례화되면서 해·공군 교류 역시 활기를 띠고 있다.

한·중 해군함정의 상호 교환방문은 양국 군사교류의 백미라 할 수 있다. 해군함정 자체는 치외법권적이며 주권의 상징으로, 무장력의 상호 인정과 존중의 뜻을 내포하고 있다. 1998년 한국 해군함정이 최초로 홍콩을 방문했고,[190] 3년 뒤 2001년 드디어 중국대륙

189) 북해함대 사령원 톈중(田中) 중장이 지휘한 함대에는 다롄(大連) 함정학원 생도 100여명이 승선하였다. "中함대, 15년 만에 北 방문", 『연합뉴스』(2011. 8. 2).

〈표 4-9〉 한·중 함정 및 항공기 상호방문 현황

구 분	訪韓	訪中
함 정	·2함대사 친선방문 (평택, 2002) ·국제관함식 참가 (부산, 2008) ·사관생도 순항훈련 (진해, 2009) ·사관생도 순항훈련 (진해, 2013)	·해사생도 순항훈련(上海, 2001) ·해사생도 순항훈련(青島, 2003) ·해사생도 순항훈련(湛江, 2005) ·해사생도 순항훈련(上海, 2007) ·해사생도 순항훈련(上海, 2009) ·3함대사 연합수색구조훈련 (上海, 2011) ·해사생도 순항훈련(上海, 2012)
항공기	·공군대학 수송기 B-737 (2003)	·공군대학 수송기 CN-235(2002) ·공사생도 수송기 C-130(2003) ·공사생도 수송기 C-130(2004) ·공사생도 수송기 C-130(2005) ·쓰촨성 지원 수송기 CN-235(2008) ·합참의장 수송기 C-130(2013)

출처: 『국방백서』, 『解放軍報』, 『국방일보』 각 해당판 등을 토대로 저자가 작성하였다.

상하이에 한국 군함이 입항한 것이다.[191] 이는 중·일 수교 30년이 넘을 때까지 성사되지 않았던 함정방문이 한국의 경우 수교 9년만에 이루어졌다는 의미를 갖는 것이었다. 2001년 10월 26일부터 29

190) 1998년 한국 해군사관학교 순항분대 해군함정의 홍콩 기항은 1997년 7월 1일부로 홍콩이 영국령에서 중국으로 귀속된 후 성사된 것이었다. 당시 입항비가 비싸 부두에 직접 계류하지 못하고 tug boat를 이용하여 내항에 계류하면서 인원만 water taxi로 수송하였다. (당시 홍콩 총영사관 직원과의 인터뷰).

191) 한국은 이전부터 중국측에 함정 상호방문을 제기했으나, 2001년 한국 해군함정의 중국대륙 방문을 중국측이 최종적으로 수용한 것은 2000년 당시 중국총리 주룽지가 한국을 방문하여 허용의사를 밝히면서 확정되었다.

일까지 해사생도 160여명을 포함한 약 800여명이 화천함(AOE), 을지문덕함(DDH), 부산함(FF) 3척을 이끌고 상하이를 방문하였다.[192] 과거 한국 독립운동의 발상지이자, 발전하는 미래 중국의 상징인 곳에 한국 군함이 위용을 드러냄으로써 국위선양은 물론 교민들에게 자긍심을 심어주는 계기가 되었다.

이후 한국 해사생도의 순양훈련 일환으로 격년 단위로 중국을 방문하고 있으며, 2009년에는 임시정부 수립 90주년을 기념하는 차원에서 상하이 방문 후[193] 이어 중국 칭다오(青島)에서 개최된 국제관함식에 독도함과 강감찬함이 참가하여 한국해군의 국제위상 제고와 더불어 창설 60주년을 맞는 중국 해군과의 유대를 강화하였다.[194] 이처럼 한국 해군함정은 2001년 첫 방문을 포함하여 총 7회에 걸쳐 중국을 방문하였다.

한편, 중국의 경우에는 한·중 수교 10주년인 2002년 5월 8일부터 11일까지 중국해군 부참모장 저우바이룽(周伯榮) 소장이 단장이 되어 미사일 탑재함정 2척을 이끌고 인천항을 방문하였다. 당시 저우(周) 소장은 "중국 해군함정은 우의와 평화를 위해 한국을 방문했다"고 언급하면서 "양국 해군함정의 우호교류는 양국 이익에 부합될 뿐만 아니라 양국관계 발전을 촉진시킬 것"[195]이라고 강조하

192) "해군사관생도 실무훈련 함정 3척 첫 중국 본토 입항," 『동아일보』(2001. 10. 18)

193) "임정 90주년 기념 해군 강감찬함 상하이行," 『연합뉴스』(2009. 4. 8)

194) "강감찬.독도함, 中국제관함식 참가," 『연합뉴스』(2009. 4. 14). 2009년 중국국제관함식은 중국 건국 및 해군창설 60주년을 기념하기 위한 것이었다.

195) "我國海軍艦艇編隊抵達韓國仁川開始友好訪問," 『新華網』(2002. 5. 8), http://www.news.xinhuanet.com/newscenter/2005-05/08/content_384850.htm (검색일: 2011. 11.25).

였다. 당시 2함대사령부 소재 평택항에는 양측 군부인사는 물론 한국주재 중국대사를 포함한 화교, 중국 유학생 등 200여명이 중국함정의 한국방문을 환영하였다. 이후 한 동안 중국함정의 한국방문이 없다가 2008년 10월 부산에서 개최된 국제관함식에 미사일 구축함 하얼빈(哈爾濱)호와 호위함 뤄양(洛陽)으로 구성된 함정편대를 파견하였다. 북해함대 부사령관 장판홍(張盤洪) 소장이 단장이 된 508명의 중국해군 대표단은 이번 방문을 통해 한국해군 창설 60주년을 축하하고, 양국 해군 우의증진을 위한 활동을 전개하였다.[196)]

또한 이듬해인 2009년 10월 29일에는 중국군 해군창설 60주년을 맞아 중국 해군사관생도를 태운 5,470톤급 정허(鄭和) 훈련함이 진해항에 입항하였다. 중국해군 부참모장 류이(劉毅) 소장이 지휘하는 이번 순항훈련부대는 다롄(大連) 함정학원(해군 함정장교 양성기관) 생도 170명과 해병대 및 해군항공 생도 50명, 부사관학교 훈련생 10명 등 장병 365명과 훈련함정 정허(鄭和)로 편성되었다. 대표단장 류이 소장은 "이번 생도들의 한국과 일본 방문은 국방 및 군 요원의 교류협력을 증진한다는 중국군 지도부의 방침에 따른 것으로써, '조화 해군'(和諧海軍) 구현을 위한 실제적 행동"[197)]이라고 언급하였다. 중국의 사관생도를 태운 함정이 한국을 방문한 것은 이번이 처음이었다. 4박 5일 간의 방한기간 중 류이 소장을 비롯한 중국 순항훈련 지휘부와 생도 대표들은 한국 해군작전사령부와 해군사관학교를 방문하고, 한·중 사관생도간 친선교류활동을 포함한 양국 해군의 우의증진을 위한 다양한 활동을 전개하였다. 특히, 양

---

196) "我艦艇編隊啓程訪問韓國," 『解放軍報』(2008. 10. 4)

197) "中國海軍"鄭和"號訓練艦啓程訪問韓國日本," 『解放軍報』(2009. 10. 27).

국 함정은 출항시 남해안에서 함정간 연합통신훈련을 실시하는 등 2008년 양국 정상이 합의한 전략적 협력 동반자관계 구축의 일환으로 추진된 직통전화 가동상태를 점검하기도 하였다.[198]

4년 후인 2013년 8월에 중국 사관생도 순항훈련 및 한·중 해군간 우호증진을 목적으로 중국 훈련함 정허(鄭和) 1척 및 승조원 362명이 진해와 부산을 방문하였다. 한국 해군 작전사 주관으로 진행지역에서는 입항 환영행사, 해사 견학 및 친선교류 행사, 함정 공개 행사와 부산지역에서의 함상 리셉션 등 4박 5일의 방문이 진행되었다. 특히 정허함 함정 공개행사는 2일간 Host Ship(韓 최영함) 장병 및 희망장병, 지역주민, 주한 중국화교를 대상으로 추진되었으며, 중국 해군장병은 이승만 별장 견학 등 문화탐방을 병행하였다.[199]

라. 교육 및 체육교류

군사외교 차원에서 추진되는 중국군의 군사학술 및 교육교류는 기본적으로 국방대학교가 중심이 되어 추진된다. 최근에는 국방대학 외에 군사과학원이나 중국국제전략문제연구소(CIISS) 등의 기관도 대외학술교류에 적극 참여하고 있다. 국방대학의 경우 1980년대 말부터 국방대학 학생들의 해외시찰 시작과 더불어 미국, 영국, 독일 등 외국 군사기관과의 학술교류를 허용하였다.[200] 최근에는 외국 군사기관 시찰단 초청, 국방대학 학생들의 해외시찰, 국방대학

---

198) "中 훈련함 진해항 입항..사관생도 첫 방한," 『연합뉴스』(2009. 10. 29).

199) "중국 해군함정 '정허함' 진해 입항," 『연합뉴스』(2013. 8. 4).

200) 《當代中國》叢書編輯委員會, 『當代中國軍隊的軍事工作(下)』(北京: 中國社會科學出版社, 1989), p. 347.

내 외국군장교 단기 수탁교육 등과 같은 다양한 프로그램을 운영하고 있다. 학생교류와 달리 연구소 교류는 주로 군사과학원을 중심으로 진행되고 있다.[201] 특히, 군사과학원의 교리 해석부는 외국군의 교리를 번역, 분석하는 기능을 수행하기 때문에 이러한 임무에 기초하여 외국군 연구기관과의 교류에 적극 참여하려는 의지를 보이고 있다.

한편, 중국군의 대외 체육교류는 대부분 총정치부 통제하에 추진된다. 총정치부는 인민해방군의 사상무장을 책임지는 핵심조직으로 출판, 문화, 예술, 체육을 포함한 공공 부문에 대한 조정 책임도 진다. 따라서 외국과의 친선교류는 주로 총정치부에서 주관하게 되며, 이를 위해 총정치부와 예하 해·공군 정치부에는 각종 예술단 및 스포츠팀이 소속되어 있다. 그러나 이러한 조직들의 대외교류는 대부분 과거 공산국가였거나, 제3세계 국가군에 포함되는 나라를 대상으로 전개되고 있다.[202]

한·중 수교 이후 중국군은 남북한과 교육 및 체육분야 교류를 어떻게 추진하였는가? 먼저, 북한과의 교육 및 체육교류 관련자료는 여타 분야와 마찬가지로 파악이 어렵다. 일례로 2004년 국방대학 단기 연수과정에 참가한 한국군 장교에 의하면, 28개국 50명의 외국군으로 편성된 동 과정에 북한은 불참하고 있으며, 심지어는 군 위·수탁 과정이 아닌 민간대학에도 점차 북한 유학생들의 숫자가 줄어들고 있는 실정이라고 한다.[203] 이러한 자료접근의 제한점

---

201) 군사과학원은 중국국제전략연구소(CIISS)와 함께 총참모부 산하 제2부(정보부)에 해외정세 분석 및 전망에 대한 연구결과를 수시로 보고한다.

202) 앞의 북·중 실무 대표단 상호방문 현황에서 보듯이 중국군의 방북 대표단 중에서 총정치부 소속의 대표단이 많은 이유가 여기에 있다고 볼 수 있다.

을 이유로 여기에서는 한·중 간 최근 추진된 교육·학술 및 체육 교류를 중심으로 논의를 전개하고자 한다.

한·중 군사교육기관 교류는 크게 국방대학 학생교류와 교육시찰단 교류로 나눠진다. 한국 국방대학 학생들의 방중은 1994년부터 시작되었으며, 이후 거의 매년 10월 중에 중국 국방대학 뿐만 아니라 군사과학원과 각 군 기관을 방문하고 있다. 국방대 학생들의 경우 단순 방문에 그치고 있으며, 엄격한 의미에 있어서의 학술교류는 아직 이뤄지지 않고 있다. 2000년에는 중국 국방대학 고급 진수반 학생 18명[204]이 한국을 최초로 방문하였다. 중국 국방대학 방문단은 기간 중 한국 국방대학 방문 외에 육군사관학교, 해군 2함대, 공군 17전투비행단 등 부대를 참관하였으며, 제주도 탐방활동과 삼성전자 견학도 병행하였다. 중국군 고위 장성 뿐만 아니라 지방의 副성장, 차관급까지 포함된 방문단은 발전된 한국군과 한국의 산업시설을 둘러보고 경탄을 금치 못했다고 한다. 2001년에는 연대장 및 사단장반과 군단장반이 두 차례에 걸쳐 한국을 방문하였다. 이후에는 합참대학 및 해·공군대학 학생장교, 그리고 각군 사관생도

203) 2004년 중국 국방대학 방무(防務)학원 '국제문제 세미나반'에 참석한 한국군 장교와의 인터뷰. 그에 따르면, 중국 국방대학 방무학원(2004년 8월 1일부로 국방대학 외훈계(外訓係)에서 방무학원으로 개칭)에서 매년 추진하는 국방대학 단기과정 '국제문제 세미나반'이 2004년 8월 16일부터 9월 30일까지 개설되었다고 한다. '국제문제 세미나반'은 각국의 고급장교를 초청하여 중국 개혁개방이후의 발전상과 중국군을 소개하고, 각국의 국방정책과 국제문제에 대한 토의와 교류협력 증진을 목적으로 개설되었지만, 진행과정에서 보면 중국위협론을 불식시키고자하는 의도가 내포되어 있다고 한다.

204) 방문단에는 인민해방군 현역 중장 2명, 소장 7명을 포함하여 중국 당·정 기관의 고위 간부들이 포함되었다. (주중 무관부 업무자료 참고)

들도 중국에 대한 방문을 추진하는 등 점차 그 범위와 대상이 확대되고 있다.

교육시찰단 교류는 1999년 제1차 한·중 국방장관회담시 한국 국방장관 제안의 일환으로 추진되기 시작하였다. 중국측 요청에 따라 중국에서 먼저 시찰단을 구성하여 한국을 방문하였다. 시찰단은 국방부 외사판공실 및 총정치부 요원 외에 중국군 양성기관의 현역 간부와 군무원으로 구성되었으며, 한국 국방부 및 국방대학, 그리고 군내 양성기관을 방문하였다. 한국 교육시찰단의 방중은 상호주의 원칙에 따라 다음해인 2000년에 이뤄졌으며, 시찰단은 국방부 및 각군 교육실무자로 편성되었다. 이후 한·중 양국 교육시찰단은 거의 정례적으로 상호방문이 이어지고 있으며, 양국 군 교육기관에 현역간부를 상호 위·수탁하자는 논의까지 확대되었다. 그러나 이 문제는 한국과 대만 간의 군 교육교류가 진행되고 있어 중국측이 보류해 놓았다가,[205] 2012년부터 쌍방 교류형태로 교환교육을 추진하기 시작하였다. 한·중 양국군은 2012년부터 중국인민해방군

205) 저자가 중국 체류기간(2007. 8-2008. 1) 중에 중국 군사과학원 연구원과 접촉할 기회가 있어 양국 군 위·수탁교육에 대해 의견을 구한 결과 "한국과 대만의 군 유학생 교류가 한·중 군사교류의 발전에 장애가 되고 있다. 한국이 대만 군 유학생을 받지 않는다면 중국군 장교들이나 군사과학원의 우수한 연구원들이 한국의 군사학교 및 연구기관에 연수 또는 유학이 활성화 될 것이다"는 답변을 하였다. 이러한 문제에 대해 당시 주중 무관부의 입장은 "한국은 '하나의 중국' 원칙을 철저히 존중하고 있으며, 현재 국방부 차원에서 동 문제를 신중히 검토 중에 있다. 그러나 중국은 현재 미국·일본 및 여타 동남아 국가들이 민간교류 형식을 빌어 대만과 군사교류를 활발히 진행하고 있는 점을 간과하고 있는 것이다. 한국은 군 유학생 교류 외에는 대만과 군사교류가 없는데, 중국이 다른 국가의 對대만 군사교류는 문제삼지 않고 유독 한-대만 군 유학생 교류 중단을 요구하는 것은 무리이다"는 입장을 표명하였다.

외국어학원과 한국 국방어학원에 각각 육·해·공군 장교 3명씩 파견하여 약 1년 정도의 어학 위·수탁교육을 시행하고 있는 것이다. 이와 같은 어학과정 교류 외에 지휘참모대학과 같은 영관급 보수교육과정교류에 대해서는 협의 중에 있다.

이 외에 현재 한국군 장교가 중국에서 위탁하고 있는 과정은 앞서 언급한 국방대학 국제문제연구반 단기과정이 있으며, 간헐적으로 군의학교와 해방군 외국어학원에 한국군 장교를 위탁시키기도 하였다. 그러나 이러한 과정은 엄밀히 말해 군사교류 차원이라기보다는 非군사분야의 일방적 위탁이라고 볼 수 있다.

최근에는 현역간부의 학술교류 외에 준(准) 군사연구기관의 교류도 추진되고 있다. 한국 성우회와 중국국제전략학회의 상호방문이 바로 이러한 예에 해당한다. 2009년10월 한국 성우회는 중국국제전략학회 대표단을 초청하여 동북아 안보정세 및 양국 주요 안보관련 현안에 대한 토의를 진행하였다. 중국국제전략학회 대표단의 방한은 동년 4월 성우회의 방중에 대한 답방형식으로 추진됨으로써 상호방문의 성과를 거두었다. 이와 같은 반군반민(半軍半民) 형태의 학술교류는 한·중 양국 군사외교에 긍정적인 영향을 줄 것으로 기대되며, 특히 양국 군의 투명도 증대와 신뢰제고에 간접적인 역할을 할 것으로 평가된다.

다음으로 체육교류 분야는 1992년 베이징 국제 군인농구 선수권대회에 상무팀이 출전한 것을 계기로 매년 양국 군 체육선수단이 교류방문을 활발히 진행하고 있다. 사실 양국 군사교류의 시작은 체육분야부터 시작되었다고해도 과언이 아니다. 종목별로 보면, 사격, 레슬링, 축구, 농구, 조정, 고공강하 등 다양한 분야의 교류가 진행되고 있으며, 특히 2007년에는 2008년 베이징 올림픽을 앞두고 중국군 고위급 간부가 포함된 대표단을 편성하여 한국을 방문, 88년 서울 올림픽 성공사례를 벤치마킹하기까지 하였다.[206] 최근 2009년 7월에는 중국군 유도 선수단이 국군체육부대를 방문하여 상무 유도팀과 친선행사를 가졌다. 이는 1992년 한·중 수교 이후 43번째 공식 체육교류로 기록되었다.

위에서 살펴본 것처럼 양국 군의 교육 및 체육교류는 일일이 나열할 수 없을 정도로 활발히 진행되고 있다. 샘플 차원의 2008년과 2009년의 교육·학술 및 체육교류 현황을 정리하면 〈표 4-10〉과 같다.

〈표 4-10〉 한·중 교육 및 체육교류 현황(2008-2009)

구 분	訪韓	訪中
교 육 학 술	·국방대학 학생대표단 (2008, 2009) ·군사과학원 대표단(2008) ·국제전략학회 대표단(2008)	·합참대학 대표단(2008, 2009) ·국방대학 안보과정(2008, 2009) ·국방대학 장군진급반(2009)
체 육	·廣州군구 여자축구단(2008) ·중국군 유도 선수단(2009) ·중국군 레슬링·유도 선수단 (2009)	·상무 유도 대표단(2008) ·상무 탁구 대표단(2009)

출처: 『국방백서』(2008), 『解放軍報』, 『국방일보』 각 해당판 등을 토대로 저자가 작성하였다.

206) "중국군 체육사절단-선수단 국군체육부대 방문," 『국방일보』(2007. 4. 17).

2. 기타 분야 교류

한·중 양국 간 군사관계는 상위영역인 외교부문을 포괄하는 분야로까지 확대되고 있다. 제3차 한·중 외교안보대화가 2007년 5월 16일 중국 베이징에서 개최되었는데, 이 회의에서 한국측은 외교통상부 아시아·태평양 국장을 수석대표로 국방부 동북아정책팀장, 중국정책담당 등 외교통상부와 국방부 관계관이 참석하였으며, 중국 측에서는 외교부 아주국장을 수석대표로 역시 외교부와 국방부 관계관이 참석하였다. 한·중 외교안보대화는 2002년 양국 외교장관 회담 당시 합의에 따라 외교·안보정책에 대한 상호 이해 제고를 위해 2002년 10월 처음으로 베이징에서 개최된 바 있으며, 2005년 11월 후진타오(胡錦濤) 중국 국가 주석 방한 당시 이 회담의 정례화에 합의, 2006년 6월 제2차 회의가 서울에서 개최된 바 있다.[207)]

뿐만 아니라, 양국 간 군사교류는 민간부문까지 확대되고 있다. 물론 순수한 민간차원으로 보기는 어렵지만, 2002년부터 한국의 사단법인 21세기 군사연구소와 중국의 국제우호연락학회 간에 한·중 안보포럼이 개최되어, 2006년까지 4차례 개최되었다.[208)] 이러한 측면에서 양국의 군사안보관계는 행위자나 영역이 군사분야에 속하지 않는 부분까지 확대되고 있으며, 이러한 차원에서 앞서 제시한 '국방외교' 개념이 한·중 국방교류관계를 보는데 있어서

207) "한중 관계 증진 방안 협의: 양국 외교안보대화 16일 베이징서," 『국방일보』(2007. 5. 15).

208) 『동아일보』(2002. 6. 6).

‘군사외교’ 개념보다는 좀 더 유용한 개념이라 할 수도 있다.

최근에는 양국간 군사직통망 설치가 합의됨으로써 양국 군사교류관계의 지평이 한층 확대되고 있다. 군사직통망 설치는 2007년 4월 원자바오(溫家寶) 중국 총리 방한시 합의되었으며, 구체적인 일정이 동년 5월 23일 발표되었다. 보도에 따르면, 한국과 중국은 양국 수교 15주년 기념일인 2007년 8월 24일을 전후해 군사직통망을 개통키로 합의했다고 밝혔다. 상용 국제전화 방식으로 개설하는 직통망은 진해 해군작전사령부 지휘통제실과 중국군 북해 함대사령부의 작전처 간에 설치되며, 또한 오산의 공군작전사령부 중앙방공통제소(MCRC)와 중국의 북경 방공센터를 연결하는 직통망도 함께 개설키로 합의했다.[209)] 한편, 한·중 국방부 간 긴급연락체계 구축을 위해 2011년 7월 국방장관회담과 2012년 제2차 국방전략대화시 합의한 국방부 핫라인 개설은 2013년 12월말까지 구축하겠다는 목표로 추진 중에 있다.

이와 더불어 원자바오 총리의 방한시 직통망 설치와 함께 합의되었던 해상 탐색·구조 훈련과 관련한 일정도 논의되었다. 2007년 9월 해군 순양함대의 상하이 방문시 양국 탐색구조 훈련을 위한 실무회의를 추진할 것과 해상 탐색·구조훈련을 정례화하는 방안을 제기했던 것이다.[210)] 2008년 10월에는 부산 국제관함식에 참석차 방한한 중국해군 하얼빈함과 뤄양함이 한국해군의 충무공 이순신

---

209) 이 합의는 중국측의 설치장소 변경요구로 지연되었으며, 이에 따라 대구의 제2 중앙방공통제소(MCRC)와 산동반도의 지난(濟南)군구 방공센터, 해군 2함대 사령부 지휘통제실과 칭다오(靑島)의 중국군 북해함대사령부 작전처 간에 설치될 것으로 알려졌다. 『한겨레』(2007. 12. 12).

210) 『서울신문』(2007. 5. 24).

함과 제3차 연합 수색구조훈련을 실시하기도 하였다.

그런데 이와 같은 양국 군사교류의 지평확대에도 북한요인이 부분적으로 작용한 것으로 볼 수 있다. 한·중 간 군사직통망은 서해상의 우발적 충돌 방지 차원에서 제안되었지만, 이러한 범위에는 남북 해군간 우발적 충돌로 이어질 가능성도 내포되어 있기 때문이다. 한·중 수교 이후 양국 간에 전개된 군사교류협력을 분야별로 종합해 보면 〈표 4-11〉과 같다.

〈표 4-11〉 한·중 군사교류협력 현황(종합)

<table>
<tr><th colspan="2">구 분</th><th colspan="2">현 황</th></tr>
<tr><td rowspan="2">인사교류</td><td>장 관</td><td colspan="2">· 방중 6회('99, '01, '05, '07, '09, '11)
· 방한 2회('00, '06)</td></tr>
<tr><td>합참의장/총장</td><td>· 합참의장('92, '94, '00, '03, '07, '13)
· 육군총장('01, '08)
· 해군총장('00, '04, '06, '08, '09, '13)
· 공군총장('02, '05, '08, '09)</td><td>· 총참모장('02, '07, '09)
· 부총참모장('98, '03, '07, '08, '11)
· 해군사령관('08)
· 공군사령관('01)</td></tr>
<tr><td rowspan="2">부대교류</td><td>육 군</td><td colspan="2">· '06년 3군사령관↔제남군구사령관 상호방문 정례화</td></tr>
<tr><td>해 군</td><td colspan="2">· 2함대사령부↔북해함대(청도) 교류
· 3함대사령부↔동해함대(영보) 교류</td></tr>
</table>

〈표 4-11〉 한·중 군사교류협력 현황(종합)(계속)

구 분		현 황
정례회의	국방전략대화(차관급)	·'11년 국방장관회담시 제안 ·2차례 개최('11, '12)
	국방정책실무회의(국장급)	·'95년부터 비정기적 추진→'04년부터 정례화 ·'11년까지 총 12회 개최
	외교안보대화(2+2) (외교 : 국장, 국방 : 차·과장)	·'02년 최초 개최 이후 총 3회 실시
	정보교류회의(정보본부)	·방중 6회('99, '01, '03, '05, '07, '13) ·방한 2회('03, '06)
	합참 간 회의	·'01년 최초 개최 이후 중단
	육·해군 간 회의	·'08년 각 1회 개최
	공군 간 회의	·'04년 이후 2년 주기로 개최(공군직통망 회의와 통합)
학 술 교 류		·국성우회↔국제전략학회 ·21세기 군사연구소↔국제우호연락회
체 육 교 류		·각 종목별(유도, 축구 등) 대표단 비정기적 상호방문
국방관련 협정체결		·국방교류협력 양해각서('12. 7. 31) ·해·공군 간 직통전화 양해각서 ('08. 11. 24)
수색·구조훈련(SAREX)		·총 4회('05, '07, '08, '11)

제3절 소결: 對남북한 군사외교의 비대칭성

한 국가가 타국에 대해 추진하는 군사외교의 보편성과 특수성은 국가간 관계에 귀속된다. 많은 연구자들이 북한의 국가성격을 '보편성'과 '특수성' 중 어느 쪽에 비중을 두고 보아야 할 것인가에 대한 논쟁을 지속해왔다.[211] 이러한 북한 국가성격의 규정과 더불어 북·중 관계의 특수성을 가미하여 군사외교 특징을 조명하기란 더없이 어려운 작업일 것이다.

지금까지 진행한 연구에서 북·중 양국을 '특수한' 관계로 규정할 수 있는 요소가 있음을 확인하였다. 양국관계는 평시 국가이익에 기반한 일반적인 쌍무관계를 견지하면서도, 일방 혹은 공동의 주요 사안 발생시 공동운명체로써 상호의존·지원관계로 발전하는 것을 알 수 있었다. 한편, 양국관계는 전반적 우호 및 공조 속에서 일시적인 갈등을 표출하기도 하나, 이러한 갈등의 시기에도 '혈맹' 관계에 기초한 유대감을 통해 갈등해결의 돌파구를 쉽게 찾는다는 특징을 보이기도 하였다. 더불어 정치이념과 국가제도, 그리고 사회문화적 측면에서 보여주는 양국의 결속력과 유대감은 여타 국가간 관계에서 보기드문 현상으로 평가되기었다. 특히 중국은 북한을 완충지대로 인식하고, 북한은 중국을 사회주의 후견국으로 인정하는 '순치적 혈맹' 관계는 양국을 보다 '특수한' 관계로 규정짓는 요인으로 작용하였다.[212]

---

211) 북한 국가성격의 '보편성'과 '특수성'에 대한 대표적인 연구로는 최완규 엮음, 『북한의 국가성격 변용에 관한 연구』(서울: 한울아카데미, 2001)를 참고할 것.

212) 趙俊來, "中國의 對北韓關係 特殊性 硏究," 韓國外國語大學校 大學院 博士學

그렇다면 이러한 북·중 관계의 특수성을 전제로 한 가운데 한·중 수교 전후 중국이 전개한 對남북한 군사외교에서 나타난 특징은 무엇인가? 여기에서는 제2장에서 제시한 중국 군사외교 분석틀을 적용하여 정리한 〈표 4-12〉를 토대로 그 특징을 분석하고자 한다.

중국 군사외교의 양면적 기능을 대상국가에 어떻게 구현하는가에 따라 보편성과 특수성으로 구분할 수 있을 것이다. 중국 군사외

〈표 4-12〉 중국 군사외교 체계와 對남북한 관계

구 분		한·중 수교 이전 (북한 一邊倒)	한·중 수교 이후	
			對북한	對남한
국가이익	·정치이익	○	●	○
	·경제이익	△	△	●
	·군사이익	●	○	△
	·문화이익	△	△	△
목 적	·유리한 안보환경 조성	○	●	●
	·군 현대화 건설	-	-	△
	·'중국 위협론' 불식	-	-	△
	·국제영향력 확대	●	○	○
유 형	·상징형(疑議型)	-	△	-
	·조정형(調整型)	-	-	△
	·견인형(牽引型)	●	●	△
	·견제형(牽制型)	△	○	○

범례 : ● 상관관계 높음, ○ 상관관계 보통, △ 상관관계 낮음

位論文(2001), p. 12.

교의 내적·외적 기능을 중국 군사외교의 보편성으로 전제할 경우 과연 남북한과의 군사외교에 있어서는 어떠한 보편성과 특수성을 보이는가?

통시적인 비교는 어렵지만 냉전기에는 당제(黨際)관계가 우선시되는 가운데 북한 일변도의 군사외교를 추진하면서 '혈맹' 관계적 특수성을 보였다. 한국전쟁시기 '피를 나누는' 전시 군사외교를 경험하였고, 이후 중·소 분열 속에서 소련 견제를 위한 목적의 군사적 관계를 형성하였다. 즉 북한과는 전·평시 군사외교에 대한 직접적인 경험을 모두 갖고 있는 것이다. 한국전쟁 시기를 거쳐 1960년대 이후 국제공산주의 협력 차원과 소련을 염두한 중국의 일방적 군사지원이 이뤄졌지만 중국 입장에서 볼 때 북한의 역할은 수사적(rhetoric) 지지 외에는 없었던 것이다.

탈냉전 이후에는 강대국으로의 부상과 미국을 견제하기 위해 북한의 '모험'을 어느 정도 관리하기 위한 '정치동맹'적 성격으로 변화되었다. 1961년 체결된 《조·중 우호협력 및 상호원조 조약》은 탈냉전 이후 군사동맹이 아닌 정치·외교적 속박과 굴레, 그리고 타국에 대한 위협기제로 작동되었다. 양국 간의 군사관계는 실질적 교류협력보다 각종 기념행사 참석을 위해 상호 방문하는 '상징성' 군사외교에 초점이 맞춰졌다. 군사외교 차원에서 볼 때 제도적으로는 최고 수준인 군사동맹을 체결한 양국 관계가 최저 범주인 군사교류마저도 제대로 전개되지 못했던 것이다.

중국의 입장에서 이러한 북한의 특수성은 미국 견제를 위한 전략적 호재(好材)이기도 하였다. 이는 향후에도 중·미 관계 기복(起伏)시 활용할 수 있는 좋은 카드가 될 수도 있을 것이다. 예를 들어 대만문제를 둘러싼 미국과의 갈등시 일종의 시위로써 '의도성'이 가미된 북·중 연합훈련을 실시한다거나 대만 고립을 위한 다양한 기제를 도출해낼 수도 있다는 것이다. 북·중 관계의 이러한 성격변화는 기본적으로 '견인형' 군사외교의 속성을 지속하면서, 중국 국가이익에 반하는 사안에 대해 '견제형' 군사외교를 병행할 것으로 예상된다. 즉 '大견인', '小견제'의 북·중 군사외교 유형을 상당기간 지속할 것이다.

한편, 중국이 한국에 대해 전개한 군사외교 역시 나름대로의 보편성과 특수성을 갖고 있다. 한·중 관계는 수교 이후 경제분야의 교류를 시작으로 양국관계가 발전해 왔으며, 군사교류는 2000년 이후 본격화되었다. 약 10여년 동안 중국이 한국에 대해 전개한 군사외교는 경제현대화 건설과 양안관계 발전을 위한 평화로운 주변환경 조성 차원의 보편성 외에 '전략적 협력 동반자관계'와 연계를 갖는 특수성도 보여주고 있다.

경제이익과 정치·외교적 목적으로 발전되어 온 한·중 관계는 이제 명실상부한 '전략적' 협력 동반자관계까지 격상되었다. 그러나 군사외교 차원에서의 발전은 양국 간의 총체적 외교 수준에 비해 상당히 뒤떨어져 있다. 중·러 간에도 한·중 관계와 같은 '전략적 협력 동반자관계'가 유지되고 있지만 군사외교 분야에서는 비교가 안될 정도로 군사협력의 차이를 보인다.[213] 즉 국가간 관계는

---

213) 중·러 간 2009년 한해동안 전개된 군사외교활동을 보면, 6월 양국 정상회담에서 군사관계 강화에 대한 합의를 이루었고, 중앙군사위원회 부주석 궈보슝(郭伯雄)과 국방부장 량광례(梁光烈), 총참모장 천빙더(陳炳德), 총장비부장 창완췐(常萬全)이 각각 러시아를 방문하여 양국 군사관계 발전과 신뢰구축을 위한 제반 활동을 전개하였다. 또한 《탄도미사일 및 우주로켓 발사에 관한 상호

전략적 차원의 협력관계를 구축하였지만 군사외교 분야에서는 '상징성', '초보성' 군사교류 수준에 머물러 있는 것이다. 해·공군 작전사 간의 직통전화 개설과 군 고위급 및 실무대표단 상호방문 등은 군사외교 범주의 최하위수준인 군사교류 차원이며, 연합훈련, 방산 등 분야의 군사협력 수준에는 아직까지 진입하지 못하고 있는 것이다.

한·중 군사외교의 이러한 특수성은 한·미 동맹, 대만 및 북한 요인이라는 정치·외교적 변수에서 기인한다. 다시 말해 중국은 한반도에서 주도권을 선점하고, 국제무대에서 영향력을 제고하기 위해 한국과의 군사외교를 '전략적'으로 전개하고 있는 것이다. 반면 상호신뢰구축과 실질적 군사협력활동에는 '소홀한' 이중적 태도를 견지하고 있다고 보아야 할 것이다. 이러한 이중적 태도는 중국 군사대표단이 한국을 방문하여 미국 교리와 무기체계를 집중적으로 확인하는 대미(對美) 견제 태도와, '하나의 중국' 원칙을 강조하며 한·중 군사교육교류를 전면 거부하는 사례를 보면 명백히 드러난다.

향후 한·중 군사외교의 향방은 결국 미국과 북한, 그리고 대만 변수에 의해 좌우될 것이며, '초보형' 군사외교(군사교류)와 대미 '견제형' 군사외교를 병행하는 양상이 지속될 것이다. 즉 '小견제',

---

통보협정》(相互通報發射彈道導彈和航天運載火箭的協定)을 체결하는 등 전략적 협력 동반자관계에 부합된 군사관계 발전을 위한 가시적인 조치를 취하였다. 11월에는 군사외교의 중요한 영역 중의 하나인 연합훈련, 즉 '平和使命-2009'(화평사명-2009)를 통해 실질적인 군사협력관계를 과시하기도 하였다. "國防部官員: 2010年對外軍事交流活動力度將更大," 『瞭望』2010年第1期(2010. 1. 4).

'小견인'의 한·중 군사외교 유형을 보이되, 전략적 협력 동반자관계 수준에 부합된 군사관계까지 수준을 격상시키는데는 상당한 시간이 필요할 것이다.

이상의 연구를 통해 중국 군사외교의 성격 변용에 대한 저자의 의견을 덧붙이고자 한다. 한마디로 중국이 추진하는 모든 국가 및 지역과의 군사외교는 전략적 사고에 기초한 국가이익을 유일한 준거틀로 삼아 '유연한' 대응과 조치를 해 나갈 것이다. 즉 對남북한 관계에서 나타난 단편적인 보편성과 특수성은 중국 군사외교의 성격변용이라 볼 수 없다는 것이다. 중국이 강대국으로 발돋움한 이후 국가목표를 재조정하게 되면 군사외교의 목적과 그 유형은 또 다른 변형을 수반할 것이며, 이는 對남북한 군사외교에도 그대로 투영될 것이다.

제5장

결론

이 책은 중국의 對한반도 안보전략은 어떠한 이유에서, 어떻게 변화해 왔는가? 그리고 중국 군사외교 행태가 對남북한 전개과정에서 어떻게 투영되었는가를 비교적·역사적 맥락에서 고찰하는데 목적을 두고 진행하였다.

중국의 對남북한 군사외교 전개과정에서 나타난 지속성과 변화는 군사외교체계의 틀로 분석이 가능하였다. 중국지도부의 전략적 사고와 안보전략의 변화, 그리고 이러한 변화가 한반도 및 남북한에 각각 어떻게 투영되었는가를 고찰하는 선행작업이 요구되었다. 중국 관방의 주요 문서와 언론 등 여러 채널과 방법을 통해 중국의 對한반도 전략적 사고와 인식을 고찰해 보았다.

연구결과, 첫째, 중국의 對한반도 정책 및 남북한 인식은 고정된 것이 아니라 지속적으로 변화되어 왔음을 알 수 있었다. 또한 이러한 변화는 국내외 환경의 변화와 지도자의 인식이 주요 변수로 작용하였으며, 특히 중국 개혁개방의 추진과 한·중 수교는 이러한 변화에 결정적인 요인으로 작용하였음을 확인하였다. 둘째, 이러한 변화양상을 고려해 볼 때 향후 중국의 전략적 사고와 對남북한 인식의 변화는 이념적 요소보다는 국가이익 차원의 고려가 우선시 될 것으로 분석되었다. 그러나 이러한 변화는 단기간에 통합적으로 진행되기보다는, 장기적으로 분야별, 선택적으로 '견제' 혹은 '견인' 목적 하에 진행될 것으로 예상된다.

한편, 중국은 여타 국가들처럼 당시의 국내외 환경과 지도자의 개인적 인식을 토대로 국가이익을 설정하고, 이에 부합된 정책을 추진했다고 볼 수 있다. 특히, 탈냉전기 중국의 국가이익은 절박성과 중요성, 그리고 효용성 측면에서 경제이익→안보이익→정치이익→문화이익 順으로 조정된 것으로 파악되었다.

중국은 국가이익에 기초하여 對한반도 안보전략을 지속적으로 조정하였다. 전통적으로 중국은 한반도의 지리적 인접성과 지정학적 중요성을 고려하여 한반도를 전략적 요충지로 인식해 왔다. 한반도가 중국 이외의 다른 강대국의 영향력 하에 들어가는 것을 중국의 안보에 심각한 위협으로 간주하고 가용한 수단을 동원하여 한반도를 자국의 영향권 하에 두고자 노력하였다. 이러한 한반도의 전략적 중요성은 1978년 개혁개방이 시작된 이후에도 지속되었으며, 특히 한·중 수교 이후부터 중국은 확대된 외교무대를 바탕으로 한반도 전체에 대한 자국의 영향력 확대에 상당한 노력을 기울이고 있다.

마오쩌둥(毛澤東) 시기 중국의 對한반도 정책은 안보·전략적 고려와 이데올로기적 요소에 중점을 두고 철저하게 북한을 지지하고 한국을 적대시하는 원칙으로 일관하였다. 그러나 덩샤오핑(鄧小平) 이후 경제이익을 핵심적 이익으로 설정한 가운데 한반도 평화와 안정에 중점을 둔 안보전략으로 전환하였다. 특히, 한·중 수교 이후 중국이 남북한에 대해 균형외교를 전개하고 있는 것은 한반도에서 최대한의 이익을 확보하기 위한 안보전략적 고려에 따른 것으로 볼 수 있다. 중국은 북한과 전통적 우호협력관계를 지속함으로써 북한에 대한 영향력을 유지하고, 한국과 선린우호 관계를 강화함으로써 한국에 대한 영향력을 확보하는 동시에 북한과 미, 일을 견제하고자 한다. 중국은 한반도를 통해 취할 수 있는 전략적 이익이 사라지지 않는 한, '두개의 조선' 원칙을 고수하면서 남북한에 대한 영향력을 극대화시키고자 노력할 것이다.

이러한 중국의 對남북한 전략적 사고와 안보전략의 변화가 군사외교 전개과정에서는 어떻게 나타났는가? 이 책에서는 한·중 수교 이전과 이후로 시기를 구분하여 수교 이전에는 對북한 일변도의 군사관계를, 수교 이후에는 군사외교 영역별로 남북한을 동시에 투영시켜 고찰하였다.

냉전시기 중국의 군사외교에 대한 인식과 정책적 실천은 드러나지 않지만 북·중 양국 군사관계를 역사적으로 조명하면서 현재 중국 군사외교의 틀을 토대로 역추적하는 작업을 진행하였다. 냉전시기 북·중 양국의 군사외교는 '형제국'으로서의 우의증진과 양국관계 악화시 '보상' 및 '달래기' 혹은 지원 요청을 위한 목적으로 진행되었다고 볼 수 있다. 중국은 중·소 분쟁 국면과 미·중 관계 정상화 추진과정에서 북한을 끌어들이기 위한 '견인'(牽引)형 군사외교를 추진하였다. 반면, 문화대혁명과 북한의 친소(親蘇)노선 시기에는 부분적으로 '견제'(牽制)와 '관리 및 통제'를 위한 군사외교를 전개하였던 것이다. 그러나 냉전기 전 기간을 놓고 볼 때 중국은 북한에 대해 '견제'보다는 '견인'을 위한 군사외교활동에 비중을 두었다.

냉전기 중국의 對북한 군사외교에서 이러한 특징이 나타나는 가장 큰 이유는 무엇보다 냉전구도 하에서 마오쩌둥의 對한반도 전략적 사고에 기초한 군사·정치이익 최우선 주의에서 기인한다고 볼 수 있다. 다시 말해 냉전시기 중국이 북한과의 군사교류를 통해 얻을 수 있었던 것은 '혈맹국'으로서의 전통적 우의증진을 위한 '견인형' 기제와 더불어 북한의 돌출행동 예방을 위한 '관리·통제' 기제 밖에는 없었던 것이다. 그러나 이 시기 중국에 대한 북한의 전략적 가치는 중국의 직접적 안보이익 확보와 친소(親蘇)화 방지의 최우선 대상이었기 때문에 대북 군사지원은 지속되었던 것이다.

냉전시기 중국의 對북한 군사외교를 종합적으로 평가해 볼 때, 북·중 양국은 한국전쟁을 통해 북·중 '혈맹'관계를 구축하였고, 미·소 양대 진영이라는 국제체제 하에 1961년 체결된《조·중 우호협력 및 상호원조조약》에 기초하여 군사외교의 최고 수준인 군사동맹 차원의 군사외교를 전개하였다고 볼 수 있다. 즉 중국은 북한 일변도의 군사관계를 지속하였고, 한국과는 일말의 여지도 없이 적대적인 군사관계로 일관하였던 것이다.

한편, 한·중 수교 이후 중국은 '두개의 조선' 원칙하에, 북한과는 북·중 관계 '16자 방침'을 강조하는 '전통적 우호협력관계'를, 한국과는 '전략적 협력 동반자관계' 수준까지 발전된 가운데 이에 상응하는 군사관계를 발전시켜 나가고 있다. 한·중 수교 이전 북한 일변도 군사외교와는 달리, 중국은 남북한에 대해 범위와 수준은 다소 상이하지만 전략적 사고와 국가이익에 기초한 군사외교를 전개하고 있다. 중국은 한·중 수교를 추진하는 과정에서 북한을 달래고 중국의 국가이익을 관철시키기 위해 중국 군부를 동원하기도 하였다. 중국인민해방군은 한·중 수교라는 국가적 차원의 정치·외교 협상과정에서 국가 핵심목표인 경제 현대화에 기여했던 것이다.

탈냉전 이후 현재까지 한반도 안보의 핵심이슈는 북핵문제에 있었고, 북핵문제 해결을 위해 중국은 정치·군사이익에 우선순위를 둘 수밖에 없었다. 북핵문제 해결과정에서 중국은 한반도 비핵화 원칙을 강조하면서 북한에 대한 군사제재를 반대했다. 이는 무엇보다 평화로운 주변환경 조성차원에서 북한에 대한 군사제재보다는 협상과 대화를 강조한 것이며, '평화롭고 책임있는' 강대국 이미지 구현을 위해서도 이러한 접근태도가 필요했던 것이다. 또한 제2차 북핵위기를 전후한 중국의 태도변화는 '중국 위협론' 불식과 더불어 국제무대에서의 영향력을 확대하겠다는 전략적 사고에 기인한 것이었다. 이러한 북핵문제 해결과정과 중국 군사외교를 연계시켜 볼 때, 중국은 한반도 및 국제무대에서 영향력을 제고하고, 대북(對北) 제재 및 지원을 통해 북한을 '견제·견인'하기 위한 전략적 포석 차원에서 군사외교를 전개하였던 것이다.

한·중 수교 이후 중국의 對남북한 군사외교활동을 영역별로 분석해보면 첫째, 군사외교에 대부분을 차지하고 있는 인적교류면에서 질적으로는 북한에, 양적으로는 한국에 편향된 비대칭적 양상을 보였다. 북·중 군 고위급 인사교류는 국가정상회담시 수행하면서 전략협의 수준의 교류를 진행함과 동시에, 양국이 공유하는 각종 기념행사에 대대적인 대표단 파견을 통해 양국 군부의 결속을 과시하는 특징을 보였다. 한편, 한・중 양국 군 최고위급 교류는 방한(訪韓)에 비해 방중(訪中) 횟수가 많았으며, 한국이 행사와 의전에 치우치면서 '아쉬운' 제의를 해야만 했던 반면, 중국은 치밀한 전략적 판단 하에 '느긋한' 자세로 일관했다는 불균형적인 양상을 보이기도 하였다. 그러나 한・중 관계가 전면적 협력 동반자관계로 격상됨에 따라 고위급 인사교류 외에도 함정・공군기 상호방문, 실무급 회의 및 대표단 방문, 교육 및 체육교류 등 군사외교 영역을 확대해 나가고 있는 것으로 평가되었다.

한・중 군사교류는 '상징성'과 '초보형'(擬議型)에 가까운 수준의 교류로써, 중국은 경쟁상대인 미국을 염두하고 한국과 군사외교를 전개했다고 볼 수 있다. 반면, 북・중 군사외교에 있어서 중국은 공식적으로 표명한 '16자 방침' 외에 실질적으로는 북한의 존립을 좌우하는 사안에 대해서는 북한을 적극 옹호하고, 북한의 존립을 직접 해치지 않는 사안에 대해서는 국제관례를 따르며, 중국의 이해관계와 직접적 연관이 없는 사안에 대해서는 최대한 북한의 뜻을 수용한다는 3대 원칙[1])을 준용한 군사외교를 전개하였다고 볼 수 있다.

한・중 수교 이후 중국이 남북한을 대상으로 전개한 군사외교의 유형을 종합해 보면, 북한에 대해서는 '견인형'(牽引型)에 치중하되 부분적으로 북한의 돌출행동을 '관리'・'통제'하기 위한 '견제형'

1) 吳勇錫, "중국의 대북한정책 기조와 경제협력," 李昌在 編 『한반도 주변 4국의 대북한정책』 (서울: 대외경제정책연구원, 1996), p. 18.

(牽制型) 군사외교를 추진한 반면, 한국에 대해서는 상징적 수준의 '초보형' 관계를 유지하면서 부분적으로 미·일을 겨냥한 '견제형' 군사외교를 추진했다고 볼 수 있는 것이다.

이 책의 연구성과를 꼽는다면 무엇보다 국내외 '군사외교'에 관한 이론적 접근과 그 실천행태를 초보적 수준의 '자료정리' 차원에서나마 연구를 진행했다는 것이다. 또한 학계에서 단편적인 논문들이 간헐적으로 발표되긴 하지만 군사외교 혹은 중국의 對남북한 군사외교에 관한 주제로 박사학위논문이 부재한 가운데 이 책을 출판했다는 점에서도 의미를 찾을 수 있을 것이다.

보다 구체적인 성과를 꼽는다면, 첫째, 1990년대 후반 이후 중국이 군사외교 추진에 적극성을 띠는 이유를 고찰함으로써 중국의 전략적 사고와 국가이익에 대한 인식변화를 알 수 있는 계기가 될 것으로 기대된다. 둘째, 그 동안 북·중 관계, 한·중 관계, 그리고 중국의 對한반도 관계 등으로 분산되어 있던 연구성과를 군사외교에 초점을 맞춰 양자관계는 물론 비교적 맥락에서 역사적 고찰을 했다는 점이다. 셋째, 냉전기와 탈냉전기 전체를 어우르는 통시적인 학술적 연구를 통해 향후 정책적·실천적 차원의 정책대안을 제시할 수 있는 기반을 마련했다는 점을 들 수 있다.

| 참고문헌 |

Ⅰ. 국문자료

1. 공식문헌

『국방백서(1967-2012)』(서울: 국방부, 각년도).

『군사외교활동지침』(서울: 국방부, 1997).

『김일성 저작집 26』(평양: 조선로동당출판사, 1984).

『김일성 저작집 35』(평양: 조선로동당출판사, 1987).

『김일성 저작선집 1』.

『김일성 저작선집 3』.

『안보관계 용어집』(서울: 국방대학교, 2005).

『외교백서』(서울: 외교통상부, 각년도).

『조선중앙연감』(평양: 조선중앙통신사, 각년도).

『주체혁명위업의 완성을 위하여 4』(평양: 조선로동당출판사, 1987).

『參戰國 軍事外交活動 參考書』(서울: 國防部, 1997).

『합동·연합작전 군사용어사전』(서울: 합동참모본부, 2007).

2. 자료집 및 회고록

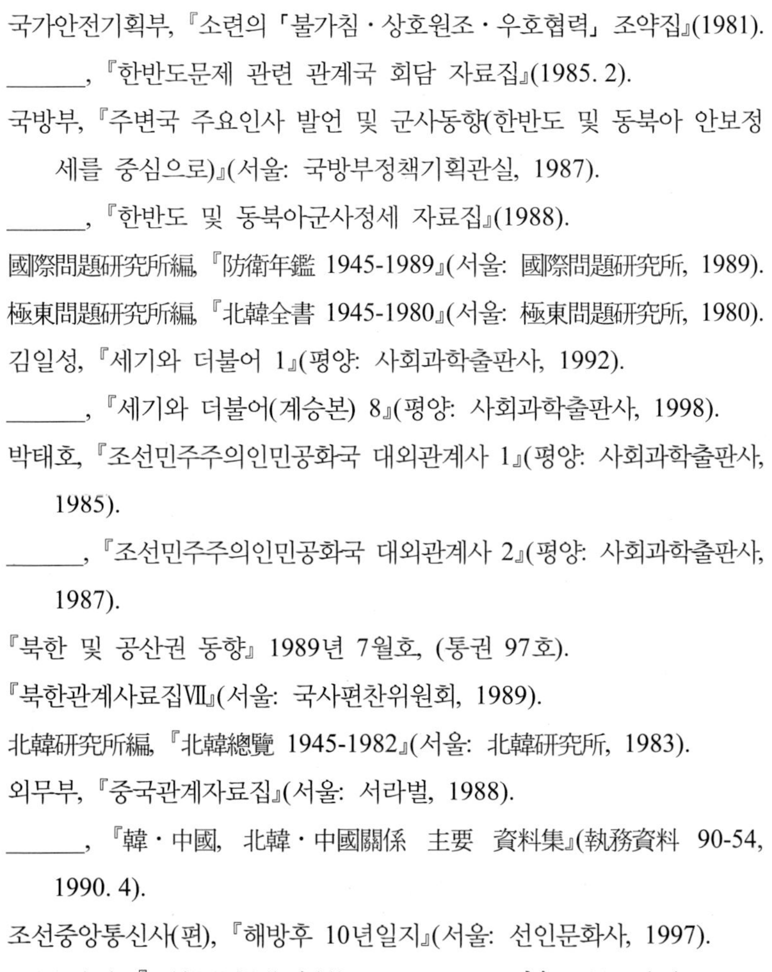

국가안전기획부, 『소련의 「불가침 · 상호원조 · 우호협력」 조약집』(1981).

______, 『한반도문제 관련 관계국 회담 자료집』(1985. 2).

국방부, 『주변국 주요인사 발언 및 군사동향(한반도 및 동북아 안보정세를 중심으로)』(서울: 국방부정책기획관실, 1987).

______, 『한반도 및 동북아군사정세 자료집』(1988).

國際問題研究所編, 『防衛年鑑 1945-1989』(서울: 國際問題研究所, 1989).

極東問題研究所編, 『北韓全書 1945-1980』(서울: 極東問題研究所, 1980).

김일성, 『세기와 더불어 1』(평양: 사회과학출판사, 1992).

______, 『세기와 더불어(계승본) 8』(평양: 사회과학출판사, 1998).

박태호, 『조선민주주의인민공화국 대외관계사 1』(평양: 사회과학출판사, 1985).

______, 『조선민주주의인민공화국 대외관계사 2』(평양: 사회과학출판사, 1987).

『북한 및 공산권 동향』 1989년 7월호, (통권 97호).

『북한관계사료집Ⅶ』(서울: 국사편찬위원회, 1989).

北韓研究所編, 『北韓總覽 1945-1982』(서울: 北韓研究所, 1983).

외무부, 『중국관계자료집』(서울: 서라벌, 1988).

______, 『韓 · 中國, 北韓 · 中國關係 主要 資料集』(執務資料 90-54, 1990. 4).

조선중앙통신사(편), 『해방후 10년일지』(서울: 선인문화사, 1997).

平和研究院, 『北韓問題提議 資料集(1948 - 1988)』(서울: 平和研究院, 1989).

3. 단행본

경남대학교 북한대학원 엮음, 『북한군사문제의 재조명』(서울: 한울 아카데미, 2006).

______, 『북한연구방법론』(서울: 한울 아카데미, 2003).

國防軍史研究所, 『中國人民解放軍史』(서울: 國防軍事研究所, 1998).

국방대안보문제연구소, 『미 · 일 · 중 · 러의 군사전략』(서울: 한울아카데미, 2008).

국제관계연구회 엮음, 『세계지역의 정치』(서울: 을유문화사, 2003).

군사학 학문체계 연구위원회, 『군사학 학문체계와 교육체계 연구』(서울: 화랑대연구소, 2000).

金達中 編, 『소련 · 중국 · 동북아』(서울: 대한교과서주식회사, 1990)

金富成 著, 『내가 판 땅굴: 남침음모를 증언한다』(서울: 甲子文化社, 1976).

김성호, 『1930년대 연변 민생단사건 연구』(서울: 백산자료원, 1999).

김순수, 『중국의 對북한 군사협력』(서울: 육군사관학교 화랑대연구소, 2006).

김양명, 『韓國戰爭史』(서울: 日新社, 1979).

김용호, 『현대북한외교론』(서울: 오름, 1996).

金俊燁 · 스칼라피노 共編, 『北韓의 오늘과 내일』(서울: 法文社, 1985)

김태호, 『중국 신지도부의 성향분석과 대중 군사외교 방향』(서울: 한국국방연구원, 2003).

______, 『최근 북 · 중 관계 변화의 실체와 아국의 대비 방향』(한국국방연구원 연구보고서 안01-1714, 2001. 12).

김태호 외, 『중국외교연구의 새로운 영역』(서울: 나남신서, 2008).

金泰虎 · 李英吉, 『한 · 중 수교 및 군사교류 · 협력 10년 평가와 전망』(한국국방연구원 연구보고서 안02-1787, 2002. 11).
김태호 · 한석희 · 황재호, 『대(對)중국 군사정책의 발전 방향: 대중국 군사정책에 미치는 제한요인 분석을 중심으로』(국방부 06년도 전반기 국방정책분야 용역연구보고서, 2006. 9).
도진순, 『분단의 내일 통일의 역사』(서울: 당대, 2001).
돈 오버도퍼(Don Oberdorfer), 이종길 옮김, 『두개의 한국』(서울: 길산, 2003).
로버트 J. 아트, 김동신 · 이석중 공역, 『미국의 대전략: 외교정책과 군사전략』(서울: 나남출판, 2005)
박갑동 저, 구윤서 옮김, 『한국전쟁과 김일성』(서울: 바람과 물결, 1990).
박길용 · 김국후, 『김일성 외교비사』(서울: 중앙일보사, 1994).
박명림, 『한국전쟁의 발발과 기원 1: 결정과 발발』(서울: 나남출판, 1996).
______, 『한국전쟁의 발발과 기원 2: 기원과 원인』(서울: 나남출판, 1996).
朴熊緖 外, 『北韓軍事政策論』(서울: 慶南大學校極東問題硏究所, 1983).
배진수 · 박기련, 『국제 군사협력 성과 평가방안 연구』(국방부 용역연구보고서, 2007. 3).
박창석, 『아웅산 리포트』(서울: 인간사랑, 1993).
北韓硏究所, 『北韓軍事論』(서울: 北韓硏究所, 1978).
______, 『北韓外交論』(서울: 北韓硏究所, 1978).
서 훈, 『북한의 先軍외교』(서울: 명인문화사, 2008).
서대숙, 『현대 북한의 지도자: 김일성과 김정일』(서울: 을유문화사, 2000).
서진영, 『21세기 중국의 외교정책: ‘부강한 중국’과 한반도』(서울: 폴리테이아, 2006).
서진영 · 이신화 · 김장수 편, 『21세기 동북아시아의 정치지형과 전략』(서울: 오름, 2006).
송영우, 『현대외교론』(서울: 평민사, 1990).
송화섭 · 송영선 공저, 『일본의 보수 · 우경화 현상에 대응한 중장기 대일 군사외교전략』(서울: 한국국방연구원, 2002).
신주백, 『만주지역 한인의 민족운동사(1920-1945)』(서울: 아세아문화사, 1990).
싱 후쿠오 지음, 남현욱 옮김, 『아웅산 피의 일요일: 김일성의 랭군 테러의 전모』(서울: 병학사, 1985).
안보경영연구원, 『한국 군사외교체제 정비방안: 비전과 과제를 중심으로』(서울: 안보경영연구원, 2006).
어우양산 지음, 박종철 · 정은이 옮김, 『중국의 대북조선 기밀파일』(서울: 한울, 2008).
오규열, 『중국군사론』(서울: 知永社, 2000).
오진용, 『김일성시대의 중소와 남북한』(서울: 나남, 2004).
와다 하루끼 지음, 서동만 · 남기정 옮김, 『북조선』(서울: 돌베개, 2002).
육군사관학교, 『국가안보론』(서울: 博英社, 2005).
______, 『북한학: 정치 · 군사 · 통일의 역동성』(서울: 황금알, 2006).
육군사관학교 화랑대연구소, 『군사학 학문체계와 교육체계 연구』(서울: 화랑대연구소, 2000)
윌리엄 J. 듀이커 저, 정영목 역, 『호치민 평전』(서울: 푸른숲, 2003).
이계희, 『중국안보론』(대전: 충남대학교 출판부, 2004).
이상옥, 『전환기의 한국외교: 이상옥 전 외무부장관 회고록』(서울: 삶과 꿈, 2002).

이상우 외, 『북한 40년』(서울: 을유문화사, 1988).
이석호 외, 『군사학 학문체계 정립과 군사학 교육 발전방향』(서울: 국방대학교, 2005).
이종석, 『북한-중국관계 1945-2000』(서울: 중심, 2000).
______, 『새로 쓴 현대북한의 이해』(서울: 역사비평사, 2000).
이종석 외, 『남북정상회담 이후 주변 4강의 대북정책 변화와 우리의 대응방향』(서울: 세종연구소, 2001).
李洪九 · R. A. 스칼라피노 共編, 『北韓과 오늘의 世界: 80年代의 對外適應』(서울: 法文社, 1986).
임인재 · 원종화 옮김, 『크레믈린의 음모: 흐루시초프의 영욕』(서울: 시공사, 1991).
장준익, 『북한 인민군대사』(서울: 서문당, 1991).
전쟁기념사업회, 『한국전쟁사 제1권: 요약통사』(서울: 전쟁기념사업회, 1990).
鄭永泰, 『北韓과 周邊4國의 軍事關係』(서울: 民族統一研究院, 1996. 10).
정재호, 『중국정치연구론: 영역, 쟁점, 방법 및 교류』(서울: 나남, 2000).
정진위, 『북방삼각관계: 북한의 대중 · 소 관계를 중심으로』(서울: 법문사, 1985).
조영남, 『중국 정치개혁과 전국인대』(서울: 나남출판, 2000).
______, 『후진타오 시대의 중국정치』(서울: 나남출판, 2006).
주장환, 『개혁 · 개방기 중국 정치 엘리트』(서울: 풀빛, 2007).
趙全勝 著, 김태환 역, 『중국의 외교정책: 미시-거시 연계접근 분석』(서울: 오름, 2001).
차영구 · 황병무 編著, 『국방정책의 이론과 실제』(서울: 오름, 2004).
차이밍옌 著, 이두형 옮김, 『중국 군사력: 현대화의 발전과 도전』(서울:

21세기군사연구소, 2006).
최명해, 『중국 · 북한 동맹관계: 불편한 동거의 역사』(서울: 오름, 2009).
최완규 엮음, 『북한의 국가성격 변용에 관한 연구: '예외국가'의 공고화』(서울: 한울아카데미, 2001).
최춘흠, 『중국의 대북 정책과 2 · 13합의에 대한 입장』통일연구소 연구총서 07-14(서울: 통일연구원, 2007).
______, 『중국의 대북한 정책: 지속과 변화』통일연구소 연구총서 06-13(서울: 통일연구원, 2006).
한국국방연구원, 『2008-2009 東北亞 軍事力』(서울: 한국국방연구원, 2009).
韓國防衛産業振興會編, 『國防과 技術』(1989. 9).
한국전략문제연구소, 『중국군의 한국전쟁사: 항미원조전사』(서울: 세경사, 1991).
한용섭 편, 『자주냐 동맹이냐』(서울: 오름, 2004).
함택영, 『국가안보의 정치경제학: 남북한의 경제력 · 국가역량 · 군사력』(서울: 法文社, 1998).
해리슨 저, 이홍동 외 역, 『셀리그 해리슨의 코리아 엔드게임』(서울: 삼인출판사, 2003).
黃炳茂, 『新中國軍事論』(서울: 법문사, 1991).
______, 『전쟁과 평화의 이해』(서울: 오름 출판사, 2001).
黃炳茂 · 멜 거토브 共著, 『中國 安保論: 人民解放軍 役割의 分析』(서울: 國際問題研究所, 1999)
황장엽, 『나는 역사의 진리를 보았다』(서울: 한울, 1999).

4. 논문

강성학, “냉전시대의 한반도 위기관리,” 『아이고와 카산드라』(서울: 오름, 1997).

강현두 외, “중국언론에 나타난 남·북한 이미지 비교분석 연구(1949-1996),” 『韓國言論學報』제43-1호(1998, 가을).

고수석, “북한·중국 동맹의 변화와 위기의 동학: 동맹이론의 적용과 평가,” 고려대학교 대학원 북한학과 박사학위논문(2007).

고정석, “대주변국 군사교류협력 발전방안 연구,” 『’96 군사연구위원 논총』(성남: 한국군사문제연구원, 1996).

군인공제회, “발견된 북괴의 또 다른 남침땅굴,” 『地方行政』, Vol.24, No.257(1975).

금희연, “‘중국위협론’의 실체: 중국의 세계전략과 전방위 외교정책,” 『중소연구』제27권 4호(2003/2004).

김승채, “중국의 부상과 북·중 관계,” 『亞細亞硏究』통권 제100호(1998).

김 인, “중국의 중앙아시아정책과 상하이협력기구(SCO)의 역할,” 『中蘇硏究』제33권 제1호(2009, 봄).

김광수, “한국전쟁 전반기 북한의 전쟁수행 연구: 전략, 작전지휘 및 동맹관계,” 경남대학교 북한대학원 박사학위논문(2008).

김용순, “북한의 대미 강압흥정 외교행태에 관한 연구: 선군 리더십을 중심으로,” 『한국정치학회보』, 제43집 제2호(2009. 6)

김용현, “북한의 군사국가화에 관한 연구: 1950-60년대를 중심으로,” 동국대학교 대학원 정치학과 박사학위논문(2001).

______, “북한의 군사관련 연구 현황과 특징,” 『북한연구학회보』제12권 제1호(2008).

김용호, “비대칭동맹에 있어 동맹신뢰성과 후기동맹딜레마: 북·중 동맹과 북한의 대미접근을 중심으로,” 『統一問題硏究』2001년 하반기호(통권 제36호).

김재관, “제2차 북핵 위기 이후 북중관계의 근본적 변화 여부에 관한 연구: 경제/군사안보 영역의 최근 변화를 중심으로,” 『東亞硏究』第52輯(2007年 2월).

김태호, “중국의 ‘군사적 부상’: 2000년 이후 전력증강 추이 및 지역적 함의,” 『국방정책연구』, 제73호(2006년 가을).

김흥규, “중국의 동반자외교 小考,” 『한국정치학회보』제43집 제2호.

______, “중국 외교정책 결정과정: 대 한반도 정책 결정과정에 대한 이해를 위한 초보적 분석,” 『新亞細亞』15권 3호(2008년 가을).

나영주, “중국 인민해방군에 관한 연구현황과 발전방향,” 『동아시아연구』제9호(2004).

朴斗福, “최근 中國의 對韓半島 政策과 韓·中關係(要旨),” 『環太平洋硏究』제4집(1991).

박병인, “상하이협력기구(SCO) 성립의 기원,” 『中國學硏究』, Vol.33, No.1, 2005.

박영실, “정전이후 중국인민지원군의 對북한 지원과 철수,” 『정신문화연구』제29권 제4호(2006 겨울호).

박종철, “북한의 종파사건과 중국,” 『민주주의와 인권』제9권 3호(2009).

박창희, “지정학적 이익 변화와 북중동맹관계: 기원, 발전, 그리고 전망,” 『中蘇硏究』통권 113호(2007 봄).

박홍서, “중국, 북한 핵보유국 추구시 정권교체 모색?,” 『통일한국』(2009. 7).

______, “북핵위기시 중국의 대북 동맹안보딜레마 관리 연구: 대미관

계 변화를 주요 동인으로," 『國際政治論叢』제46집 1호(2006).
배진수, "한국 군사외교론: 개념체계와 실천과제," 『國際政治論叢』제37집 2호(1997).
백학순, "중국내전시 북한의 중국공산당을 위한 군사원조: 북한군의 파병 및 후방기지 제공," 『한국과 국제정치』제10권 제1호(1994년 봄·여름호).
서 훈, "북한의 先軍외교 연구: 약소국의 對美 강압외교 관점에서," 동국대학교 박사학위논문(2008).
신상진, 『중·북관계 전망" 미·북관계와 관련하여』, 민족통일연구원 연구보고서 97-04(서울: 민족통일연구원, 1997. 11).
沈志華, "전쟁기 중국지도부와 북한지도부와의 모순과 갈등," 군사편찬연구소, 『한국전쟁사의 새로운 연구』2권(서울: 국사편찬연구소, 2002).
안치영, "중국 개혁개방 정치체제의 형성(1976-1981)," 서울대학교 대학원 정치학과 박사학위논문(2003).
吳勇錫, "中國의 對北韓 政策基調와 經濟協力," 『韓半島 周邊 4國의 對北韓政策』, 李昌在 編 (서울: 대외경제정책연구원, 1996).
유종선, "중국위협론의 비판적 고찰," 『한국동북아논총』제51집(2009).
윤종호, "대외군사협력 발전방향: 對美·對日 군사협력을 중심으로," 『교수연구보고서』(서울: 국방대학, 1991).
李 丹, "북·중 동맹 변화에 관한 연구," 『동북아논총』제31집(2004).
李健一, "中國 國家戰略 樹立의 理論基礎," 『國防研究』제44권 제2호, 2001년 12월.
李東律, "수교 이후 한중 정치관계의 회고와 전망: 중국외교전략의 변화를 중심으로". 『中蘇研究』, 통권 95호(2002).
李成日, "한중관계에 있어서 1983년 중국민항기 사건의 영향 분석: 중국측 관점을 중심으로,” 『동북아문화연구』제20집(2009).
이완범, “김대중 납치사건과 박정희 저격사건,” 『역사비평』2007년 가을호(통권 80호).
이원봉, “中國의 對美軍事交流에 관한 연구,” 경희대 대학원 박사학위 논문(1991).
이재훈, “1949-50년 중국인민해방군 내 조선인부대의 ‘입북’에 대한 북・중・소 3국의 입장,” 『國際政治論叢』제45집 3호(2005).
이종석, “한국전쟁 중 중・조 연합사령부의 성립과 그 영향,” 『군사』제44호(2001. 12).
______, “국공내전 시기 북한-중국관계(1), (2), (3),” 『전략연구』1997년 제Ⅳ권 2・3호, 1998년 제Ⅴ권 1호.
______, “한국전쟁과 북한-중국관계 (1), (2),” 『전략연구』1999년 제Ⅵ권 1・2호, 2000년 제Ⅶ권 1호.
______, “냉전기 북한-중국관계: 밀월과 갈등의 변주곡 (1), (2),” 『전략연구』1999년 제Ⅵ권 3호, 2000년 제Ⅶ권 1호.
______, “북한-중국관계의 변화와 동북아 평화,” 백종천・진창수 편, 『21세기 동북아 평화증진과 북한』(성남: 세종연구소, 2000).
______, “탈냉전기의 북한-중국관계,” 『아세아연구』통권 제102호(1999. 12).
이태환, “북한미사일 발사 후 북중관계,” 『정세와 정책』2006년 9월호.
______, “중국의 2차 핵실험과 중국,” 『정세와 정책』2009년 7월호(통권 159호).
정기열, “중국이 핵무기 가진 뒤에야 비로소 수교 나선 미국: 어떤 일이 있어도 중・조 선린우호관계 원칙 유지해야,” 『민족 21』(2009. 7).
정재호, “박정희에서 노무현까지, 한국의 對중국 외교 변주곡: 美・中

은 '택일' 아닌 '연계'의 대상…'양수겸장'의 이중전략 구사해야," 『신동아』49권 12호(2006. 12).
정재호 외, "한국에서의 중국정치 연구의 재 고찰: 자료, 방법론 및 담론을 중심으로," 『國際政治論叢』제45집 2호(2005).
정준호, "21세기에 대비한 한국의 군사외교정책 방향," 안보문제연구소 정책연구보고서 96-3, 통권 제252호(1996).
趙俊來, "中國의 對北韓關係 特殊性 硏究," 한국외국어대학교대학원 박사학위논문(2001).
차창훈, "전략적 경쟁자(strategic competitor) 혹은 이익공유자(stakeholder)?, 미중 군사교류에 대한 일 고찰," 『國際政治論叢』제46집 2호(2006).
최명해, "1960년대 북한의 대중국 동맹딜레마와 '계산된 모험부의'," 『國際政治論叢』제48집 3호(2008).
______, "북 · 중 동맹조약 체결에 관한 소고," 『한국정치학회보』제42집 제4호(2008).
최영종, "군사외교의 고도화 및 다변화 방안에 관한 연구," 『전략연구』 통권 제47호(2009. 11).
______, "우리나라 군사외교의 이론과 실제," 『전략연구』통권 제2호(2004).
최종철, "군사외교력 분석방법: 중급국가의 안보전략을 중심으로," 『안보문제연구소 정책연구보고서 99-17』 통권 320호(1999).
하도형, "한 · 중 국방교류의 확대와 제한요인에 관한 연구: 한 · 중의 대북 인식요인을 중심으로," 『현대중국연구』제9집 2호(2008).
黃炳茂, "구미의 평화연구와 한국에서의 적용," 『國際政治論叢』, 30집 2호(1990).

______, "中國의 對韓半島 戰略展望," 『한국전략문제연구소 세미나 결과보고서』92-3(1992).
황재호, "중・러 합동군사훈련의 전략적 의미," 『주간국방논단 05(제1070호)』(2005. 10. 24).
______, "한국의 대중 군사외교," 『국방정책연구』봄호(2007).
허 진, "중국신문의 남북한 관련보도 내용분석," 『지역발전연구』vol.9, No.1(2009).

5. 신문 및 잡지

『신동아』, 『내외통신』, 『로동신문』, 『근로자』, 국내 각 신문

II. 중문자료

1. 공식문헌

『江澤民文選(第2卷)』(北京: 人民出版社, 2006).
『軍事大辭典(上)』(北京: 長城出版社, 2000).
『鄧小平文選(第2卷)』(北京: 人民出版社, 1993).
『鄧小平文選(第3卷)』(北京: 人民出版社, 1983).
『鄧小平年譜: 一九七五~一九九七(上), (下)』(北京: 中央文獻出版社, 2004).
『毛澤東軍事文集』(北京: 中國人民解放軍戰士出版社, 1981).
『毛澤東外交文選』(北京: 中央文獻出版社・世界知識出版社, 1994).

『世界軍事年鑒2000』(北京: 解放軍出版社, 2000).
『世界外交大辭典(上册)』(北京: 世界知識出版社, 2005).
『十四大以來重要文獻選編(中)』(北京: 人民出版社, 1997).
『十三大黨章修正案』(1987年11月1日中國共産黨第十三次全國代表大會通過).
『十二大黨章』(中國共産黨第十二次全國代表大會1982年9月6日通過).
『外交辭典』(北京: 北京大學出版社, 2008).
『朝中友誼萬古長靑: 華國鋒主席訪問朝鮮』(平壤: 外國文出版社, 1978).
『周恩來選集(下)』(北京: 人民出版社, 1997).
『周恩來年譜: 一九四九～一九七六(上), (中), (下)』(北京: 中央文獻出版社, 1997).
『中共軍力基本報告』(台北: 台灣民進黨中國事務部, 2003. 12. 19).
『中國軍事百科全書(第二版)』(北京: 中國大百科全書出版社, 2007).
『中國大百科全書(軍事)』(北京: 中國大百科全書出版社, 2007).
『中國武裝力量的多樣化運用』(北京: 中華人民共和國國務院新聞辦公室, 2013).
『中國外交(1996年版～2009年版)』(北京: 世界知識出版社, 1996～2001).
『中國外交概覽(1987年版～1995年版)』(北京: 世界知識出版社, 1987～1995).
『中國人民解放軍政治工作分册(內部本)』(北京: 軍事科學出版社, 1985).
『中國的國防(1998年, 2000年, 2002年, 2004年, 2006年, 2008年, 2010年)』(北京: 中華人民共和國國務院新聞辦公室, 1998, 2000, 2002, 2004, 2006, 2008, 2010).
『中朝, 中蘇, 中蒙有關條約, 協定, 議定書匯編(機密文件)』, 吉林省革命委員會外事辦公室編印(1974. 6).
『中華人民共和國外交大事記(第1, 2卷)』(北京: 世界知識出版社, 1997, 2001).

2. 자료집 및 회고록

軍事科學院軍事歷史硏究所, 『中華人民共和國軍事史要』(北京: 軍事科學出版社, 2005).

軍事科學院軍事歷史硏究所, 『中國人民解放軍六十年大事記: 1927-1987』(北京: 軍事科學出版社, 1988).

杜　平, 『在支援軍總部』(北京: 解放軍出版社, 1989).

羅時叙, 『由蜜月到反目－蘇聯專家在中國(紀實)』(北京: 世界知識出版社, 1999).

劉金質 · 潘京初 · 潘榮英 · 李錫遇 編, 『中國與朝鮮半島國家關係文件資料匯編(1991-2006)』(北京: 世界知識出版社, 2006).

劉金質 · 楊淮生 主編, 『中國對朝鮮和韓國政策文件匯編 1-5』(北京: 中國社會科學出版社, 1994).

______, 『中國與朝鮮半島國家關係文件資料匯編(1949-1994)』(北京: 中國社會科學出版社, 1994).

劉樹發 主編, 『陳毅年譜(下)』(北京: 人民出版社, 1995).

薄一波, 『若干重大決策與事件的回顧』上卷(北京: 中共中央黨校出版社, 1991).

師　哲 · 李海文, 『在歷史巨人身邊: 師哲回想錄』(北京: 中央文獻出版社, 1991).

楊　勇, 《中國人民支援軍八年來抗美援助工作報告》(一九五八年十月三十日).

吳冷西, 『十年論戰 1956-1966 中蘇關係回憶錄(上), (下)』(北京: 中央文獻出版社, 1999).

王　焰 主編, 『彭德懷年譜』(北京: 人民出版社, 1988).

李海文, 『在歷史巨人身邊: 師哲回憶錄』(北京: 中央文獻出版社, 1991).

錢其琛,『外交十記』(北京: 世界知識出版社, 2003), 유상철 역,『열가지 외교 이야기』(서울: 랜덤하우스중앙, 2004).
洪學智,『抗美援朝戰爭回億』(北京: 解放軍文藝出版社, 1991), 홍인표 옮김,『중국인이 본 한국전쟁』(서울: 고려원, 1992).
回億東北解放戰爭期間東北局駐北朝鮮辦事處,『中共黨史資料』17輯(北京: 中央黨史資料出版社, 1985).

3. 단행본

康紹邦・宮方 等著,『國際戰略新論』(北京: 解放軍出版社, 2006).
喬 良・王湘穗,『超限戰』(北京: 解放軍文藝出版社, 1999).
軍事科學院戰略研究部,『戰略學』(北京: 軍事科學出版社, 2001).
譚旌樵 主編,『抗美援朝戰爭』(北京: 中國社會科學出版社, 1990).
《當代中國》叢書編輯部,『當代中國軍隊的軍事工作(上), (下)』(北京: 中國社會科學出版社, 1989).
______,『中國人民解放軍(上), (下)』(北京: 當代中國出版社, 1994).
東北抗日聯軍鬪爭史編寫組,『東北抗日聯軍鬪爭史』(北京: 人民出版社, 1991).
林建松 外,『新中國軍旅大事紀實: 軍事黨案』(長沙: 湖南人民出版社, 2006).
孟慶義・趙文靜・劉會淸,『朝鮮半島: 問題與出路』(北京: 人民出版社, 2006).
朴鍵一,『中國對朝鮮半島的研究』(北京: 民族出版社, 2006).
裵堅章,『中華人民共和國外交史 第1,2,3卷』(北京: 世界知識出版社, 1994, 1998, 1999).

謝益顯,『中國外交史 第1, 2卷』(鄭州: 河南人民出版社, 1998, 2005).
徐 堅 主編,『國際環境與中國的戰略機遇期』(北京: 人民出版社, 2004).
徐 陷,『第一次較量: 抗美援助戰爭的歷史回顧與反思』(北京: 中國廣播電視出版社, 1990).
徐京利,『解密中國外交黨案』(北京: 中國黨案出版社, 2005).
沈偉烈, 陸俊元 主編,『中國國家安全地理』(北京: 時事出版社, 2001).
沈志華 ,『毛澤東, 斯大林與朝鮮戰爭』(廣州: 廣東人民出版社, 2003).
安 衛・李東燕,『十字路口上的世界: 中國著名學者探討21世紀的國際焦點』(北京: 中國人民大學出版社, 2000).
楊光斌・李月軍,『當代中國政治制度導論』(北京: 中國人民大學出版社, 2007).
楊昭全・韓俊光,『中朝關係簡史』(瀋陽: 遼寧民族出版社, 1992).
楊松河,『軍事外交概論』(北京: 軍事誼文出版社, 1999).
倪健民・陳子舜,『中國國際戰略』(北京: 人民出版社,, 2003).
閻學通,『中國國家利益分析』(天津: 天津人民出版社, 1997).
______,『中國與亞太安全: 冷戰後亞太國家的安全戰略走向』(北京: 時事出版社, 1999).
王普豊,『現代國防論』(重慶: 重慶出版社, 1993).
王逸舟 主編,『全球化時代的國家安保』(上海: 上海人民出版社, 1999).
王緝思 總編, 『中國學者看世界 3(大國戰略卷)』(北京: 新世界出版社, 2007).
王泰平 主編, 『中華人民共和國外交史(第二卷)』(北京: 世界知識出版社, 1998).
______,『中華人民共和國外交史(第三卷)』(北京: 世界知識出版社, 1999).
熊光楷,『國際形勢與安全戰略』(北京: 清華大學出版社, 2006).

李　華,『中國共産黨執政體制研究』(北京: 人民出版社, 2008).
李方主,『中國綜合國力論』(合肥: 安徽科學技術出版社, 2002).
李寶俊,『當代中國外交概論』(北京: 中國人民大學出版社, 1999).
李連慶 主編,『中國外交演義: 新中國時期』(北京: 世界知識出版社, 1995).
李敏倫,『中國"新安全觀"與上海合作組織研究』(北京: 人民出版社, 2006).
李而炳 主編,『21世紀前期中國對外戰略的選擇』(北京: 時事出版社, 2004).
李效東,『國際軍事學概論』(北京: 軍事科學出版社, 2004).
柴成文,『板門店談判』(北京: 解放軍出版社, 1989).
張　麗,『中國武官』(北京: 解放軍出版社, 1992).
張歷歷,『外交決策』(北京: 世界知識出版社, 2007).
張萬年 主編,『當代世界軍事與中國國防』(北京: 軍事科學出版社, 1999).
张邦栋,『军事外交亲历记』(北京: 解放軍出版社, 2007).
張蘊岭,『中國與周邊國家: 構建新型伙伴關係』(北京: 社會科學文獻出版社, 2008).
章曉明,『中國高層新智囊』(北京: 光明日報出版社, 2006).
鄭宇碩 等著,『後冷戰時期的中國外交』(香港: 天地圖書, 1999).
鄭必堅 主編,『中國和平發展中的國防和軍隊建設』(北京: 中共中央黨校出版社, 2006).
趙素芬,『周保中將軍傳』(北京: 解放軍出版社, 1988).
朱梅生 主編,『軍事思想概論』(北京: 國防大學出版社, 1997).
中國軍事科學院歷史研究部,『抗美援朝戰爭史(第2卷)』(北京: 解放軍出版社, 2000).
陳浩華,『21世紀中國外交戰略』(北京: 時事出版社, 2000).
蔡明彦,『中共軍力現代化的發展與挑戰: 從武獲政策分析』(臺北: 鼎茂出版社, 2005).

崔憲濤, 『面向二十一世紀的中俄戰略協作伙伴關係』(北京: 中共中央黨校出版社, 2003).

平可夫, 『外向型的中國軍隊 : 中共對外的諜報, 用兵能力與軍事交流』(臺北: 時報出版社, 1996).

馮特君, 『鄧小平國際戰略思想研究』(北京: 北京大學出版社, 2004).

抗美援朝保家衛國研究編輯部, 『抗美援朝保家衛國研究(創刊號)』(丹東: 抗美援朝保家衛國研究編輯部, 1993).

海力夫, 『朝鮮戰爭(上卷)』(北京: 世界知識出版社, 1995).

胡光正 · 馬善營編, 『中國人民支援軍序列』(北京: 解放軍出版社, 1987).

黃碩風, 『綜合國力新論: 兼論新中國綜合國力』(北京: 中國社會科學出版社, 1999).

4. 논문

姜龍範 · 王宇, "朝鮮核戰略與東北亞地區的核擴散: 兼談中國周邊安全的影響," 『延邊大學學報』2010年01期.

高 恒, "多極化世界需要樹立新安全觀," 『世界經濟與政治』2002年第11期.

高連福, "國家關係的新發展: 淺論東北亞國家構築伙伴關係," 『太平洋學報』第1期(2000).

郭 真, "冷战后美国军事外交分析," 武漢大學博士论文(2005).

郭樹永, "21世紀前葉中國外交大戰略芻議: 對中國與美國, 國際秩序關係的重新思考," 『太平洋學報』1999年第2期.

郭新寧, "試論軍事外交的概念, 定位及功能," 『外交評論』2009年第3期.

郭志剛, "朝鮮戰爭中的中朝聯合指揮機構," 『世界安全叢書』2004年第2期.

金正昆, "伙伴戰略: 中國外交的理性選擇," 『教學與研究』2000年第7期.

欒景河, “中蘇分裂：意識形態的分歧, 還是國家利益的衝突,” 『中共黨史研究資料』2003年第1期.
梁必業, “志願軍撤軍中增進中朝友誼政治工作的情況和經驗,” 『軍事歷史』2003年第4期.
劉敬懷, “金日成主席金秋訪華,” 『瞭望』1991年第41期.
劉德海, “後冷戰時期中共對朝鮮半島政策與日本政策,” 『國際關係學報』第9期(1994年).
劉鴻武, “論中非新型戰略伙伴關係的時代價值與世界意義,” 『外交評論』第94期(2007).
陸民聲, “中共擴軍: 雇傭前蘇聯國防專家,” 『中國大陸研究』第26卷第6期(1993年6月).
林麗香, “解放軍的政治影響力: 解放軍參與外交政策之研究,” 國立中山大學大陸研究所博士論文(2006).
林正義, “中共與東南亞國家的軍事交流: 解放軍外交,” 『國家政策雙週刊』第155卷(1997).
孟　琳, “中國對朝鮮半島再申立場,” 『鏡報』(香港), 1993年6月.
裘廷青・王成德, “政治鬪爭與武裝鬪爭密切結合的南方解放鬪爭,” 『東南亞研究資料』1965年01期.
傅加平, “論和平與發展形勢下的國防外交,” 『中國軍事科學』1994年第4期.
謝昌生, “江澤民時期中共軍事外交戰略之研析,” 『共黨問題研究』第25卷第7期(1999).
肖　剛・何廣華, “强制外交: 西方國家軍事外交的核心內涵,” 『國際論壇』第11卷第6期, 2009年11月.
邵宗海, “中共中央工作領導小組的組織定位,” 『中國大陸研究』第48卷第3期.
孫德剛, “中國的和平發展與中阿准聯盟關係,” 『和諧世界: 和平發展與文明多樣性』(上海市社會科學界第四屆學術會議論文集, 2006).
孫富林, "周恩來國防外交思想早期形式與內容探析," 『江西社會科學』2000年第10期.
時殷弘, "當代中國的對外戰略思想: 意識形態, 根本戰略, 當今挑戰和中國特性," 『世界經濟與政治』2009年第9期.
______, "朝鮮核危機: 歷史, 現狀與可能前景," 『教學與硏究』2004年第2期.
沈驥如, "維護東北亞安全的當務之急: 制止朝核問題上的危險博弈," 『世界經濟與政治』2003年第9期.
沈志華, "朝鮮戰爭爆發的歷史眞相: 來自俄國解密黨案的新材料," 『二十一世紀』(香港)2000年2月號.
______, "中國被迫出兵朝鮮: 決策過程及其原因," 『黨史硏究資料』1996年第1期.
______, "中蘇聯盟與中國出兵朝鮮的決策: 對中國和俄國文獻資料的比較硏究," 『當代中國史硏究』1996年第5期.
安　野, "解密中國江南造船廠秘密軍事外援:, 『海事大觀』2006年第4期.
楊守明, "毛澤東鄧小平時代觀比較硏究," 『佳木斯大學社會科學學報』第20卷第1期(2002).
楊志恆, "中共近年對外軍事交流及其對我國國防安全之影響," 國家安全學術硏討會(臺北), 1996年7月.
嚴震生, "當前中國對非洲的能源戰略與外交," 『國際關係學報』第24卷(2007).
葉　靑, "淺析中國特色人文外交," 『國際展望』2010年第1期.
葉自成, "中國邁向世界大國之路," 『國際政治硏究』2003年第3期.
吳建德, "中共推動軍事外交戰略硏究," 『中共硏究』第34卷第3期(2000).
吳躍農, "周恩來參與抗美援朝決策紀實," 『中共史林』2005年第10期.
王　玲, "關于綜合國力的測度," 『世界經濟與政治』2006年第4期.

王健民, “核試風暴北京緊急應變幕後,” 『亞洲週刊』第20卷42期.

王巧榮, “論20世紀90年代中國的伙伴關係外交,” 『思想理論教育導刊』2006年第2期.

王貴鋒 · 胡吉良, “論江澤民的伙伴外交戰略,” 『社會主義研究』2005年第3期.

王義桅, “國家安全特性的變化與研究困境,” 『國際觀察』2000年第2期.

王逸舟, “中國外交三十年: 對進步與不足的若干思考,” 『外交評論』(外交學院學報) 2007年第5期.

王忠文, “從新的角度密切關注朝鮮問題與東北亞局勢,” 『戰略與管理』2004年第4期.

姚　旭, “抗美援朝的英明決策,” 『黨史研究』1980年第5期.

于美華, “中朝關係在世界形勢變革中與時俱進,” 『世界知識』(2008. 2. 13).

于海濱, “當代俄罗斯军事外交理论與实践研究,” 中國外交學院博士论文(2008).

魏志江, “論中韓戰略合作伙伴關係的建立及其影響,” 『亞太當代』2008年第4期.

李　虎 · 王偉和, “朝鮮核問題與中國的安全利益關係,” 『新遠見』2009年10期.

李敦球, “朝核問題面面觀,” 『世界知識』2003年第18期.

李寶俊, “新世紀之初中國對外關係的建構,” 『外交評論』2005年第84期.

李葆珍, “結盟-不結盟-伙伴關係: 當代中國大國關係模式嬗變,” 『鄭州大學學報(哲學社會科學版)』第42卷第2期(2009).

張　杰, “外交舞臺寫春秋: 新中國國防外交50年歷程,” 『國防』1999年第11期.

張　偉, “關于中國軍事外交的理論探討” 『中國軍事科學』第17卷 第3期

(2004).
莊　正, “有朋自遠方來: 憶越南和朝鮮軍事代表團訪問福建前線,” 『福建黨史月刊』2007年第9期.
張　稀, “彭德懷受命率師抗美援助的前前後後,” 『中共黨史資料』31(北京: 中共黨史資料出版社, 1989).
張康之, “協作與合作之辨異,” 『江海學刊』2006年第2期.
章百家, “從‘一邊倒’到‘全方位’: 對50年來中國外交格局演變的思考,” 『中共黨史研究』2000年第1期.
張伯里, “毛澤東國力思想與當代綜合國力研究,” 『科學社會主義』1993年第06期.
張雅君, “世紀之交中共的軍事政策與亞太安全: 防禦取向模糊性的探討,” 『中國大陸研究』第42卷第3期(1999. 3).
張喻芳, “從中非關係透視中國的影響力,” 『中國對非洲政策文件』(2006. 1).
錢其琛, “青山遮不住畢竟東流去: 記念中美上海公報發表三十周年,” 『求是』(2004. 4).
錢利華, “六十裁風雨兼程爲和平不辱使命: 新中國軍事外交60年的回顧與總結,” 『求是』2009年第18期.
傳慰孤 主持, “中共與俄羅斯軍演面面觀,” 『中共研究』第39卷第9期(2005).
錢春泰, “美國與强制外交理論,” 『美國研究』2006年第3期.
程瑞聲, “論中國對亞太安全的新方針,” 『國際問題研究』1999年第3期.
薺勁松, “推動國際軍事合作之我見,” 『國防大學學報』2005年第5期.
趙景芳 · 朱濤, “新中國軍事外交60年: 歷程, 特點與經驗,” 『世界經濟與政治』2009年第9期.
趙雪波, “綜合國力構成要素辨析,” 『世界經濟與政治』2001年第5期.
陳　越 · 李書吾, “鄧小平戰爭觀三題,” 『紀念鄧小平誕辰一百周年論文集』

(2004).
陳明明, "現代化進程中政黨的集權結構和領導體制的變遷," 『戰略與管理』 2000年06期.
詹家峰, "國家戰略能力與綜合國力關係淺析," 『現代國際關係』2005年第4期.
韓　麗, "無處不在的威脅: '新安全觀'概念質疑," 『世界經濟與政治』2000年第10期.
韓獻棟 · 金淳洙, "中國軍事外交與新安全觀," 『現代國際關係』2008年第2期.
黃　華, 《1980年代外交形勢, 政策與今後任務》(1980. 1. 25).
黃小玉, "綜合國力比較研究評析," 『中國國情國力』2003年第4期.
胡錦濤, "高擧中國特色社會主義偉大旗幟爲奪取全面建設小康社會新勝利而奮鬪: 在中國共産黨第十七次全國代表大會上的報告"(2007.10.15).
胡文濤, "解讀文化外交: 一種學理分析," 『外交評論』2007年第3期.

5. 신문 및 잡지

『香港經濟日報』, 『學習時報』, 『國際先驅導報』, 『中國新聞』, 『解放軍報』, 『人民日報』, 『鏡報』, 『中國時報』, 『文匯報』, 『北京青年報』, 『新華網』, 『鳳凰週刊』, 『南方週末』, 『南方都市報』, 『青年參考』, 『爭鳴月刊』, 『財經網』, 『中國日報』, 『聯合早報』, 『多維新聞網』, 『大紀元』, 『鳳凰網』, 『亚洲时报』, 『星島環球網』, 『鳳凰衛視』, 『世界新聞報』 등.

Ⅲ. 영문자료

ACDA, *World Military Expenditure and Arms Transfer* (Washington D.C.: Government Printing Office, 1987).

Allen, Kenneth W. and Eric A. McVadon, *China's Foreign Military Relations*, (Washington D.C.: The Henry L. Stimson Center, October 1999).

Alternative Defence Commission, *The Politics of Alternative Defense Arms Trade Registers: The Arms Trade with the Third World* (Stockholm: SIPRI, 1975).

Bernstein, Mathan, "The Soviet Union and Korea," in Curtis, Gerald L. Han, Sung-Joo (eds.), *The U.S-South Korean Alliance* (New York: Lexington Books, 1983).

Bhartendu Kumar Singh, "Military Diplomacy and Sino-Indian Relations," *Art*, No. 2309 (June 2007).

Blank, Stephen, "Defense diplomacy, Chinese style," *Times* (November 2003).

Broomfield, Emma V., "Perceptions of Danger: The China Threat Theory," *Journal of Contemporary China,* Vol. 12, No. 35 (May 2003).

Camilleri, Joseph, *Chinese Foreign Policy: The Maoists and Its Aftermath* (Seattle: University of Washington Press, 1980).

Cassidy, Richard D., *Arms Transfer and Security assistance to the Korean Peninsula 1945-1980: Impact & Implication* (Monterey California: Navy Postgraduate School, 1980).

Cha, Victor D., *Aligment Despite Antagonism: The United State-Korea-Japan Security Triangle* (Stanford, California: Stanford University Press, 1999).

Chen Jian, *China's Road to the Korean War: The Making of the Sino-American Conformation* (New York: Columbia University Press, 1994).

CHOO, Jaewoo, “The Role of Ideology in the Socialist Alliance,” *New Asia*, Vol. 10, No. 4 (Winter 2003).

Chu, Sung-po, “Peking's Relations with South and North Korea in the 1980's,” *Issues and Studies*, Vol. 22, No. 11 (November 1986).

Chung, Jae Ho, “South Korea between Eagle and Dragon: Perceptual Ambivalence and Strategic Dilemma,” *Asian Survey* Vol. 41, No. 5 (September/October 2001).

______, “Ameica's Views of China-South Korea Relations: Public Opinion and Elite Perceptions,” *The Korean Journal of Defense Analysis*, Vol. 17, No. 1 (Spring 2005).

______, *Between Ally and Partner: Korea-China Relations and the States* (New York: Columbia University Press, 2007).

______, “China and Northeast Asia: A Complex Equation for ‘Peaceful Rise’,” *Politics*, Vol. 27, No. 3 (2007).

______, “East Asia Responds to the Rise of China: Patterns and Variations,” *Pacific Affairs*, Vol. 82, No. 4 (Winter 2009/2010).

Condoleeza Rice, “Campaign 2000: Promoting the National Interest,” *Foreign Affairs*, Vol. 79, No. 1 (January/February 2000).

Cottey, Andrew and Anthony Forster, *Reshaping Defence Diplomacy: New Roles for Military Cooperation and Assistance* (London: Taylor & Francis Ltd, 2005).

Downs, Chuck, *Over the Line: North Korea's Negotiating Strategy* (Washington, D.C.: The AEIP Press, 1999).

Du Plessis, Anton, "Defence diplomacy: conceptual and practical dimensions with specific reference to South Africa," *Strategic Review for Southern Africa*, Vol. 30, No. 2 (Nov 2008).

Finkelstein, David M., *China's New Security Concept: Reading Between the Lines* (Washington: The CNN Corporation, 1999).

Freedman, Lawrence (ed.), *Strategic Coercion: Concepts and Cases* (Oxford: Oxford University Press, 1998).

George, Alexander L., *Forceful Persuasion: Coercive Diplomacy as an Alternative to War* (Washington, D. C.: United States Institute of Peace Press, 1991).

George, Alexander L. and Simons, William E. (eds.), *The Limits of Coercive Diplomacy* (Boulder, Colo: Westview Press, 1994).

Gilks, Anne and Segal, Gerald *China and the Arms Trade* (New York: St. Martin's Press, 1985).

Gorshkov, S. G, *The Sea Power of the State* (Oxford: Pergamon Press, 1979).

Gunness, Kristen A., "China's Military Diplomacy in an Era of Change," CNA Corp. (June 20, 2006), accessed at www.ndu.edu/ inss/symposia/pacific2006/ Gunnesspaper.pdf.

Han, Hongkoo, "Wounded Nationalism: The Minsaengdan Incident and Kim Il Seng in Eastern Manchuria," 미국 워싱턴대학교 박사학위논문(1999).

Harding, Harry, A Fragile Relationship: The United States and China since 1972 (Washington D.C.: Brookings Institution, 1992).

Holsti, Ole R., Terrence P. Hopmann, John D. Sullivan, Unity and Disintegration in International Alliance: Comparative Studies (New York: A Wiley-Interscience Publication, 1973).

Hwang, Byong Moo, "The Evolution of ROK-PRC Relation: Retrospects and Prospects," *The Journal of East Asian Affairs*, Vol. 5, No. 1 (Winter-Spring 1991).

Isenberg, David, "How Russia keeps China armed," *Asia Times* (Nov 19, 2005).

Jane's International Group, *Jane's Fighting Ships 1989-1990* (Virginia, U.S.A.: Jane's International Group, 1989).

Jakobsen, Peter Viggo, *Western Use of Coercive Diplomacy after the Cold War: A Challenge for Theory and Practice* (New York: St. Martinps Press, 1998).

Kaufman, Daniel J., (ed.), *U.S. National Security: A Framework for Analysis*(Washington, D.C.: Lexington Books, 1985).

Khrushchev, Sergei, *Khrushchev on Khrushchev* (Boston, Toronto, and London: Little, Brown and Company Ltd., 1990).

Kim, Samuel S., *China and the World: Chinese Foreign Relations in the Post Cold War Era* (Boulder. San Francisco. Oxford: Westview Press, 1994).

______, "The Making of China's Korea Policy in the Era of

Reform," in David M. Lampton (ed.), *The Making of Chinese Foreign and Security Policy in the Era of Reform* (Stanford, CA: Stanford University Press, 2001).

Kim, Taeho, "A Reality Check: The Rise of China and its Military Capability toward 2010," *Journal of East Asian Affairs,* Vol. 12, No. 2 (Summer/Fall 1998).

Kornberg, Judith F. and John R. Faust 지음, 이진영, 민병오, 조혜경 옮김, 『중국 외교정책: 정책 · 과정 · 전망』(서울: 명인문화사, 2008).

Lee, Chae-Jin, *China and Korea: Dynamic Relations* (Stanford, CA: Hoover Press, 1996).

Lee, Hong Yung, "China and the Two Koreas: New Emerging Triangle," in Young Hwan Kihl (ed.), *Korea and the World: Beyond the Cold War* (Boulder, CO: Westview Press, 1994).

Lewis, John W. Hua Di and Xue Litai, "Beijing's Defense Establishment: Solving the Arms-Export Enigma," *International Security*, Vol.15, No.4 (Spring 1991).

McGwire, M. and J. McDon-nell, *Soviet Naval Influence: Domestic and Foreign Dimension* (New York: Praeger Publishers, 1977).

Miller, H. Lymann and Liu Xiaohong, "The Foreign Policy Outlook if China's Third Generation Elite," in David M. Lampton (ed.), *The Making Chinese Foreign and Security Policy in the Era of Reform, 1978-2000* (Stanford, California: Stanford University Press, 2001).

Murray, Douglas J. and Viotti, Paul R., *The Defense Polices of Nations: A Comparative Study* (Baltimore and London: Johns

Hopkins University Press, 1989).

Oakley, Robert. "Defence Diplomacy: Its Impact On Security Relationships," *Paper for the IISS 41st annual conference committee 4*, IISS, (September 1999).

Ojha, Ishwer C., *Chinese Foreign Policy in An Age of Transition* (Boston: Beacon Press, 1972).

Pollack, Jonathan, *The Lessons of Coalition Politics: Sino-American Security Relations* (Santa Monica: RAND Corporation, 1984).

Puska, Susan M., "Resources, Security and Influence: The Role of the Military in China's Africa Strategy," *China Brief,* Vol. 7 No. 11 (May 2007).

Ratchev, Valeri, "Defence Diplomacy: The Bulgarian Experience," in T. Edmunds and M. Malesic (eds.), *Defence Transformation in Europe: Evolving Military Roles* (United Kingdom: IOS Press, 2005).

Reichart John F. and Sturm, Steven R., *American Defense Policy* (Baltimore and London: Johns Hopkins University Press, 1982).

Robinson, Thomas W., "Chinese Foreign Policy from the 1940s to the 1990s," Thomas W. Robinson and David Shambaugh (eds.), *Chinese Foreign Policy: Theory and Practice* (Oxford: Clarendon Press, 1994).

Roy, Denny, "The 'China Threat' Issue: Major Arguments," *Asian Survey,* Vol. 36, No. 8 (August 1996).

Sachar, B.S., "Cooperation in Military Training as a Tool of Peacetime Military Diplomacy," *Strategic Analysis Quarterly the*

Institute for Defence Studies and Analysis New Delhi, India, Vol. 27 No. 3, (July-September 2003).

Schultz, Kenneth A., *Democracy and Coercive Diplomacy* (New York : Cambridge University Press, 2001).

Scobell, Andrew, "China and North Korea: From Comrades-in-arms to Allies at arm's length," *Strategic Studies Institute of the U.S. Army War College* (March 2004).

Shambaugh, David, "Containment or Engagement of China: Calculating Beijing's Responses," *International Security*, Vol. 21, No. 2 (Fall 1996).

______, *Modernizing China's Military: progress, problems, and prospects* (Berkely: University of California Press, 2002).

SIPRI Yearbook 1975-1990 (New York: Oxford University Press, 1975-1990).

SPIRI Yearbooks, "Transfers and licensed production of major conventional weapons: Exports to North Korea, sorted by suppliers. Deals with deliveries or orders made 1993-2002," KON 1993-2002. pdf.

Smoke, Richard, "National Secyrity Affairs," in Fred Greenstein and Nelson W. Polsby (ed.), *Handbook of Political Science*, Vol. 3 (Reading, Mass: Addison-Wesley, 1975).

Snyder, Glenn H., *Alliance Politics* (Ithaca: Cornell University Press, 1997).

______, "The Security Dilemma in Alliance Politics," *World Politics* 36-4 (July 1984).

Swaine, Michael D., *The Role of the Chinese Military in the National Security Policymaking* (Santa Monica: RAND Coporation, 1998).

Thompson, Drew, "Beijing's Participation in UN Peacekeeping Operations," *China Brief*, Vol. 5, Issue 11 (May 2005).

Tkacik, John J., "China's Army Yawns at Pyongyang's Missiles," *Web Memo* Published by The Heritage Foundation, No. 1148. (July 2006).

Trout, Thomas and James E. Harf, *National Security Affairs: Theoretical Perspectives and Contemporary Issues* (New Brunswick and London: Transaction Books, 1982).

U. S. Department of Defense, *Quadrennial Defense Review Report* (February 2010).

United Kingdom Ministry of Defence, *Defence Diplomacy* (Ministry of Defence Policy Paper), Paper No.1 (December 2000).

World Military Expenditure and Arms Transfer 1969-1978/1985/1989 (Washington, D.C.: U.S. Arms Control and Disarmament Agency, 1980/1985/1990).

Yahuda, Michael, *Toward The End of Isolationism: China's Foreign Policy after Mao* (London and Basingstoke: The Macmillian Press Ltd., 1983).

Zagoria, Donald S. and Zagoria, Janet D., "Crises on the Korean Peninsula," in Stephan S. Kaplan (ed.), *Diplomacy of Power: Soviet Armed Forces as a Political Instrument* (Washington, D.C.: The Brookings Institution, 1981).

Zirker, Daniel, "Defining a US Defense Diplomacy for Brazil at the Beginning of the Century" at the Second Annual Meeting of the Associação Brasileira de Estudos da Defesa, Niterói, Brazil (July 2008).

| 부록 1 : 군 고위급 대외교 현황 (2003년~2010년) |

■ 총괄

구분	중국군 해외방문	외국군 중국방문
계	324 건 (연평균 41건)	559 건 (연평균 70건)
2003년	31 건	58 건
2004년	33 건	74 건
2005년	38 건	82 건
2006년	38 건	69 건
2007년	46 건	82 건
2008년	41 건	72 건
2009년	42 건	54 건
2010년	55 건	68 건

■ 2003년

시 기	중국군 해외방문	외국군 중국방문
1.19~25		이태리 육군참모총장
2.17~3.12	부총참모장 : 아르헨티나, 브라질, 칠레 방문	
2.21~3.13	공군사령관, 이집트, 수단 방문	
3. 7~12		스페인 해군함대 해군
3. 4~25	부총참모장 : 한국, 쿠바, 트리니다드 토바고 방문	
3.31~4.3		벨로루시 군 합참의장
4. 7~12		몽골 국경방어 총국장

시 기	중국군 해외방문	외국군 중국방문
4.19~25		스위스 국방부장관
4.20~27		인도 국방부 장관
4.20~5.1	해군 정치위원 : 알제리, 멕시코 방문	
4.21~23		북한 국방위원회 제1부위원장
4.26~5.17	총참모장 : 탄자니아, 남아공, 모로코 방문	
4.27~5.4	국방대학교 총장 : 미국방문	
5. 2~7	부총참모장 : 프랑스 방문	
5.24~28		영국 해군함대 상해 방문
5.26~30	국방부장관 : 러시아 방문	
6.29~7.1		프랑스 국방부장관
7.14~20		기니 총참모장
8.13~28	군사과학원 정치위원 : 이집트, 시리아 방문	
8.17~23		미얀마 "평화발전위원회" 부의장, 국방군 부사령관 겸 육군 총사령관
8.18~22	총정치부 주임 : 북한방문	
8.21~29		페루 통합군사령관
8.23~30		나이지리아 공군참모총장
8.25~9.6	총장비부 정치위원 : 폴란드, 체코, 슬로바키아 방문	
8.26~9.2		모잠비크 군 총참모장
8.27~9.2		콩고(브라자빌) 국방부장관
8.31~9.6		칠레 해군사령관
8.31~9.7		우간다 국방부장관
9. 1~4		일본 방위청 장관

시 기	중국군 해외방문	외국군 중국방문
9. 1~5		태국 부총리
9. 2~16	총정치부 부주임 : 벨로루시, 헝가리 방문	
9. 4~20	총참모장 : 파키스탄, 브루네이, 말레이시아 방문	
9. 5~11		캐나다 국방부장관
9. 7~12		불가리아 국방부장관
9. 7~28	총후근부 정치위원 : 잠비아, 튀니지, 짐바브웨 방문	
9. 8~21	군사과학원장 : 멕시코 방문	
9.12~20	부총참모장 : 핀란드, 그리스 방문	
9.16~20		이태리 국방부 차관
9.20~24		러시아 해군함정 青島
9.22~26		미국 해군함정 湛江
9.22~28		크로아티아 부총리 겸 국방부장관
9.22~30		탄자니아 국방부장관
9.23~27		프랑스 총참모장
9.23~29		호주 국방부장관
10. 8~16		이집트 방공군 사령관
10. 8~16		이란 혁명수비대 동원부대사령관
10.12~18		그리스 국방참모총장
10.12~19		가이아나 국방참모총장
10.13~16		독 군대총감
10.13~18		수리남 국방군사령관
10.13~19		가나 국방부장관

시 기	중국군 해외방문	외국군 중국방문
10.15~19		한국 해군함정 青島
10.16~23		루마니아 국방부장관
10.18~21		파키스탄 해군함정 상해방문
10.20~27		파키스탄 공군참모총장
10.22~25	해군함정 : 『괌』방문	
10.22~29		몽골군 총참모장
10.25~11.1		스웨덴 국방군 부총사령관
10.26~11.2		베트남군 총참모장
10.26~11.2		시에라레온 국방부차관
10.27~11.2	국방부장관 : 미국방문	
10.30~11.16	南京군구 정치위원 : 에티오피아, 우간다, 보츠와나 방문	
11. 3~14	해군함정 : 브루네이, 싱가포르 방문	
11. 4~14	총정치부 주임 : 영국, 스페인, 포르투갈 방문	
11.9~12		벨로루시 국가안보회의 국무보좌관
11.10~14		인도 해군함정 상해
11.10~14		한국 합참의장
11.12~28	공군 정치위원 : 러시아, 그리스 방문	
11.12~25	南京군구사령관 :미국, 캐나다 방문	
11.17~26		
11.17~29	蘭州군구 정치위원 : 루마니아, 크로아티아 방문	캄푸치아 왕실군 부총사령관 겸 육군사령관
11.18~22		북한 인민무력부 부부장
11.18~25		키르키즈스탄 국방부장관
11.20~25		토고 국방부장관

시 기	중국군 해외방문	외국군 중국방문
11.21～12.4		
11.22～26		프랑스 해군함정 湛江방문
11.22～28		타일랜드 육군사령관
11.22～30		브라질 국방부장관
11.23～29		이태리 국방부 부참모총장
11.24～30		뉴질랜드 국방군사령관
11.29～12.13	부총참모장 : 호주, 뉴질랜드, 싱가포르 방문	
11.30～12.4		쿠웨이트 국방大臣
11.30～12.12	濟南군구사령관, 타일랜드, 필리핀 방문	
11.30～12.16	부총참모장 미얀마, 방글라데시, 인도방문	
12. 4～9		수단 국방부장관
12.10～20	국방대학교 정치위원, 헝가리, 이태리 방문	
12.13～22	瀋陽군구 정치위원 쿠바 방문	
12.14～21		이집트 공군사령관
12.15～22	국방부 장관 러시아 방문	
12.15～'04.1.2	부총참모장 補 키프로스, 수단, 케냐 방문	
합 계	**31 건**	**58 건**

■2004년

시 기	중국군 해외방문	외국군 중국방문
1.13~15		미국 합참의장
2.11~17	총정치부 부주임, 브라질, 에콰도르 방문	
2.16~22		마케도니아 국방부장관 및 총참모장
2.16~3.8	부총참모장 이집트, 짐바브웨, 베트남 방문	
2.24~28		미국 해군함정 상해방문
2.28~3.3		호주 戰域사령관
3.12~16		프랑스 해군함정 靑島방문
3.14~21		짐바브웨 국방군사령관
3.22~4.3	국방부장관 파키스탄, 인도, 타일랜드 방문	
3.27~4.14	국방대학교 총장 이스라엘, 요르단, 우크라이나 방문	
4. 1~5		필리핀 공군사령관
4. 7~14		보스니아-헤르체고비나 공군사령관
4.11~28	총정치부 주임. 멕시코, 쿠바방문	
4.11~28	濟南군구 정치위원 이집트, 시리아 방문	
4.14~17		노르웨이 국방大臣
4.19~23		핀란드 국방군사령관
4.20~22		러시아 국방부장관
4.21~28		한국 국방대학교총장
4.26~28		카자흐스탄 국방장관
4.26~29		일본 항공자위대 참모장

시 기	중국군 해외방문	외국군 중국방문
5.10~15		인도네시아 해군함정 上海
5.10~17		탄자니아 국방군참모장
5.10~28	부총참모장 : 탄자니아, 나미비아 방문	
5.11~29	총참모장 : 프랑스, 루마니아, 러시아, 영국방문	
5.15~29	군사과학원 정치위원 : 캐나다 방문	
5.17~24		파키스탄 해군참모총장
5.22~6.2	총장비부 정치위원 : 쿠바 방문	
5.23~6.1	총정치부 부주임 : 슬로바키아, 체코, 폴란드 방문	
5.24~29		칠레 국방부장관
5.24~6.4		캄푸챠 국방부 군수 및 재무총국장
5.31~6.5		루마니아 국무장관 겸 총병기부장
6. 6~12		그리스 공군참모총장
6.10~17		라오스 인민군 총정치부 주임
6.11~20		영국해군함정 靑島/상해
6.14~19		네팔군 총참모장
6.20~26		
6.26~29	부총참모장補 : 북한방문	
6.28~7.2		
7. 2~19	총후근부 정치위원 : 쿠바, 베네수엘라 방문	
7. 3~19	국방대학교 정치위원 : 독, 폴란드 방문	

시 기	중국군 해외방문	외국군 중국방문
7. 5~24	중앙군사위원회 부주석 : 러시아, 이집트, 남아공 방문	
7. 6~9		말레이시아 해군함정 상해
7. 6~17	부총참모장 : 노르웨이, 포르투갈 방문	
7.12~14		북한 인민무력부장
7.19~26		바베이도스 국방참모총장
7.21~25		미 태평양사 사령관
7.21~26		카자흐스탄 국경수비국장
7.21~28		미얀마 "평화발전위원회" 제1 사무총장 겸 국방부 방공총국장
7.25~8.1		타지크스탄 국경방어위원회 부의장
7.26~30		독일군 부총감
7.31~8.14	蘭州군구사령관 : 잠비아, 앙골라 방문	
8.11~15		태국 해군함정 상해
8.16~9.1	부총참모장補 : 쿠바, 멕시코, 트리니다드 토바고 방문	
8.20~9.4	공군정치위원 : 이집트, 탄자니아 방문	
8.22~28		UAE 육군사령관
8.22~28		브라질 공군사령관
8.23~28		헝가리 국무장관
8.23~9.7	濟南군구 사령관 칠레, 우루과이 방문	
8.27~30		캐나다 해군함정 상해
8.27~31		호주 통합군사령관
8.29~9.4		나이지리아군 총참모장
8.29~9.5		튀니지 육군참모총장

시 기	중국군 해외방문	외국군 중국방문
8.30～9.4		리투아니아 국방부장관
9. 3～9		요르단 합참의장
9. 5～12		기니아・비소 국방부장관
9. 6～15	부총참모장補 : 독, 이태리 방문	
9. 6～21	蘭州군구 정치위원 러시아 헝가리 방문	
9.15～18		스페인 육군참모총장
9.18～26		오스트리아군 총참모장
9.19～25		이집트 국방부장관
9.20～26		우루과이 육군사령관
9.20～10.5	南京군구 정치위원 : 루마니아, 크로아티아 방문	
9.21～29		방글라데시 육군참모총장
9.22～24		영국 국방大臣
9.22～28		필리핀 국방참모총장
9.22～28		브루네이 국방군사령관
9.22～10.6	廣州군구사령관 : 요르단, 레바논 방문	
9.24～27		미국 해군함정 靑島
9.25～30		보스니아・헤르체코비나 국방부장관
10. 4～27		프랑스 공군 Air Show 팀
10. 8～13		프랑스 공군참모총장
10.10～14		호주 해군함정 靑島
10.10～15		칠레 육군사령관
10.11～29	국방부장관 : 프랑스, 벨지움, 스위스, 브라질 방문	
10.13～21	남경군구사령관 : 핀란드, 스웨덴 방문	

시 기	중국군 해외방문	외국군 중국방문
10.16~19	부총참모장 : 호주 방문	
10.18~22		캄푸챠 왕실군 총사령관
10.18~22		이태리 공군참모총장
10.23~11.1		레바논 군 참모총장
10.24~31	부총참모장 : 일본, 태국 방문	
10.25~11.13	총참모장 : 미국, 호주, 뉴질랜드 방문	
10.30~11.2		이태리 국방부차관
10.30~11.7		뉴질랜드 해군참모총장
10.31~11.6		볼리비아 국방부장관
11. 7~14		필리핀 국방부장관
11.10~16		알바니아 국방부장관
11.12~26	총정치부 부주임 : 잠비아, 우간다 방문	
11.15~19		영국 해군참모총장
11.17~28	瀋陽군구사령관 : 한국, 브루나이 방문	
11.22~27		캐나다 국방참모총장
11.22~28		콜롬비아 군총사령관
11.23~26		벨로루시 국방부차관
11.30~12.6		에콰도르 합동지휘부 사령관
11.30~12.13	총정치부 부주임 : 타일랜드, 베트남, 라오스 방문	그리스 공군참모총장
12. 1~5	부총참모장 : 미얀마 방문	
12. 5~9		호주 공군사령관
12. 8~11		터키 국방부 장관
12.12~15		러시아 국방부장관
합 계	**33 건**	**74 건**

■ 2005년

시 기	중국군 해외방문	외국군 중국방문
1. 10～14		파키스탄 국방장관 방중
3. 3～7		태국 해군함정 방중
3. 6～20	광저우(廣州) 군구 정치위원 쿠바 방문	
3. 10～27	공군사령관 스웨덴 · 스페인 · 브라질 방문	
3. 14～17	총참모장 대행 러시아 방문	
3. 15～21		이탈리아 헌병사령관 방중
3. 17～20		러시아 총참모장 방중
3. 18～21		키르기스스탄 국방장관 방중
3. 20～27		레소토 국방군 사령관 방중
3. 23～25		벨로루시 공군 및 방공군 사령관 방중
3. 24～27		일본 방위청 사무차관 방중
3. 27～4. 3		라이베리아 국방부장관 방중
3. 28～30		미국 해군 함정 방중
3. 30～4. 2		한국 국방장관 방중
4. 2～13		호주 해군 함정 방중
4. 4～10		이탈리아 해군 참모장 방중
4. 6～21	국방부장관 이집트 · 탄자니아 · 네덜란드 · 덴마크 방문	
4. 16～5. 2	총후근부 정치위원 우루과이-볼리비아 방문	
4. 17～28	선양(沈陽) 군구 정치위원 슬로바키아 · 그리스 방문	
4. 19～23		조선인민군 총정치국 副국장 방중
4. 24～30	총장비부 정치위원 브라질 방문	
4. 25～5. 3		쿠바 副총장 방중
4. 28～29	副총참모장 미국 방문	
5. 8～25	副총참모장 루마니아 · 프랑스-	

시 기	중국군 해외방문	외국군 중국방문
	핀란드 방문	
5. 9~21	총장비부장 이탈리아·벨로루시-영국 방문	
5. 11~17		루마니아 육군 참모장 방중
5. 19~6. 9	총참모장 방글라데시·인도·터키·독 방문	
5. 22~28		뉴질랜드 국방군 사령관 방중
5. 25~6. 8	지난(濟南) 군구 사령관 러시아·크로아티아 방문	
5. 30~6. 3		벨로루시 국방장관 방중
5. 25~6. 13	총정치부 副주임 쿠바·멕시코 방문	
6. 1~7		모잠비크 국방장관 방중
6. 1~16	베이징 군구 정치위원 이집트·시리아 방문	
6. 2~7	副총참모장 프랑스 방문	
6. 2~9		가봉 국방부 사무국장 방중
6. 3~14	군사과학원 원장 독·우크라이나 방문	
6. 4~10	총참모장 대행 러시아 방문	
6. 4~12		앙골라 총장 방중
6. 5~9		이탈리아 육군 참모장 방중
6. 6~12		핀란드 국방총장 방중
6. 6~13		오스트레일리아 국방장관 방중
6. 13~19		미국 웨스트포인트 교장 방중
6. 17~20		영국 로얄국방학원 원장 방중
6. 17~21		뉴질랜드 해군함정 방중
6. 17~24		타지키스탄 민방위 사령관 방중
6. 18~7. 5	총후근부 副부장 이집트·케냐·탄자니아 방문	
6. 21~24		벨기에 국방참모장 방중
6. 26~29	총후근부 副부장 필리핀 방문	

시 기	중국군 해외방문	외국군 중국방문
6. 26~7. 12	총정치부 副주임 불가리아 · 스웨덴 방문	
7. 2~11		잠비아 국방장관 방중
7. 4~10		태국 국방차관 방중
7. 10~17		헝가리 국방장관 방중
7. 10~17		페루 국방장관 방중
7. 10~18		코소보 발전군 참모장 방중
7. 11~16		루마니아 군 총장 방중
7. 13~20		몽고 국방장관 방중
7. 15~22		베트남 국방차관 방중
7. 16~22		바누아투 내정부 장관 방중
7. 16~29	광저우(廣州) 군구 사령관 미국 방문	
7. 17~20		한국 공군 참모총장 방중
7. 21~28		지부티 군 총장 방중
7. 26~31		방글라데시 해군 참모총장 방중
8. 3~22	난징(南京) 군구 사령관 에티오피아 · 에리트레아 · 이란 방문	
8. 4~14		러시아 모스크바 군구 사령관 방중
8. 10~17		말리 국방 · 퇴역군인부 장관 방중
8. 17~19	총참모장 러시아 방문	
8. 21~26		러시아 · 타지키스탄 · 키르기스스탄 국방장관 및 카자흐스탄 · 우즈베키스탄 국장차관 방중
8. 25~31		그리스 국방장관 방중
8. 27~9. 3		아르헨티나 육군 참모총장 방중
8. 28~9. 2		스리랑카 대통령 겸 국방장관 방중
8. 30~9. 1		영국 로얄 해군 함대 방중
8. 31~9. 4		호주 해군 사령관 방중
9. 1~ 4		대한민국 해군 함정 방중
9. 1~16	총후근부 副부장 폴란드 · 체코 ·	

시 기	중국군 해외방문	외국군 중국방문
	불가리아 방문	
9. 1~17	副총참모장 덴마크·헝가리 방문	
9. 4~18	총정치부 주임 베네수엘라·아르헨티나 방문	
9. 5~ 9	국방부장 러시아 방문	
9. 5~10		미 태평양 사령부 사령관 방중
9. 5~20	副총참모장 호주·뉴질랜드 방문	
9. 10~18		파키스탄 국회의장 방중
9. 13~16		미국 해군함정 방중
9. 13~18	국방부장 타지키스탄·카자흐스탄 방문	
9. 16~23	副총참모장 러시아 방문	
9. 19~10. 6	副총참모장 콜롬비아·칠레 방문	
9. 20~28		파푸아뉴기니 국방장관 방중
9. 24~30		탄자니아 국방군 사령관 방중
10. 10~13	국방대학교 교장 베트남 방문	
10. 10~14		호주 국방군 副사령관 방중
10. 11~19		아프가니스탄 국방부 차관 방중
10. 16~22		브루나이 국방부 차관 방중
10. 16~25	군사위원회 副주석 터키·수단 방문	
10. 17~23		타지키스탄 국방부 제1차관 방중
10. 18~20		미국 국방장관 방중
10. 18~25		네팔 군 참모총장 방중
10. 20~23		핀란드 국방장관 방중
10. 24~29		덴마크 국방 사령관 방중
10. 24~31		볼리비아 무장역량 총사령관 방중
10. 25~28		베트남 국방장관 방중
10. 25~11. 9	총참모장 아르헨티나·우루과이·쿠바 방문	
10. 30~11. 4		벨기에 국방대신 방중

시 기	중국군 해외방문	외국군 중국방문
10. 31～11. 6		오스트리아 국방대신 방중
11. 7～12. 23	해군함정 파키스탄·인도·태국 방문	
11. 13～28	총참모장 대행 그리스·호주 방문	
11. 14～21		시리아 무장부대 副총사령관 겸 국방장관 방중
11. 15～19		프랑스 해군 함정 방중
11. 15～20		싱가포르 국방장관 방중
11. 15～20		몰도바 국방장관 방중
11. 19～12. 2	제2포병부대 사령관 알제리·튀니지 방문	
11. 20～12. 1	란저우(蘭州) 군구 사령관 헝가리·벨로루시 방문	
11. 21～26		중앙아프리카 공화국 군 총참모장 방중
11. 22～26		토고 총통부 국방 및 퇴역군인부장 관급 대표 방중
11. 22～27		불가리아 군 총장 방중
11. 25～12. 2		키르기스스탄 국민 근위군 사령관 방중
11. 27～12. 3		크로아티아 군 총참모장 방중
12. 4～11		콩고공화국(브라자빌) 군 총참모장 방중
12. 6～ 9		우즈베키스탄 국방장관 방중
12. 6～11		콩고민주공화국(킨샤사) 군 총참모장 방중
12. 11～17		피지 무장부대 사령관 방중
12. 20～27		나미비아 국방장관 방중
12. 22～29		앤티가바부다 국방군 副사령관 방중
합 계	**38 건**	**82 건**

■ 2006년

시 기	중국군 해외방문	외국군 중국방문
1. 15~19		포르투갈 국방장관 방중
2. 13~16		페루 해군함정 방중
2. 23~3. 1		동티모르 국방장관 방중
2. 25~3. 1		스웨덴 국방장관 방중
2. 26~3. 5		세네갈 군 참모총장 방중
2. 28~3. 3		싱가포르 해군 함정 방중
3. 2~13	제2포병부대 정치위원 쿠바 방문	
3. 19~28	국방대학교 교장 아르헨티나 · 멕시코 방문	
3. 20~27		에콰도르 국방장관 방중
3. 22~29		키르기스스탄 국경수비군 사령관 방중
3. 25~29		러시아 육군 사령관 방중
3. 26~4. 3		르완다 국방장관 방중
3. 30~4. 6		수단 국방장관 방중
4. 1~13	베이징(北京) 군구 사령관 헝가리 · 루마니아 방문	
4. 2~17	총정치부 副주임 시리아-카메룬 방문	
4. 4~19	국방부장 북한 · 베트남 · 말레이시아 · 싱가포르 · 한국 방문	
4. 10~15		미국 국방대학교 교장 방중
4. 11~14		벨로루시 군 총장 방중
4. 13~21	공군 정치위원 페루 · 아르헨티나 방문	
4. 15~22	총참모장 대행 칠레 · 멕시코 방문	
4. 23~28		키르기스스탄 국방장관 방중
4. 24~28		카자흐스탄 국방차관 방중
4. 24~30		타지키스탄 국방장관 방중
4. 25~26		우즈베키스탄 국방장관 방중
4. 25~27		러시아 국방장관 방중
5. 9~15		미군 태평양 사령부 사령관 방중
5. 10~17		필리핀 무장부대 총장 방중
5. 11~20	총참모장 대행 인도네시아 · 말레이시아 방문	

시 기	중국군 해외방문	외국군 중국방문
5. 14~25	총참모장 러시아·노르웨이·덴마크 방문	
5. 15~20		방글라데시 육군 참모장 방중
5. 15~21		파키스탄 해군 참모장 방중
5. 16~22		부룬디 국방장관 방중
5. 17~30	란저우(蘭州) 군구 정치위원 러시아·슬로바키아 방문	
5. 20~23		태국 최고사령관 방중
5. 22~25		스페인 공군 참모장 방중
5. 24~30		말레이시아 무장부대 사령관 방중
5. 25~31		에리트레아 국방장관 방중
5. 25~6. 8	국방대학 정치위원 터키·이집트 방문	
5. 25~6. 10	총후근부 副부장 탄자니아·잠비아 방문	
5. 28~6. 2		인도 국방장관 방중
5. 30~6. 12	총장비부 부장 오스트리아·남아프리카공화국 방문	
5. 31~6. 5		기니비사우 군 총장 방중
5. 31~6. 7		투르크메니스탄 국방부 제1차관 방중
6. 1~ 7		기니비사우 국방부 사무처 주임 방중
6. 4~10		칠레 해군 사령관 방중
6. 13~16		말레이시아 해군 사령관 방중
6. 18~24		카타르 총장 방중
6. 27~30		미 해군 함대 방중
7. 3~ 7		싱가포르 3군 총장 방중
7. 11~15		스위스 군 사령관 방중
7. 16~29	군사위원회 副주석 미국·프랑스 방문	
7. 19~23		태국 공군 사령관 방중
7. 24~25		호주 특수전 사령관 방중
7. 24~8. 10	후근부 副부장 핀란드·스웨덴 방문	
7. 26~30		인도네시아 육군 참모총장 방중

시 기	중국군 해외방문	외국군 중국방문
8. 5~11		한국 해군 참모총장 방중
8. 5~13		칠레 국방 참모장 방중
8. 11~25	지난(濟南) 군구 정치위원 토고·베냉·탄자니아 방문	
8. 14~19		알제리 인민군 참모장 방중
8. 14~20	총참모장 대행 파키스탄·태국 방문	
8. 15~24		캐나다 해군 함정 방중
8. 21~23		미 태평양 사령부 사령관 방중
8. 21~11. 5	해군 함정 미국·캐나다·필리핀 방문	
8. 22~9. 6	副총참모장 독·이집트 방문	
8. 23~30		케냐 국방장관 방중
8. 28~9. 3		볼리비아 국방장관 방중
8. 28~9. 16	총정치부 주임 핀란드·그리스 방문	
8. 29~9. 2		남아프리카공화국 국방군 사령관 방중
8. 30~9. 13	란저우(蘭州) 군구 사령관 콜롬비아·페루 방문	
9. 1~9		페루 공군 사령관 방중
9. 2~17	국방부장 불가리아·헝가리·루마니아·벨로루시 방문	
9. 3~14	군사과학원 원장 이집트·남아프리카 공화국 방문	
9. 4~9		우루과이 육군·해군 사령관 방중
9. 7~14		카보베르데 군 총장 방중
9. 10~21	군사위원회 副주석 호주·뉴질랜드 방문	
9. 11~18	선양(沈陽) 군구 정치위원 멕시코 방문	
9. 14~30	총후방지원부 정치위원 브라질-칠레 방문	
9. 21~24	副총참모장 타지키스탄 방문	
9. 22~30		가봉 국방·국무부장관 방중
9. 22~30		리비아 국방장관 방중

시 기	중국군 해외방문	외국군 중국방문
10. 7～11		독일군 총감찰장 방중
10. 8～14		뉴질랜드 국방군 사령관 방중
10. 13～27	공군 사령관 터키·인도·파키스탄 방문	
10. 14～26	총참모장 캄보디아·베트남·태국·미얀마 방문	
10. 15～20	총참모장 대행 러시아 방문	
10. 15～22		베트남 인민군 총정치부 주임 방중
10. 16～22		에스토니아 국방장관 방중
10. 18～20		호주 육군 사령관 방중
10. 18～31	총장비부 정치위원 나미비아·알제리 방문	
10. 19～22		차드 국방장관 방중
10. 19～23		영국 해군 함정 방중
10. 24～11. 1		케냐 군 총장 방중
10. 26～11. 2		아프가니스탄 국방장관 방중
10. 29～11. 2		프랑스 해군 함정 방중
10. 29～11. 5		루마니아 군 副총참모장 방중
10. 29～11. 13	총정치부 副주임 이집트·우간다 방문	
11. 10～13		뉴질랜드 국장장관 방중
11. 15～19		미 해군 함정 방중
11. 19～25		슬로바키아 군 총장 방중
11. 21～12. 5	副총참모장 예멘·튀니지 방문	
11. 24～12. 8	청두(成都) 군구 정치위원 인도·베트남 방문	
11. 26～12. 8	총참모장 대행 베트남·일본·태국·남아프리카공화국 방문	
11. 27～12. 1		스웨덴 공군 참모장 방중
11. 28～12. 5		베냉 군 총장 방중
11. 29～12.15	제2포병 사령관 아르헨티나·칠레 방문	
11. 30～12. 4	국방대학교 정치위원 쿠바 방문	
12. 2～16	베이징(北京) 군구 정치위원 폴란드·벨로루시 방문	
합 계	**38 건**	**69 건**

■ 2007년

시 기	중국군 해외방문	외국군 중국방문
1. 18~23		체코 총참모장 방중
1. 21~24		태국 육군사령관 방중
1. 24~2. 9	부총참모장 한국·미국 방문	
1. 29~2. 1		싱가포르 육군총장 방중
2. 1~6		인도네시아 해군참모장 방중
3. 3~8		러시아군 총참모장 방중
3. 5~18	총정치부 부주임 베네수엘라·에콰도르·아르헨티나 방문	
3. 7~11	南京軍區 사령원 쿠바 방문	
3. 17~19		프랑스 국방장관 방중
3. 17~24		짐바브웨 국방부 참모장 방중
3. 19~26		라오스 국방장관 방중
3. 22~25		미국 합참의장 방중
3. 23~26	해군함정 인도네시아 방문	
3. 24~31		요르단 황실 공군사령관 방중
4. 1~6		인도네시아 국방부비서장 제2차 중국-인도네시아 국방안보협상회의 참석 방중
4. 1~8		수단 합참의장 방중
4. 1~8		스위스 공군사령관 방중
4. 2~17	해군사령원 미·영·프 방문	
4. 4~8		나이지리아 국방장관 방중
4. 12~16		인도 해군함정 방중
4. 13~30	공군정치위원 짐바브웨·모잠비크·잠비아 방문	
4. 15~5. 1	총후근부 부부장 모로코·영국·벨기에 방문	
4. 18~19		독일 국방장관 방중
4. 18~22		독일 공군총감 방중
4. 21~30		볼리비아 무장 총사령원 방중
4. 22~29		가봉 국방장관 방중

시 기	중국군 해외방문	외국군 중국방문
4. 23~26		벨로루시 국방장관 방중
4. 23~26		한국 국방장관 방중
4. 24~5. 1		파키스탄 합참의장 방중
4. 25~5. 8	군사과학원 원장 아르헨티나, 칠레, 미국 방문	
4. 27~30		캄보디아 국방대신 방중
5. 7~11	총장비부장 이탈리아 방문	
5. 8~17	廣州軍區 정치위원 호주, 뉴질랜드 방문	
5. 10~14		미국 태평양사령부 사령관 방중
5. 10~23	국방부장 쿠바・아르헨티나・칠레・그리스・스위스 방문	
5. 11~26	沈陽軍區 사령원 수단・르완다 방문	
5. 12~23	부총참모장 멕시코・베네수엘라・브라질 방문	
5. 13~20		나미비아 국방군사령관 방중
5. 20~26		인도 합참의장 방중
5. 21~27		영국 공군 참모장 방중
5. 22~25		미국 해군함정 방중
5. 23~6. 3	총참모장 한국・몽고・베트남 방문	
5. 23~6. 6	廣州軍區사령원 러시아・불가리아 방문	
5. 24~27	부총참모장 제3차 중・필리핀 국방안보협상회의 참석 방문	
5. 26~6. 4		탄자니아 국방장관 방중
5. 27~6. 1		칠레 육군사령관 방중
6. 1~3	부총참모장 싱가포르 방문 제6차 샹그리라 대화 참석	
6. 3~8		터키 육군사령관 방중
6. 4~7		파키스탄 해군함정 방중
6. 4~8	총정치부 주임 보좌관 콜롬비아 방문	
6. 8~15		모로코 3군 총감 방중
6. 9~16		짐바브웨 국방장관 방중

시 기	중국군 해외방문	외국군 중국방문
6. 9~23	총장비부 정치위원 이탈리아 · 그리스 방문	
6. 18~24		세르비아 군대 총장 방중
6. 19~27		잠비아 국방장관 방중
6. 24~7. 4	국방대학 정치위원 한국, 뉴질랜드 방문	
6. 25~7. 8	해군 정치위원 칠레 · 파키스탄 방문	
6. 26~28	국방부장 키르기스스탄 방문, SCO 국방부장회의 참석	
6. 27~7. 2		모잠비크 국방군 총참모장 방중
6. 29~7. 3		아제르바이잔 군대 총장 방중
7. 1~6		슬로바키아 국방장관 방중
7. 1~9		콩고 국방장관 방중
7. 7~10		호주 국방장관 방중
7. 8~14		방글라데시 공군 참모장 방중
7. 9~17		에콰도르 합동지휘사령관 방중
7. 13~18		남아공 공군사령관 방중
7. 14~21		튀니지 국방장관 방중
7. 16~22		그라나다 국무부장 방중
7. 20~29		불가리아 해군참모장 방중
7. 22~26	濟南軍區 사령원 한국 방문	
7. 24~10. 18	해군함정편대 러시아 · 영국 · 스페인 · 프랑스 방문, 원양훈련 실시	
8. 6~11		인도네시아 공군참모장 방중
8. 7~20	총정치부 주임 보좌관 북한 · 루마니아 방문	
8. 8~23	총장비부장 방글라데시, 인도네시아, 브루나이 방문	
8. 9~17		우루과이 육군사령관 방중
8. 10~14		한국 해군참모총장 방중
8. 10~16		칠레 해군함정 방중
8. 14~22	총장비부 부부장 러시아 방문	
8. 14~28	濟南軍區 정치위원 미얀마, 캄보디아,	

시 기	중국군 해외방문	외국군 중국방문
	라오스 방문	
8. 17~22		미국 해군 작전부장 방중
8. 19~23		아르헨티나 국방장관 방중
8. 21~29		헝가리 국방장관 방중
8. 26~31		베트남 국방장관 방중
8. 26~9. 1		말리 군대 총장 방중
8. 26~9. 1		보츠와나 국방군 사령관 방중
8. 26~9. 9	공군사령원 칠레 · 핀란드 방문	
8. 29~9. 6	국방부장 본 · 필리핀 방문	
8. 31~9. 3		한국 해군함정 방중
8. 31~9. 10	총장비부 과학기술위원회 부주임 폴란드 방문	
9. 1~8		브라질 육군 참모장 방중
9. 3~18	총정치부 부주임 폴란드 · 핀란드 방문	
9. 6~21	해군함정편대 러시아 방문 '중국의 해' 활동 참가 및 영국 · 스페인 · 프랑스 순방	
9. 9~16	총후근부 부부장 튀니지 · 쿠바 방문	
9. 10~13		프랑스 해군 참모장 방중
9. 11~11. 1	해군함정편대 호주 · 뉴질랜드 방문	
9. 12~16		영국 해군함정 방중
9. 12~20		세이셸 국방군 사령관 방중
9. 14~21	총참모장 보좌관 멕시코, 에콰도르 방문	
9. 15~24		중앙아프리카공화국 총참모장 방중
9. 20~26		우간다 국방군 사령관 방문
9. 23~30		카보베르데 국방장관 방중
9. 24~29		불가리아 국방장관 방중
9. 24~29		호주 해군함정 방중
9. 26~29		프랑스 해군함정 방중
10. 11~22		뉴질랜드 해군함정 방중

시 기	중국군 해외방문	외국군 중국방문
11. 1~7		코트디부아르 국방장관 방중
11. 4~6		미국 국방장관 방중
11. 6~9		인도네시아 국방장관 방중
11. 6~11		투르크메니스탄 국방장관 방중
11. 7~13		페루 국방장관 방중
11. 7~15		아프간 국민군 총참모장 방중
11. 13~16		한국 합참의장 방중
11. 15~29	총정치부 주임 베트남 · 라오스 방문	
11. 15~12. 4	국방부장 케냐 · 쿠웨이트 · 태국 방문	
11. 16~30	총후근부 정치위원 이집트 · 시리아 방문	
11. 18~23		프랑스 해군함정 방중
11. 21~12. 7	해군함정 본 방문	
11. 22~12. 6	제2포병 사령원 스웨덴 · 불가리아 방문	
11. 27~ 12. 12	베이징군구 정치위원 요르단 · 마다가스카르 방문	
11. 28~12. 1	해군함정 본 방문	
12. 1~8	부총참모장 제9차 美 · 中 국방협상회의 참석 방문	
12. 2~9	총장비부 부정치위원 말레이시아 방문	
12. 3~9		루마니아 육군 참모장 방중
12. 7~13		가나 국방장관 방중
12. 7~17	부총참모장 터키 · 이스라엘 방문	
12. 9~13		우크라이나 총참모장 방중
12. 10~15		모로코 해군총감 방중
12. 16~23		캄보디아 국방국무비서 방중
합계	**46 건**	**82 건**

■ 2008년

시 기	중국군 해외방문	외국군 중국방문
1. 5~11		네팔 참모장 방중
1. 13~16		미국 태평양사령관 방중
1. 13~23	국방부장 브루나이·인도네시아·사우디아라비아 방문	
1. 17~20		한국 육군참모총장 방중
2. 23~26		페루 해군함정 방중
2. 26~29		일본 자위대 통합막료장 방중
3. 1~4		벨로루시 국방장관 방중
3. 5~23		러시아 총참모장 방중
3. 30~4. 4		미국 해병대사령관 방중
4. 1~5		태국 해군함정 방중
4. 3~9		파키스탄 해군 참모장 방중
4. 7~13		미국 해군 함정 방중
4. 11~13		한국 공군참모총장 방중
4. 12~26	蘭州軍區 사령원 루마니아·불가리아 방문	
4. 14~19		말레이시아 공군사령관 방중
4. 16~21		프랑스 해군함정 방중
4. 20~24	濟南軍區 정치위원 한국 방문	
4. 20~25	총장비부 과학기술위원회 부주임 말레이시아 방문, 아시아주 국방사무전람회 참관	
4. 21~26		파키스탄 공군참모장 방중
4. 22~26		북한 공군사령관 방중
4. 27~5. 1		스페인 해군 참모장 방중
4. 27~5. 3		수리남 국방장관 방중
5. 6~9	총참모장 보좌관 싱가포르 ARF 안보정책회의 참석	
5. 6~12		파푸아뉴기니 국방장관 방중

시 기	중국군 해외방문	외국군 중국방문
5. 14~16	국방부장 타지키스탄 방문, SCO 회원국 국방부장회의 참석	
5. 25~30		통가 국방대신 방중
5. 25~31		칠레 공군사령관 방중
5. 27~31		캐나다 해군함정 방중
5. 29~5. 2	부총참모장 싱가포르 방문, 샹그리라 대화 참석	
5. 31~6. 7		이집트 무장부대 참모장 방중
6. 2~6		핀란드 국방장관 방중
6. 16~20		루마니아 국방장관 방중
6. 24~28		일본 해상자위대 함정 방중
6. 29~7. 5		뉴질랜드 육군사령관 방중
6. 30~7. 3		태국 국방장관 방중
7. 2~9		가이아나 국방군 참모장 방중
7. 6~17	廣州軍區 사령원 미국 방문	
7. 11~21		불가리아 육군 참모장 방중
7. 18~21		호주 국방군사령관 방중
7. 21~25		아르헨티나 해군함정 방중
7. 22~27		프랑스 해군함정 방중
8. 1~3		말레이시아 해군함정 방중
8. 12~22	부총참모장 멕시코・우루과이 방문	
8. 15~18		독일 국방장관 방중
8. 16~20		불가리아 국방장관 방중
8. 25~29		싱가포르 해군함정 방중
8. 26~29	총참모장 보좌관 몽골 방문	
8. 28~9. 5	부총참모장 아르헨티나・칠레・브라질 방문	
9. 3~19	국방부장 이탈리아・독일・벨로루시・헝가리 방문	
9. 4~17	濟南軍區 사령원 나미비아・케냐	

시 기	중국군 해외방문	외국군 중국방문
	방문	
9. 6~9		스위스 국방장관 방중
9. 6~16	총장비부 부부장 폴란드 방문	
9. 6~19	沈陽軍區 정치위원 폴란드·그리스 방문	
9. 8~22	공군사령원 칠레·쿠바·일본 방문	
9. 10~18		에콰도르 해군함정 방중
9. 10~21	총참모장 세르비아·노르웨이 방문	
9. 11~23	총장비부 부부장 남아공 에어쇼 참관	
9. 20~27		태국 무장부대 최고사령관 방중
9. 20~28		영국 해군 참모장 방중
9. 21~27		탄자니아 국방군 참모장 방중
9. 21~28		카메룬 총참모장 방중
9. 22~10. 6	국방대학 교장 캐나다·미국·일본 방문	
9. 22~26		파키스탄 육군 참모장 방중
9. 22~26		영국 해군함정 방중
9. 22~27		남아프리카공화국 육군사령관 방중
9. 23~27		네팔 국방장관 방중
9. 23~28		브루나이 황실 무장부대 사령관 방중
9. 23~29		라오스 인민군 총참모장 방중
9. 23~29	제2포병 정치위원 호주, 뉴질랜드 방문	
10. 3~12	해군함정 한국 방문	
10. 7~11	총장비부 과기위원회 부주임 그리스 방문 국제 국방전시회 참관	
10. 9~12		브라질 해군함정 방중

시 기	중국군 해외방문	외국군 중국방문
10. 12～16		싱가포르 국방장관 방중
10. 12～17		스웨덴 3군사령관 방중
10. 13～19		에콰도르 국방장관 방중
10. 14～18	해군함정 러시아 방문	
10. 15～19		필리핀 공군사령관 방중
10. 15～29	成都軍區 정치위원 시리아・이집트 방문	
10. 15～30	총참모장 보좌관 보츠와아・레소토・남아공 방문	
10. 16～20		남아공 해군함정 방중
10. 18～11. 1	제2포병 사령원 탄자니아, 우간다 방문	
10. 19～28		모로코 국가발전군 총참모장 방중
10. 19～11. 1	군사과학원 정치위원 루마니아・헝가리 방문	
10. 20～28		콜롬비아 무장 총사령관 방중
10. 21～11. 6	부총참모장 캄보디아・미얀마・한국 방문	
10. 26～31		자메이카 국방군 참모장 방중
10. 26～11.11	총정치부 부주임 튀니지・모로코 방중	
10. 28～11.13	해군사령원 일본・인도・태국・한국 방문	
10. 28～11. 15	총정치부 부주임 라오스・베트남・예멘 방문	
10. 29～11. 4	총후근부 정치위원 멕시코 방문	
11. 1～24	해군함정 캄보디아・태국・베트남 방문	
11. 2～6		인도 공군 참모장 방중
11. 4～8		세르비아 국방장관 방중
11. 7～15	군사과학원 원장 베네수엘라・	

시 기	중국군 해외방문	외국군 중국방문
	아르헨티나 방문	
11. 8~18	국방부장 UAE, 오만, 바레인, 카타르 방문	
11. 13~16		불가리아 군대 총장 방중
11. 17~30	중앙군사위 부주석 베네수엘라 · 칠레 · 브라질 방문	
11. 20~12. 3	총후근부 부부장 에티오피아 · 탄자니아 방문	
11. 23~29		독일 해군감찰장 방중
11. 24~27		말레이시아軍 총장 방중
11. 27~12. 9	南京軍區 사령원 요르단 · 레바논 방문	
11. 27~12. 11	총참모장 보좌관 이스라엘 · 몰타 방문	
11. 29~12. 2		미얀마 3군총장 방중
11. 29~12. 5		싱가포르 3군총장 방중
11. 30~12. 5		베트남 총참모장 방중
12. 1~7	총장비부 정치위원 인도네시아 · 칠레 방문	
12. 6~12		보스니아-헤르체고비나 합참의장 방중
12. 6~12		헝가리 군대 총장 방중
12. 6~16	부총참모장 네팔 · 인도 방문	
12. 10~11		러시아 국방장관 방중
12. 15~17		가봉 국무장관 방중
12. 16~22		파키스탄 합참의장 방중
12. 28~30		아르메니아 국방장관 방중
합 계	**41 건**	**72 건**

■ 2009년

시기(월)	중국군 해외방문	외국군 중국방문
1		몰타(Malta) 군 사령관
		우크라이나 국방부장
2		이집트 공군사령관
	부총참모장 : 일본, 브루나이	
		몰디브 국방·국가 안전부장
		핀란드 국방참모장
3		스리랑카 국방부 상무비서장
		타지키스탄 국방부장
	총정치부 부주임 : 파키스탄, 방글라데시, 말레이시아	
4		벨로루시 국방부장
	瀋陽軍區 사령관 : 벨로루시, 슬로바키아	
		우루과이 국방부장
	공군사령관 : 파키스탄, 터키, 말레이시아	
	총정치부 부주임 : 브라질, 아르헨티나	
	총장비부 부부장 : 브라질, 이탈리아	
		한국, 베트남, 태국, 파키스탄, 방글라데시, 인도, 인도네시아, 남아공, 브라질, 칠레, 페루 등 해군지휘관, 중국해군 창군 60주년 기념활동 참석
	국방부장 : 러시아 주최 상하이협력기구(SCO) 국방장관회의 참석	
	총장비부 부정치위원 : 터키 국제방산전시회 참석	
	총참모장 보좌관(助理) : 태국, 라오스, 캄보디아	
5		모잠비크 국방부장
		이집트 군 사령관 및 국방·군수생산부장

시기(월)	중국군 해외방문	외국군 중국방문
	중앙군사위원회 부주석 : 터키, 독일, 핀란드	
	南京軍區 정치위원 : 루마니아, 불가리아	
	총장비부 부장 : 오스트리아, 벨로루시, 러시아	
		태국 군 최고사령관
		키르기스스탄 국경방어사령관
	부총참모장 : 러시아	
	총정치부 부주임 : 스페인, 불가리아	
	부총참모장 : 케냐, 나미비아	
		한국 국방장관
		라이베리아 국방군 사령관
	공군정치위원 : 헝가리, 체코, 포르투갈	
6	군사과학원 원장 : 스페인	
		나미비아 국방군 사령관
	총정치부 부주임 : 스웨덴, 핀란드	
		수리남 국방군 사령관
	총후근부 부부장 : 가봉 인도주의 의료구호 연합작전 참가	
		파키스탄 공군참모장
		파푸아뉴기니 국방군 사령관
	총후근부 정치위원 : 노르웨이, 스위스	
7		말레이시아 군 사령관
		에콰도르 합동사령관
		케냐 국방국무부장
		수단 국방부장
		일본 해상자위대 참모장
		파키스탄 국방부장
		태국 국방부장
	제2포병 사령관 : 우크라이나, 세르비아	
		콜롬비아 훈련함 “Gloria”

시기(월)	중국군 해외방문	외국군 중국방문
	총참모장 : 러시아 "평화사명-2009" 중·러 연합훈련 참가	
		러시아 군대 총장, "평화사명-2009" 중·러 연합훈련 참가
		파키스탄 해군 참모장
8	총장비부 부부장 : 우크라이나, 노르웨이	
	총정치부 주임 헝가리, 루마니아, 폴란드 방문	
	해군 유도탄구축함 "廣州(Guangzhou)" : 브루나이, 인도네시아	
		브라질 지상작전사령관
		미국 육군 참모장
	총장비부 정치위원 : 영국, 사우디아라비아	
	해군사령관 : 독일, 노르웨이	
	해군 유도탄호위함 "黃山(Huangshan)", 종합보급함 "微山湖(Weishanhu)" : 파키스탄	
	해군 유도탄구축함 "深圳(Shenzhen)" : 인도	
9	국방부장 : 슬로바키아, 세르비아, 불가리아	
	부총참모장 : 독일	
		몰도바 군 총장
		뉴질랜드 국방부장
		몽골 국방부장
		탄자니아 국방·국무 부장
10	총정치부 부주임 : 북한	
	총참모장 : 호주, 파푸아뉴기니, 싱가포르	
		인도네시아 국방부 비서장
	廣州軍區 정치위원 : 그리스, 헝가리	
		콩고민주공화국 국방부장
	총후근부 부부장 : 한국, 일본, 인도네시아	
		우즈베키스탄 국방부장

시기(월)	중국군 해외방문	외국군 중국방문
	중앙군사위원회 부주석 : 미국	
		베트남 군 총정치부 주임
		말라위 국방부장
11		바누아투 내무부장
	총장비부 부부장 : 태국	
		북한, 한국, 일본, 필리핀, 베트남, 태국 파키스탄, 방글라데시, 이집트, 브라질, 우루과이, 칠레 등 공군지휘관, 중국공군 평화발전 논단(Forum) 참석
		카자흐스탄 국경방어사령관
	총장비부 부부장 : 루마니아	
		토고 군 총참모장
		그리스 육군 참모장
		마케도니아 군 총장
	해군 정치위원 : 탄자니아, 남아공	
		브라질 국방부장
		세네갈 군 총참모장
		바레인 국방 · 국무대신
	국방부장 : 북한, 일본, 태국	
	중앙군사위원회 부주석 : 러시아	
12	부총참모장 : 인도, 요르단	
		필리핀 군 총장
		아르메니아 군 총장
		파키스탄 해군참모총장
		카자흐스탄 국방부장
합 계	**42 건**	**54 건**

■ 2010년

시기(월)	중국군 해외방문	외국군 중국방문
1		싱가포르 육군총장
	부총참모장 : 파키스탄	
		오스트리아 국방부장, 총장
		이탈리아 국방비서장 겸 장비부장
	부총참모장 : 루마니아, 영국	
2		일본 육상자위대 참모장
	부총참모장 : 이집트, 케냐, 콩고민주공화국	
3		싱가포르 군함
		가나 국방부장
		아프가니스탄 국방부장 자국 대통령 수행
		네팔 국방부장
4	부총참모장 : 카자흐스탄 방문, SCO "평화사명-2010"연습 군사전문가 그룹 협상 참석	
	유도탄호위함 "馬鞍山(Ma'anshan)", "溫州(Wenzhou)" 및 종합보급함 "千島湖(Qiandaohu)" : 필리핀	
	北京軍區 사령관 : 베네수엘라	
	총정치부 부주임 : 가봉, 모잠비크	
	총장비부 과학기술위원회 부주임 : 말레이시아	
	부총참모장 : 캐나다, 아르헨티나	
		페루 국방부장
		싱가포르 부총리 겸 국방부장
		베트남 국방부장
		우간다 국방부장
		콩고공화국 국방부장
		쿠바 군 총장

시기(월)	중국군 해외방문	외국군 중국방문
5	濟南軍區 정치위원 : 핀란드, 불가리아	
	군사과학원 정치위원 : 스웨덴, 독일	
		캄보디아 군 총사령관
		레바논 군 참모장
	중앙군사위원회 부주석 : 호주, 뉴질랜드, 인도네시아	
		벨로루시 국방부장
	부총참모장 : 라오스	
	제2포병 정치위원 : 그리스, 슬로바키아	
		뉴질랜드 해군 해상부대 사령관, 호위함 “Te Kaha”
	총장비부 부부장 : 프랑스, 불가리아	
	총참모장 : 나미비아, 앙골라, 탄자니아	
	총장비부 부장 : 이탈리아	
	국방부장 : 파키스탄, 투르크메니스탄, 카자흐스탄	
		미국 태평양사령부 사령관 및 국방부 차관보
	총정치부 주임 : 베트남	
		프랑스 군함 “Somme”
6		오만 국방장관
	濟南軍區 사령관 : 미얀마, 일본	
	부총참모장 : 싱가포르	
		노르웨이 해군 총감
		UAE 군 총참모장
	부총참모장 : 러시아, 세르비아, 마케도니아	
		짐바브웨 국방군 사령관
	총장비부 과학기술위원회 부주임 : 프랑스	
		파키스탄 육군 참모장

시기(월)	중국군 해외방문	외국군 중국방문
	총장비부 정치위원 : 터키, 캄보디아	
	국방대학교장 : 터키, 스웨덴	
		가이아나 국방군 참모장
	총장비부 부정치위원 : 러시아	
7		통가 국방군 사령관
	부총참모장 : 러시아 "東方(Vostok)-2010" 연습 시찰	
		영국 국방 참모장
		이탈리아 해군 참모장
	부총참모장 : 노르웨이	
	공군사령관 : 독일, 영국	
		카타르 군 총참모장
		싱가포르 국방부 상무 비서장
	제2포병 사령관 : 헝가리, 벨로루시	
		앙골라 국방부장
	총장비부 부부장 : 영국	
		라오스 부총리 겸 국방부장
8	총정치부 부주임 : 멕시코, 아르헨티나	
		세르비아 국방부장
	총장비부 과학기술위원회 주임 겸 부부장 : 벨로루시, 크로아티아	
		볼리비아 국방부장
		그리스 공군 참모장
	瀋陽軍區 사령관 : 북한	
		뉴질랜드 국방비서장
	부총참모장 : 몽골	
	총정치부 주임 : 칠레, 뉴질랜드	
		태국 국방부장
	국방부장 : 멕시코, 콜롬비아, 브라질	
9	총장비부 부부장 : 폴란드	
	蘭州軍區 사령관 : 벨로루시, 폴란드	

시기(월)	중국군 해외방문	외국군 중국방문
	총후근부 정치위원 : 케냐, 말레이시아	
	총참모장 : 카자흐스탄 방문, SCO "평화사명-2010" 연습 참가	
		스리랑카 국방부 상무비서장
		태국 군 최고사령관
		태국 공군사령관
		파키스탄 해군참모장
		스위스 군 사령관
		캄보디아 부수상 겸 국방대신
	총정치부 부주임 : 요르단, 이집트	
		호주 해군 "Warramunga"함
	국방부장 : 카자흐스탄 방문, SCO "평화사명-2010" 연습 참가	
10	국방부장 : 베트남	
	총후근부 부부장 : 폴란드, 불가리아	
		잠비아 국방부장
		이탈리아 국방참모장
		폴란드 군 총장
	중앙군사위원회 부주석 : 북한	
		아제르바이잔 국방부장
		르완다 국방부장
11	해군사령관 : 브라질, 칠레, 러시아	
		러시아 국방부장
	총참모장 : 에콰도르, 베네수엘라, 페루	
	총참모장 보좌관(助理) : 호주, 뉴질랜드	
		에콰도르 육군참모장
		파키스탄 공군참모장
	총참모장 보좌관 : 필리핀, 인도네시아	
		시에라리온 국방부장
	蘭州軍區 정치위원 : 튀니지, 에티오피아	

시기(월)	중국군 해외방문	외국군 중국방문
		영국 육군 참모장
		네덜란드 해군 사령관
		루마니아 국방부장
	중앙군사위원회 부주석 : UAE, 시리아, 요르단	
	총장비부 부장 : 독일, 스웨덴	
	부총참모장 : 싱가포르, 베트남, 태국	
		독일 국방부장
		베트남 해군 정치위원
		방글라데시 육군 참모장
		남아공 국방비서, 국방군사령관
		수리남 국방부장
12	부총참모장 : 미국, 쿠바	
		인도네시아 육군 참모장
		이스라엘 해군 참모장
		오스트리아 군 총참모장
		필리핀 군 총참모장
		싱가포르 해군 총장
		몽골 군 총참모장
합 계	**55 건**	**68 건**

* 본 현황은 『中國的國防』(2004년, 2006년, 2008년, 2010년) 부록에 제시된 내용을 정리한 것이며, 대상은 장군급 이상 교류방문 및 함정 방문만 포함하였다.

| 부록 2 : 안보관련 국제회의/협상 참가 현황 (2003년~2010년) |

■총 괄

구분	계	2003년	2004년	2005년	2006년	2009년	2010년
건수	99	11	20	23	22	9	14

■2003년

시 기	장 소	내 용
1.20	북 경	중·미 외무차관급 전략 및 안보협의회
7~9	뮌 헨	뮌헨 안보정책회의
4. 5~12	프레토리아	중·남아공 국방위원회 제1차회의
4. 8~10	하 와 이	중·미 해상 군사안보협상 기구 연례회의
5. 2~7	파 리	중·프랑스 국방부 제6차 전략 대화
7.14~22	북 경	중·파키스탄 제2차 국방 및 안보협의회
9.16~20	북 경	중·프랑스 총참모부 협의회
9.29~10	모스크바	중·러군 총참모부 제7차 전략협의회
9.13~17	북 경	중·호주 제7차 전략국방협의회
12.16~18	뮌 헨	중·독 총참모부 제7차 협의회
12.16~21	아 테 네	중·그리스군 총참모부 협의회
합 계		**11 건**

■ 2004년

시 기	장 소	내 용
1. 8~10	북 경	중·일 제4차 국방부문 안보협의회
1.11	파 리	중·프랑스 군비통제 실무위원회
2. 9~11	북 경	중·미 제6차 국방부 차관급 국방협의회
2.10~12	도 쿄	중·일 제9차 외교·국방부 안보협의회
3. 5	로 마	중·이태리 총참모부 제1차 협의회
3. 9~11	상 해	중·미 해상 군사안보협의 기구 해·공 분과위원회 제4차 회의
3.12	북 경	중·인도 국경문제 외교·군사특설위원회 제14차 회의
3.15~19	북 경	중·러 군 총참모부 제8차 전략협의회
3.22	북 경	중·호주 안보 및 군축 협의회
4.21	북 경	중·미 외무차관급 전략 및 안보 협의회
4.25~27	북 경	중·뉴질랜드 안보 및 군축 협의회
6.30~7.4	울란바토르	중·몽골 제1차 국방안보협의회
7. 1	북 경	중·프랑스 국방부 제7차 전략협의회
7.26~30	북 경	중·러 전략안보협상
9. 3~10	북 경	중·독군 제2차 전략협의회
9. 7~12	북 경	중·키르키즈스탄군 제2차 전략협의회
10.17~18	켄 버 라	중·호주 제8차 전략국방협의회
10.24~28	도 쿄	중·일 제5차 국방분야 안보협의회
10.28~31	방 콕	중·태 국방부 제3차 국방안보협의회
11. 4~6	북 경	ARF 제1차 안보정책회의
합 계		**20 건**

■ 2005년

시 기	장 소	내 용
1. 7~14	프랑스/파리	중국-프랑스 양군 총참모부 제2차 회의
1. 9~21	중국/베이징	중국-독일 총참모부 제8차 회견
1. 31~2. 1	중국/베이징	중국-미국 국방부 업무 회견
3. 24~27	중국/베이징	중국-일본 제6차 국방안보 협상
3. 29~31	폴란드/바르샤바	중국-폴란드 제1차 군사협력 회담
3. 30	영국/런던	중국-영국 제3차 반출 통제 교류
4. 4~11	중국/베이징	중국-파키스탄 제3차 국방안보 협상
4. 10~15	중국/베이징	중국-베트남 제1차 국방안보 협상
4. 25	프랑스/파리	중국-프랑스 군비 통제 및 비확산 태스크포스팀 제3차 회견
4. 28~29	미국/워싱턴	제7차 중국-미국 국방차관급 협상
5. 22~24	필리핀/마닐라	중국-필리핀 제1차 국방안보 협상
6. 13	중국/베이징	중국-미국 군비 통제 및 비확산 협상
6. 16~17	중국/베이징	중국-남아프리카공화국 국방위원회 제2차 회의
7. 4~10	중국/베이징	중국-태국 국방부 제4차 정례 국방안보 협상
7. 7~ 8	중국/칭다오	중국-미국 해상 군사안전 협상체제 정례 회견
9. 16~23	러시아/ 모스크바	중국-러시아 양군 총참모부 제7차 협상
10. 10~14	중국/베이징	중국-호주 국방부 제9차 정례 국방전략 협상
10. 25~30	베트남/하이퐁	중국-베트남 해군 북부만 공동 경비 제1차 회의
10. 26~28	미국/하와이	중국-미국 해상 군사안전 협상체제 태스크포스팀 회의
10. 27	중국/베이징	중국-프랑스 군비 통제 및 비확산 태스크포스팀 제4차 회견
11. 5~8	이탈리아/로마	중국-이탈리아 총참모부 제2차 회담
11. 13~15	그리스/아테네	중국-그리스 총참모부 제3차 회견
12. 8~9	중국/베이징	중국-미국 국방부 업무 회견
합 계		**23 건**

■ 2006년

시 기	장 소	내 용
1. 23~26	중국/베이징	중국-프랑스 양군 총참모부 제3차 회의
3. 14	중국/베이징	중국-영국 무기 무역 조약 문제 협상
3. 30~31	중국/닝보	중국-미국 해상 군사안전 협상체제 태스크포스팀 회의
4. 2~8	중국/베이징	중국-루마니아 외사부문 협상
5. 11~14	인도네시아/자카르타	중국-인도네시아 제1차 국방안보 협상
5. 14~20	중국/베이징	중국-폴란드 제2차 군사협력 회담
5. 15~20	말레이시아/콸라룸푸르	중국-말레이시아 제1차 국방 협상
5. 29~6. 3	중국/베이징	중국-러시아 양군 총참모부 제10차 협상
6. 8~9	중국/베이징	중국-미국 국방부 제8차 국방 협상
7. 24	호주/캔버라	중국-호주 제15차 군비통제 및 안보 협상
8. 7~8	미국/하와이	중국-미국 해상 군사안전 협상체제 태스크포스팀 회의
8. 7~13	중국/베이징	중국-그리스 총참모부 제4차 회견
8. 9~11	미국/하와이	중국-미국 해상 군사안전 협상 메커니즘 정례회의
8. 14~16	파키스탄/이슬라마바드	중국-파키스탄 제4차 국방 안전 협상
8. 16~20	태국/방콕	중국-태국 국방부 제6차 정례 국방 안보 협상
9. 14	중국/베이징	중국-프랑스 군비통제 및 비확산 태스크포스팀 제5차 회견
10. 9~13	중국/베이징	중국-필리핀 제2차 국방 안보 협상
11. 1~9	중국/베이징	중국-이탈리아 총참모부 제3차 회담
11. 26~28	베트남/하노이	중국-베트남 제2차 국방안보 협상
11. 28~ 12. 1	일본/도쿄	중국-일본 제7차 국방 안보 협상
12. 5~6	남아공/프리토리아	중국-남아프리카공화국 국방위원회 제3차 회의
12. 7~8	미국/워싱턴	중국-미국 국방부 업무 회견
합 계		**22 건**

■ 2009년

일시(월)	협상 · 대화 명칭	상 대 국
3	중 · 뉴질랜드 제2차 양국군 전략대화	뉴질랜드
	중 · 싱가포르 제2차 국방정책대화	싱가포르
6	중 · 미 제10차 국방부 국방협상	미국
7	중 · 몰 제4차 국방안보협상	몽골
9	중 · 월 제3차 국방부 국방안보협상	베트남
	중 · 독 양국군 국방전략협상	독일
10	중 · 호 제12차 국방전략협상	호주
	제3차 중 · 인니 국방부 국방안보협상	인도네시아
	중 · 태 국방부 제8차 국방안보협상	태국
합 계		9 건

■ 2010년

일시(월)	협상 · 대화 명칭	상 대 국
1	중 · 인 제3차 국방안보협상	인도
	중 · 파 제7차 국방안보협상	파키스탄
2	중 · 영 양국군 국방전략협상	영국
3	중 · 이집트 제1차 국방협력위원회 회의	이집트
4	중 · 브라질 국방부 제1차 교류협력연합위원회 회의	브라질
5	중 · 터키 제1차 군사협력 고위급대화	터키
6	중 · 뉴질랜드 제3차 전략협상	뉴질랜드
	중 · 러 양국군 제13차 총참모부 전략협상	러시아
7	중 · 싱가포르 제3차 국방정책대화	싱가포르
8	중 · 몽 국방부 제5차 국방안보협상	몽골
11	중 · 남아공 국방위원회 제4차 회의	남아공
	중 · 월 제4차 국방안보협상	베트남
	중 · 태 국방부 제9차 국방안보협상	태국
12	중 · 미 국방부 제11차 국방협상	미국
합 계		14 건

* 본 현황은 『中國的國防』(2004년, 2006년, 2010년) 부록에 제시된 내용을 정리한 것이며, 『2008年中國的國防』 부록에는 안보관련 국제회의/협상이 수록되어 있지 않아 포함하지 않았다.

부록 3 : 외국군과 연합훈련 실시 현황 (2003년~2010년)

■ 총 괄

구 분	계	2003년	2004년	2005년	2006년	2007년	2008년	2009년	2010년
건 수	40	3	4	4	4	6	2	6	11

■ 2003년

시 기	장 소	내 용
8.6~12	카자흐스탄과 접경지역	상해 협력기구 회원국 연합 對테러 군사훈련
10.21	上 海	중 · 파키스탄 해군 연합해상수색 · 구조훈련
11.14	上 海	중 · 인도 해군 연합해상수색 · 구조훈련
합 계		**3 건**

■ 2004년

시 기	장 소	내 용
3.16	青 島	중 · 프랑스 해군 연합해상수색 · 구조훈련
6.20	青 島	중 · 영국 해군 연합해상수색 · 구조훈련
8. 6	新 疆	중 · 파키스탄 연합 對테러 군사훈련
10.10	青 島	중 · 호주 해군 연합해상수색 · 구조훈련
합 계		**4 건**

■ 2005년

시 기	장 소	내 용
8. 17~25	러시아 블라디보스토크, 중국 산둥성 반도 및 인근 해역	중국-러시아 연합 군사훈련
11. 24	파키스탄 카라치港 인근 해역	중국-파키스탄 해상 연합수색구조 훈련
12. 1	인도 코친港 인근 해역	중국-인도 해상 연합수색구조 훈련
12. 13	태국 사타힙港 인근 해역	중국-태국 해상 연합수색구조 훈련
합 계		4 건

■ 2006년

시 기	장 소	내 용
9. 20	미국 샌디에이고 인근 해역	중국-미국 해상 연합수색구조 훈련(1단계)
9. 22~23	타지키스탄 하트론州	중국-타지키스탄 연합 대테러 군사훈련
11. 18~19	중국 남해 해역	중국-미국 해상 연합수색구조 훈련(2단계)
12. 11~18	파키스탄 아보타바드 지역	중국-파키스탄 연합 대테러 군사훈련
합 계		4 건

■ 2007년

시 기	장 소	내 용
3. 6~13	아라비아 해역	"평화(和平)-07" 다국적 해군 연합 군사연습
5. 11~23	싱가포르 부근 해역	제2차 서태평양 해군포럼 다자간 해상 연습
7. 15~31	중국 광조우(廣州)	"돌격(突擊)-2007" 중-태국 육군 특수작전분대 연합훈련
8. 9~17	중국 신강자치구, 러시아 체리야빈스크(Chelyabinsk)	"평화사명(和平使命)-2007" SCO회원국 연합 對테러 군사연습
10. 2~3	타스만(Tasman) 해역	중·호주·뉴질랜드 3자간 해상 연합 탐색구조 연습
12. 19~27	중국 쿤밍(昆明)	"Hand-in-Hand(携手)-2007" 중·인도 육군 對테러 연합훈련
합 계		6 건

■ 2008년

시 기	장 소	내 용
7. 9~31	태국 치앙마이(Chiang Mai)	"돌격(突擊)-2008" 중-태국 육군 對테러 특수작전분대 연합훈련
12. 5~14	인도 벨가움(Belgaum)	"Hand-in-Hand(携手)-2008" 중-인 육군 對테러 연합훈련
합 계		2 건

■ 2009년

시 기	장 소	내 용
3. 5~14	아라비아 해역	"평화(和平)-09" 다국적 연합 해상 훈련
6. 17~30	가봉 Ogooue-lvindo Province	"평화천사(和平天使)" 중·가봉 인도주의 연합 의료구호작전
6. 18~26	중국 광시(廣西)省 구이린(桂林)	"합작(合作)-2009" 중·싱가포르 연합 안보훈련
6. 26~7. 4	중국 베이징(北京)	"평화유지사명(維和使命)-2009" 중·몽 연합 평화유지훈련
7. 22~26	러시아 하바롭스크, 중국 지린(吉林)省 타오난(洮南)	"평화사명(和平使命)-2009" 중·러 연합 대테러 군사연습
9. 10~26	루마니아 브라드(Brad)	"우의행동(友誼行動)-2009" 중·루마니아 산악부대 연합훈련
합 계		6 건

■ 2010년

시 기	장 소	내 용
7. 1~11	중국 닝샤회족자치구 칭통샤(青銅峽)	"우의(友誼)-2010" 중·파키스탄 연합 대테러훈련
9. 9~25	카자흐스탄 마트블락(Matybulak)	"평화사명(和平使命)-2010" SCO 연합 대테러 군사연습
9. 23~9. 29	중국 산동(山東)省 칭다오(青島) 광동(廣東)省 짠장(湛江)	중·호주 해군 해상 연합구조연습 및 해병대 연합 기초훈련
9. 24	호주 시드니(Sydney) 해역	중·호주 해군 해상 연합연습
10. 6~20	중국 광시(廣西)省 구이린(桂林)	"돌격(突擊)-2010" 중·태국 제3차 육군특수부대 연합 대테러훈련
10. 7	호주 다윈(Darwin) 해역	중·호주 해상 연합훈련
10.26~11. 14	태국 사타힙(Sattahip)	"남색돌격(藍色突擊)-2010" 중·태국 제1차 해군 해병대 연합훈련
11 .1~14	중국 윈난(雲南)省 쿤밍(昆明)	"우의행동(友誼行動)-2010" 중·루마니아 산악부대 연합훈련
11.7~14	터키	중·터키 제1차 육군 돌격분대 연합훈련
11. 18~26	싱가포르	"합작(合作)-2010" 중·싱가포르 제2차 연합안보훈련
11. 23~30	페루	"평화천사(和平天使)-2010" 중·페루 인도주의 연합 의료구호작전
합 계		**11 건**

* 본 현황은 『中國的國防』(2004년, 2006년, 2008년, 2010년) 부록에 제시된 내용을 정리한 것이며, 중국인민해방군내 합동훈련은 포함하지 않았다.

| 부록 4 : 유엔 평화유지활동 참가 현황 (2010년 12월 31일까지) |

임무 지역	영문약자	기간	평화유지군		군사감시단/참모		평화유지 경찰	
			현재	누계	현재	누계	현재	누계
UN 정전 감시단	UNTSO	'90.4~현재			4	99		
UN 이라크-쿠웨이트 특파단	UNIKOM	'91.4~'03. 10월				164		
UN 서부 사하라 국민투표 특파단	MINURSO	'91.9~현재			11	337		
UN 캄보디아 임시 권력기구	UNTAC	'91.12~'93. 9월		800		97		
UN 모잠비크 활동	ONUMOZ	'93.6~'94.12월				20		
UN 리비아 감시단	UNOMIL	'93.11~'97.9월				33		
UN 아프가니스탄 특파단	UNSMA	'98.5~'00.1월				2		
UN 시에라리온 특파단	UNAMSIL	'98.8~'05.12월				37		
UN 평화유지 활동부	UNDPKO	'99.2~현재			6	17		
UN 동티모르 지원단	UNMISET	'00.1~'06.7월						207
UN 에티오피아-에리토리아 특파단	UNMEE	'00.10~'08.8월				49		
UN 보스니아 특파단	UNMIBH	'01.1~'02.1월						20
UN 콩고민주공화국 특파단	MONUC	'01.4~'10.6월		2,180		116		

임무 지역	영문약자	기간	평화유지군		군사감시단/참모		평화유지경찰	
			현재	누계	현재	누계	현재	누계
UN 라이베리아 특파단	UNMIL	'03.10～현재	558	6,138	8	87	18	117
UN 아프가니스탄 지원단	UNAMA	'04.1～'05.5월						3
UN 코트디부아르 활동	UNOCI	'04.3～현재			6	46		
UN 코소보 특파단	UNMIK	'04.4～현재						73
UN 아이티 안정 특파단	MINUSTAH	'04.5～현재					28	1,090
UN 부룬디 활동	ONUB	'04.6～'06.9월				6		
UN 수단 특파단	UNMIS	'05.4～현재	435	3,045	21	130	22	80
레바논 주재 UN 임시부대	UNIFIL	'06.3～현재	335	2,192	9	43		
UN 동티모르 특파단	UNMIT	'06.10～현재			2	11	24	75
UN 시에라리온 종합 사무소	UNIOSIL	'07.2～'08.2				1		
AU-UN 다르푸르 혼성작전	UNAMID	'07. 11～현재	315	1,260	11	27		
UN-콩고 안정화 기구	MONUSCO	'10. 7～현재	218	436	16	17		
합 계			1,861	16,051	94	1,339	92	1,665

* 본 현황은 『2010年中國的國防』(2010년 중국 국방백서) 부록에 제시된 내용을 정리한 것이다.

| 부록 5 : 2009년 중국 7대 재래식 무기 수출·입 현황 |

무기류	수 출		수 입	
	국가	수량	국가	수량
장갑전투차량	나미비아	21		0
	콩고공화국	9		
	가나	48		
작 전 항공기	나이지리아	15		0
	파키스탄	11		
	탄자니아	2		
	베네수엘라	6		
공격헬기		0	러시아	6
유도탄 및 유도탄 발사대	태국	12		0
	말레이시아	16		

* 본 현황은 『2010年中國的國防』(2010년 중국 국방백서) 부록에 제시된 내용을 정리한 것이다.

| 부록 6 : 駐外 중국 무관부 개설 현황(2012년 10월 현재) |

지 역		국 가 명	국방무관 계급	駐中 무관부 개설 여부
국제기구	UN(1)	UN군사참모단	★	×
	유럽(1)	EU군사대표	★	×
아시아(19개국)		북 한	★	○
		한 국	★	○
		필리핀	대교	○
		브루나이	대교	×
		캄보디아	대교	○
		라오스	대교	○
		말레이시아	대교	○
		몽 고	대교	○
		미얀마	대교	○
		네 팔	대교	○
		일 본	★	○
		태 국	대교	○
		인 도	★	○
		인도네시아	상교	○
		동티모르	대교	×
		베트남	대교	○
		파키스탄	★	○
		방글라데시	대교	○
		싱가포르	대교	○
서남아시아 · 북아프리카 (19개국)		알제리	대교	○
		모로코	대교	×
		이집트	★	○
		시리아	대교	○
		수 단	대교	×
		레바논	대교	×

지 역	국 가 명	국방무관 계급	駐中 무관부 개설 여부
	튀니스	대교	×
	터 키	대교	○
	아르메니아	대교	×
	이라크	대교	×
	이 란	대교	○
	아프가니스탄	대교	×
	이스라엘	대교	○
	요르단	대교	○
	아랍에미리트	대교	×
	사우디아라비아	대교	○
	쿠웨이트	대교	○
	예 멘	대교	○
	리비아	대교	○
아프리카(12개국)	에티오피아	대교	×
	콩 고	대교	○
	케 냐	대교	×
	앙골라	대교	×
	짐바브웨	대교	○
	모잠비크	대교	×
	나이지리아	대교	○
	잠비아	대교	○
	나미비아	대교	○
	탄자니아	대교	×
	라이베리아	대교	○
	남아프리카공화국	대교	○
유라시아(9개국)	아제르바이잔	대교	○
	조지아	상교	×
	러시아	★	○
	카자흐스탄	대교	○
	키르기스스탄	대교	×

지 역	국 가 명	국방무관 계급	駐中 무관부 개설 여부
	타지크스탄	대교	○
	투르크멘스탄	대교	○
	우크라이나	대교	○
	우즈베키스탄	대교	×
유럽(35개국)	알바니아	대교	×
	아일랜드	★	○
	오스트리아	대교	○
	불가리아	대교	○
	벨기에	대교	○
	룩셈부르크	대교	×
	폴란드	대교	○
	영국(아일랜드 겸임)	★	○
	덴마크	대교	×
	독 일	★	○
	프랑스	★	○
	핀란드	대교	○
	네덜란드	대교	×
	체 코	대교	○
	크로아티아	대교	○
	보스니아	대교	×
	세르비아	대교	×
	리투아니아	대교	×
	루마니아	대교	○
	노르웨이	대교	×
유럽(35개국)	포르투갈	대교	×
	스웨덴	대교	○
	스위스	대교	○
	유고슬라비아	대교	×
	슬로바키아	대교	○
	스페인	대교	○

지 역	국 가 명	국방무관 계급	駐中 무관부 개설 여부
	그리스	대교	○
	헝가리	대교	○
	슬로베니아	대교	×
	이탈리아	대교	○
	몰 타	대교	×
	라트비아	대교	×
	벨로루시	대교	○
	에스토니아	대교	×
	우크라이나	대교	○
북미(4개국)	호 주	대교	○
	캐나다	대교	○
	미 국	★	○
	뉴질랜드	대교	○
남미(11개국)	아르헨티나	대교	○
	브라질	대교	○
	볼리비아	대교	○
	과테말라	대교	×
	콜롬비아	대교	○
	쿠 바	대교	○
	페 루	대교	○
	멕시코	대교	○
	베네수엘라	대교	×
	우루과이	대교	○
	칠 레	대교	○
계(109개국)		장군 : 13명	

* 본 현황은 2009년 3월 현재 주중 한국무관부 소장자료와 중국 인터넷 자료("中華人民共和國駐外機構武官名單(2012版) http://dzhelen.blog.163.com/blog/static/197683122013119115910734/, 검색일 2013.10.30)를 토대로 저자가 정리한 것이다.
* 駐영국 국방무관(★)이 아일랜드 무관을 겸임하기 때문에 장군 총원을 13명으로 계산하였다.

| 부록 7 : 주중 외국 무관부 개설 현황(2007년 7월 현재) |

지 역	국 가 명	국방무관 계급	在중국 무관부 개설 여부
아시아 (19개국)	북 한	★	○
	한 국	★	○
	필리핀	대령	○
	캄보디아	대령	○
	라오스	대령	○
	말레이시아	대령	○
	몽고(남한 겸임)	대령	○
	미얀마	대령	○
	네 팔	대령	○
	일 본	대령	○
	태국(북한 겸임)	대령	○
	인도(북한 겸임)	대령	○
	인도네시아(북한 겸임)	대령	○
	베트남	대령	○
	파키스탄(남북한 겸임)	★	○
	방글라데시(남북한 겸임)	★	○
	브루나이	중령	×
	싱가포르	대령	○
	스리랑카	★	×
서남아시아·북아프리카 (10개국)	알제리	대령	○
	이집트(남한 겸임)	★	○
	시리아	★	○
	터 키	대령	○
	이 란	대령	○
	이스라엘	대령	○
	요르단	★	○
	사우디아라비아	대령	○
	쿠웨이트	중령	○
	모로코	중령	×
아프리카 (20개국)	나이지리아(북한 겸임)	★	○
	잠비아(북한 겸임)	★	○

지 역	국 가 명	국방무관 계급	在중국 무관부 개설 여부
	부룬디	대령	×
	카메룬	대령	×
	중앙아프리카공화국	대령	×
	콩 고	대령	×
	코트디부아르공화국	대령	×
	적도기니	★	×
	가 봉	대령	×
	기 니	중령	×
	기니비사우	중령	×
	케 냐	대령	×
	말 리	★	×
	나미비아(북한 겸임)	대령	○
	니제르(북한 겸임)	대령	×
	세네갈	대령	×
	남아프리카공화국	★★	○
	수단(남한 겸임)	★	×
	탄자니아	대령	×
	짐바브웨(북한 겸임)	★	×
유라시아 (7개국)	아제르바이잔	★★★	○
	러시아	★★	○
	카자흐스탄	★★	○
	타지크스탄	★★	○
	투르크멘스탄	중령	○
	우크라이나(북한 겸임)	대령	○
	아프가니스탄	대령	×
유럽(21개국)	오스트리아	★	○
	불가리아	중령	○
	폴란드(북한 겸임)	대령	○
	영 국	★	○
	독 일	대령	○
	프랑스	대령	○
	핀란드	대령	○
	체 코	대령	○
	크로아티아	대령	○

지 역	국 가 명	국방무관 계급	在중국 무관부 개설 여부
	루마니아(남한 겸임)	중령	○
	스웨덴	대령	○
	스위스(북한 겸임)	대령	○
	슬로바키아(남한 겸임)	대령	○
유럽(21개국)	스페인	대령	○
	그리스(남한 겸임)	대령	○
	헝가리(남한 겸임)	대령	○
	이탈리아	★	○
	아르메니아	대령	×
	벨로루시(북한 겸임)	중령	○
	벨기에(북한 겸임)	중령	○
	세르비아	대령	×
북미(4개국)	호 주	대령	○
	캐나다	대령	○
	미 국	★	○
	뉴질랜드	대령	○
남미(11개국)	아르헨티나	대령	○
	브라질(남한 겸임)	대령	○
	볼리비아(남한 겸임)	대령	○
	콜롬비아	대령	○
	쿠 바	대령	○
	페 루	대령	○
	멕시코	★	○
	우루과이	대령	○
	칠 레	대령	○
	에콰도르	대령	×
	베네수엘라	★	×
계(92개국)		**장군 : 25명**	

* 『2008年中國的國防』에 의하면 98개 국가가 중국에 무관부를 설치하였다고 밝히고 있다. 그러나 이에 관한 세부 현황자료를 공개적으로 밝히지 않고 있으며, 본 현황은 샘플 제시 차원에서 2007년 7월 현재 각국 주중 무관단 요원들의 연락처를 토대로 저자가 정리한 것이다. 『中國的國防』 현황과의 차이(−6)는 시간적 차이(2008년 vs. 2007년)와 겸임국 포함여부로 인한 것으로 판단된다.

• 김순수 (金淳洙)

육군사관학교를 졸업하고 중국인민대학(中國人民大學)에서 국제정치학 석사, 북한대학원대학교에서 북한학 박사학위를 받았다. 2003년부터 육군사관학교 안보관리학과 정치학 교수로 재직중이다. 중국의 한반도 외교안보 전략과 군사외교가 주요 연구분야이다. 『중국의 對북한 군사협력』, 『미래전과 군사변혁』(공저), 『북한학』(공저) 등의 저서와 「中國軍事外交與新安全觀」, 「非傳統安全合作與東北亞安全共同體的構建」, 「중국의 對남북한 인식과 기조에 관한 연구」 등 다수의 논문이 있다.

중국의 한반도 안보전략과 군사외교

2013년 11월 25일 초판 인쇄
2013년 11월 30일 초판 발행

저자와의 협약에 의해 인지 생략

엮은이 김 순 수
펴낸이 신 대 영
펴낸곳 양 서 각

주 소 : 서울시 도봉구 쌍문2동 716-27
전 화 : 02) 991-6234~5
FAX : 02) 907-2114

등 록 : 1992년 4월 30일 제3-412호

ISBN 978-89-5568-397-4 [정가 25,000원]